工业和信息化高职高专
"十三五"规划教材立项项目

孙洪硕 孙丽娟／主编
贾宝栋 耿文燕／副主编

建筑材料

高等职业教育『十三五』土建类技能型人才培养规划教材

U0311487

人民邮电出版社
北 京

图书在版编目（CIP）数据

建筑材料 / 孙洪硕，孙丽娟主编. -- 北京：人民
邮电出版社，2015.10
高等职业教育"十三五"土建类技能型人才培养规划
教材
ISBN 978-7-115-39903-8

Ⅰ. ①建… Ⅱ. ①孙… ②孙… Ⅲ. ①建筑材料－高
等职业教育－教材 Ⅳ. ①TU5

中国版本图书馆CIP数据核字(2015)第157694号

内 容 提 要

本书按照高职院校人才培养目标以及专业教学改革的需要，依据最新建筑工程技术标准、材料标准进行编写。全书主要内容包括建筑材料的基本性能、建筑石材、气硬性胶凝材料、水泥、混凝土、建筑砂浆、墙体材料、钢材、合成高分子材料、防水材料、木材及其制品。本书在编排上，注重理论与实践相结合，采用案例式教学模式，突出实践环节。将各个学习情境分为若干个学习单元，每个单元由知识目标、技能目标两部分组成。

本书可作为高等职业院校土建类专业相关教材，也可作为成人教育和自学辅导用书，还可供建筑工程施工现场相关技术和管理人员工作时参考。

◆ 主　　编　孙洪硕　孙丽娟
　　副 主 编　贾宝栋　耿文燕
　　责任编辑　刘盛平
　　执行编辑　王丽美
　　责任印制　杨林杰

◆ 人民邮电出版社出版发行　　北京市丰台区成寿寺路 11 号
　　邮编　100164　电子邮件　315@ptpress.com.cn
　　网址　http://www.ptpress.com.cn
　　北京鑫正大印刷有限公司印刷

◆ 开本：787×1092　1/16
　　印张：19　　　　　　　　2015 年 10 月第 1 版
　　字数：501 千字　　　　　2015 年 10 月北京第 1 次印刷

定价：42.00 元
读者服务热线：(010)81055256　印装质量热线：(010)81055316
反盗版热线：(010)81055315
广告经营许可证：京崇工商广字第 0021 号

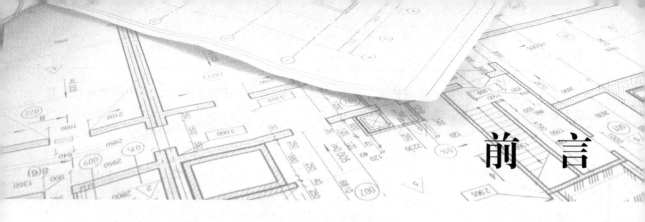

前　言

建筑工程离不开材料，材料是构成建筑物的物质基础，也是建筑工程的质量基础。掌握一定的建筑材料知识，是进行建筑设计、施工和验收的基本要求。

现代科学技术的发展促使生产力水平不断提高，人民生活水平不断改善，这就要求建筑材料的品种与性能更加完备，不仅要求其经久耐用，而且要求其具有轻质、高强、美观、保温、吸声、防水、防震、防火、节能等功能。建筑材料不仅用量大，而且有很强的经济性，它直接影响工程的总造价。所以在建筑工程施工时，恰当地选择和合理地使用建筑材料不仅能提高建筑物质量，延长其寿命，而且对降低工程造价有着重要的意义。

为积极推进课程改革和教材建设，满足职业教育改革与发展的需要，作者结合全国高职高专教育土建类专业教学指导委员会制订的教育标准和培养方案及主干课程教学大纲，本着"必需、够用"的原则，以"讲清概念、强化应用"为主旨，依据各种新材料、新工艺、新标准，组织编写了本书。本书力求突出以下特色。

（1）依据现行的建筑材料国家标准和行业标准，结合高等职业教育要求，以社会需求为基本依据，以就业为导向，以学生为主体，在内容上注重与岗位实际要求紧密结合，符合国家对技能型人才培养工作的要求，体现教学组织的科学性和灵活性；在编写过程中，注重理论性、基础性、现代性，强化学习概念和综合思维，有助于学生素质与能力的协调发展。

（2）编写内容以突出建筑材料的性质与应用为主题，摒弃了一些过时的、应用面不广的建筑与装饰材料，采用图、表、文字三者相结合的编写形式，注重反映新型建筑材料的特点及优势，体现建筑材料工业发展的新趋势，渗透现代材料与工程的基本理论，旨在扩大学生的知识面，引导学生了解新型材料的发展方向。

（3）以"情境导入、案例分析、知识目标、技能目标、基础知识、知识链接、学习案例、知识拓展、本章小结、学习检测"的编写体例形式，构建了一个"引导—学习—总结—练习"的教学全过程，给学生的学习和老师的教学以引导，并帮助学生从更深的层次思考、复习和巩固所学的知识。

本书编写过程中得到了有关院校老师的大力支持与帮助；很多常年奔波在施工生产一线的建筑施工技术人员和工程师，也为我们提供了不少宝贵的实践经验，使本书更加适合读者学习，内容更加丰富，在此谨向他们表示衷心的感谢。

本书由郑州铁路职业技术学院的孙洪硕、孙丽娟任主编，齐齐哈尔工程学院贾宝栋、郑州铁路职业技术学院耿文燕任副主编，参加编写的还有牡丹江大学王知玉、中铁上海设计院集团有限公司桥梁隧道设计处冯宝才、郑州铁路职业技术学院的杜玲霞、陈彦恒、王大帅、朱永超和陈晓红。

　　本书在编写过程中虽经推敲核证，但限于编者的专业水平和实践经验，书中仍难免有疏漏或不妥之处，恳请广大读者批评指正。

编　者

2015 年 3 月

目 录

学习情境五

混凝土 …80

学习情境一

建筑材料的基本性能

情境导入

　　某建筑工程中，施工企业为了保证石子达到一定的质量技术标准，需要测定该石子的视密度、表观密度、吸水率、堆积密度及开口孔隙率。根据试验员的测定，质量为 3.4kg、容积为 10L 的量筒装满绝干石子后的总质量为 18.4kg，向量筒内注水，待石子吸水饱和后，为注满此筒共注入水 4.27kg，将上述吸水饱和后的石子擦干表面，称得总质量为 18.6kg（含筒重）。

案例分析

　　在建筑工程中，建筑材料要承受各种不同的作用，从而要求建筑材料要具有相应的性质，例如，本案例中提到的视密度、表观密度、吸水率、堆积密度及开口孔隙率等。为了保证建筑物经久耐用，要求建筑设计人员掌握材料的基本性质，并能合理地选用材料。

　　如何对材料的基本性质指标进行计算？如何正确选择和合理使用建筑材料？需要掌握如下要点。

　　（1）材料的基本物理性质。

　　（2）材料的力学性质。

　　（3）材料的耐久性。

学习单元1　材料的基本物理性质

知识目标

　　（1）了解材料的密度、表观密度、堆积密度、密实度、孔隙率、填充率及空隙率的概念，熟悉各密度指标的表达式。

　　（2）熟悉耐水性、抗渗性、导热性、热容量与比热、吸声性的表达式。

技能目标

　　（1）能进行材料的密度、孔隙率、填充率、空隙率、压实度等与质量有关的物理性参数计算。

　　（2）能够进行吸水率、含水率、耐水性、抗渗性等与水有关的物性参数计算。

　　（3）能够进行导热性、热容量、比热容、材料的变形值等与热有关的物性参数计算。

　　（4）能够进行吸声系数和隔声量等与声学有关的物性参数计算。

➜ 基础知识

一、材料与质量有关的性质

材料与质量有关的性质主要是指材料的各种密度和描述其孔隙与空隙状况的指标。在这些指标的表达式中都有质量这一参数。

（一）材料的密度、表观密度和堆积密度

1. 密度

密度是指材料在绝对密实状态下单位体积的质量。密度（ρ）的计算公式为

$$\rho = \frac{m}{V} \tag{1-1}$$

式中，ρ 为材料的密度（g/cm^3 或 kg/m^3）；m 为材料的质量（g 或 kg）；V 为材料在绝对密实状态下的体积，即材料体积内固体物质的实体积（cm^3 或 m^3）。

材料的质量是指材料所含物质的多少。材料在绝对密实状态下的体积，是指不包括内部孔隙的材料体积。由于材料在自然状态下并非绝对密实，所以绝对密实体积一般难以直接测定，只有钢材、玻璃等材料可近似地直接测定。

> ☼ **小提示**
>
> 在测定有孔隙的材料的密度时，可以把材料磨成细粉或采用排液置换法测量其体积。材料磨得越细，测得的体积越接近绝对体积，所得密度值就越准确。

2. 表观密度

表观密度是材料在自然状态下单位体积的质量，测定材料的表观密度时，材料的质量可以是在任意含水状态下的，但需说明含水情况。表观密度 ρ_0 的计算公式为

$$\rho_0 = \frac{m}{V_0} \tag{1-2}$$

式中，ρ_0 为材料的表观密度（kg/m^3 或 g/cm^3）；m 为在自然状态下材料的质量（kg 或 g）；V_0 为在自然状态下材料的体积（m^3 或 cm^3）。

在自然状态下，材料内部的孔隙可分为两类：有的孔之间相互连通，且与外界相通，称为开口孔；有的孔互相独立，不与外界相通，称为闭口孔。大多数材料在使用时，其体积指包括内部所有孔在内的体积，即自然状态下的体积（V_0），如砖、石材、混凝土等。有的材料（如砂、石）在拌制混凝土时，因其内部的开口孔被水占据，材料体积只包括材料实体积及其闭口孔体积（以 V' 表示）。为了区别这两种情况，常将包括所有孔隙在内的密度称为表观密度；把只包括闭口孔在内的密度称为视密度，用 ρ' 表示，即 $\rho' = \frac{m}{V'}$。视密度在计算砂、石在混凝土中的实际体积时有实用意义。

> ☼ **小提示**
>
> 在自然状态下，材料内部常含有水分，其质量随含水程度而改变，因此视密度应注明其含水程度。材料的视密度除取决于材料的密度及构造状态外，还与其含水程度有关。

3. 堆积密度

堆积密度是把粉尘或者粉料自由填充于某一容器中，在刚填充完成后所测得的单位体积质量。堆积密度 ρ_0' 的计算公式为

$$\rho_0' = \frac{m}{V_0'} \tag{1-3}$$

式中，ρ_0' 为材料的堆积密度（kg/m³）；m 为材料的质量（kg）；V_0' 为材料的堆积体积（m³）。

材料的堆积体积是指散粒状材料在堆积状态下的总体外观体积。它的体积要比原状态下的材料体积大，即在原状体积下会有一个放大系数。这是因为散粒状材料在堆积过程中，它们之间存在颗粒内部的孔隙，也存在颗粒间的空隙。所以材料的堆积密度与散粒状材料在自然堆积时，颗粒间空隙、颗粒内部结构、含水状态、颗粒间被压实的程度有关。材料的堆积体积常用材料填充容器的容积大小来测量。

☼小提示

　　根据其堆积状态的不同，同一材料表现的体积大小可能不同，松散堆积状态下的体积较大，密实堆积状态下的体积较小。

（二）材料的密实度与孔隙率

1. 密实度

密实度是指材料的固体物质部分的体积占总体积的比例，说明材料体积内被固体物质所充填的程度，即反映了材料的致密程度。密实度 D 的计算公式为

$$D = \frac{V}{V_0} \times 100\% = \frac{\rho_0}{\rho} \tag{1-4}$$

式中，D 为材料的密实度（%）；V 为材料中固体物质的体积（cm³ 或 m³）；V_0 为在自然状态下的材料体积（包括内部孔隙体积，cm³ 或 m³）；ρ_0 为材料的表观密度（g/cm³ 或 kg/m³）；ρ 为材料的密度（g/cm³ 或 kg/m³）。

2. 孔隙率

孔隙率指散粒状材料堆积体积中，颗粒之间的空隙体积所占的比例。孔隙率包括真孔隙率，闭空隙率和先空隙率。孔隙率 P 的计算公式为

$$P = \frac{V_0 - V}{V_0} \times 100\% = \left(1 - \frac{V}{V_0}\right) \times 100\% = \left(1 - \frac{\rho_0}{\rho}\right) \times 100\% = (1 - D) \times 100\% \tag{1-5}$$

式中，P 为材料的孔隙率（%）。

孔隙率的大小直接影响了材料的诸多性质，其反映的是材料内部空隙的多少。孔隙率相同的情况下，材料的开口孔越多，材料的抗渗性、抗冻性越差。一般情况下，孔越细小、分布越均匀对材料越有利。例如，混凝土的孔隙率对混凝土的强度和耐久度会产生很大的影响。

☼小提示

　　材料的密实度和孔隙率是相对应的两个概念，它们从不同侧面反映材料的密实程度。

在建筑工程中，计算材料的用量和构件自重，进行配料计算，确定材料堆放空间及组织运输时，经常要用到材料的密度、表观密度和堆积密度。常用建筑材料的密度、表观密度、堆积密度及孔隙率见表1-1。

表1-1　　常用建筑材料的密度、表观密度、堆积密度及孔隙率

材料名称	密度/（g·cm⁻³）	表观密度/（kg·m⁻³）	堆积密度/（kg·m⁻³）	孔隙率/%
石灰岩	2.60	1 800～2 600	—	0.6～1.5
花岗岩	2.60～2.90	2 500～2 800	—	0.5～1.0
碎石（石灰岩）	2.60	—	1 400～1 700	—
砂	2.60	—	1 450～1 650	—
水泥	2.80～3.20	—	1 200～1 300	—
烧结普通砖	2.50～2.70	1 600～1 800	—	20～40
普通混凝土	2.60	2 100～2 600	—	5～20
轻质混凝土	2.60	1 000～1 400	—	60～65
木材	1.55	400～800	—	55～75
钢材	7.85	7 850	—	—
泡沫塑料	—	20～50	—	95～99

（三）材料的填充率与空隙率

对于松散颗粒状态材料（如砂、石子等），可用填充率和空隙率表示其填充的疏松致密的程度。

1. 填充率

填充率是指散粒状材料在堆积体积内被颗粒所填充的程度。填充率 D' 的计算公式为

$$D' = \frac{V_0}{V_0'} \times 100\% = \frac{\rho_0'}{\rho} \tag{1-6}$$

式中，D' 为散粒状材料在堆积状态下的填充率（%）。

2. 空隙率

空隙率是指散粒状材料在堆积体积内颗粒之间的空隙体积所占的百分率。空隙率 P' 的计算公式为

$$P' = \frac{V_0' - V_0}{V_0'} \times 100\% = \left(1 - \frac{V}{V_0'}\right) \times 100\% = \left(1 - \frac{\rho_0'}{\rho}\right) \times 100\% = (1 - D') \times 100\% \tag{1-7}$$

式中，P' 为散粒状材料在堆积状态下的空隙率（%）。

空隙率的大小反映了散粒体的颗粒之间相互填充的密实程度。在配置混凝土时，砂、石的空隙率是控制混凝土中骨料级配与计算混凝土含砂率时的重要依据。

（四）压实度

材料的压实度是指散粒状材料被压实的程度。即散粒状材料经压实后的干堆积密度 ρ' 值与该材料经充分压实后的干堆积密度 ρ_m' 值的比率百分数，压实度 K_y 的计算公式为

$$K_y = \frac{\rho'_0}{\rho'_m} \times 100\% \qquad (1\text{-}8)$$

式中，K_y 为散粒状材料的压实度（%）；ρ'_0 为散粒状材料经压实后的实测干堆积密度（kg/m³）；ρ'_m 为散粒状材料经充分压实后的最大干堆积密度（kg/m³）。

📖 课堂案例

经测定，质量为 3.4kg，容积为 10L 的量筒装满绝干石子后的总质量为 18.4kg，向量筒内注水，待石子吸水饱和后，为注满此筒共注入水 4.27kg，将上述吸水饱和后的石子擦干表面，称得总质量为 18.6kg（含筒重），求该石子的视密度、表观密度、堆积密度及开口孔隙率。

解：由已知得 $V'_0 = 10L$

$$V_{开} = 18.6 - 18.4 = 0.2 \text{ (L)}$$

$$V_{开} + V_{空} = 4.27L \qquad V_{空} = 4.07L \qquad V_0 = 10 - 4.07 = 5.93 \text{ (L)}$$

$$V' = V_0 - V_{开} = 5.93 - 0.2 = 5.73 \text{ (L)}$$

视密度：$\rho' = m/V' = (18.4 - 3.4)/5.73 = 2.62 \text{ (g/cm}^3)$

表观密度：$\rho_0 = m/V_0 = (18.4 - 3.4)/5.93 = 2.53 \text{ (g/cm}^3)$

开口孔隙率：$P_k = (m_2 - m_1)/V_0 \times 100\% = (18.6 - 18.4)/5.93 \times 100\% = 3.37\%$

堆积密度：$\rho'_0 = m/V'_0 = (18.4 - 3.4)/10 = 1.5 \text{ (g/cm}^3)$

二、材料与水有关的性质

我们常见的建筑材料与水相关的性质有：亲水性与憎水性、吸湿性与吸水性，以及耐水性、抗渗性和冻融性。因此，在建筑材料的正常使用阶段，就要考虑水对建筑材料的侵蚀作用，比如雪、雨、地下水、江河湖水、冻融等都会对与之有相关性质的建筑材料构成危害。

（一）材料的亲水性与憎水性

当水与建筑材料在空气中接触时，会出现两种不同的现象。图 1-1（a）所示为水在材料表面易于扩展，这种与水的亲和性称为亲水性。表面与水亲和力较强的材料称为亲水性材料。水在亲水性材料表面上的润湿边角（固、气、液三态交点处，沿水滴表面的切线与水和固体接触面所成的夹角）$\theta \leqslant 90°$。与此相反，材料与水接触时，不与水亲和的性质称为憎水性。水在憎水性材料表面上呈现如图 1-1（b）所示的状态，$\theta > 90°$。

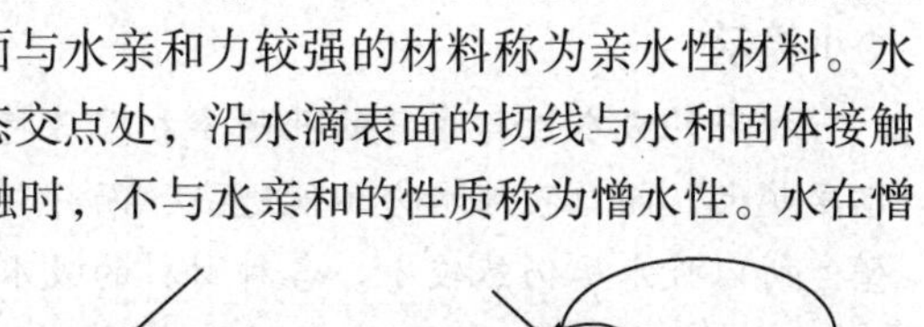

常见的亲水性材料有：大多数的无机硅酸盐、石膏、石灰等，这些材料因为具有较多的毛细孔隙，对水有强烈的吸附作用。

常见的最典型憎水材料是沥青，它经常被用作防水材料。

(a) 亲水性材料　　　　(b) 憎水性材料

图 1-1　材料润湿边角

（二）材料的吸湿性与吸水性

1. 吸湿性

材料的吸湿性是指材料在空气中能吸收水分的性质。这种性质和材料的化学组成与结构有关。对于无机非金属材料，吸湿性除了和材料的表面的化学性质有关外，还和材料形成的微结

5

构有关，如果多毛细孔，其吸湿能力就比较强；除此之外还和毛细孔的直径与结构相关。对于有机高分子材料也是如此。金属表面也有吸附水分子的性质，和金属元素的性质以及表面结构状态相关。吸湿性与吸水性不同，吸水性是指材料与液态水接触时吸收水分的特性。

吸湿性常以含水率表示，即吸入水分与干燥材料的质量比。一般来说，开口孔隙率较大的亲水性材料具有较强的吸湿性。材料的含水率还受环境条件的影响，随温度和湿度的变化而改变。最终材料的含水率将与环境湿度达到平衡状态，此时的含水率称为平衡含水率。含水率 W 的计算公式为

$$W = \frac{m_k - m_1}{m_1} \tag{1-9}$$

式中，W 为材料的含水率（%）；m_k 为材料吸湿后的质量（g）；m_1 为材料在绝对干燥状态下的质量（g）。

2. 吸水性

材料的吸水性是指材料在水中吸收水分达到饱和的能力，吸水性有质量吸水率和体积吸水率两种表达方式，分别用 W_w 和 W_v 表示。

$$W_w = \frac{m_2 - m_1}{m_1} \times 100\% \tag{1-10}$$

$$W_v = \frac{V_w}{V_0} \quad \frac{m_2 - m_1}{V_0} \cdot \frac{1}{\rho_w} \times 100\% \tag{1-11}$$

式中，W_w 为质量吸水率（%）；W_v 为体积吸水率（%）；m_2 为材料在吸水饱和状态下的质量（g）；m_1 为材料在绝对干燥状态下的质量（g）；V_w 为材料所吸收水分的体积（cm³）；ρ_w 为水的密度，常温下可取 1g/cm³。

对于质量吸水率大于 100% 的材料（如木材等），通常采用体积吸水率；而对于其他大多数材料，经常采用质量吸水率。两种吸水率之间存在着以下关系。

$$W_v = W_w \ \rho_0 \tag{1-12}$$

式中，ρ_0 为材料的干燥体积密度，即表现密度，单位采用 g/cm³。

☼**小提示**

材料的吸水性与材料的孔隙率和孔隙特征有关。对于细微连通孔隙，孔隙率越大，则吸水率越大，闭口孔隙水分不能进去，而开口大孔虽然水分易进入，但不能存留，只能润湿孔壁，所以吸水率仍然较小。各种材料的吸水率很不相同，差异很大，如花岗石的吸水率只有 0.5%～0.7%，混凝土的吸水率为 2%～3%，勃土砖的吸水率达 8%～20%，而木材的吸水率可超过 100%。

（三）材料的耐水性

材料的耐水性是指材料在长期的饱和水作用下不破坏，其强度也不显著降低的性质。材料含水后，将会以不同方式来减弱其内部结合力，使强度产生不同程度的降低。材料的耐水性用软化系数表示为

$$K = \frac{f_1}{f} \tag{1-13}$$

式中，K 为材料的软化系数；f_1 为材料吸水饱和状态下的抗压强度（MPa）；f 为材料在干燥状态下的抗压强度（MPa）。

（四）材料的抗渗性

材料抵抗压力水渗透的性质称为抗渗性。对于地下建筑以及水工结构物，因常受到压力水的作用，故要求材料具有一定的抗渗性；对于防水材料，则要求具有更高的抗渗性。

抗渗性可用渗透系数表示。根据水力学的渗透定律，在一定的时间 t 内，透过材料试件的水量 Q 与渗水面积 A 及材料两侧的水头差 H 成正比，与试件厚度 d 成反比，而其比例数 k 即定义为渗透系数。即由 $Q = k \cdot \dfrac{HAt}{d}$ 可得

$$k = \frac{Qd}{HAt} \tag{1-14}$$

式中，Q 为透过材料试件的水量（cm³）；H 为水头差（cm）；A 为渗水面积（cm²）；d 为试件厚度（cm）；t 为渗水时间（h）；k 为渗透系数（cm/h）。

材料的抗渗性也可用抗渗等级 P 表示，即在标准试验条件下，材料的最大渗水压力（MPa）。如抗渗等级为 P6，表示该种材料的最大渗水压力为 0.6MPa。

（五）材料的抗冻性

材料在使用环境中，经受多次冻融循环而不被破坏，强度也无显著降低的性质，称为抗冻性。

材料在经过多次冻融循环之后，主要表现为材料表面会出现裂纹、剥落等。这主要是由于材料内部孔隙中的水的作用所致。当孔隙水结冰时，体积会增大（约 9%），进而对材料内部的孔壁产生压力（每平方米可达 100N），冰融化时孔壁压力又随之消失，在反复从结冰到融化的过程中，孔壁压力会产生明显的压力差，最终导致材料出现裂纹、剥落等现象。

材料的抗冻性与其空隙率、孔隙特征、强度及充水程度等因素有关。材料的变形能力大、强度高、软化系数大时，其抗冻性能力较高。一般认为软化系数小于 0.80 的材料，其抗冻性较差。抗冻性良好的材料，抵抗大气温度变化、干湿交替等风化作用的能力较强，所以抗冻性也经常作为考察材料耐久性的一项指标。

材料的抗冻性试验是使材料吸水至饱和后，在-15℃条件下冻结规定时间，然后在室温的

水中融化，经过规定次数的冻融循环后，测定其质量及强度损失情况，以此来衡量材料的抗冻性。有的材料，如烧结普通砖、陶瓷面砖，以反复冻融 15 次后其质量及强度损失不超过规定值即为抗冻性合格；有的材料，如用于桥梁和道路的混凝土用抗冻等级 F 来表示，其等级为 F50、F100 或 F200，而水工混凝土要求高达 F500。

> ☼**小提示**
>
> 对于冬季室外温度低于-10℃的地区，工程中使用的材料必须进行抗冻性检验。

三、材料的热工性质

在建筑物中，建筑材料除需要满足强度及其他性能的要求外，还需要具有良好的热工性质，使室内维持一定的温度，为生产、工作及生活创造适宜的条件，并节约建筑物的使用能耗。建筑材料的热工性质有导热性、热容量、比热、耐燃性和耐火性等。

（一）材料的导热性

当材料两侧存在温度差时，热量将由温度高的地一侧通过材料传递到温度低的一侧，材料的这种传导热量的能力称为导热性，即指材料传导热量的能力。

材料导热能力的大小可用导热系数 λ 表示。导热系数的物理意义是：厚度为 1m 的材料，当温度每改变 1K(-272.15℃)时，在 1h 时间内通过 $1m^2$ 面积的热量。材料的导热系数越小，表示其绝热性能越好。各种材料的导热系数差别很大，如泡沫塑料 $\lambda=0.035W/(m·K)$，而大理石 $\lambda=3.48W/(m·K)$。工程中通常把 $\lambda \leq 0.23W/(m·K)$ 的材料称为绝热材料。

导热系数的计算公式为

$$\lambda = \frac{Qd}{At(T_2 - T_1)} \tag{1-15}$$

式中，λ 为材料的导热系数 $[W/(m·K)]$；Q 为传导的热量（J）；d 为材料厚度（m）；A 为材料的传热面积（m^2）；t 为传热的时间（s）；T_2-T_1 为材料两侧的温度差（K）。

> ☼**小提示**
>
> 材料导热系数的大小与材料的组成、含水率、孔隙率、孔隙尺寸及孔的特征等有关，与材料的表观密度有很好的相关性。当材料的表观密度小、孔隙率大、闭口孔多、孔分布均匀、孔尺寸小、含水率小时，导热性差，绝热性好。通常所说的材料导热系数是指干燥状态下的导热系数，材料一旦吸水或受潮，导热系数会显著增大，绝热性变差。

（二）材料的热容量与比热

1. 材料的热容量

热容量是指材料受热时吸收热量或冷却时放出热量的能力。热容量 Q 的计算公式为

$$Q = cm(T_2 - T_1) \tag{1-16}$$

式中，Q 为材料的热容量（J）；c 为材料的比热 $[J/(g·K)]$；m 为材料的质量（g）；T_2-T_1 为材料受热或冷却前后的温度差（K）。

2. 材料的比热

材料的比热 c 是真正反映不同材料热容性差别的参数，它可由式（1-15）导出。

$$c = \frac{Q}{m(T_2 - T_1)}$$ （1-17）

比热表示质量为 1g 的材料，在温度每改变 1K 时所吸收或放出热量的大小。材料的比热值大小与其组成和结构有关。通常所说材料的比热值是指其干燥状态下的比热值。

比热 c 与质量 m 的乘积称为热容。选择高热容材料作为墙体、屋面、内装饰，在热流变化较大时，对稳定建筑物内部温度变化有重要意义。

几种常用建筑材料的导热系数和比热值见表 1-2。

表 1-2　　　　　　几种常用建筑材料的导热系数和比热值

材料	导热系数 /[W·(m·K)⁻¹]	比热 /[J·(g·K)⁻¹]	材料	导热系数 /[W·(m·K)⁻¹]	比热 /[J·(g·K)⁻¹]
钢　材	58	0.48	泡沫塑料	0.035	1.30
花岗岩	3.49	0.92	水	0.58	4.19
普通混凝土	1.51	0.84	冰	2.33	2.05
普通黏土砖	0.80	0.88	密闭空气	0.023	1.00
松　木	横纹 0.17 顺纹 0.35	2.5			

（三）材料的耐燃性与耐火性

建筑物失火时，材料能够经受高温与火的作用不破坏，强度不严重下降的性能，称为材料的耐燃性。根据耐燃性不同，材料可分为燃烧类（木材、沥青等）、不燃烧类（普通石材、混凝土、砖、石棉等）和难燃烧类（沥青混凝土、经防火处理的木材等）三大类。

材料在长期高温作用下，保持不熔性并能工作的性能称为材料的耐火性，如砌筑窑炉、锅炉、烟道等的材料。按耐火性高低将材料分为耐火材料（耐火砖中的硅砖、镁砖、铝砖、和铬砖等）、难熔材料（耐火混凝土等）、易熔材料（普通黏土砖等）。

常用材料的极限耐火温度见表 1-3。

表 1-3　　　　　　　　常用材料的极限耐火温度

材料	温度/℃	注解	材料	温度/℃	注解
普通黏土砖砌体	500	最高使用温度	预应力混凝土	400	火灾时最高允许温度
普通钢筋混凝土	200	最高使用温度	钢　材	350	火灾时最高允许温度
普通混凝土	200	最高使用温度	木　材	260	火灾危险温度
页岩陶粒混凝土	400	最高使用温度	花岗石（含石英）	575	相变发生急剧膨胀温度
普通钢筋混凝土	500	火灾时最高允许温度	石灰岩、大理石	750	开始分解温度

9

（四）材料的温度变形性

材料的温度变形性是指温度升高或降低时材料的体积变化程度。多数材料在温度升高时体积膨胀，温度降低时体积收缩。这种变化在单向尺寸上表现为线膨胀或线收缩。对应的技术指标为线膨胀系数（α）。材料的单向线膨胀量或线收缩量计算公式为

$$\Delta L = (t_1 - t_2) \cdot \alpha \cdot L \tag{1-18}$$

式中，ΔL 为线膨胀或线收缩量（mm）；（$t_1 - t_2$）为材料升降温前后的温度差（K）；α 为材料在常温下的平均线膨胀系数（1/K）；L 为材料原来的长度（mm）。

☆小提示

材料线膨胀系数大小与建筑温度变形的产生有着直接的关系，在工程中需选择合适的材料来满足工程对温度变形的需求。

四、材料的声学性能

材料的声学性能是通过材料与声波相互作用而呈现的，主要有吸声性和隔声性。

（一）吸声性

吸声性是指声能穿透材料和被材料消耗的性质。材料吸声性能用吸声系数 α 表示。吸声系数是指吸收的能量与声波原先传递给材料的全部能量的百分比。吸声系数的计算公式为

$$\alpha = \frac{E}{E_0} \times 100\% \tag{1-19}$$

式中，α 为材料的吸声系数；E_0 为传递给材料的全部入射声能；E 为被材料吸收（包括透过）的声能。

当声波传播到材料表面时，一部分声波被反射，另一部分穿透材料，而其余部分则在材料内部的孔隙中引起空气分子与孔壁的摩擦和黏滞阻力，这样相当一部分声能转化为热能而被吸收。

材料的吸声特性除与材料的表观密度、孔隙特征、厚度及表面的条件（有无空气层及空气层的厚度）有关外，还与声波的入射角及频率有关。一般而言，材料内部具有开放、连通的细小孔隙越多，吸声性能越好；增加多孔材料的厚度，可提高对低频声音的吸收效果。同一材料，对于高、中、低不同频率的吸声系数不同。为了全面反映材料的吸声性能，规定取 125Hz、250Hz、500Hz、1 000Hz、2 000Hz、4 000Hz 6 个频率的平均吸声系数来表示材料吸声的频率特性。材料的吸声系数在 0～1，平均吸声系数≥0.2 的材料称为吸声材料。

吸声材料能抑制噪声和减弱声波的反射作用。为了改善声波在室内传播的质量，保持良好的音响效果和减少噪声的危害，在进行音乐厅、电影院、大会堂、播音室等内部装饰时，应使用适当的吸声材料。在噪声大的厂房内，有时也采用吸声材料。

（二）隔声性

声波在传播过程中被减弱或隔断的性能称为材料的隔声性。声波的传播主要通过空气和固体来实现，因而隔声分为隔空气声和隔固体声。

1. 隔空气声

声波在空气中传播遇到密实的围护结构（如墙体）时，声波将激发墙体产生振动，并使声音透过墙体传至另一空间中。空气对墙体的激发服从"质量定律"，即墙体的单位面积质量越大，隔声效果越好。因此，砖及混凝土等材料的结构，隔声效果都很好。

☆ **小提示**

透射声功率与入射声功率的比值称为**声透射系数** τ，该值越大则材料的隔声性能越差。材料或构件的隔声能力用隔声量 $R\,[\,R=10\lg(1/\tau)\,]$ 来表示。与声透射系数 τ 相反，隔声量 R 越大，材料或构件的隔声越好。对于均质材料，隔声量符合"质量定律"，即材料单位面积的质量越大或材料的体积密度越大，隔声越好，轻质材料的质量较小，隔声性较密实材料差。

2. 隔固体声

固体声是由于振源撞击固体材料，引起固体材料受迫振动而发声，并向四周辐射声能。固体声在传播过程中，声能的衰减极少。对固体声隔绝的最有效措施是断绝其声波继续传递的途径，即在产生和传递固体声波的结构层中加入具有一定弹性的衬垫材料，如木板、地毯、壁布、橡胶片等，以阻止或减弱固体声波的继续传播。

（三）影响材料吸声性能的主要因素

1. 材料的表观密度

对同一种多孔材料来说，当表观密度增大，对低频的吸声效果有所提高，而对高频的吸声效果则有所降低。

2. 材料的厚度

材料厚度的增加，可以提高低频的吸声效果，而对高频吸声没有多大的影响。

3. 材料的孔隙特征

孔隙多且细小，吸声效果好。孔隙太大，则效果就差。如果材料中的孔隙大部分为单独的封闭气泡，则因声波不能进入，从吸声机理来讲，不属于多孔性吸声材料。当多孔材料表面涂刷油漆或材料吸湿时，则因材料的孔隙被水分或涂料所堵塞，其吸声效果也将大大降低。

4. 吸声材料设置的位置

悬吊在空中的吸声材料，可以控制室内的混响时间和降低噪声。多孔材料或饰物悬吊在空中，其吸声效果比布置在墙面或顶棚上要好，而且使用和安置也比较便利。

（四）吸声材料的种类和应用

吸声材料按材料的吸声机理可分为多孔吸声材料、共振吸声结构和特殊吸声结构 3 类。

1. 多孔性吸声材料

多孔性吸声材料主要包括纤维材料、颗粒材料及泡沫材料。

多孔性吸声材料性能是通过其内部具有的大量内外连通的微小空隙和孔洞实现的。当声波沿着微孔或间隙进入材料内部以后，激发起微孔或间隙内的空气振动，空气和孔壁摩擦产生热传导作用，空气的黏滞性使振动空气的能量不断转化为热能而被消耗，声能转弱，从而达到吸声的目的。

2. 共振吸声结构

共振吸声结构是利用共振原理设计的具有吸声功能的结构。

共振吸声结构可分为 4 种类型：共振吸声器、穿孔板共振吸声结构、板式共振吸声结构和膜式共振吸声结构。

3. 工程应用

（1）利用墙体安装共振吸声器。常见的有石膏共振吸声器、共振吸声砖以及利用空心砖砌筑空斗墙等。

（2）穿孔板共振吸声结构。一般板穿孔率较低，后补需留空腔安装，可靠墙安装，也可做共振吸声吊顶。

（3）板式共振吸声结构。建筑物内板式共振构件较多，如胶合板、中密度木纤维板、石膏板、FC板、硅酸钙板、TK板等吊顶以及后部留有空腔的护墙板均可组成板式共振吸声结构；窗玻璃、搁空木地板以及水泥砂浆抹灰顶棚也可以形成板式共振吸声结构。

（4）膜式共振吸声结构。可用多彩塑料膜在室内装修中做出各种复杂体形，即膜式共振吸声结构。

学习单元2 材料的力学性质

📋 知识目标

（1）了解材料的强度特征与等级。

（2）掌握抗拉、抗压、抗剪强度计算方法。

（3）掌握材料弹性模量的计算方法。

（4）掌握材料磨损率的计算方法。

📋 技能目标

（1）能够进行抗拉、抗压、抗剪强度计算。

（2）能够进行材料弹性模量的计算。

（3）能够进行材料磨损率的计算。

➡️ 基础知识

材料的力学性质是指材料在外力作用下，抵抗破坏和变形方面的性质。其对建筑物的正常、安全及有效使用是至关重要的。

一、材料的强度特征

（一）强度

材料的强度是指材料在外力作用下抵抗破坏的能力。建筑材料受外力作用时，内部就产生应力。外力增加，应力相应增大，直至材料内部质点结合力不足以抵抗外力时，材料即发生破坏，此时的应力值就是材料的强度，也称为极限强度。

根据外力作用方式的不同，材料强度有抗拉、抗压、抗剪、抗弯（抗折）强度等，如图1-2所示。

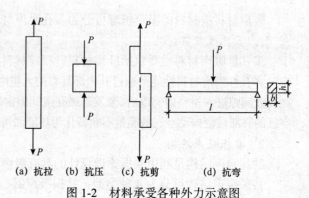

(a) 抗拉 (b) 抗压 (c) 抗剪   (d) 抗弯

图1-2 材料承受各种外力示意图

☆**小提示**

　　材料的强度常通过破坏性试验测定。将试件放在材料试验机上，施加荷载，直至破坏，根据破坏时的荷载，即可计算出材料的强度。

　　1. 抗拉（压、剪）强度

　　材料承受荷载（拉力、压力、剪力）作用直到破坏时，单位面积上所承受的拉力（压力、剪力）称为抗拉（压、剪）强度。材料的抗拉、抗压、抗剪强度按下式计算。

$$f = \frac{F}{A} \tag{1-20}$$

式中，f 为抗拉、抗压、抗剪强度（MPa）；F 为材料受拉、压、剪时的破坏荷载（N）；A 为材料受力面积（mm^2）。

　　2. 抗弯（折）强度

　　材料的抗弯（折）强度与材料受力情况有关，对于矩形截面试件，若两端支撑，中间承受荷载作用，则其抗弯（折）强度按下式计算。

$$f_m = \frac{3FL}{2bh^2} \tag{1-21}$$

式中，f_m 为材料的抗弯（折）强度（MPa）；F 为受弯时的破坏荷载（N）；L 为两支点间距（mm）；b、h 为材料截面宽度、高度（mm）。

　　另外，强度还有断裂强度、剥离强度等。

　　断裂强度是指承受荷载时材料抵抗断裂的能力。

　　剥离强度是指在规定的试验条件下，对标准试件施加荷载，使其承受线应力，且加载的方向与试件表面保持规定角度，胶黏剂单位宽度上所能承受的平均荷载，常用 N/m 来表示。

☆**小提示**

　　材料的强度与其组成及结构有关。相同种类的材料，其组成、结构特征、孔隙率、试件形状、尺寸、表面状态、含水率、温度及试验时的加荷速度等，对材料的强度都有影响。

　　常用建筑材料的各种强度见表 1-4。

表 1-4　　　　　　　　　　常用建筑材料的各种强度值　　　　　　　　　（单位：MPa）

材料	抗压	抗拉	抗折
花岗石	100～250	5～8	10～14
普通混凝土	5～60	1～9	—
轻骨料混凝土	5～50	0.4～2	—
松木（顺纹）	30～50	80～120	60～100
钢材	240～1 500	240～1 500	—

　　由表 1-4 可见，不同材料的各种强度是不同的。花岗石、普通混凝土等的抗拉强度比抗压强度甚至小几十倍，因此，这类材料只适于做受压构件（基础、墙体、桩等）。而钢材的抗压强度和抗拉强度相等，所以作为结构材料性能最为优良。

（二）强度等级

对于以强度为主要指标的材料，通常按材料强度值的高低划分成若干等级，称为强度等级。如硅酸盐水泥按 7d、28d 抗压、抗折强度值划分为 42.5、52.5、62.5 等强度等级。测定强度的标准试件见表 1-5。

☼ **小提示**

强度等级是人为划分的，不连续的。根据强度划分强度等级时，规定的各项指标都合格，才能定为某强度等级，否则就要降低级别。而强度具有客观性和随机性，试验值往往是连续分布的。强度等级与强度间的关系，可简单表述为"强度等级来源于强度，但不等同于强度"。

表 1-5　　　　　　　　　　　　　测定强度的标准试件

受力方式	试件	简图	计算公式	材料	试件尺寸/mm
			（a）轴向抗压强度极限		
轴向受压	立方体			混凝土 砂浆 石材	$150\times150\times150$ $70.7\times70.7\times70.7$ $50\times50\times50$
	棱柱体		$f_{压}=\dfrac{F}{A}$	混凝土 木材	$a=100,150,200$ $h=2a\sim3a$ $a=20,h=30$
	复合试件			砖	$s=ab=115\times120$
	半个棱柱体			水泥	$s=ab=40\times62.5$
			（b）轴向抗拉强度极限		
轴向受拉	钢筋 拉伸试件		$f_{拉}=\dfrac{F}{A}$	钢筋 木材	$l=5d$ 或 $l=10d$ $A=\dfrac{\pi d^2}{4}$ $a=15,b=4$ $(A=a\cdot b)$
	立方体			混凝土	$100\times100\times100$ $150\times150\times150$

14

受力方式	试　件	简　图	计算公式	材　料	试件尺寸/mm
		（c）抗弯强度极限			
受弯	棱柱体砖		$f_弯 = \dfrac{3Fl}{2bh^2}$	水泥	$b=h=40$ $l=100$
	棱柱体		$f_弯 = \dfrac{Fl}{bh^2}$	混凝土 木　材	$20\times20\times300$ $l=240$

（三）比强度

比强度是指按单位体积质量计算的材料强度，即材料的强度与其表观密度之比 f/ρ_0，其是反映材料轻质高强的力学参数，是衡量材料轻质高强性能的一项重要指标。比强度越大，材料的轻质高强性能越好。在高层建筑及大跨度结构工程中，常采用比强度较高的材料。轻质高强的材料也是未来建筑材料发展的主要方向。几种常用材料的比强度见表1-6，表中数值表明，松木比强度较高，较为轻质高强，而红砖比强度值最小。

表 1-6　　　　　　　　　　几种常用材料的比强度

材料名称	表观密度/（kg·m^{-3}）	强度值/MPa	比强度
低碳钢	7 800	235	0.030 1
松　木	500	34	0.068 0
普通混凝土	2 400	30	0.012 5
红　砖	1 700	10	0.005 9
烧结普通砖	1 700	10	0.006 0
铝合金	2 800	450	0.160 0
玻璃钢	2 000	450	0.225 0

☼小提示

大部分建筑材料根据其极限强度的大小，划分为若干不同的强度等级。砖、石、水泥、混凝土等材料，主要根据其抗压强度划分强度等级。建筑钢材的钢号主要按其抗拉强度划分。将建筑材料划分为若干强度等级，对掌握材料性能，合理选用材料，正确进行设计和控制工程质量，是十分必要的。

材料的强度主要取决于材料成分、结构及构造。不同种类的材料，其强度不同；即使同类材料，由于组成、结构或构造的不同，其强度也有很大差异。疏松及孔隙率较大的材料，其质点间的联系较弱，有效受力面积减小，孔隙附近产生应力集中，故强度低。某些具有层状或纤维状构造的材料在不同方向受力时强度性能也不同，即所谓各向异性。

二、材料的弹性和塑性

弹性和塑性是材料的变形性能，它们主要描述的是材料变形的可恢复特性。

（一）弹性

材料在外力作用下产生变形，当外力取消后能够完全恢复原来形状、尺寸的性质称为弹性。这种能够完全恢复的变形称为弹性变形。材料弹性变形曲线如图1-3所示。

弹性变形大小与其所受外力大小成正比，其比例系数对某理想的弹性材料来说为一常数，这个常数被称为该材料的弹性模量，以符号"E"来表达，其公式为

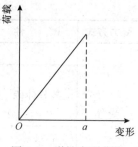

图1-3 弹性变形曲线

$$E = \frac{\sigma}{\varepsilon}$$

（1-22）

式中，σ 为材料所受的应力（MPa）；ε 为在应力 σ 作用下的应变。

几种常用建筑材料的弹性模量值见表1-7。

表 1-7 常用建筑材料的弹性模量值 E（$\times 10^4$MPa）

材料	低碳钢	普通混凝土	烧结普通砖	木材	花岗石	石灰石	玄武石
弹性模量	21	1.45～360	0.6～1.2	0.6～1.2	200～600	600～1 000	100～800

> ☼ **小提示**
>
> 弹性模量是反映材料抵抗变形能力的指标。E 值越大，表明材料的刚度越大，外力作用下的变形越小。

16

（二）塑性

在外力作用下材料产生变形，在外力取消后，有一部分变形不能恢复，这种性质称为材料的塑性。这种不能恢复的变形，称为塑性变形。

钢材在弹性极限内接近于完全弹性材料，其他建筑材料多为非完全弹性材料。这种非完全弹性材料在受力时，弹性变形和塑性变形同时产生，如图1-4所示；外力取消后，弹性变形 ab 可以消失，而塑性变形 Ob 不能消失。

实际上，只有单纯的弹性或塑性的材料都是不存在的，各种材料在不同的应力下都会表现出不同的变形性能。

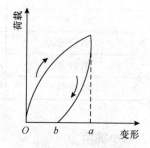

图1-4 塑性变形曲线

三、材料的韧性和脆性

（一）韧性

材料的韧性是指在冲击或震动荷载作用下，能吸收较大能量，产生一定的变形而不发生突然破坏的性质。材料的韧性值用冲击韧性指标来表示，材料冲击韧性的大小，以标准试件破坏时单位面积或体积所吸收的能量来表示。根据荷载作用的方式不同，有冲击抗压、冲击抗拉及冲击抗弯等。对于用作桥梁、路面、桩、吊车梁、设备基础等有抗震要求的结构，都要考虑材料的冲击韧性。

（二）脆性

材料在外力作用下，直至断裂前只发生弹性变形，不出现明显的塑性变形而突然破坏的性质称为脆性。具有这种性质的材料称为脆性材料，如石材、烧结普通砖、混凝土、铸铁、玻璃及陶瓷等。脆性材料的抗压能力很强，其抗压强度比抗拉强度大得多，可达十几倍甚至更高。脆性材料抗冲击及动荷载能力差，故常用于承受静压力作用的建筑部位，如基础、墙体、柱子、墩座等。

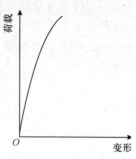

图1-5　脆性材料的变形曲线

混凝土、玻璃、砖、石材、陶瓷等属于脆性材料，它们的抵抗冲击作用能力差，但是抵抗强度较高。图1-5所示为脆性材料的变形曲线。

四、材料的硬度和耐磨性

（一）硬度

硬度是材料表面抵抗硬物刻划或压入的能力。测定硬度的方法有很多，常用刻划法、压入法和回弹法。

刻划法常用于测定矿物材料的硬度，即按滑石、石膏、方解石、萤石、磷灰石、正长石、石英、黄玉、刚玉、金刚石的硬度递增顺序分为10级，通过它们对材料划痕来确定材料的硬度，称为莫氏硬度。

压入法是以一定的压力将一定规格的钢球或金刚石制成的尖端压入试样表面，根据压痕的面积或深度来测定其硬度。常用的有布氏硬度、洛氏硬度和维氏硬度。

回弹法用于测定混凝土表面硬度，并可间接推算混凝土的强度，也用于测定陶瓷、砖、砂浆、塑料、橡胶等材料的表面硬度和间接推算其强度。

☆小提示

　　通常，硬度大的材料耐磨性较强，不易加工。在工程中，常利用材料硬度与强度间的关系，间接测定材料强度。

（二）耐磨性

耐磨性是指材料表面抵抗磨损的能力，耐磨性用磨损率（N）表示，它等于试件在标准试验条件下磨损前后的质量差与试件受磨表面积之商。磨损率（N）可用下式计算。

$$N = \frac{m_1 - m_2}{A}　　　　　　　（1\text{-}23）$$

式中，N 为材料的磨损率（g/cm^2）；m_1、m_2 为材料磨损前、后的质量（g）；A 为试件受磨面积（cm^2）。

试件的磨损率表示一定尺寸的试件，在一定压力作用下，在磨损试验机上磨一定次数后，试件每单位面积上的质量损失。

材料的耐磨性与硬度、强度及内部构造有关，材料的硬度越大，则材料的耐磨性越高，材料的磨损率有时用磨损前后的体积损失来表示；材料的耐磨性有时用耐磨次数来表示。地面、路面、楼梯踏步及其他受较强磨损作用的部位，需选用具有较高硬度和耐磨性的材料。

学习单元 3　材料的耐久性

知识目标

（1）熟悉材料的耐久性的影响因素。

（2）掌握材料耐久性的提高措施。

（3）掌握材料耐久性的测定方法。

技能目标

（1）能够从材料耐久性的综合性能理解影响材料耐久性的因素。

（1）能够根据材料的特点和使用情况对提高材料的耐久性采取相应的措施。

（3）能够进行耐久性的实验室测试。

基础知识

建筑材料的耐久性是指材料使用过程中，在内、外部因素的作用下，经久不破坏、不变质，保持原有性能的性质。

一、材料耐久性的影响因素

材料在环境中使用，除受荷载作用外，还会受周围环境各种自然因素的影响，如物理、化学及生物等方面的作用。

物理作用包括干湿变化、温度变化、冻融循环、磨损等，这些都会使材料遭到一定程度的破坏，影响材料的长期使用。

化学作用包括受酸、碱、盐类等物质的水溶液及有害气体作用，发生化学反应及氧化作用，受紫外线照射等使材料变质或受损。

生物作用是指昆虫、菌类等对材料的蛀蚀及腐蚀作用。

材料的耐久性是一项综合性能，不同材料的耐久性往往有不同的具体内容：混凝土的耐久性，主要通过抗渗性、抗冻性、抗腐蚀性和抗碳化性来体现；钢材的耐久性，主要取决于其抗锈蚀性；沥青的耐久性则主要取决于其大气稳定性和温度敏感性。

二、材料耐久性的测定

由于耐久性是材料的一项长期性质，所以对耐久性最可靠的判断是在使用条件下进行长期的观察和测定，这样做需要很长的时间。通常是根据使用要求，在试验室进行快速试验，并据此对耐久性做出判断，快速检查的项目有干湿循环、冻融循环、加湿与紫外线干燥循环、碳化、盐溶液浸渍与干燥循环、化学介质浸渍等。

如常用软化系数来反映材料的耐水性；用实验室的冻融循环（数小时一次）试验得出的抗冻等级来说明材料的抗冻性；采用较短时间的化学介质浸渍来反映实际环境中的水泥石长期腐蚀现象等，并据此对耐久性做出测定和评价。

知识链接

建筑材料在建筑工程中的地位和作用

建筑材料是一切建筑工程的物质基础。要发展建筑业，就必须发展建筑材料工业。可见，建筑材料工业是国民经济重要的基础工业之一。

（1）建筑材料是建筑工程的物质基础。建筑材料不仅用量大，而且有很强的经济性，直接影响工程的总造价。所以，在建筑过程中恰当地选择和合理地使用建筑材料，不仅能提高建筑物质量及其寿命，而且对降低工程造价也有着重要意义。

（2）建筑材料的发展赋予了建筑物鲜明的时代特征和风格。中国古代以木架构为代表的宫廷建筑、西方古典建筑的石材廊柱、当代以钢筋混凝土和型钢为主体材料的超高层建筑，都体现了鲜明的时代感。

（3）建筑设计理论的不断进步和施工技术的革新，不但受到建筑材料发展的制约，同时亦受到其发展的推动。大跨度预应力结构、薄壳结构、悬索结构、空间网架结构、节能建筑、绿色建筑的出现，无疑都与新材料的产生密切相关。

（4）建筑材料的质量直接影响建筑物的坚固性、适用性及耐久性。因此，建筑材料只有具有足够的强度以及与使用环境条件相适应的耐久性，才能使建筑物具有足够的使用寿命，并最大限度地减少维修费用。

建筑材料的发展是随着人类社会生产力的不断发展和人民生活水平的不断提高而向前发展的。现代科学技术的发展，使生产力水平不断提高，人民生活水平不断改善，这将要求建筑材料的品种更加丰富、性能更加完备，不仅要求其经久耐用，而且要求建筑材料具有轻质、高强、美观、保温、吸声、防水、防震、防火、节能等功能。

19

学习案例

某建筑工程使用的砌筑用砖干燥时表观密度为 1 900kg/m³，密度为 2.5g/cm³，质量吸水率为10%。

想一想

（1）该砖的孔隙率是多少？

（2）该砖的体积吸水率为多少？

案例分析

解：已知条件：$\rho_0 =1\,900\text{kg/m}^3$；$\rho =2.5\text{g/cm}^3$；$W_w =10$，求：$P$、$W_v$。

$$P=\frac{V_0-V}{V_0}\times100\%=(1-\rho_0/\rho)\times100\%=(1-1.9)\div2.5\times100\%=24\%$$

V_0为自然状态下体积，V为实际体积。

$$W_v=W_m\times\rho_0=10\%\times1.9=19\%$$

🔖 知识拓展

建筑材料的发展趋势

建筑材料是随着社会生产力和科学技术水平的提高而逐步发展起来的。近年来，建筑材料有以下发展趋势。

（1）研制高性能材料。例如研制轻质、高强、高耐久性、优异装饰性和多功能的材料，以及充分利用和发挥各种材料的特性，采用复合技术制造出具有特殊功能的复合材料。

（2）充分利用地方材料。大力开发利用工业废渣作为建筑材料的资源，以保护自然资源和维护生态环境的平衡。

（3）节约能源。优先开发、生产低能耗的建筑材料以及降低建筑使用能耗的节能型建筑材料。

（4）提高经济效益。大力发展和使用不仅能给建筑物带来优良技术效果，同时具有良好经济效益的建筑材料。

情境小结

（1）材料的物理性质主要包括材料与质量有关的性质、与水有关的性质、与热有关的性质和材料的声学性能。

（2）材料的力学性质是指材料在外力作用下，抵抗破坏和变形方面的性质，主要包括材料的强度、强度等级及比强度，材料的弹性和塑性，材料的韧性和脆性，材料的硬度和耐磨性。

（3）材料的耐久性是一项综合属性，在实际工程中应根据材料的种类和建筑物所处环境条件提出不同的耐久性要求。

学习检测

一、填空题

1. 建筑材料与质量有关的性质主要是指材料的_____和_____。

2. 建筑材料和水有关的性质，包括材料的_____与_____、_____与_____以及材料的_____、_____等。

3. 建筑材料的热工性质有_____、_____、_____、_____和_____等。

4. 材料的声学性能是通过_____与_____相互作用而呈现的，主要有_____和_____。

5. 根据外力作用方式的不同，材料强度有_____、_____、_____、_____强度等。

6. 建筑材料的耐久性是指材料使用过程中，在内、外部因素的作用下，_____、_____，保持_____的性质。

二、选择题

1. 下列（　　）性质与材料的孔隙构造特征有关。

   A. 吸水性　　　　B. 抗渗性　　　　C. 塑性　　　　D. 导热性

2. 下列材料属于亲水材料的有（　　　）。

　　A. 花岗石　　　　　B. 石膏　　　　　C. 石灰　　　　　D. 混凝土

3. 软化系数表示材料的（　　　）。

　　A. 吸湿性　　　　　B. 耐水性　　　　　C. 抗渗性　　　　　D. 抗冻性

4. 材料的吸声特征与材料的（　　　）有关。

　　A.表观密度　　　　B. 孔隙特征　　　　C. 厚度　　　　　D. 表面的条件

5. 导致导热系数增加的因素有（　　　）。

　　A. 密实度增大　　　　　　　　　B. 材料孔隙率增大

　　C. 材料含水率减小　　　　　　　D. 材料含水率增加

6. 选择（　　　）材料作为墙体、屋面、内装饰，可使建筑物具有良好的保温隔热性能。

　　A. 导热系数和比热容均大　　　　B. 导热系数和比热容均小

　　C. 导热系数大而比热容小　　　　D. 导热系数小而比热容大

三、回答题

1. 材料的密度、表观密度及堆积密度三者之间有何区别？

2. 何谓材料的亲水性与憎水性？材料的吸湿性与吸水性有何关系？

3. 材料与热有关的性质包括哪些内容？

4. 材料的吸声性与材料的哪些方面相关？

5. 弹性与塑性的区别是什么？

6. 韧性与脆性的关系是什么？硬度与耐磨性的区别是什么？

学习情境二

建筑石材

情境导入

日本青年建筑师隈研吾在其一系列的作品中，不断尝试对于木材、纸、竹子、石材甚至塑料的创新运用，通过对并不多见的技术的不断实验和尝试，建筑师成功地塑造了其在建筑材料使用上的国际声誉，用技术服务于艺术并且表达着艺术。在其石材博物馆作品中，通过和白井石材这一石材业主沟通，得知了石材可以较容易地加工成格栅，建筑最后采用了一组长1 500mm，截面是 40mm×150mm 的芦野石作为格栅，并通过间距 1 500mm 的带锯齿形沟槽的石柱固定，形成了独特的外墙肌理和遮阳效果。该建筑还采用了厚度仅 6mm 的透光大理石，产生了独特的光影和空间效果，如图 2-1 所示。

图 2-1 石材博物馆半透明石材

案例分析

现代建筑中，虽说几乎是钢筋混凝土一统天下，但也不乏石材运用的佳作出现，而且随着世界建筑多元化局面的出现，一些建筑师突破现代建筑的常规，重视建筑技术及其材料的表现，并将其与建筑艺术有机融合，使石材呈现出现代性的特征。

如何检验建筑石材的技术性能指标？如何根据工程实际情况选用建筑石材？需要掌握以下重点。

（1）岩石的基本知识。

（2）常用建筑石材。

学习单元1　岩石

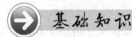知识目标

（1）掌握造岩矿物从不同角度的分类。
（2）熟悉岩石的基本性质，包括物理性质、力学性质、化学性质、热学性质等。

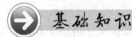技能目标

（1）熟悉岩石的分类、性质，能描述建筑常用岩石中存在的主要矿物。
（2）能对岩石从成因上进行分类。

基础知识

一、岩石的分类和性质

（一）造岩矿物

造岩矿物主要是指组成岩石的矿物。造岩矿物大部分是硅酸盐、碳酸盐矿物，根据其在岩石中的含量，又可分为主要矿物、次要矿物和副矿物。

一般造岩矿物按其组成可分为两大类。一类是深色（或暗色）矿物，其内部富含 Fe、Mg 等元素，如硫铁矿、黑云母等；另一类称为浅色矿物，其内部富含 Si、Al 等元素，又称硅铝矿物，它们的颜色较浅，如石英、长石等。建筑上常用的岩石有花岗岩、正长岩、闪长岩、石灰岩、砂岩、大理岩和石英岩等。这些岩石中存在的主要矿物有长石、石英、云母、方解石、白云石、硫铁矿等。常见造岩矿物的性质见表 2-1。

表 2-1　　　　　　　　　　常见造岩矿物的性质

序号	名称	矿物颜色	莫氏硬度	密度/（g·cm^{-3}）	化学成分	备注
1	长石	灰色、白色	6	约2.6	$KAlSi_3O_8$	多见于花岗岩中
2	石英	无色、白色等	7	约2.6	SiO_2	多见于花岗岩、石英岩中
3	白云母	黄色、灰色、浅绿色	2～3	约2.9	$KAl_2(OH)_2[AlSi_3O_{10}]$	有弹性，多以杂质状存在
4	方解石	白色或灰色等	3	2.7	$CaCO_3$	多见于石灰岩、大理岩中
5	白云石	白色、浅绿色、棕色	3.5	2.83	$CaCO_3$、$MgCO_3$	多见于白云岩中
6	硫铁矿	亮黄色	6	5.2	FeS_2	为岩石中的杂质

（二）分类和性质

自然界的天然石材种类很多，按其形成原因可分为岩浆岩、沉积岩和变质岩三大类。各类天然石材的具体内容在学习单元二中讲述。

二、建筑石材的技术性能

（一）物理性质

工程上一般对石材的体积密度、吸水率和耐水性等有要求。

大多数岩石的体积密度均较大，且主要与其矿物组成、结构的致密程度等有关。常用致密岩石的体积密度为 $2\,400\sim2\,850kg/m^3$，饰面用大理岩和花岗岩的体积密度须分别大于 $2\,300kg/m^3$、$2\,560kg/m^3$。同种岩石，体积密度越大，则孔隙率越低，强度、吸水率、耐久性等越高。

岩石的吸水率与岩石的致密程度和岩石的矿物组成有关。深成岩和多数变质岩的吸水率较小，一般不超过 1%。二氧化硅的亲水性较高，因而二氧化硅含量高则吸水率较高，即酸性岩石（$SiO_2\geqslant63\%$）的吸水率相对较高。岩石的吸水率越小，则岩石的强度与耐久性越高。为保证岩石的性能，有时要限制岩石的吸水率，如饰面用大理岩和花岗岩的吸水率须分别小于 0.5%、0.6%。

大多数岩石的耐水性较高。当岩石中含有较多的黏土时，其耐水性较低，如黏土质砂岩等。

致密石材的导热系数较高，可达 $2.5\sim3.5W/(m\cdot K)$；多孔石材的导热系数较低，如火山渣、浮石的导热系数为 $0.2\sim0.6W/(m\cdot K)$，因而适用于配制保温用轻骨料混凝土。

（二）力学性质

岩石的抗压强度很大，而抗拉强度却很小，后者约为前者的 $1/10\sim1/20$。岩石是典型的脆性材料，这是岩石区别于钢材和木材的主要特征之一，也是限制石材作为结构材料使用的主要原因。岩石的比强度也小于木材和钢材。岩石属于非均质的天然材料。由于生成的原因不同，大部分岩石呈现出各向异性。一般而言，加压方向垂直于节理面或裂纹时，其抗压强度大于加压方向平行于节理面或裂纹时的抗压强度。

> ☼**小提示**
>
> 即使在应力很小的范围内，岩石的应力—应变曲线也不是直线，所以在曲线上各点的弹性模量是不同的。同时也说明岩石受力后没有一个明显的弹性变化范围，属于非弹性变形。

（三）化学性质

通常认为岩石是一种非常耐久的材料，然而按材质而言，其抵抗外界作用的能力是比较差的。石材的劣化现象是指长期日晒夜露及受风雨和气温变化而不断风化的状态。风化是指岩石在各种因素的复合或者相互促进下发生物理或化学变化，直至破坏的复杂现象。化学风化是指雨水和大气中的气体（O_2、CO_2、CO、SO_2、SO_3 等）与造岩矿物发生化学反应的现象，主要有水化、氧化、还原、溶解、脱水、碳化等反应，在含有碳酸钙和铁质成分的岩石中容易产生这些反应。由于这些作用在表面产生，因此风化破坏表现为岩石表面有剥落现象。

化学风化与物理风化经常相互促进，例如，在物理风化作用下石材产生裂缝，雨水就渗入其中，进而促进了化学风化作用。另外，发生化学风化作用之后，石材的孔隙率增加，就易受物理风化的影响。

从抗物理风化、化学风化的综合性能来看，一般花岗岩耐久性最佳，安山岩次之，软质砂岩和凝灰岩最差。大理岩的主要成分碳酸钙的化学性质不稳定，故容易风化。

（四）热学性质

岩石属于不燃烧材料，但从其构造可知，岩石的热稳定性不一定很好。这是因为各种岩石的热膨胀系数各不相同。当岩石温度发生大幅度升高或降低时，其内部会产生内应力，导致岩石崩裂；其次，有些造岩矿物（如碳酸钙）因热的作用会发生分解反应，导致岩石变质。

岩石的比热大于钢材、混凝土和烧结普通砖，所以用石材建造的房屋，在热流变动或采暖设备供热不足时，能较好地缓和室内的温度波动。岩石的导热系数小于钢材，大于混凝土和烧结普通砖，说明其隔热能力优于钢材，但比混凝土和烧结普通砖要差。

学习单元 2　常用建筑石材

📋知识目标

（1）了解天然石材的种类。
（2）熟悉天然石材的技术性质。
（3）掌握建筑石材的常用规格。
（4）掌握建筑石材的选用原则。

📝技能目标

（1）了解建筑石材的特点与加工工艺。
（2）能够描述建筑石材的品种规格、分类、等级与标记。

 基础知识

一、天然石材的种类

（一）岩浆岩

岩浆岩由地壳内部熔融岩浆上升冷却而成，又称火成岩。根据冷却条件的不同，岩浆岩可分为深成岩、喷出岩和火山岩 3 种。

1. 深成岩

岩浆在地表深处缓慢冷却结晶而成的岩石称为深成岩，其结构致密，晶粒粗大，体积密度大，抗压强度高，吸水性小，耐久性高。建筑中常用的深成岩有花岗岩、正长岩、辉长岩、闪长岩等。

花岗岩得天独厚的物理特性加上美丽的花纹使其成为建筑的上好材料，素有"岩石之王"之称。在建筑中花岗岩从屋顶到地板都能使用，人行道的路缘也是，若是把它压碎还能制成水泥或岩石填充坝。许多需要耐风吹雨打或需要长存的建筑都是由花岗岩制成的，像北京天安门前人民英雄纪念碑就是花岗岩制成的。

花岗岩主要用于基础、挡土墙、勒脚、踏步、地面、外墙饰面、雕塑等，属高档材料。破碎后可用于配制混凝土。此外，花岗岩还可用于耐酸工程。

正长岩、辉长岩、闪长岩由长石、辉石和角闪石等组成。三者的体积密度均较大，为 2 800～

$3\,000kg/m^3$，抗压强度为 $100\sim280MPa$，耐久性及磨光性好，常呈深灰、浅灰、黑灰、灰绿、黑绿色并带有斑纹。除用于基础等石砌体外，还可作为名贵的装饰材料。

2. 喷出岩

喷出岩是岩浆喷出地表后，在压力骤减和迅速冷却的条件下形成的岩石。其特点是结晶不完全，多呈细小结晶或玻璃质结构，岩浆中所含气体在压力骤减时会在岩石中形成多孔构造。建筑中用到的喷出岩有玄武岩、辉绿岩、安山岩等。玄武岩和辉绿岩十分坚硬，难以加工，常用作耐酸和耐热材料，也是生产铸石和岩棉的原料。

3. 火山岩

火山岩是岩浆被喷到空气中，急速冷却而形成的岩石，又称火山碎屑。其表面均匀布满气孔，色泽古色古香。应用范围有：高档建筑的外装饰板；桑拿室的内装饰板；热电厂的发电设备的基石；厂房、地铁隧道和高速公路的吸音板；河坝、道路两侧的加固和装饰。其特点如下所述。

（1）火山岩石材性能优越，除具有普通石材的一般特点外，还具有自身独特风格和特殊功能。与花岗岩等石材相比，玄武岩石材的低放射性，使之可以安全用于人们生活居住场所。

（2）火山岩石材抗风化、耐气候、经久耐用；吸声降噪，有利于改善听觉环境；古朴自然避免眩光，有益于改善视觉环境；吸水防滑阻热，有益于改善体感环境；独特的"呼吸"功能能够调节空气湿度，改善生态环境。种种独特优点，可以满足当今人们在建筑装修上追求古朴自然、崇尚绿色环保的新时尚。

（3）火山岩石质坚硬，可用以生产超薄型石板材，经表面精磨后光泽度可达 85 度以上，色泽光亮纯正，外观典雅庄重，广泛用于各种建筑外墙装饰，市政道路广场、住宅小区的地面铺装，更是各类仿古建筑、欧式建筑、园林建筑的首选石材。

（4）火山岩石铸石管具有极好的耐磨损、抗腐蚀性能，可作为电力、化工、冶金、矿山、煤炭等部门气力或水力输送磨损腐蚀性物料和浆料的管道系统的衬里。利用玄武岩制成的纤维、管材、片状、网状和棉絮状成品，可以制成防火、阻燃织物，服装，机器零件，汽车制动器，管道，人体器官，保温、隔热吸收噪声材料。它可以替代有害的石棉和玻璃制品，以及金属材料，而且品质更加优良。管材寿命 100 年，弹性、韧性比钢材高 20%；棒材塑性高于塑料；板材强度高于轻金属合金，可承受坦克的碾压；耐腐蚀性高于玻璃。

（5）火山岩石经破碎后的碎石料（$0.5\sim2cm$）广泛用于高尔夫球场、道路、桥梁、楼房、堤坝海塘等场合的基础施工。产品较其他石料具有独特的高强度、高耐磨、高硬度的特性，尤其适用于高速公路和机场跑道的路基浇注，可大大提高道路基础的承重、抗压、耐磨损、抗疲劳等各项性能指标，有利于确保工程质量的百年大计，成为各建设项目单位和建筑设计部门在确定工程用料时的首选石材。

（二）沉积岩

沉积岩又称水成岩，是指地表的各种岩石在外力地质作用下经风化、搬运、沉积成岩作用（压固、胶结、重结晶等），在地表或地表不太深处形成的岩石。沉积岩的主要特征是呈层状构造，各层岩石的成分、构造、颜色、性能均不同，且为各向异性。与深成岩相比，沉积岩的体积密度小，孔隙率和吸水率较大，强度和耐久性较低。

沉积岩根据其生成的条件，可分为机械沉积岩、化学沉积岩和有机沉积岩 3 种。

1. 机械沉积岩

机械沉积岩是由自然风化逐渐破碎松散的岩石及砂等，经风、水流及冰川运动等的搬运，并经沉积等机械力的作用而重新压实或胶结而成的岩石，常见的有砂岩和页岩等。

砂岩主要由石英等胶结而成。根据胶结物的不同分为以下几类。

（1）硅质砂岩。硅质砂岩由氧化硅胶结而成。呈白、淡灰、淡黄、淡红色，抗压强度可达300MPa，耐磨性、耐久性、耐酸性高，性能接近于花岗岩。纯白色硅质砂岩又称白玉石。硅质砂岩可用于各种装饰及浮雕、踏步、地面及耐酸工程。

（2）钙质砂岩。钙质砂岩由碳酸钙胶结而成，为砂岩中最常见和最常用的。呈白、灰白色，抗压强度较大，但不耐酸。钙质砂岩可用于大多数工程。

（3）铁质砂岩。铁质砂岩由氧化铁胶结而成。常呈褐色，性能较差，密实者可用于一般工程。

（4）黏土质砂岩。黏土质砂岩由黏土胶结而成。易风化、耐水性差，甚至会因水作用而溃散。一般不用于建筑工程。

此外还有长石砂岩、硬砂岩，两者的强度较高，可用于建筑工程。由于砂岩的性能相差较大，使用时需要加以区别。

2．化学沉积岩

化学沉积岩是指由母岩风化产物中的溶解物质通过化学作用沉积而成的岩石。其中以纯化学方式从真溶液中沉淀而成的有石膏、岩盐等，以胶体化学方式从胶体溶液中沉淀而成的有铝土岩以及某些铁质岩、锰质岩等。

> ☆小提示
> 石灰岩可用于大多数基础、墙体、挡土墙等石砌体。破碎后可用于混凝土。石灰岩也是生产石灰和水泥等的原料。石灰岩不得用于酸性水或二氧化碳含量多的水中，因其会被酸或碳酸溶蚀。

3．有机沉积岩

有机沉积岩是由各种有机体的残骸沉积而成的岩石，如生物碎屑灰岩、贝壳岩、硅藻土等。

（三）变质岩

变质岩是一种转化的岩石。变质岩是在高温高压和矿物质的混合作用下由一种岩石自然变质成的另一种岩石。质变可能是重结晶、纹理改变或颜色改变。常用的变质岩主要有以下几种。

1．石英岩

由硅质砂岩变质而成。结构致密均匀，坚硬，加工困难，耐酸性好，抗压强度为250～400MPa。主要用于纪念性建筑等的饰面以及耐酸工程，使用寿命可达千年以上。

2．大理岩

碳酸盐岩石经重结晶作用变质而成，是具粒状变晶结构，块状或条带状构造。由于它的原岩石灰岩含有少量的铁、镁、铝、硅等杂质，因而在不同条件下，形成不同特征的变质矿物，出现蛇纹石、绿帘石、符山石、橄榄石等，在洁白的质地上衬托出优雅柔和的色彩，构成天然的图案花纹。因而大理石成为高级的建筑石材，或高级家具的装饰性镶嵌材料。而洁白的细粒状的大理石，俗称汉白玉，也是工艺雕刻或富丽堂皇的建筑材料。大理岩见于区域变质的岩系中，也有不少见于侵入体与石灰岩的接触变质带中。

3．片麻岩

片麻岩是具片麻状或条带状构造的变质岩。原岩不一定全是岩浆岩类，有黏土质、粉砂岩、砂岩和酸性、中性的岩浆岩。具粗粒的鳞片状变晶结构。其矿物成分主要由长石、石英和黑云母、角闪石组成；次要的矿物成分则视原岩的化学成分而定，如红柱石、蓝晶石、阳起石、堇青石等。片麻岩的进一步命名根据矿物成分而定，如花岗片麻岩、黑云母片麻岩。片麻岩是区域变质作用中颇为常见的变质岩。

二、天然石材的技术性质

由于天然石材形成条件各异，所含有杂质和矿物成分也有所变化，所以表现出来的性质也可能有很大的差别。因此，在使用天然材料前，必须进行检查和鉴定，以保证工程质量。天然石材的技术性质可分为物理性质、力学性质。

（一）物理性质

1. 表观密度

天然石材根据表观密度大小可分为：轻质石材表观密度≤1 800kg/m³；重质石材表观密度>1 800kg/m³。表观密度的大小常间接反映石材的致密程度与孔隙多少。在通常情况下，同种石材的表观密度越大，则抗压强度越高，吸水率越小，耐久性好，导热性好。重质石材可用于建筑的基础、贴面、地面、不采暖房屋外墙、桥梁及水工构筑物等；轻质石材主要用于保温房屋外墙。

2. 吸水性

吸水率低于 1.5% 的岩石称为低吸水性岩石，介于 1.5%～3.0% 的称为中吸水性岩石，吸水率高于 3.0% 的称高吸水性岩石。

岩浆深成岩以及许多变质岩，它们的孔隙率都很小，故而吸水率也很小，例如花岗岩的吸水率通常小于 0.5%。沉积岩由于形成条件、密实程度与胶结情况有所不同，因而孔隙率与孔隙特征的变动很大，这导致石材吸水率的波动也很大，例如致密的石灰岩，它的吸水率可小于 1%，而多孔的贝壳石灰岩吸水率可高达 15%。

> ☼**小提示**
>
> 天然石材的吸水性对其强度与耐水性有很大影响。石材吸水后，会降低颗粒之间的黏结力，从而使强度降低，抗冻性变差，导热性增加，耐水性和耐久性下降。

3. 耐水性

石材的耐水性以软化系数表示。岩石中含有较多的黏土或易溶物质时，软化系数则较小，其耐水性较差。根据软化系数大小，可将石材分为高、中、低 3 个等级。软化系数>0.90 为高耐水性，软化系数在 0.75～0.90 的为中耐水性，软化系数在 0.60～0.75 为低耐水性，软化系数<0.60 者，则不允许用于重要建筑物中。

4. 抗冻性

石材的抗冻性是指其抵抗冻融破坏的能力。其值是根据石材在水饱和状态下按规范要求所能经受的冻融循环次数表示。能经受的冻融循环次数越多，则抗冻性越好。石材抗冻性与吸水性有密切的关系，吸水率大的石材其抗冻性也差。根据经验，吸水率<0.5% 的石材，则认为是抗冻的。

5. 耐热性

石材的耐热性与其化学成分及矿物组成有关。石材经高温后，由于热胀冷缩、体积变化而产生内应力或因组成矿物发生分解和变异等导致结构破坏。如含有石膏的石材，在 100℃ 以上就开始破坏；含有碳酸镁的石材，温度高于 725℃ 会发生破坏；含有碳酸钙的石材，温度达 827℃

时开始破坏。由石英与其他矿物所组成的结晶石材，如花岗岩等，当温度达到 700℃以上时，由于石英受热发生膨胀，强度迅速下降。

6. 导热性

石材的导热性用导热率表示，主要与其致密程度有关。相同成分的石材，玻璃态比结晶态的导热率小。具有封闭孔隙的石材，导热性差。

（二）力学性质

天然石材的力学性质主要包括：抗压强度、冲击韧性、硬度及耐磨性等。

1. 抗压强度

石材的强度等级是以边长为 70mm 的立方体抗压强度来表示的，抗压强度取 3 个试件破坏强度的平均值。《砌体结构设计规范》（GB 50003—2011）规定，天然石材强度等级分为 MU100、MU80、MU60、MU50、MU40、MU30 和 MU20 7 个等级。试件也可采用表 2-2 所列各种边长尺寸的立方体，但对其试验结果乘以相应的换算系数后方可作为石材的强度等级。

表 2-2　　　　　　　　　　　　石材强度等级的换算系数

立方体边长/mm	200	150	100	70	50
换算系数	1.43	1.28	1.14	1	0.86

2. 冲击韧性

石材的冲击韧性取决于矿物组成与构造。石英和硅质砂岩脆性很大，含暗色矿物较多的辉长岩、辉绿岩等具有相对较大的韧性。晶体结构的岩石较非晶体结构的岩石又具有较大的韧性。

3. 硬度

它取决于石材的矿物组成的硬度与构造。凡由致密、坚硬矿物组成的石材，其硬度就高。岩石的硬度以莫氏硬度表示。

4. 耐磨性

耐磨性是指石材在使用条件下抵抗摩擦、边缘剪切以及冲击等复杂作用的能力。石材的耐磨性包括耐磨损与耐磨耗两方面。凡是可能遭受磨损作用的场所，例如台阶、人行道、地面、楼梯踏步等和可能遭受磨耗作用的场所，例如道路路面的碎石等，应采用具有高耐磨性的石材。

三、建筑石材的常用规格

建筑石材是指主要用于建筑工程中的砌筑或装饰的天然石材。砌筑用石材可分为毛石和料石，装饰用石材主要指天然石质板材。

（一）毛石

毛石是不成形的石料，处于开采以后的自然状态。它是岩石经爆破后所得形状不规则的石块，形状不规则的称为乱毛石，有两个大致平行面的称为平毛石。

1. 乱毛石

乱毛石形状不规则，一般要求石块中部厚度不小于 150mm，长度为 300～400mm，质量为 20～30kg，其强度不宜小于 10MPa，软化系数不应小于 0.75。

2. 平毛石

平毛石由乱毛石略经加工而成，形状较乱毛石整齐，其形状基本上有 6 个面，但表面粗糙，中部厚度不小于 200mm。

（二）料石

料石是用毛料加工成的具有一定规格，用来砌筑建筑物用的石料。按其加工后的外形规则程度，分为毛料石、粗料石、半细料石和细料石4种。粗料石主要应用于建筑物的基础、勒脚、墙体部位，半细料石和细料石主要作为镶面的材料。

1. 毛料石

外观大致方正，一般不加工或者稍加调整。高度不小于 200mm，叠砌面凹入深度不大于 25mm。

2. 粗料石

其截面的宽度、高度应不小于200mm，且不小于长度的1/4，叠砌面凹入深度不大于20mm。

3. 半细料石

规格尺寸同上，但叠砌面凹入深度不应大于 15mm。

4. 细料石

通过细加工，外形规则、规格尺寸同上，叠加面凹入深度不大于10mm。

（三）石材饰面板

天然大理石、花岗石板材采用"平方米（m²）"计量，出厂板材均应注明品种代号标记、商标、生产厂名。配套工程用材料应在每块板材侧面标明其图纸编号。包装时应将光面相对，并按板材品种规格、等级分别包装。运输搬运过程中严禁滚摔碰撞。板材直立码放时，倾斜角不大于15°；平放时地面必须平整，垛高不超过1.2m。

1. 天然花岗石板材

天然花岗岩经加工后的板材简称花岗石板材。花岗石板材以石英、长石和少量云母为主要矿物组分，随着矿物成分的变化，可以形成多种不同色彩和颗粒结晶的装饰材料。花岗石板材结构致密，强度高，空隙率和吸水率小，耐化学侵蚀、耐磨、耐冻，抗风蚀性能优良，经加工后色彩多样且具有光泽，是理想的天然装饰材料。常用于高、中级公共建筑（如宾馆、酒楼、剧院、商场、写字楼、展览馆、公寓别墅等）内外墙饰面和楼地面铺贴，也用于纪念碑（雕像）等饰面，具有庄重、高贵、华丽的装饰效果。

花岗石板可按下列类别进行划分。

（1）按形状分为毛光板（MG）、普型板（PX）、圆弧板（HM）、异型板（YX）。

（2）按表面加工程度分为镜面板（JM）、细面板（YG）、粗面板（CM）。

（3）按用途分为一般用途（用于一般性装饰用途）、功能用途（用于结构性承载用途或特殊功能要求）。

花岗石板按加工质量和外观质量可分为如下等级。

（1）毛光板按厚度偏差、平面度公差、外观质量等分为优等品（A）、一等品（B）、合格品（C）3个等级。

（2）普型板按规格尺寸偏差、平面度公差、角度公差、外观质量等分为优等品（A）、一等品（B）、合格品（C）3个等级。

（3）圆弧板按规格尺寸偏差、直线度公差、线轮廓度公差、外观质量等分为优等品（A）、一等品（B）、合格品（C）3个等级。

2. 天然大理石板材

（1）天然大理石板材特征。天然大理石质地较密实，抗压强度较高、吸水率低、质地较软，属碱性中硬石材。它易加工、开光性好，常被制成抛光板材，其色调丰富、材质细腻，极富装饰性。

大理石的成分有 CaO、MgO、SiO2 等，其中 CaO 和 MgO 的总量占 50%以上，故大理石属碱性石材。大理石在大气中受硫化物及汽水形成的酸雨长期的作用，容易发生腐蚀，造成表面强度降低，变色掉粉，失去光泽，影响其装饰性能。所以除少数大理石，如汉白玉、艾叶青等质纯、杂质少、比较稳定、耐久的板材品种可用于室外，绝大多数大理石板材只宜用于室内。

（2）天然大理石板材分类、等级及技术要求。天然大理石板材按形状分为普型板（PX）和圆弧板（HM）。国际和国内板材的通用厚度为 20mm，亦称为板厚。随着石材加工工艺的不断改进，厚度较小的板材也开始应用于装饰工程，常见的有 10mm、8mm、7mm、5mm 等，亦称为薄板。

根据 GB/T 19766—2005《天然大理石建筑板材》，天然大理石板材按板材的规格尺寸偏差、平面度公差、角度公差及外观质量分为优等品（A）、一等品（B）和合格品（C）3 个等级。

天然大理石板材的技术要求包括规格尺寸允许偏差、平面度允许公差、角度允许公差、外观质量和物理性能。

（3）天然大理石板材的应用情况。天然大理石板材是装饰工程的常用饰面材料。一般用于宾馆、展览馆、剧院、商场、图书馆、机场、车站、办公楼、住宅等工程的室内墙面、柱面、服务台、栏板、电梯间门口等部位。由于其耐磨性相对较差，虽也可用于室内地面，但不宜用于人流较多场所的地面。由于大理石耐酸腐蚀能力较差，除个别品种外，一般只适用于室内。

天然大理石板材简称大理石板材，是建筑装饰中应用较为广泛的天然石饰面材料。由于大理岩属碳酸岩，是石灰岩、白云岩经变质而成的结晶产物。矿物组分主要是石灰石、方解石和白云石。结构致密，密度 2.7g/cm³ 左右，强度较高，吸水率低，但表面硬度较低，不耐磨，耐化学侵蚀和抗风蚀性能较差。长期暴露于室外受阳光雨水侵蚀易褪色失去光泽，一般多用于中高级建筑物的内墙、柱的镶贴，可以获得理想的装饰效果。

3. 青石装饰板材

青石装饰板材简称青石板，属于沉积岩类（砂岩），主要成分为石灰石、白云石。随着岩石埋深条件的不同和其他杂质（如铜、铁、锰、镍等金属氧化物）的混入而形成多种色彩。青石板质地密实，强度中等，易于加工，可采用简单工艺凿割成薄板或条形材，是理想的建筑装饰材料。用于建筑物墙裙、地坪铺贴以及庭园栏杆（板）、台阶等处，具有古建筑的独特风格。

常用青石板的色泽为豆青色和深豆青色以及青色带灰白结晶颗粒等多种。青石板根据加工工艺的不同分为粗毛面板、细毛面板和剁斧板等多种，还可根据建筑意图加工成光面（磨光）板。青石板的主要产地有浙江台州、江苏吴县等。

☼小提示

青石板以"立方米（m³）"或"平方米（m²）"计量。包装、运输、储存条件类似于花岗石板材。

四、建筑石材的选用原则

在建筑工程设计和施工中，石材的选用应遵循以下原则。

（1）经济性。条件允许的情况下，尽量就地取材，以缩短运距、减轻劳动强度、降低成本。

（2）强度与性能。石材的强度与其耐久性、耐磨性、耐冲击性等性能密切相关。因此应根据建筑物的重要性及建筑物所处环境，选用足够强度的石材，以保证建筑物的耐久性。随着技术的进

31

步，出现了石材与塑料或铝材相结合的复合板材产品，即将大理石薄板背面黏结泡沫聚酯或铝质蜂窝结构材料及玻璃纤维棉毡等材料，形成具有质量轻、强度高、保温隔热特性的复合板材。

（3）装饰性。用于建筑物饰面的石材，选用时必须考虑其色彩及天然纹理与建筑物周围环境的相协调性，充分体现建筑物的艺术美。当前，世界各国采用的天然岩石饰面板材，一般均以标准厚度 20mm 的为主，但西方一些国家因为考虑到一些建筑物运用石材后的装饰效果，也生产出厚度为 12～15mm 的天然石板。同时在一些石材加工业发达的国家和地区，为了适应高层建筑的装饰效果，对建筑材料标准要求十分注重，为此推出了厚度仅为 8mm、10mm、11mm 的超薄型饰面板石，这种石板在抛光打磨后使建筑物饰面显得格外美观，而且还节约了大量的原料。

（4）适用性。要按使用要求分别衡量各种石材在建筑中是否适用。

（5）安全性。天然石材是构成地壳的基本物质，可能含有放射性物质，放射性物质在衰变中会产生对人体有害的物质。因此，在选用天然石材时，应选择有放射性检验合格证明或通过检测鉴定的。

☆小提示

石材的放射性是石材内部的品质指标，不是人为所能控制和改变的，不能反映石材企业产品质量的高低。只要科学认识石材，分级分类合理使用石材，加强检测和管理，并采取适当措施加强生产与管理，石材就可以发挥它应有的装饰作用。

知识链接

天然石材的抽样检验

1. 检验批次

（1）同一品种、等级、规格的板材，大理石 $\leq 100m^2$，花岗岩石 $\leq 200m^2$ 为一批次。

（2）同批次抽大理石 5%，花岗岩石 2%，共 10 块。

2. 检验项目

（1）若受检单位能够提供法定检测单位出具的能够证明该批石材质量的检测报告原件，则只做以下必检项目：尺寸、平面度、角度、外观质量、镜面光泽度。

（2）对于进入施工现场的石材，若不能够提供法定报告（原件）并且不能代表该石材质量，或法定单位检验报告与产品不符（有较大差异时），应进行以下项目检验：规格尺寸、平面度、角度、外观质量、镜面光泽度、体积密度、吸水率、干燥压缩强度、弯曲强度。

学习案例

某高档写字楼共计 16 层，业主刘先生购买了其中的一整层。因为天然石材具有强度高，耐久性、耐磨性好等特点，在建筑装饰工程中应用广泛。因此，在装修设计时，经征求设计单位、施工单位的意见后，刘先生决定采用天然石材做饰面装饰。

想一想

（1）在选用饰面石材时，应考虑哪些因素？

（2）对于石材的颜色，一般有哪些要求？

案例分析

　　近几年来，人们在进行居室装修时，越来越喜欢选用天然岩石材料。但不同品种的天然石材，性能变化较大，而且由于其密度大、体重、运输不方便，再加上材质坚硬，加工较困难，因此成本较高，尤其是一些珍贵品种。所以，在建筑装饰工程中选用天然石材，必须要慎重。

　　就本案例而言，用于建筑物饰面的石材，选用时必须考虑其色彩及天然纹理与建筑物周围环境的相协调性，充分体现建筑物的艺术美。对于石材的颜色，一般要求纯正、鲜艳为好，要尽量避免选用色差较明显的石材，特别要注意不能选用有色疤的石材。天然装饰石材的颜色大致上分为纯色和杂色。

知识拓展

人造石材

　　人造石材是以不饱和聚酯树脂为黏结剂，配以天然大理石或方解石、白云石、硅砂、玻璃粉等无机物粉料，以及适量的阻燃剂、颜料等，经配料混合、瓷铸、振动压缩、挤压等方法成型固化制成的。与天然石材相比，人造石具有色彩艳丽、光洁度高、颜色均匀一致，抗压耐磨、韧性好、结构致密、坚固耐用、比重轻、不吸水、耐侵蚀风化、色差小、不褪色、放射性低等优点。具有资源综合利用的优势，在环保节能方面具有不可低估的作用，也是名副其实的建材绿色环保产品。已成为现代建筑首选的饰面材料。

　　1. 按照人造石材生产所用原料分类

　　（1）树脂型人造石材。树脂型人造石材是以不饱和聚酯树脂为黏结剂，与天然大理碎石、石英砂、方解石、石粉或其他无机填料按一定的比例配合，再加入催化剂、固化剂、颜料等外加剂，经混合搅拌、固化成型、脱模烘干、表面抛光等工序加工而成。使用不饱和聚酯的产品光泽好、颜色鲜艳丰富、可加工性强、装饰效果好；这种树脂黏度低，易于成型，常温下可固化。成型方法有振动成型、压缩成型和挤压成型。室内装饰工程中采用的人造石材主要是树脂型的。

　　（2）复合型人造石材。复合型人造石材采用的黏结剂中，既有无机材料，又有有机高分子材料。其制作工艺是：先用水泥、石粉等制成水泥砂浆的坯体，再将坯体浸于有机单体中，使其在一定条件下聚合而成。对板材而言，底层用性能稳定而价廉的无机材料，面层用聚酯和大理石粉制作。无机胶结材料可用快硬水泥、白水泥、普通硅酸盐水泥、铝酸盐水泥、粉煤灰水泥、矿渣水泥以及熟石膏等。有机单体可用苯乙烯、甲基丙烯酸甲酯、醋酸乙烯、丙烯腈、丁二烯等，这些单体可单独使用，也可组合使用。复合型人造石材制品的造价较低，但它受温差影响后聚酯面易产生剥落或开裂。

　　（3）水泥型人造石材。水泥型人造石材是以各种水泥为胶结材料，砂、天然碎石粒为粗细骨料，经配制、搅拌、加压蒸养、磨光和抛光后制成的人造石材。配制过程中，混入颜料，可制成彩色水泥石。水泥型石材的生产取材方便，价格低廉，但其装饰性较差。水磨石和各类花阶砖即属此类。

　　（4）烧结型人造石材。烧结型人造石材的生产方法与陶瓷工艺相似，是将长石、石英、辉绿石、方解石等粉料和赤铁矿粉，以及一定量的高岭土共同混合，一般配比为石粉60%，黏土40%，采用混浆法制备坯体，用半干压法成型，再在窑炉中以1 000℃左右的高温焙烧而成。烧结型人造石材的装饰性好，性能稳定，但需经高温焙烧，因而能耗大，造价高。由于不饱和聚酯树脂具有黏度小，易于成型；光泽好；颜色浅，容易配制成各种明亮的色彩与花纹；固化快，常温下可进行操作等特点，因此在上述石材中，目前使用最广泛的，是以不饱和聚酯树脂为胶结剂而生产的树脂型人造石材，其物理、化学性能稳定，适用范围广，又称聚酯合成石。人造饰面石材可用于室内外墙面、地面、柱面、楼梯面板、服务台面等部位。

2. 石材养护剂的分类

（1）按溶剂类型分类。

① 水基型防护剂。完全以水为稀释剂的防护剂叫水基型防护剂。这种防护剂一般气味小，毒性低，不燃烧，安全性能高。例如，"绿色天使" HB-S101、103、103A 等。

② 溶剂型防护剂。以除水以外的其他溶剂为稀释剂的防护剂叫溶剂型防护剂。它又可分为水溶性溶剂型防护剂和油溶性溶剂型防护剂。例如，"绿色天使" HB-S301、302、401 等。水溶性溶剂是指和水具有完全相溶性的一类溶剂，如醇类；油溶性溶剂是指和油性物质具有相溶性但不能和水相溶的一类溶剂，如苯类、酮类、酯类等。以水溶性溶剂为稀释剂的防护剂叫水溶性溶剂型防护剂；以油溶性溶剂为稀释剂的防护剂叫油溶性溶剂型防护剂。溶剂型防护剂一般有较强的气味，毒性相对较大，易燃，密度一般<1。

③ 乳液型防护剂。采用油溶性溶质并以水为稀释剂，加入乳化剂高速搅拌后乳化而成。其色为乳白色，气味小，不燃，毒性相对较小。

（2）按溶解性能分类。

① 油性防护剂。能够被油溶性溶剂溶解的防护剂叫油性防护剂。如油溶性溶剂防护剂等。这类防护剂一般渗透力强，但毒性较大、易燃、有较强的气味。适合于石材正面和致密表面的防护处理。例如，"绿色天使" HB-S301、401、502 等。

② 水性防护剂。能够被水溶解的石材养护剂叫水性石材防护剂。如水基型防护剂、水溶性溶剂型防护剂、乳液型防护剂等。这类防护剂一般渗透力相对较弱一些（水溶性溶剂型防护剂除外），但毒性和气味相对都要小一些，不燃。适合于疏松石材表面的防护处理。例如，"绿色天使" HB-S101、103、107 等。

（3）按溶质成分分类。

① 丙烯酸型防护剂。以丙烯酸树脂为主要有效成分（溶质）的防护剂叫丙烯酸型石材防护剂。具有密封性能，施于石材表面后会形成膜，有塑光，但耐老化能力不够，施用后会加深石材颜色。适合于在需要密封的粗糙石材表面或石材底面（需测试界面破坏能力）做防护处理。例如，"绿色天使" HB-S601 等。属第二代防护产品（第一代为蜡）。

另外，还有采用环氧树脂或其他树脂为主要材料的防护剂，其性能及特点大体相似，在此不再累述。

② 硅丙型防护剂。以丙烯酸树脂和有机硅的复配物为主要有效成分（溶质）的防护剂叫硅丙型石材防护剂。这种产品是丙烯酸防护剂向有机硅防护剂发展的过渡型产品，解决了丙烯酸易发黄及寿命短的缺点。是第二代改良型产品，例如，"绿色天使" HB-S501、502 等。

③ 有机硅型防护剂。以有机硅为主要有效成分（溶质）的防护剂叫有机硅型石材防护剂。通常采用的有机硅有甲基硅酸钠、甲基硅酸甲、硅烷、硅氧烷等，这类防护剂的特点是有机硅的链呈网状结构，渗透力强，而且透气，不改变石材颜色。其缺点是防油能力差。适合于所有石材的任何表面处理。有机硅型石材防护剂是目前市场上的主要产品类型，属第三代产品。例如，"绿色天使" HB-S103、302、401、503 等。

④ 氟硅型。以有机硅和氟的化合物为主要有效成分（溶质）的防护剂叫氟硅型石材防护剂。

该产品继承了有机硅的优点，并增强了防油、防污和抗老化性能，是目前最好的防护产品之一。适合于一些有特殊防护要求的所有石材的任何表面处理，属第四代产品。例如，"绿色天使"HB-S201、202 等。

（4）按作用机理分类。

① 成膜型防护剂。施用后停留在石材表面并形成一种可见膜层的防护剂叫成膜型防护剂。如丙烯酸型防护剂、硅丙型防护剂、硅树脂型防护剂等。主要适用于非抛光面石材表面的防护处理。例如，"绿色天使"HB-S501、502、601 等。

② 渗透型防护剂。施用后其有效成分全部由毛细孔渗入石材内部进行作用，石材表面无可见膜层的防护剂叫渗透型石材防护剂。如有机硅型防护剂、氟硅型防护剂等。适合于所有石材表面的防护处理。例如，"绿色天使"HB-S101、301、402 等。

（5）按界面作用力分类。

① 憎水性石材防护剂。使用后会扩大石材表面与水之间的张力（张力大于附着力），可以使水在石材表面呈现水珠滚动的效果，在毛面石材表面时更能体现。但这种效果的时效性很短，会随着表面有效成分的流失而很快消退，最终起作用的还是防护剂的耐水性能和抗水压能力的大小。这种防护剂主要为油性，有些水性也属于此类。例如，"绿色天使"HB-S302、501 等。憎水性石材防护剂不能用于石材的底面防护，因为其憎水的特性会在石材与水泥之间形成界面而影响粘接度，使石材出现空鼓现象。

② 亲水性石材防护剂。使用后不会扩大石材表面与水之间的张力（附着力大于张力），水在石材表面能够均匀吸附，没有水珠滚动的效果，但不会进入石材内部。这种防护剂的效果也是主要由它的耐水性和抗水压能力的大小来决定的。亲水性防护剂主要为一些石材水性防护剂。例如，"绿色天使"HB-101、103、103A 等。亲水性石材防护剂可以用于石材的六面防护，用于底面防护时不会形成界面，不影响粘接度，但也不会增强黏结度。因渗透力不强，不能用于结构致密的石材防护处理。

（6）按防护用途分类。

① 底面石材防护剂。专门用于石材底面防护处理的防护剂，不会形成界面，不影响石材与水泥的粘接，有些防护剂配方中还加有粘接物质，可以增加黏结强度。这些防护剂主要包括一些亲水性的有机硅和成膜型防护剂。例如，"绿色天使"HB-S601 等。

② 表面石材防护剂。不能用于石材底面防护处理的防护剂，一般都具有憎水效果。使用时需按不同饰面区别选用，主要为油性石材防护剂和部分水性石材防护剂等。例如，"绿色天使"HB-S201、302、401 等。

③ 特殊石材品种专用防护剂。专门用于某些特定石材品种防护处理的防护剂。如HB-S103A 砂岩专用防护剂、白麻专用防护剂等。

④ 通用型石材防护剂。适合于所有石材的任何表面做防护处理的防护剂。如亲水性的有机硅石材防护剂、氟硅型石材防护剂等。

（7）按防护效果分类。

① 防水型防护剂。施用后，可以阻止水分渗透到石材内部，同时还具有防污（部分）、耐酸碱、抗老化、抗冻融、抗生物侵蚀等功能。如丙烯酸型、硅丙型和有机硅型石材防护剂等。例如，"绿色天使"HB-S101、103、302 等。

② 防污型防护剂。专门为石材表面防污而设计的防护剂，其功能性主要注重防污性能，其他性能、效果一般。如玻化砖表面防污剂等。例如，"绿色天使"HB-S201、202、401 等。

③ 综合型防护剂。除具有优异的防油、防污和抗老化性能外，还具有防水型石材防护剂的

所有功能。例如"绿色天使"HB-S201、202、401等。

④ 专业型防护剂。特意为石材表面上光、增色等特殊功能要求而开发研制的防护剂，有增色型石材防护剂、增光型石材防护剂等。例如，"绿色天使"HB-S401、501等。

情境小结

（1）天然石材按地质形成条件分为岩浆岩、沉积岩和变质岩三大类。天然石材的技术性质可分为物理性质、力学性质和工艺性质。

（2）建筑石材是指主要用于建筑工程中的砌筑或装饰的天然石材。砌筑用石材可分为毛石和料石，装饰用石材主要指天然石质板材。

（3）在建筑工程设计和施工中，石材的选用应遵循的原则有经济性、装饰性、适用性和安全性，并兼顾强度与性能的关系。

学习检测

一、填空题

1. 天然石材按地质形成条件分为_____、_____和_____三大类。
2. 根据冷却条件的不同，岩浆岩可分为_____、_____和_____3种。
3. 沉积岩根据其生成的条件，可分为_____、_____和_____3种。
4. 天然石材的技术性质，可分为_____、_____和_____。
5. 砌筑用石材可分为_____和_____。装饰用石材主要指_____。
6. 花岗石板按形状分为_____、_____、_____、_____。
7. 大理石板材按形状可分为_____、_____。

二、选择题

1. 花岗岩属于（　　　）。
   A. 深成岩浆岩　　　B. 喷出岩　　　C. 火山岩　　　D. 正长岩
2. 建筑中用到的喷出岩有（　　　）。
   A. 辉长岩　　　B. 玄武岩　　　C. 辉绿岩　　　D. 安山岩
3. 砂岩主要由（　　）胶结而成。
   A. 氧化硅　　　B. 碳酸钙　　　C. 氧化铁　　　D. 黏土
4. 下列不属于化学沉积岩的是（　　　）。
   A. 石灰岩　　　B. 石膏　　　C. 贝壳岩　　　D. 白云石
5. 下列属于变质岩的是（　　　）。
   A. 石英岩　　　B. 闪长岩　　　C. 大理石　　　D. 片麻岩
6. 下列石材不属于轻质石材的是（　　　）。
   A. 表观密度为 1 750kg/m³ 的石材　　　B. 表观密度为 1 950kg/m³ 的石材
   C. 表观密度为 2 000kg/m³ 的石材　　　D. 表观密度为 2 050kg/m³ 的石材
7. 软化系数大于（　　　）为高耐水性。
   A. 0.60　　　B. 0.70　　　C. 0.80　　　D. 0.90

8. 含有石膏的石材，在（　　　）℃以上时就开始破坏。

    A. 80　　　　　　　　B. 90　　　　　　　　C. 100　　　　　　　　D. 110

9. 石材的抗压强度是以边长为（　　　）mm 的立方体抗压强度值来表示的。

    A. 50　　　　　　　　B. 60　　　　　　　　C. 70　　　　　　　　D. 80

10. 建筑石材的选用原则有（　　　）。

    A. 经济性　　　　　　B. 适用性　　　　　　C. 安全性　　　　　　D. 美观性

三、回答题

1. 什么是岩石、造岩矿物和石材？

2. 天然岩石有哪几种分类？其具体内容包括哪些？花岗岩和凝灰岩分别属于哪一类？

3. 天然岩石的主要技术性质包括哪些内容？选用石材需要考虑的技术性质条件是什么？

学习情境三

气硬性胶凝材料

➜ 情境导入

某别墅地下一层，地上三层，装修过程中，业主认为，圆形和拱形的窗户给人比较宁静祥和的感觉，有助睡眠，适合于卧室及玄关等空间；方形窗则会给人振奋和肯定的感觉，适合于餐厅及书房、工作区；八角窗美观，一般表现为中式或复古风格，或者作为隔断窗使用。根据家居的不同空间，选择不同的窗户造型混搭使用，可获得较好的效果。经与施工单位商议，决定采用石膏制作窗户的外观，显得大气又不失沉稳，如图 3-1 所示。

图 3-1　建筑石膏窗户

 案例分析

近年来，在建筑工程中广泛采用框架轻板结构，石膏作为轻质板材主要品种之一，受到消费者的普遍青睐。石膏资源丰富，生产工艺简单，具有优越的建筑性能，其生产和应用得到迅速发展。

如何正确检验建筑石膏和石灰的技术指标？如何根据工程实际情况合理使用建筑石膏、石灰和水玻璃？需要掌握如下重点。

（1）石膏的技术要求、性质及其应用。

（2）石灰的技术要求、性质及其应用。

（3）水玻璃的技术性质及其应用。

学习单元1　建筑石膏的选用

知识目标

（1）了解石膏的原料、生产、凝结与硬化。
（2）熟悉建筑石膏的分类、规格技术要点。
（3）掌握建筑石膏的性质与应用。

技能目标

（1）能够正确检验石膏的技术指标。
（2）能根据工程实际情况合理选用建筑石膏。

基础知识

一、石膏的原料与生产

生产石膏的原料主要为含硫酸钙的天然二水石膏（又称生石膏）或含硫酸钙的化工副产品和废渣（如磷石膏、氟石膏、硼石膏等），化学式为 $CaSO_4 \cdot 2H_2O$，因含两个结晶水而得名。又由于其质地较软，也被称为软石膏。

天然二水石膏在不同的压力和温度下煅烧，可以得到结构和性质均不相同的石膏产品。

（一）建筑石膏

建筑石膏是将二水石膏加热至 107℃～170℃时，部分结晶水脱出后得到半水石膏（熟石膏），再经磨细得到粉状的建筑中常用的石膏品种，故称"建筑石膏"。反应式如下

$$CaSO_4 \cdot 2H_2O \xrightarrow[107℃～170℃]{\text{加热}} CaSO_4 \cdot 1/2H_2O + 3/2H_2O \quad (3\text{-}1)$$

该半水石膏的晶粒较为细小，称为β型半水石膏，将此熟石膏磨细得到的白色粉末称为建筑石膏。若在上述条件下煅烧一等或二等的半水石膏，然后磨得更细些，得到的β型半水石膏称为模型石膏，是建筑装饰制品的主要原料。

（二）硬石膏

继续升温煅烧二水石膏，还可以得到几类不同的硬石膏（无水石膏）。当温度升至180℃～210℃时，半水石膏继续脱水，得到脱水半水石膏。其结构变化不大，仍具有凝结硬化性质。当煅烧温度升至 320℃～390℃时，得到可溶性硬石膏。其水化凝结速度较半水石膏快，但它的需水量大、硬化速度慢、强度低。当煅烧温度达 400℃～750℃时，石膏完全失去结合水，成为不溶性石膏，其结晶体变得紧密而稳定，密度达 2.29g/cm³，难溶于水，凝结很慢，甚至完全不凝结。但若加入石灰激发剂，就具有水化凝结和硬化能力。这些材料按比例磨细后，可制得无水石膏。当煅烧温度超过 800℃时，部分 $CaSO_4$ 分解出 CaO，磨细后的石膏称为高温煅烧石膏，硬化后有较高的强度和耐磨性，抗水性较好，所以也称其为地板石膏。

39

（三）高强度石膏

将二水石膏置于蒸压釜中，在 127kPa 的水蒸气中（124℃）脱水，则得到晶粒比 β 型半水石膏粗大、使用时拌合用水量少的半水石膏，称为 α 型半水石膏。将此熟石膏磨细得到的白色粉末称为高强度石膏。由于高强度石膏晶粒粗大、比表面积小，调成可塑性浆体时需水量（35%～45%）只是建筑石膏需水量的一半，因此硬化后具有较高的密实度和强度。其 3 小时的抗压强度可达 9～24MPa，其抗拉强度也很高，7d 的抗拉强度可达 15～40MPa。高强度石膏的密度为 2.6～2.8g/cm³。

总的来说，石膏的品种很多，各品种的石膏在建筑中均有应用，但是用量最多、用途最广的是建筑石膏。

☼小提示

高强度石膏可以用于室内高级抹灰，制作装饰制品和石膏板等。若掺入防水剂，可制成高强度抗水石膏，在潮湿环境中使用。

二、建筑石膏的水化、凝结与硬化

（一）建筑石膏的水化

建筑石膏与适量的水混合后，起初形成均匀的石膏浆体，但紧接着石膏浆体失去塑性，成为坚硬的固体。主要是建筑石膏加水拌和后，与水发生水化反应，反应式为

$$CaSO_4 \cdot 1/2H_2O + 3/2H_2O \rightarrow CaSO_4 \cdot 2H_2O \tag{3-2}$$

这是因为半水石膏遇水后，将重新水化生成二水石膏，放出热量并逐渐凝结硬化的缘故。其凝结硬化过程的机制如下。半水石膏遇水后发生溶解，并生成不稳定的过饱和溶液，溶液中的半水石膏经过水化成为二水石膏。由于二水石膏在水中的溶解度（20℃为 2.05g/L）较半水石膏的溶解度（20℃为 8.16g/L）小得多，所以二水石膏溶液会很快达到过饱和，因此很快析出胶体微粒并且不断转变为晶体。由于二水石膏的析出破坏了原来半水石膏溶解的平衡状态，这时半水石膏会进一步溶解，以补偿二水石膏析出而在液相中减少的硫酸钙含量。如此不断地进行半水石膏的溶解和二水石膏的析出，直到半水石膏完全水化为止。这一过程进行得较快时，需 7～12min。与此同时，由于浆体中自由水因水化和蒸发逐渐减少，浆体变稠，失去塑性。然后，水化物晶体继续增长，直至完全干燥，强度发展到最大值，石膏硬化。

（二）建筑石膏的凝结与硬化

随着水化反应的不断进行，自由水分被水化和蒸发而不断减少，加之生成的二水石膏微粒比半水石膏细，比表面积大，吸附更多的水，从而使石膏浆体很快失去塑性而凝结；又随着二水石膏微粒结晶长大，晶体颗粒逐渐互相搭接、交错、共生，从而产生强度，即硬化。实际上，上述水化和凝结硬化过程是相互交叉而连续进行的，如图 3-2 所示。这一过程不断进行，直至浆体完全干燥，强度不再增加。此时，浆体已硬化成为人造石材。

浆体的凝结硬化过程是一个连续进行的过程。将浆体开始失去可塑性的状态称为浆体初凝，从加水至初凝的这段时间称为初凝时间；浆体完全失去可塑性，并开始产生强度称为浆体

终凝，从加水至终凝的时间称为浆体的终凝时间。

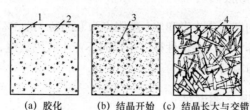

图 3-2　建筑石膏凝结硬化示意图

1—半水石膏；2—二水石膏胶体微粒；3—二水石膏晶体；4—交错的晶体

建筑石膏凝结硬化过程最显著的特点如下所述。

（1）速度快。水化过程一般为 7～12min，整个凝结硬化过程只需 20～30min。

（2）体积微膨胀。建筑石膏凝结硬化过程产生约 1%左右的体积膨胀。这是其他胶凝材料所不具有的特性。

三、建筑石膏的技术要求

（1）组成。建筑石膏组成中，β 型半水硫酸钙的含量（质量分数）应不小于 60.0%。

（2）物理力学性能。建筑石膏的物理力学性能应符合表 3-1 的要求。

表 3-1　　　　物理力学性能［《建筑石膏》（GB/T 9776—2008）］

等级	细度（0.2mm 方孔筛筛余）/%	凝结时间/min		2 小时强度/MPa	
		初凝	终凝	抗折	抗压
3.0				≥3.0	≥6.0
2.0	≤10	≥3	≤30	≥2.0	≥4.0
1.6				≥1.6	≥3.0

（3）放射性核素限量。工业副产建筑石膏的放射性核素限量应符合《建筑材料放射性核素限量》（GB 6566—2010）的要求。

（4）限制成分。工业副产建筑石膏中限制成分氧化钾（K_2O）、氧化钠（Na_2O）、氧化镁（MgO）、五氧化二磷（P_2O_5）和氟（F）的含量由供需双方商定。

四、建筑石膏的性质

（一）凝结硬化快

建筑石膏加水拌和后，浆体的初凝和终凝时间都很短，一般初凝时间为几分钟至十几分钟。终凝时间在半小时以内，大约一星期左右完全硬化。初凝时间较短，不便于使用，为延长凝结时间，可加入缓凝剂。常用的缓凝剂有硼砂、酒石酸钠、柠檬酸、动物胶等。

（二）孔隙率大

石膏浆体硬化后，多余的自由水将蒸发，内部将留下大量孔隙，孔隙率可达 50%～60%，因而表观密度较小，并使石膏制品具有导热系数小，吸声性强，吸湿性大，可调节室内的温度和湿度的特点。

41

（三）凝固时体积微膨胀

石膏浆体在凝结硬化初期会产生微膨胀，膨胀率为 0.05%～0.15%。这一特性使石膏制品的表面光滑、尺寸精确、形体饱满、装饰性好，干燥时不产生收缩裂缝，加之石膏制品洁白、细腻，特别适合制作建筑装饰制品。

（四）具有一定的调温、调湿性

由于多孔结构的特点，建筑石膏制品的比热较大、吸湿性较强。当室内温度产生变化时，由于制品的"呼吸"作用，使环境温度、湿度有所变化，因而具有一定的调节作用。

（五）耐水性、抗冻性差

建筑石膏硬化体的吸湿性强，吸收的水分会削弱晶体粒子间的黏结力，使强度显著降低，其软化系数仅为 0.3～0.45；若长期浸水，还会因二水石膏晶体溶解而引起破坏。吸水饱和的石膏制品受冻后，会因孔隙中的水结冰而开裂崩溃。所以，建筑石膏的耐水性和抗冻性都较差。

（六）防火性好、耐火性差

石膏制品在遇火灾时，二水石膏将脱出结晶水，吸热蒸发，并在制品表面形成蒸汽幕和脱水物隔热层，有效地减少火焰对内部结构的危害，具有较好的防火性能。当建筑石膏长期在 65℃以上的高温部位使用时，二水石膏缓慢脱水分解，强度降低，因而不耐火。

> ☼**小技巧**
>
> #### 建筑石膏存储技巧
>
> 建筑石膏在存储中，需要防雨、防潮，存储期一般不宜超过 3 个月。一般存储 3 个月后，强度降低 30%左右。应分类分等级存储在干燥的仓库内，运输时也要采取防水措施。

五、建筑石膏的应用

建筑石膏在建筑工程中可用作室内粉刷、制造建筑石膏制品等。

1. 室内粉刷

由建筑石膏或由建筑石膏与无水石膏混合后再掺入外加剂、细集料等可制成粉刷石膏。按用途分为面层粉刷石膏（M）、底层粉刷石膏（D）和保温层粉刷石膏（W）3 类。粉刷石膏是一种新型室内抹灰材料，既具有建筑石膏快硬早强、尺寸稳定、吸湿、防火、轻质等优点。又不会产生开裂、空鼓和起皮现象。不仅可在水泥砂浆或混合砂浆上罩面，还可粉刷在混凝土墙、板、天棚等光滑的底层上。粉刷成的墙面致密光滑，质地细腻，且施工方便，工效高。

2. 建筑石膏制品

建筑石膏除用于室内粉刷外，主要用于生产各种石膏板和石膏砌块等制品。石膏板具有轻质、高强、隔热保温、吸声和不燃等性能，且安装和使用方便，是一种较好的新型建筑材料，广泛用作各种建筑物的内隔墙、顶棚及各种装饰饰面。我国目前生产的石膏板主要有纸面石膏板、石膏空心条板、石膏装饰板、纤维石膏板及石膏吸音板等。石膏砌块是一种自重轻、保温隔热、隔声和防火性能好的新型墙体材料，有实心、空心和夹心 3 种类型。在建筑石膏中掺入耐水外加剂（如有机硅憎水剂等）可生产耐水建筑石膏制品；掺入无机耐火纤维（如玻璃纤维）可生产耐火建筑石膏制品。

学习单元 2　石灰的选用

知识目标

（1）了解石灰的原料、生产、熟化与硬化。
（2）熟悉石灰的技术要求。
（3）掌握石灰的性质与应用。

技能目标

（1）能正确检验石灰的技术指标。
（2）能够根据工程实际情况合理选用建筑石灰。

基础知识

石灰是对生石灰、消石灰和石灰膏的统称，是建筑上最早使用的气硬性胶凝材料之一。由于生产石灰的原料广泛、工艺简单、成本低廉，因此至今仍在建筑中广泛应用。

一、石灰的熟化与硬化

（一）石灰的熟化

石灰的熟化是指生石灰（CaO）与水发生作用生成熟石灰 [$Ca(OH)_2$] 的过程。其反应式为

$$CaO+H_2O \rightarrow Ca(OH)_2+64.8kJ \tag{3-3}$$

生石灰具有强烈的消化能力，熟化时放出大量的热（约 64.8kJ/mol），其放热速度也比其他胶凝材料快得多。生石灰熟化的另一个特点是质量为一份的生石灰可生成 1.32 份质量的熟石灰，其体积增大 1.0～2.5 倍。煅烧良好、氧化钙含量高、杂质含量低的生石灰（块灰），其熟化速度快、放热量大、体积膨胀也大。

生石灰熟化的方法有淋灰法和化灰法。淋灰法就是在生石灰中均匀加入 70%左右的水（理论值为 32.1%），便可得到颗粒细小、分散的熟石灰粉。工地上调制熟石灰粉时，每堆放半米高的生石灰块，淋 60%～80%的水，再堆放再淋，直至其成粉且不结块为止。目前，多用机械方法将生石灰熟化为熟石灰粉。化灰法是在生石灰中加入适量的水（块灰质量的 2.5～3.0 倍），得到的浆体称为石灰乳，石灰乳沉淀后除去表层多余水分后得到的膏状物称为石灰膏。调制石灰膏，通常在化灰池和储灰坑中完成。

☼小提示

为避免过火石灰在使用以后因吸收水分而逐步熟化膨胀，使已硬化的砂浆或制品产生隆起、开裂等破坏现象，在使用前必须将过火石灰除掉或使过火石灰熟化。常用的方法是将石灰进行陈伏处理，处理前先用筛网（石灰乳经筛网流入储灰池）除掉较大尺寸过火石

灰颗粒及欠火石灰颗粒，再将其于储灰池中放置 7 天以上，使较小的过火石灰颗粒充分熟化。陈伏时，为防止石灰碳化，石灰膏的表面必须保存有一层水。使用消石灰粉时，也必须进行陈伏处理。

（二）石灰的硬化

石灰浆体的硬化过程包括干燥硬化、结晶硬化和碳化硬化。

1. 干燥硬化

石灰膏体中的水因空气蒸发而减少，同时，一部分水分会被附着基面吸收，水分减少使石灰膏中的 $Ca(OH)_2$ 颗粒之间距离越来越大，当距离减少到一定程度，颗粒相互吸引，由无规则的排列变为有规则的排列，这样 $Ca(OH)_2$ 就由胶体变为晶体，产生了强度并不断增大。

2. 结晶硬化

石灰浆体中高度分散的胶体粒子，为粒子间的扩散水层所隔开。当水分逐渐减少时，扩散水层逐渐减薄，因而胶体粒子在分子力的作用下互相黏结，形成凝聚结构的空间网，从而获得强度。存在水分的情况下，由于氢氧化钙能溶解于水，故胶体凝聚结构逐渐通过由胶体逐渐变为晶体的过程，转变为较粗晶粒的结晶结构网，从而使强度提高。但是，由于这种结晶结构网的接触点溶解度较高，故再遇到水时会降低强度。

3. 碳化硬化

氢氧化钙与空气中的二氧化碳化合生成碳酸钙晶体的过程称为碳化。反应式为

$$Ca(OH)_2 + CO_2 + H_2O \rightarrow CaCO_2 + 2H_2O \qquad (3\text{-}4)$$

生成的碳酸钙具有相当高的强度。由于空气中二氧化碳的浓度很低，因此碳化过程极为缓慢。当石灰浆体含水量过少，处于干燥状态时，碳化反应几乎停止。石灰浆体含水过多时，孔隙中几乎充满水，二氧化碳气体难以向内部渗透，即碳化作用仅限于在表面进行。当碳化生成的碳酸钙达到一定厚度时，则阻碍二氧化碳向内部渗透，也阻碍内部水分向外蒸发，从而减慢碳化速度。

上述硬化过程中的各种变化是同时进行的。在内部，对强度增长起主导作用的是结晶硬化，干燥硬化也起一定的附加作用。表层的碳化作用固然可以获得较高的强度，但进行得非常慢；而且从反应式看，这个过程的进行，一方面必须有水分存在，另一方面又放出较多的水，这将不利于干燥硬化和结晶硬化。由于石灰浆具有这种硬化机制，故它不宜用于长期处于潮湿或反复受潮的地方。具体使用时，往往在石灰浆中掺入填充材料，如掺入砂子配成石灰砂浆使用，掺入砂可减少收缩，更主要的是砂的掺入能在石灰浆内形成连通的毛细孔道，使内部水分蒸发并进一步碳化，以加速硬化。为了避免收缩裂缝，常加入纤维材料，制成石灰麻刀灰、石灰纸筋灰等。

二、石灰的技术要求

（一）建筑生石灰的技术要求

建筑生石灰按化学成分分为钙质生石灰（氧化镁含量小于等于 5%）和镁质生石灰（氧化镁含量大于 5%）。

建筑生石灰的技术要求包括有效氧化钙和有效氧化镁含量、未消化残渣含量（即欠火石灰、过火石灰及杂质的含量）、二氧化碳含量（欠火石灰含量）及产浆量（指 1kg 生石灰制得石灰膏

的体积数），并由此划分为优等品、一等品和合格品。各等级的技术要求见表 3-2。

表 3-2　　　　　　建筑生石灰技术指标 [《建筑生石灰》（JC/T 479—2013）]

项　　目	钙质石灰			镁质石灰		
	优等品	一等品	合格品	优等品	一等品	合格品
CaO+MgO 含量不小于/%	90	85	80	85	80	75
未消化残渣含量（5mm 圆孔筛筛余）不大于/%	5	10	15	5	10	15
CO_2 含量不大于/%	5	7	9	6	8	10
产浆量不小于/(L·kg^{-1})	2.8	2.3	2.0	2.8	2.3	2.0

（二）建筑生石灰粉的技术要求

建筑生石灰粉按化学成分可分为钙质生石灰粉和镁质生石灰粉。钙质生石灰粉氧化镁含量小于等于 5%；镁质生石灰粉氧化镁含量大于 5%。

建筑生石灰粉的技术要求包括有效氧化钙和有效氧化镁含量、二氧化碳含量及细度，并由此划分为优等品、一等品和合格品。各等级的技术要求见表 3-3。

表 3-3　　　　　建筑生石灰粉技术指标 [《建筑生石灰粉》（JC/T 479—2013）]

项　　目	钙质石灰粉			镁质石灰粉		
	优等品	一等品	合格品	优等品	一等品	合格品
CaO+MgO 含量不小于/%	90	85	80	85	80	75
CO_2 含量不大于/%	5	7	9	6	8	10
0.90mm 筛筛余不大于/%	0.2	0.5	1.5	0.2	0.5	1.5
0.125mm 筛筛余不大于/%	7.0	12.0	18.0	7.0	12.0	18.0

（三）建筑消石灰粉的技术要求

建筑消石灰（熟石灰）粉按氧化镁含量分为钙质消石灰粉、镁质消石灰粉和白云石消石灰粉等，其分类界限见表 3-4。

表 3-4　　　　　　　　建筑消石灰粉按氧化镁含量分类界限

品种名称	MgO 指标
钙质消石灰粉	≤4%
镁质消石灰粉	4%～24%
白云石消石灰粉	25%～30%

建筑消石灰粉的技术要求包括有效氧化钙和氧化镁含量、游离水含量、体积安定性及细度，并由此划分为优等品、一等品和合格品，各等级的技术要求见表 3-5。

表 3-5　　　　建筑消石灰粉的技术指标［《建筑消石灰粉》（JC/T 481—2013）］

项　目		钙质消石灰粉			镁质消石灰粉			白云石消石灰粉		
		优等品	一等品	合格品	优等品	一等品	合格品	优等品	一等品	合格品
CaO+MgO 含量不小于/%		70	65	60	65	60	55	65	60	55
游离水/%		0.4～2	0.4～2	0.4～2	0.4～2	0.4～2	0.4～2	0.4～2	0.4～2	0.4～2
体积安定性		合格	合格	—	合格	合格	—	合格	合格	—
细度	0.90mm 筛筛余不大于/%	0	0	0.5	0	0	0.5	0	0	0.5
	0.125mm 筛筛余不大于/%	3	10	15	3	10	15	3	10	15

三、石灰的性质

石灰与其他胶凝材料相比具有以下特性。

（1）保水性好。在水泥砂浆中掺入石灰膏，配成混合砂浆，可显著提高砂浆的和易性。

（2）硬化较慢、强度低。1:3 的石灰砂浆 28d 抗压强度通常只有 0.2～0.5MPa。

（3）耐水性差。石灰不宜在潮湿的环境中使用，也不宜单独用于建筑物基础。

（4）硬化时体积收缩大。除调成石灰乳用于粉刷外，不宜单独使用，工程上通常要掺入砂、纸筋、麻刀等材料以减小收缩，并节约石灰。

（5）生石灰吸湿性强。储存生石灰不仅要防止受潮，而且也不宜储存过久。

☆小技巧

石灰的存储技巧

（1）磨细生石灰及质量要求严格的块灰，最好存放在地基干燥的仓库内。仓库门窗应密闭，屋面不得漏水，灰堆必须与墙壁距离 70mm。

（2）生石灰露天存放时，存放期不宜过长，地基必须干燥、不积水，石灰应尽量堆高。为防止水分及空气渗入灰堆内部，可于灰堆表面洒水拍实，使表面结成硬壳，以防损失。

（3）直接运到现场使用的生石灰，最好立即进行熟化，过淋处理后，存放在淋灰池内，并用草席等遮盖，冬天应注意防冻。

（4）生石灰应与可燃物及有机物隔离保管，以免腐蚀或引起火灾。

四、石灰的应用

建筑石灰的应用，主要有 3 个方面：一是工程现场直接使用，如配制石灰土和石灰砂浆等；二是生产石灰碳化制品和硅酸盐制品的主要原料；三是作为某些保温材料、无熟料水泥的重要组成材料。其常见用途如下所述。

（一）配制石灰土与三合土

熟石灰粉可用来配制灰土（熟石灰＋黏土）和三合土（熟石灰＋黏土＋砂、石或炉渣等填料）。常用的三七灰土和四六灰土，分别表示熟石灰和砂土体积比例为三比七和四比六。由于黏土中含有的活性氧化硅和活性氧化铝与氢氧化钙反应可生成水硬性产物，使黏土的密实程度、强度和耐水性得到改善。因此灰土和三合土广泛用于建筑的基础和道路的垫层。

（二）配制石灰乳和砂浆

石灰膏可用来粉刷墙壁和配制石灰砂浆或水泥混合砂浆。

将熟化并沉浮好的石灰膏稀释成石灰乳，可用作内外墙及顶棚的涂料，一般多用于内墙涂刷。由于石灰乳为白色或浅灰色，具有一定的装饰效果，还可掺入碱性矿质颜料，使粉刷的墙面形成需要的颜色。

在以石灰膏为胶凝材料，掺入砂和水后，拌和成的混合物称为石灰砂浆。它作为抹灰砂浆可用于墙面、顶棚等大面积暴露在空气中的抹灰层，也可以用作要求不高的砌筑砂浆。在水泥砂浆中掺入石灰膏后，可以提高水泥砂浆的保水性和砌筑、抹灰质量，节省水泥，这种砂浆叫作水泥混合砂浆，在建筑工程中用量很大。

（三）生产硅酸盐混凝土及其制品

常以石灰与硅质材料（如石英砂、粉煤灰、矿渣等）为主要原料，经磨细、配料、拌和、成型、养护（蒸汽养护或蒸压养护）等工序，生产无熟料水泥、硅酸盐制品和碳化石灰板。常用的硅酸盐制品有蒸汽养护和蒸压养护的各种粉煤灰砖及砌块、灰砂砖及砌块、加气混凝土等。

> ☆小提示
>
> 在石灰的储存和运输中必须注意，生石灰要在干燥环境中储存和保管。若储存期过长，则必须在密闭容器内存放。运输中要有防雨措施。要防止石灰受潮或遇水后水化，甚至由于熟化热量集中放出而发生火灾。磨细生石灰粉在干燥条件下储存期一般不超过一个月，最好是随生产随用。

学习单元 3　水玻璃的选用

📋知识目标

（1）了解水玻璃的组成、硬化。
（2）掌握水玻璃的性质与应用。

📋技能目标

能够根据工程实际情况合理选用建筑水玻璃。

 基础知识

水玻璃是一种气硬性胶凝材料，在建筑工程中常用来配制水玻璃胶泥和水玻璃砂浆、水玻璃混凝土，以及单独使用水玻璃为主要原料配制涂料。水玻璃在防酸工程和耐热工程中的应用十分广泛。

一、水玻璃的组成

水玻璃俗称泡花碱，是由不同比例的碱金属氧化物和二氧化硅化合而成的一种可溶于水的硅酸盐。其化学通式为 $R_2O \cdot nSiO_2$，其中 R_2O 为碱金属氧化物，多为 Na_2O，其次是 K_2O；n 表示一个碱金属氧化物分子与 n 个 SiO_2 分子化合。

建筑常用的硅酸钠（$Na_2O \cdot nSiO_2$）的水溶液，又称钠水玻璃，要求高时也使用硅酸钾（$K_2O \cdot nSiO_2$）的水溶液，又称钾水玻璃。水玻璃为青灰色或淡黄色黏稠状液体。

二氧化硅（SiO_2）与氧化钠（Na_2O）的摩尔数的比值 n，称为水玻璃的模数。水玻璃的模数越高，越难溶于水，水玻璃的密度和黏度越大、硬化速度越快，硬化后的黏结力与强度、耐热性与耐酸性越高，建筑中常用的水玻璃模数为 2.6～3.0。水玻璃的浓度越高，则水玻璃的密度和黏度越大、硬化速度越快，硬化后的黏结力与强度、耐热性与耐酸性越高。但水玻璃的浓度太高，则黏度太大而不利于施工操作，难以保证施工质量。水玻璃的浓度一般用密度来表示。常用水玻璃的密度为 1.3～1.5g/cm³。

水玻璃的密度太大或太小时，可用加水稀释或加热浓缩的办法来调整。

二、水玻璃的硬化

水玻璃在空气中吸收二氧化碳，析出二氧化硅凝胶，并逐渐干燥脱水成为二氧化硅而硬化。其反应式为

$$Na_2O \cdot nSiO_2 + CO_2 + mH_2O \rightarrow Na_2CO_3 + nSiO_2 \cdot mH_2O \quad (3-5)$$

硅胶（$nSiO_2 \cdot mH_2O$）脱水析出固态的 SiO_2。但这种反应很缓慢，所以水玻璃在自然条件下凝结与硬化速度也缓慢。

若在水玻璃中加入硬化剂则硅胶析出速度大大加快，从而加速了水玻璃的凝结硬化。常用固化剂为氟硅酸钠（Na_2SiF_6），其反应方程式为

$$2\left[Na_2O \cdot nSiO_2\right] + mH_2O + Na_2SiF_6 \rightarrow (2n+1)SiO_2 \cdot mH_2O + 6NaF \quad (3-6)$$

$$SiO_2 \cdot mH_2O \rightarrow SiO_2 + mH_2O \uparrow \quad (3-7)$$

生成物硅胶脱水后由凝胶转变成固体 SiO_2，具有一定的强度及 SiO_2 的其他一些性质。

氟硅酸钠的适宜掺量，一般情况下占水玻璃质量的 12%～15%。若掺量少于 12%，则其凝结硬化慢、强度低，并且存在没参加反应的水玻璃，当遇水时，残余水玻璃易溶于水；若其掺量超过 15%，则凝结硬化快，造成施工困难，水玻璃硬化后的早期强度高而后期强度降低。

加入氟硅酸钠后，水玻璃的初凝时间可缩短到 30～60min，终凝时间可缩短到 240～360min，7 天基本上达到最高强度。氟硅酸钠有毒，应做好劳动保护和加强保管。

氟硅酸钠的储存方法主要有两种。

（1）保持储藏器密封、储存在阴凉、干燥的地方，确保工作间有良好的通风或排气装置。

（2）不可与酸类物品共储混运。

三、水玻璃的性质

水玻璃硬化后具有以下特性。

（一）黏结力强、强度较高

水玻璃硬化后具有较高的黏结强度、抗拉强度和抗压强度。水玻璃硬化后的强度与水玻璃

模数、相对密度、固化剂用量及细度，以及填料、砂和石的用量及配合比等因素有关，同时还与配制、养护、酸化处理等施工质量有关。

（二）耐酸性与耐热性好

水玻璃可以抵抗除氢氟酸（HF）、热磷酸和高级脂肪酸以外的几乎所有无机和有机酸。硬化后形成的二氧化硅网状骨架，在高温下强度下降很小，当采用耐热耐火骨料配制水玻璃砂浆和混凝土时，耐热度可达 1 000℃。因此水玻璃混凝土的耐热度，也可以理解为主要取决于骨料的耐热度。

（三）耐碱性和耐水性差

水玻璃在加入氟硅酸钠后仍不能完全硬化，仍然有一定量的水玻璃 $Na_2O \cdot nSiO_2$。由于 Si_2O 和 $Na_2O \cdot nSiO_2$ 均可溶于碱，且 $Na_2O \cdot nSiO_2$ 可溶于水，所以水玻璃硬化后不耐碱、不耐水。

> ☼ **小提示**
> 为提高耐水性，常采用中等浓度的酸对已硬化的水玻璃进行酸洗处理。

四、水玻璃的应用

水玻璃除用作耐热和耐酸材料外，还有以下主要用途。

（一）涂刷材料表面，提高抗风化能力

水玻璃溶液涂刷或浸渍材料后，能渗入缝隙和孔隙中，固化的硅凝胶能堵塞毛细孔通道，提高材料的密度和强度，从而提高材料的抗风化能力。但水玻璃不得用来涂刷或浸渍石膏制品。因为水玻璃与石膏反应生成硫酸钠（Na_2SO_4），会在制品孔隙内结晶膨胀，导致石膏制品开裂破坏。

（二）加固地基

将水玻璃与氯化钙溶液交替注入土壤中，两种溶液迅速反应生成硅胶和硅酸钙凝胶，起到胶结和填充孔隙的作用，使土壤的强度和承载能力提高。常用于粉土、砂土和填土的地基加固，称为双液注浆。

（三）配制速凝防水剂

水玻璃可与多种矾配制成速凝防水剂，用于堵漏、填缝等局部抢修。这种多矾防水剂的凝结速度很快，一般为几分钟，其中四矾防水剂不超过 1min，故工地上使用时必须做到即配即用。多矾防水剂常用胆矾（$CuSO_4 \cdot 5H_2O$）、红矾（$Na_2Cr_2O_7 \cdot 2H_2O$）、明矾（也称白矾，硫酸铝钾）、紫矾这 4 种矾。

（四）配制耐酸胶凝、耐酸砂浆和耐酸混凝土

耐酸胶凝是用水玻璃和耐酸粉料（常用石英粉）配制而成。与耐酸砂浆和混凝土一样，主要用于有耐酸要求的工程。如硫酸池等。

49

（五）配制耐热胶凝、耐热砂浆和耐热混凝土

水玻璃胶凝主要用于耐火材料的砌筑和修补。水玻璃耐热砂浆和混凝土主要用于高炉基础和其他有耐热要求的结构部位。

（六）防腐工程应用

改性水玻璃耐酸泥是耐酸腐蚀重要材料，主要特性是耐酸、耐温、密实抗渗、价格低廉、使用方便。可拌和成耐酸胶泥、耐酸砂浆和耐酸混凝土，适用于化工、冶金、电力、煤炭、纺织等部门各种结构的防腐蚀工程，是防酸建筑结构储酸池、耐酸地坪以及耐酸表面砌筑的理想材料。

☆小技巧

水玻璃存储技巧

水玻璃应在密闭条件下存放。长时间存放后，水玻璃会产生一定的沉淀，使用时应搅拌均匀。

学习案例

在建筑工程上，石灰主要用于墙体砌筑或抹面工程，如图 3-3 所示。石灰使用前，需将石灰熟化成石灰膏或消石灰粉，然后再按其用途或是加水稀释成石灰乳用于室内粉刷，或是掺入适量的砂子或水泥，配制成石灰砂浆或水泥石灰混合砂浆用于墙体砌筑或饰面。但消石灰粉不能直接用于砌筑砂浆中。

（a）石灰掺入适量砂子、水泥配制成石灰浆应用于抹面工程 　（b）石灰配制成的砂浆用于砌筑工程

图 3-3　石灰的应用

想一想

（1）石灰在砂浆中起到什么作用？有哪些特点？

（2）石灰应用于砌筑砂浆中有哪些缺点？

案例分析

在建筑工程中，石灰主要用于墙体砌筑或抹面工程。石灰在水泥砂浆中作为保水增稠材料，具有保水性好、价格低廉的优点，有效避免了砌体（如砖）的高吸水性而导致的砂浆起壳脱落现象，是传统的建筑材料。但由于石灰耐水性差，加之质量不稳定，导致所配制的砂

浆强度低、黏结性差，影响砌体工程质量，而且由于石灰掺加时粉尘大，施工现场劳动条件差，环境污染严重，不利于文明施工。

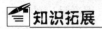 **知识拓展**

菱苦土的组成、性质与应用

1. 菱苦土的组成

菱苦土又称镁质胶凝材料或氯氧镁水泥，是一种白色或浅黄色的粉末，其主要成分是氧化镁（MgO）。它的主要原料是天然菱镁矿（$MgCO_3$），也可用蛇纹石（$3MgO \cdot 2SiO_2 \cdot 2H_2O$）、冶炼轻质镁合金的熔渣或海水为原料来提炼菱苦土。

天然菱镁矿的主要成分碳酸镁一般在 400℃ 时开始分解，600～650℃ 时分解反应剧烈进行，实际煅烧温度为 750℃～850℃。其反应方程式为

$$MgCO_3 \rightarrow MgO + CO_2 \qquad (3-8)$$

煅烧适当的菱苦土，密度为 3.1～3.4g/cm³、堆积密度为 800～900kg/m³。

2. 菱苦土的硬化及性质

菱苦土与水拌和后迅速水化并放出大量的热，但其凝结硬化很慢，强度很低。通常用氯化镁（$MgCl_2$）的水溶液（也称卤水）来拌和，氯化镁用量为 55%～60%（以 $MgCl_2 \cdot 6H_2O$ 计）。氯化镁可大大加速菱苦土的硬化速度，且硬化后的强度很高。加氯化镁后，其初凝时间为 30～60min，1d 后的强度可达最高强度的 60%～80%，7d 左右可达最高强度（抗压强度达 40～70MPa）。硬化后的体积密度为 1 000～1 100kg/m³，属于轻质高强材料。

菱苦土硬化后的主要产物为 $xMgO \cdot yMgCl_2 \cdot zH_2O$，其吸湿性大、耐水性差。遇水或吸湿后易产生翘曲变形，表面泛霜（俗称"返卤"），且强度大大降低。因此菱苦土制品不宜用于潮湿环境。

为改善菱苦土制品的耐水性，可采用硫酸镁（$MgSO_4 \cdot 7H_2O$）、硫酸亚铁（$FeSO_4 \cdot H_2O$）来拌和，但其强度有所降低。对此，可掺入少量的磷酸盐或防水剂，也可掺入活性混合材料，如粉煤灰等。

3. 菱苦土的应用

菱苦土与各种纤维黏结良好，且碱性较低，对各种纤维和植物的腐蚀较弱。建筑上，常用菱苦土与木屑［1：(1.5～3)］及氯化镁溶液（密度为 1.2～1.25）制作菱苦土木屑地面。它具有保温、防火、防爆（碰撞时不产生火星）的作用及一定的弹性。表面刷漆后，适用于纺织车间、教室、办公室、影剧院等，但不宜用于潮湿的环境。

使用玻璃纤维增强的菱苦土制品具有很高的抗折强度和抗冲击能力，其主要产品为玻璃纤维增强材料做成的轻型屋盖材料可用于非受冻地区、一般仓库及临时建筑等的屋面防水。

竹筋的菱苦土制品可作为设备等的包装材料。

☼小提示

菱苦土在使用过程中，常用氯化镁溶液调制，其氯离子对钢筋有锈蚀作用，故其制品中不宜配置钢筋。菱苦土在存放时须防潮、防水，且储存期不宜超过 3 个月。过期或受潮，均会使其强度发生显著下降。

情境小结

（1）石膏的品种很多，各品种的石膏在建筑中均有应用，但是用量最多、用途最广的是建筑石膏。建筑石膏在建筑工程中可用作室内抹灰、粉刷、油漆打底等材料，还可以制造建筑装饰制品和石膏板。

（2）石灰是对生石灰、消石灰和石灰膏的统称。建筑石灰的应用，主要有3个方面：一是工程现场直接使用，如配制石灰土和石灰砂浆等；二是作为生产石灰碳化制品和硅酸盐制品的主要原料；三是作为某些保温材料、无熟料水泥的重要组成材料。

（3）水玻璃在建筑工程中常用来配制水玻璃胶泥和水玻璃砂浆、水玻璃混凝土，以及单独使用水玻璃为主要原料配制涂料。

（4）菱苦土与各种纤维黏结良好，且碱性较低，对各种纤维和植物的腐蚀较弱。建筑上，常用菱苦土与木屑及氯化镁溶液制作菱苦土木屑地面。

学习检测

一、填空题

1. 建筑上使用的胶凝材料按其化学组成可分为_____和_____两大类。

2. 无机胶凝材料按硬化条件分为_____和_____。

3. 常用的气硬性胶凝材料有_____、_____、_____、_____等。

4. 石膏从加水至初凝的这段时间称为_____，从加水至终凝的时间称为浆体的_____。

5. 石灰的熟化是指_____与_____发生作用生成熟石灰的过程。

6. 水玻璃在空气中吸收_____，析出_____，并逐渐干燥脱水成为二氧化硅而硬化。

二、选择题

1. 生产石膏的主要原料是（　　　）。
   A. $CaCO_3$　　　　　B. $Ca(OH)_2$　　　　　C. $CaSO_4 \cdot 2H_2O$　　　　　D. CaO

2. 建筑石膏组成中，β型半水硫酸钙的含量（质量分数）应不小于（　　　）。
   A. 40.0%　　　　　B. 50.0%　　　　　C. 60.0%　　　　　D. 70.0%

3. 对建筑石膏的技术要求主要有（　　　）。
   A. 细度　　　　　B. 强度　　　　　C. 凝结时间　　　　　D. 吸水性

4. 凝结硬化快，硬化后体积微膨胀是（　　　）的一个特性。
   A. 石膏　　　　　B. 石灰　　　　　C. 水玻璃　　　　　D. 菱苦土

5. 不属于建筑石膏的用途的是（　　　）。
   A. 用于室内抹灰和粉刷　　　　　B. 制作建筑装饰制品
   C. 制作硅酸盐混凝土及其制品　　　　　D. 制作石膏板

6. 生产石灰的主要原料是（　　　）。
   A. $CaCO_2$　　　　　B. $Ca(OH)_2$　　　　　C. $CaSO_4 \cdot 2H_2O$　　　　　D. CaO

7. 对建筑生石灰的技术要求主要有（　　　）。

    A. 未消化残渣含量　　　　　　　　B. CO_2 含量

    C. 有效 CaO、MgO 含量　　　　　　D. 产浆量

8. 磨细生石灰粉在干燥条件下储存期一般不超过（　　　）。

    A. 半个月　　　　　B. 一个月　　　　　C. 两个月　　　　　D. 三个月

9. 水玻璃中常掺入（　　　）作为促硬剂。

    A. NaOH　　　　　B. Na_2SO_4　　　　　C. $NaHSO_4$　　　　　D. Na_2SiF_6

10. 下列属于水玻璃用途的是（　　　）。

    A. 涂刷材料表面，提高抗风化能力　　　B. 加固地基

    C. 配制速凝防水剂　　　　　　　　　　D. 水玻璃混凝土

三、回答题

1. 什么是胶凝材料？按其化学成分可分为哪几类？它们之间有何差异？

2. 建筑石膏是如何制成的？其主要化学成分是什么？

3. 建筑石膏的性质特点有哪些？

4. 建筑石膏的用途有哪些？

5. 简述石灰的生产过程。

6. 试述石灰的熟化及硬化。

7. 试述石灰的技术要求。

8. 水玻璃的硬化特点是什么？

学习情境四

水泥

 情境导入

　　某车间为了节省成本使用了现场堆放了 4 个月并且受潮的水泥，且采用人工方式搅拌配制混凝土，没有严格的配合比。采用预制的空心板及 12m 跨度的大梁，拆膜后 2 天房屋全部倒塌，损失惨重，幸好没有人员伤亡，否则后果不堪设想。后经质量检验中心与事故处理小组测量混凝土的平均强度，得出的结果令人吃惊，仅为 5MPa。

案例分析

　　水泥在保管时，应按不同生产厂、不同品种、强度等级和出厂日期分放，严禁混杂；在运输及保管时要注意防潮和防止空气流动，先存先用，不存太久。水泥保管不当会因风化而影响品质。一般存放不宜超过 3 个月，否则应重新测定强度等级，按实测强度使用。存放超过 6 个月的水泥必须经过检验后才能使用。

　　如何检验通用硅酸盐水泥的技术指标？如何根据工程实际情况合理选用水泥品种？如何对水泥进行正常的验收与保管？需要掌握如下重点。

　　（1）硅酸盐水泥的技术要求与应用。

　　（2）掺混合材料的硅酸盐水泥。

　　（3）通用水泥验收与保管。

　　（4）专用水泥的性质与应用。

　　（5）特性水泥的性质与应用。

学习单元 1　硅酸盐水泥

知识目标

　　（1）了解材料的密度、表观密度、堆积密度、密实度、孔隙率、填充率及空隙率的概念，熟悉各密度指标的表达式。

　　（2）熟悉耐水性、抗渗性、导热性、热容量与比热、吸声性的表达式。

技能目标

　　（1）能够了解水泥的组成材料。

　　（2）能够掌握硅酸盐水泥的水化及凝结硬化。

（3）能够针对不同的工程特征选择水泥。

　基础知识

一、硅酸盐类水泥的分类

硅酸盐类水泥是以水泥熟料（硅酸钙为主要成分）、适量的石膏及规定的混合材料制成的水硬性胶凝材料。硅酸盐类水泥的分类如图 4-1 所示。

硅酸盐类水泥是以硅酸钙为主要成分的各种水泥的总称。这类水泥品种最多、生产量最大、应用最广。

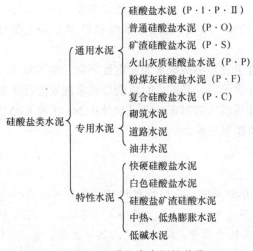

图 4-1　硅酸盐类水泥的分类

二、硅酸盐水泥生产的简要过程

生产硅酸盐水泥的原料主要有石灰质原料和黏土质原料，常用的石灰质原料主要是石灰石，也可用白垩、石灰质凝灰岩等，它们主要为生产水泥提供氧化钙（CaO）；黏土质原料如黏土、页岩等，主要提供氧化硅（SiO_2）、氧化铝（Al_2O_3）与氧化铁（Fe_2O_3）。所选用的石灰质和黏土质原料不能满足化学组成要求时，则要掺加相应的校正原料，如掺加铁质校正原料铁矿粉、黄铁矿渣以补充（Fe_2O_3），掺入硅质校正原料砂岩、粉砂岩等以补充（SiO_2）。此外，常加入少量的矿化剂、晶种等改善燃烧条件。

硅酸盐水泥的生产就是将上述原料按适当的比例配合、磨细成生料，生料均化后，送入窑中煅烧至部分熔融形成熟料，熟料与适量石膏共同磨细，即可得到硅酸盐水泥。其工艺流程如图 4-2 所示。

图 4-2　硅酸盐水泥生产工艺流程图

> ☼小提示
>
> 硅酸盐水泥熟料的生产是以适当比例的几种原料共同磨制成生料，将生料送入水泥窑（立窑或回转窑）中进行高温煅烧（约 1 450℃），烧结成为熟料的过程。

概括地讲，水泥生产主要工艺就是两磨（磨细生料、磨细熟料）一烧（生料煅烧成熟料）。

三、硅酸盐水泥熟料的矿物组成、含量、特性

（一）硅酸盐水泥熟料的矿物组成

生料在煅烧过程中，首先是石灰石和黏土分别分解出 CaO、SiO_2、Al_2O_3 和 Fe_2O_3，然后在 800℃～1 200℃的温度范围内相互反应，经过一系列的中间过程后，生成硅酸二钙（$2CaO \cdot SiO_2$）、铝酸三钙（$3CaO \cdot Al_2O_3$）和铁铝酸四钙（$4CaO \cdot Al_2O_3 \cdot Fe_2O_3$）；在 1 400℃～1 450℃的温度范围内，硅酸二钙又与 CaO 在熔融状态下发生反应生成硅酸三钙（$3CaO \cdot SiO_2$）。

硅酸盐水泥中，硅酸三钙含量为 37%～60%、硅酸二钙含量为 15%～37%，这两种含量约占总含量的 70%以上，故以其生产的水泥称为硅酸盐水泥；其他生料，如铝酸三钙含量为 7%～15%、铁铝酸四钙含量为 10%～18%。硅酸盐水泥熟料除上述主要组成外，尚含有以下少量成分。

（1）游离氧化钙。其含量过高将造成水泥安定性不良，危害很大。

（2）游离氧化镁。若其含量高、晶粒大时也会导致水泥安定性不良。

（3）含碱矿物以及玻璃体等。含碱矿物及玻璃体中 Na_2O 和 K_2O 含量高的水泥，当遇有活性骨料时，易产生碱—骨料膨胀反应。

> ☆小提示
>
> 水泥是由多种矿物成分组成的，不同的矿物组成具有不同的特性，改变熟料中矿物成分的含量比例，可以生产出不同性能的水泥。例如，提高硅酸三钙的含量，可以制得高强度水泥；降低硅酸三钙、铝酸三钙的含量，提高硅酸二钙的含量，可以制得水化热低的低热水泥；提高铁铝酸四钙和硅酸三钙的含量，可以制得高抗折强度的道路水泥等。

（二）硅酸盐水泥熟料的矿物含量及特性

水泥在水化过程中，4 种矿物组成表现出不同的反应特性，改变熟料中的矿物成分之间的比例关系，可以使水泥的性质发生相应变化，见表 4-1，如适当提高水泥中的 C_3S 及 C_3A 的含量，得到快硬高强水泥。而水利工程所用的大坝水泥，则要尽可能降低 C_3A 的含量，降低水化热，提高耐腐蚀性能。

表 4-1　　　　　　　　　　　硅酸盐水泥熟料的矿物含量及特性

矿物名称	矿物成分	简称	含量/%	密度/($g \cdot cm^{-3}$)	水化反应速率	水化放热量	强度
硅酸三钙	$3CaO \cdot SiO_2$	C_3S	37～60	3.25	快	大	高
硅酸二钙	$2CaO \cdot SiO_2$	C_2S	15～37	3.28	慢	小	早期低、后期高
铝酸三钙	$3CaO \cdot Al_2O_3$	C_3A	7～15	3.04	最快	最大	低
铁铝酸四钙	$4CaO \cdot Al_2O_3 \cdot Fe_2O_3$	C_4AF	10～18	3.77	快	中	低

四、硅酸盐水泥的水化及凝结硬化

硅酸盐水泥加水拌和后成为既有可塑性又有流动性的水泥浆，同时产生水化反应，随

着水化反应的进行，逐渐失去流动能力达到"初凝"。待完全失去可塑性，开始产生强度时，即为"终凝"。随着水化、凝结的继续，浆体逐渐转变为具有一定强度的坚硬固体水泥石，这一过程称为水泥的硬化。由此可见，水化是水泥产生凝结硬化的前提，而凝结硬化则是水泥水化的结果。

（一）硅酸盐水泥的水化

水泥加水拌和后，水泥颗粒立即分散于水中并与水发生化学反应，生成水化产物并放出热量。其反应式如下。

$$2(3CaO \cdot SiO_2)+6H_2O \rightarrow 3CaO \cdot 2SiO_2 \cdot 3H_2O+3Ca(OH)_2 \qquad (4-1)$$
$$（水化硅酸钙）\qquad （氢氧化钙）$$

$$2(2CaO \cdot SiO_2)+4H_2O \rightarrow 3CaO \cdot 2SiO_2 \cdot 3H_2O+Ca(OH)_2 \qquad (4-2)$$
$$（水化硅酸钙）\qquad （氢氧化钙）$$

$$3CaO \cdot Al_2O_3+6H_2O \rightarrow 3CaO \cdot Al_2O_3 \cdot 6H_2O \qquad (4-3)$$
$$（水化铝酸三钙）$$

$$4CaO \cdot Al_2O_3 \cdot Fe_2O_3+7H_2O \rightarrow 3CaO \cdot Al_2O_3 \cdot 6H_2O+CaO \cdot Fe_2O_3 \cdot H_2O \qquad (4-4)$$
$$（水化铝酸三钙）\qquad （水化铁酸一钙）$$

$$3CaO \cdot Al_2O_3 \cdot 6H_2O+3(CaSO_2 \cdot 2H_2O)+19H_2O \rightarrow 3CaO \cdot Al_2O_3 \cdot 3CaSO_4 \cdot 31H_2O \qquad (4-5)$$
$$水化硫铝酸钙（钙矾石）$$

综上所述，硅酸盐水泥与水作用后，主要水化产物有水化硅酸钙凝胶（C-S-H）和水化铁酸钙凝胶（CFH）、$Ca(OH)_2$、水化铝酸钙（C_3AH_6）和钙矾石（AFt）晶体。硬化后的水泥石是由胶体粒子、晶体粒子、凝胶孔、毛细孔及未水化的水泥颗粒所组成。当未水化的水泥颗粒含量高时，说明水化程度小，故水泥石强度低；当水化产物含量多、毛细孔含量少时，说明水化充分，水泥石结构密实，因而水泥石强度高。在充分水化的水泥石中，C-S-H约占70%，以胶体微粒析出。$Ca(OH)_2$约占20%，呈六方体状晶体析出。水化硅酸钙对水泥石的强度起决定性作用。

☆小提示

硅酸盐水泥水化反应为放热反应，其放出的热量称为水化热。硅酸盐水泥的水化热大，并且放热的周期较长，但大部分（50%以上）热量是在3d以内，特别是在水泥浆发生凝结硬化的初期放出。水化放热量的大小与水泥的细度、水胶比、养护温度等有关，水泥颗粒越细，早期放热越显著。

（二）硅酸盐水泥的凝结硬化

硅酸盐水泥的凝结硬化过程是一个连续的、复杂的物理化学变化过程。当前，常把硅酸盐水泥凝结硬化看作经如下几个过程完成的，如图4-3所示。

当水泥与水拌和后，水泥颗粒表面开始与水化合，生成水化物，其中结晶体溶解于水中，凝胶体以极细小的质点悬浮在水中，成为水泥浆体。此时，水泥颗粒周围的溶液很快成为水化产物的过饱和溶液，如图4-3（a）所示。

57

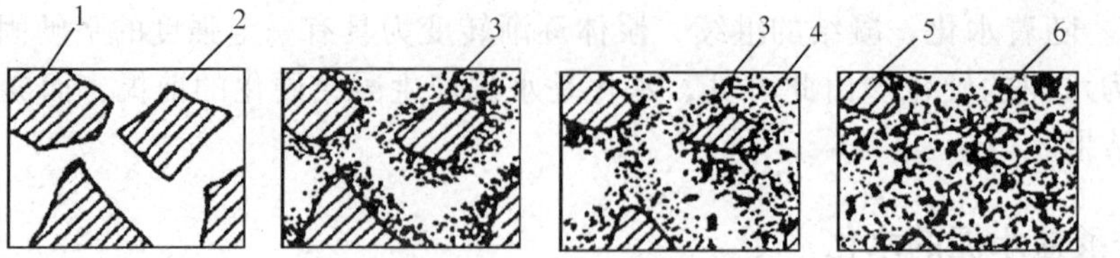

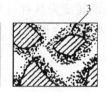

(a) 分散在水中未　　　(b) 在水泥颗粒表面　　　(c) 膜层长大并　　　(d) 水化物进一步发展，
水化的水泥颗粒　　　　形成水化物膜层　　　互相连续（凝结）　　　填充毛细孔（硬化）

图 4-3　硅酸盐水泥凝结硬化过程示意图

1—水泥颗粒；2—水分；3—凝胶；4—晶体；5—未水化水泥颗粒；6—毛细孔

随着水化的继续进行，新生水化产物增多，自由水分减少，凝胶体变稠。包有凝胶层的水泥颗粒凝结成多孔的空间网络，形成凝聚结构。由于此时水化物尚不多，包有水化物膜层的水泥颗粒之间还是分离的，相互间引力较小，如图 4-3（b）所示。

水泥颗粒不断水化，水化产物不断生成，水化凝胶体含量不断增加，氢氧化钙、水化铝酸钙结晶与凝胶体各种颗粒互相连接成网，不断充实凝聚结构的空隙，浆体变稠，水泥逐渐凝结，也就是水泥的初凝，水泥此时尚未具有强度，如图 4-3（c）所示。

水化后期，由于凝胶体的形成与发展，水化越来越困难，未水化的水泥颗粒吸收胶体内的水分水化，使凝胶体脱水而更趋于紧密，而且各种水化产物逐渐填充原来水所占的空间，胶体更加紧密，水泥硬化，强度产生，如图 4-3（d）所示。

以上就是水泥的凝结硬化过程。水泥与水拌和凝结硬化后成为水泥石。水泥石是由凝胶、晶体、未水化水泥颗粒、毛细孔（毛细孔水）和凝胶孔等组成的不匀质结构体。

由上述过程可以看出，硅酸盐水泥的水化是从颗粒表面逐渐深入内层，水泥的水化速度表现为早期快、后期慢，特别是在最初的 3～7d 内，水泥的水化速度最快，所以硅酸盐水泥的早期强度发展最快。大致 28d 可完成这个过程的基本部分。随后，水分渗入越来越困难，所以水化作用就越来越慢。实践证明，若温度和湿度适宜，未水化水泥颗粒仍将继续水化，水泥石的强度在几年甚至几十年后仍缓慢增长。

☼小提示

　　水泥石的硬化程度越高，凝胶体含量越多；未水化的水泥颗粒和毛细孔含量越少，水泥石的强度越高。

（三）影响硅酸盐水泥凝结硬化的因素

1. 水泥的熟料矿物组成及细度

硅酸盐水泥熟料矿物组成是影响水泥的水化速度、凝结硬化过程及强度等的主要因素。主要包括：硅酸三钙、硅酸二钙、铝酸三钙、铝酸四钙。这 4 种主要熟料矿物中，铝酸三钙是决定性因素，是强度的主要来源。改变熟料中矿物组成的相对含量，即可配制成具有不同特性的硅酸盐水泥。

水泥越细，凝结速度越快，早期强度越高。但过细时，易与空气中的水分及二氧化碳反应而降低活性，硬化时收缩也较大，且成本高。因此，水泥的细度应适当，硅酸盐水泥的细度用比表面积表示，应大于 $300m^2/kg$。

2. 养护龄期

水泥水化硬化是一个较长时期不断进行的过程，随着龄期的增长，水泥石的强度逐渐提高。

3. 石膏的掺量

水泥中掺入少量石膏，可延缓水泥浆体的凝结硬化速度，但石膏掺量不能过多，过多的石膏不仅缓凝作用不大，还会引起水泥安定性不良。一般掺量约占水泥重量的 3%～5%，具体掺量需通过试验确定。

4. 水胶比

水胶比是指水泥浆中水与水泥的质量之比。当水泥浆中加水较多时，水胶比较大，此时水泥的初期水化反应得以充分进行；但是水泥颗粒间由于被水隔开的距离较远，颗粒间相互连接形成骨架结构所需的凝结时间长，所以水泥浆凝结较慢。

水泥完全水化所需的水胶比为 0.15～0.25，而实际工程中往往要加入更多的水，以便利用水的润滑取得较好的塑性。当水泥浆的水胶比较大时，多余的水分蒸发后形成的孔隙较多，造成水泥石的强度较低。因此，当水胶比过大时，会明显降低水泥石的强度。

5. 环境温度和湿度

水泥的水化、凝结、硬化与环境的温湿度关系很大。湿度，应保持潮湿状态，保证水泥水化所需的化学用水。混凝土在浇筑后两到三周内必须加强洒水养护。温度，提高温度可以加速水化反应。如采用蒸汽养护和蒸压养护。冬季施工时，须采取保温措施。

6. 外加剂的影响

硅酸盐水泥的水化、凝结硬化受硅酸三钙、铝酸三钙的制约，凡对硅酸三钙和铝酸三钙的水化能产生影响的外加剂，都能改变硅酸盐水泥的水化、凝结硬化性能。如加入促凝剂（$CaCl_2$、Na_2SO_4 等）就能促进水泥水化硬化，提高早期强度；相反，掺入缓凝剂（木钙糖类等）就会延缓水泥的水化、硬化，影响水泥早期强度的发展。

五、硅酸盐水泥的技术要求

根据国家标准《通用硅酸盐水泥》（GB 175—2007），硅酸盐水泥的技术要求包括化学性质和物理力学性质两个方面。

（一）硅酸盐水泥的化学性质

1. 氧化镁（MgO）含量

水泥中氧化镁的含量不宜超过 5%。如果水泥经压蒸安定性试验合格，则水泥中氧化镁的含量允许放宽到 6%。氧化镁结晶粗大，水化缓慢，且水化生成的 $Mg(OH)_2$ 体积膨胀达 1.5 倍，过量会引起水泥安定性不良。

2. 三氧化硫（SO_3）含量

水泥中三氧化硫的含量不得超过 3.5%。过量的三氧化硫会与铝酸钙矿物生成较多的钙矾石，从而产生较大的体积膨胀，引起水泥安定性不良。

3. 碱含量

水泥中碱含量按 $Na_2O + 0.658K_2O$ 计算值来表示。水泥中碱含量过高，则在混凝土中遇到活性骨料时，易产生碱—骨料反应，对工程质量造成危害。若使用活性骨料，用户要求提供低碱水泥，水泥中碱含量不得大于 0.60%或由供需双方商定。

4. 不溶物含量

Ⅰ型硅酸盐水泥中不溶物含量不得超过 0.75%；Ⅱ型硅酸盐水泥中不溶物含量不得超过

59

1.5%。不溶物含量高，对水泥质量有不良影响。

（二）硅酸盐水泥的物理力学性质

1. 细度

细度是指水泥颗粒的粗细程度，它对水泥的凝结时间、强度、需水量和安定性有较大影响，所以是鉴定水泥品质的主要项目之一。水泥细度通常采用筛析法或比表面积法进行测定。

水泥是由诸多级配的水泥颗粒组成的。水泥颗粒级配的结构对水泥的水化硬化速度、需水量、和易性、放热速度、特别是对强度有很大的影响。在一般条件下，水泥颗粒在 $0 \sim 10\mu m$ 时，水化最快，在 $3 \sim 30\mu m$ 时，水泥的活性最大，大于 $60\mu m$ 时，活性较小，水化缓慢，大于 $90\mu m$ 时，只能进行表面水化，只起到微集料的作用。所以，在一般条件下，为了较好地发挥水泥的胶凝性能，提高水泥的早期强度，就必须提高水泥细度，增加 $3 \sim 30\mu m$ 的级配比例。但必须注意，水泥细度过细，比表面积过大，小于 $3\mu m$ 的颗粒太多，水泥的需水量就偏大，将使硬化水泥浆体因水分过多引起孔隙率增加而降低强度。同时，水泥细度过细，亦将影响水泥的其他性能，如储存期水泥活性下降较快，水泥的需水性较大，水泥制品的收缩增大，抗冻性降低等。另外，水泥过细将显著影响水泥磨的性能发挥，使产量降低，电耗增高。所以，生产中必须合理控制水泥细度，使水泥具有合理的颗粒级配。

> ☀小提示
>
> 《通用硅酸盐水泥》中规定水泥细度只是硅酸盐水泥技术要求中的选择性指标，不作为判定水泥合格与否的标准。

2. 凝结时间

水泥的凝结时间有初凝与终凝之分。自加水起至水泥浆开始失去塑性、流动性减小所需的时间，称为初凝时间。自加水时起至水泥浆完全失去塑性、开始有一定结构强度所需的时间，称为终凝时间。水泥的初凝和终凝是通过试验来规定的。

国家标准规定，硅酸盐水泥的初凝时间不早于 45min，终凝时间不迟于 6.5h。其他水泥的终凝时间不得迟于 10h。凡初凝时间不符合规定者为废品，终凝时间不符合规定者为不合格品。

凝结时间的测定必须具备两个规定条件：一是在规定的恒温、恒湿环境中；二是受测水泥浆必须是标准稠度的水泥浆。各批水泥的矿物成分、粉磨细度不尽相同，拌成标准稠度的水泥浆时用水量也各不相同。

3. 体积安定性

水泥的体积安定性是指水泥在凝结硬化过程中体积变化的均匀性。当水泥浆体硬化过程发生不均匀变化时，会导致膨胀开裂、翘曲，称为安定性不良。安定性不合格的水泥应作废品处理，不得用于建筑工程。

水泥安定性不良的主要原因是熟料中含有过量的游离氧化钙（$f\text{-}CaO$）、游离氧化镁（$f\text{-}MgO$）、三氧化硫（SO_3），或掺入的石膏过多。水泥中 MgO 的含量不得超过 5.0%，水泥中 SO_3 的含量不得超过 3.5%。对过量 $f\text{-}CaO$ 引起的安定性不良，可以用沸煮法检验。沸煮法检验分为两种：一种是试饼法，将标准稠度的水泥净浆制成规定尺寸形状的试饼，凝结后经沸水煮 3 h，不开裂、不翘曲为合格；另一种方法为雷氏法，将标准稠度的水泥净浆装入雷氏夹，凝结并沸煮后，雷氏夹张开幅度不超过规定为合格。雷氏法为标准方法，当两种方法测定结果发生争议时，以雷氏法为准。

4．标准稠度用水量

水泥的许多性质都与新拌制的水泥浆的稀稠程度有关，如凝结时间、体积安定性测定等。所谓标准稠度，是按规定的方法拌制的水泥净浆，用维卡仪测定试杆沉入净浆并距底板（6±1）mm 时的水泥净浆的稠度（标准法）。或在水泥标准稠度测定仪上，试锥下沉（28±2）mm 时的水泥净浆的稠度（代用法）。

☆小提示

　　水泥标准稠度用水量是指水泥净浆达到标准稠度时所需要的水，通常用水与水泥质量的比（百分数）来表示。硅酸盐水泥的标准稠度用水量一般在 21%~28%。水泥的标准稠度用水量，主要与水泥的细度及其矿物成分有关。

5．强度和强度等级

水泥的强度是评价水泥质量的重要指标，是划分水泥强度等级的依据。水泥的强度是指水泥胶砂硬化试体所能承受外力破坏的能力，用 MPa（兆帕）表示。它是水泥重要的物理力学性能之一。

根据受力形式的不同，水泥强度通常分为抗压强度、抗折强度和抗拉强度 3 种。水泥胶砂硬化试体承受压缩破坏时的最大应力，称为水泥的抗压强度；水泥胶砂硬化试体承受弯曲破坏时的最大应力，称为水泥的抗折强度；水泥胶砂硬化试体承受拉伸破坏时的最大应力，称为水泥的抗拉强度。

硅酸盐水泥的强度不但与熟料的矿物成分，混合材料的品种、数量及水泥的细度等有关，还与水泥的水胶比、试件的制作方法、养护条件等有关。

国家标准规定，将水泥、标准砂及水按规定比例（水∶标准砂∶水 = 1∶3∶0.5），用规定方法制成的规格为 40mm×40mm×160mm 的标准试件，在标准条件（1d 内为（20±1）℃、相对湿度 90% 以上的养护箱中，1d 后放入（20±1）℃的水中）下养护，测定其 3d 和 28d 龄期时的抗折强度和抗压强度。根据 3d 和 28d 时的抗折强度和抗压强度划分硅酸盐水泥的强度等级，并按照 3d 强度的大小分为普通型和早强型（用 R 表示）。

硅酸盐水泥的强度等级有 6 个，即 42.5、42.5R、52.5、52.5R、62.5、62.5R。各强度等级水泥的各龄期强度不得低于表 4-2 中的数值。如有一项指标低于表中数值，则应降低强度等级，直到 4 个数值全部满足表中规定。

表 4-2　　　　　　　　　硅酸盐水泥各强度等级、各龄期的强度值

[《通用硅酸盐水泥》（GB 175—2007）]　　　　　　　　（单位：MPa）

强度等级	抗压强度		抗折强度	
	3d	28d	3d	28d
42.5	≥17.0	≥42.5	≥3.5	≥6.5
42.5R	≥22.0		≥4.0	
52.5	≥23.0	≥52.5	≥4.0	≥7.0
52.5R	≥27.0		≥5.0	
62.5	≥28.0	≥62.5	≥5.0	≥8.0
62.5R	≥32.0		≥5.5	

6. 水化热

水泥与水的水化反应是放热反应，所释放的热称为水化热。水化热的多少和释放速率，取决于水泥熟料的矿物组成、混合材料的品种和数量、水泥细度和养护条件等。大部分水化热在水泥水化初期放出。

硅酸盐水泥是6种通用水泥中水化热量最大、放热速率最快的一种，普通硅酸盐水泥水化热数量和放热速率其次，掺大量混合材料的水泥则水化热较少。

水泥的水化热多，有利于冬期施工，可在一定程度上防止冻害，但不利于大体积工程。大量水化热聚集于内部，造成内部与表面有较大温差，内部受热膨胀，表面冷却收缩，会使大体积混凝土在温度应力下严重受损。

尽管国家标准没有规定通用水泥的水化热限值，但选用水泥时应充分考虑水化热对工程的影响。

> ☼**小提示**
>
> 硅酸盐水泥中不溶物、烧失量、三氧化硫、氧化镁、氯离子、凝结时间、安定性、强度各指标均符合《通用硅酸盐水泥》（GB 175—2007）规定的为合格品。若其中有一项不符合标准规定的则为不合格品。碱含量和细度为选择性指标，不作为评定水泥是否合格的依据。

六、硅酸盐水泥石的腐蚀与防治

在通常使用条件下，硅酸盐水泥石有较好的耐久性。当硅酸盐水泥石长时间处于侵蚀性介质（如流动的淡水、酸和酸性水、硫酸盐和镁盐溶液、强碱等）中，会逐渐受到侵蚀，变得疏松，强度下降甚至破坏。

环境对硅酸盐水泥石结构的腐蚀可分为物理腐蚀与化学腐蚀。物理腐蚀是指各类盐溶液渗透到水泥石结构内部，并不与水泥石成分发生化学反应，而是产生结晶使体积膨胀，对水泥石产生破坏作用。在干湿交替的部位，这类腐蚀尤为严重。化学腐蚀是指外界各类腐蚀介质与水泥石内部的某些成分发生化学反应，并生成易溶于水的矿物和体积显著膨胀的矿物或无胶结能力的物质，从而导致水泥石结构的解体。

（一）硅酸盐水泥石腐蚀的类型

引起硅酸盐水泥石腐蚀的原因很多，下面介绍几种典型的硅酸盐水泥石腐蚀。

1. 软水侵蚀（溶出性侵蚀）

氢氧化钙结晶体是构成水泥石结构的主要水化产物之一，它需在一定浓度的氢氧化钙溶液中才能稳定存在；如果水泥石结构所处环境的溶液（如软水）中氢氧化钙浓度低于其饱和浓度，其中的氢氧化钙将被溶解或分解，从而造成水泥石结构的破坏。

软水是不含或仅含少量钙、镁等可溶性盐的水。雨水、雪水、蒸馏水、工厂冷凝水以及含重碳酸盐甚少的河水与湖水等均属软水。软水能使水化产物中的 $Ca(OH)_2$ 溶解，并促使水泥石中其他水化产物发生分解，故软水侵蚀又称为溶析。

当环境水中含有碳酸氢盐时，碳酸氢盐可与水泥石中的氢氧化钙产生反应，并生成几乎不溶于水的碳酸钙，其反应式为

$$Ca(OH)_2 + Ca(HCO_3)_2 \rightarrow 2CaCO_3 + 2H_2O \tag{4-6}$$

所生成的碳酸钙沉积在已硬化水泥石中的孔隙内起密实作用，从而可阻止外界水的继续侵入及内部氢氧化钙的扩散析出。因此，对需与软水接触的混凝土，若预先在空气中硬化和存放一段时间，可使其经碳化作用而形成碳酸钙外壳，这将对溶出性侵蚀起到一定的阻止效果。

2. 酸类侵蚀（溶解性侵蚀）

硅酸盐水泥水化生成物显碱性，其中含有较多的 $Ca(OH)_2$。当遇到酸类或酸性水时则会发生中和反应，生成比 $Ca(OH)_2$ 溶解度大的盐类，导致水泥石受损破坏。

（1）碳酸的侵蚀。在工业污水、地下水中常溶解有较多的二氧化碳，这种碳酸水对水泥石的侵蚀作用如下。

$$Ca(OH)_2+CO_2+H_2O \rightarrow CaCO_3+2H_2O \tag{4-7}$$

最初生成的 $CaCO_3$ 溶解度不大，但继续处于浓度较高的碳酸水中，则碳酸钙与碳酸水进一步反应，其反应式为

$$CaCO_3+CO_2+H_2O \rightarrow Ca(HCO_3)_2 \tag{4-8}$$

此反应为可逆反应，当水中溶有较多的 CO_2 时，则上述反应向右进行，所生成的碳酸氢钙溶解度大。水泥石中的 $Ca(OH)_2$ 因与碳酸水反应生成碳酸氢钙而溶失，$Ca(OH)_2$ 浓度的降低又会导致其他水化产物的分解，腐蚀作用加剧。

（2）一般酸的腐蚀。工业废水、地下水、沼泽水中常含有多种无机酸、有机酸。工业窑炉的烟气中常含有 SO_2，遇水后生成亚硫酸。各种酸类都会对水泥石造成不同程度的损害。其损害作用是酸类与水泥石中的 $Ca(OH)_2$ 发生化学反应，生成物或者易溶于水，或者体积膨胀在水泥石中造成内应力而导致破坏。无机酸中的盐酸、硝酸、硫酸、氢氟酸和有机酸中的醋酸、蚁酸、乳酸的腐蚀作用尤为严重。以盐酸、硫酸与水中的 $Ca(OH)_2$ 的作用为例，其反应式为

$$Ca(OH)_2+2HCl \rightarrow CaCl_2+2H_2O \tag{4-9}$$

$$Ca(OH)_2+H_2SO_4 \rightarrow CaSO_4 \cdot 2H_2O \tag{4-10}$$

反应生成的 $CaCl_2$ 易溶于水，二水石膏（$CaSO_4 \cdot 2H_2O$）则结晶膨胀，还会进一步引起硫酸盐的腐蚀作用。

3. 盐类腐蚀

（1）硫酸盐腐蚀（膨胀性腐蚀）。在海水、湖水、盐沼水、地下水、某些工业污水及流经高炉矿渣或煤渣的水中，常含钾、钠、氨的硫酸盐，它们很容易与水泥石中的氢氧化钙产生置换反应而生成硫酸钙，所生成的硫酸钙又会与硬化水泥石结构中的水化铝酸钙作用生成高硫型水化硫铝酸钙，其反应式为

$$3(CaSO_4 \cdot 2H_2O)+3CaO \cdot Al_2O_3 \cdot 6H_2O+19H_2O \rightarrow 3CaO \cdot Al_2O_3 \cdot 3CaSO_2 \cdot 31H_2O \tag{4-11}$$

该反应所生成的高硫型水化硫铝酸钙含有大量结晶水，且比原有体积增加 1.5 倍以上，很容易产生内部应力，对水泥石有极大的破坏作用。这种高硫型水化硫铝酸钙多呈针状晶体，对于水泥石结构的破坏十分严重，为此也将其称为"水泥杆菌"。

☼小提示

当水中硫酸盐浓度较高时，所生成的硫酸钙还会在孔隙中直接结晶成二水石膏，这也会产生明显的体积膨胀而导致水泥石的开裂破坏。

（2）镁盐腐蚀（双重侵蚀）。在海水及地下水中常含有大量的镁盐，主要是硫酸镁和氯化镁。它们容易与水泥石中的氢氧化钙产生置换反应而引起复分解反应，其反应式为

63

$$MgSO_4+Ca(OH)_2+2H_2O \rightarrow CaSO_4 \cdot 2H_2O+Mg(OH)_2 \qquad (4\text{-}12)$$

$$Ca(OH)_2+MgCl_2 \rightarrow CaCl_2+Mg(OH)_2 \qquad (4\text{-}13)$$

由于反应生成氢氧化镁和氯化钙，氢氧化镁不仅松散而且无胶凝性能，氯化钙又易溶于水，会引起溶出性腐蚀。同时，二水石膏又将引起膨胀腐蚀。因此，硫酸镁、氯化镁对水泥石起硫酸盐和镁盐的双重侵蚀作用，危害更严重。

4. 强碱腐蚀

硅酸盐水泥水化产物呈碱性，一般碱类溶液浓度不大时不会造成明显损害。但铝酸盐（C_3A）含量较高的硅酸盐水泥遇到强碱（如 NaOH）会发生反应，生成的铝酸钠易溶于水。其反应式为

$$3CaO \cdot Al_2O_3+6NaOH \rightarrow 3Na_2O \cdot Al_2O_3+3Ca(OH)_2 \qquad (4\text{-}14)$$

当水泥石被氢氧化钠浸透后又在空气中干燥，则溶于水的铝酸钠会与空气中的 CO_2 反应生成碳酸钠。由于失去水分，碳酸钠在水泥石毛细管中结晶膨胀，引起水泥石疏松、开裂。

除上述 4 种侵蚀类型外，对水泥石有腐蚀作用的还有糖、酒精、脂肪、氨盐和含环烷酸的石油产品等。

上述各类型侵蚀作用，可以概括为下列 3 种破坏形式。

（1）破坏形式是溶解浸析。主要是介质将水泥石中的某些组分逐渐溶解带走，造成溶失性破坏。

（2）破坏形式是离子交换。侵蚀性介质与水泥石的组分发生离子交换反应，生成容易溶解或是没有胶结能力的产物，破坏了原有的结构。

（3）破坏形式是形成膨胀组分。在侵蚀性介质的作用下，所形成的盐类结晶长大时体积增加，产生有害的内应力，导致膨胀性破坏。

（二）硅酸盐水泥石腐蚀的原因

水泥石的腐蚀往往是多种腐蚀介质同时存在的一个极其复杂的物理化学作用过程。引起水泥石腐蚀的外部因素是侵蚀介质。内在因素有两个：一是水泥石中含有易引起腐蚀的组分，即 $Ca(OH)_2$ 和水化铝酸钙（$3CaO \cdot Al_2O_3 \cdot 6H_2O$）；二是水泥石不密实。水泥水化反应理论需水量仅为水泥质量的 23%，而实际应用时拌和用水量多为 40%～70%，多余水分会形成毛细管和孔隙存在于水泥石中。侵蚀介质不仅在水泥石表面起作用，而且易于进入水泥石内部引起严重破坏。

由于硅酸盐水泥（P·Ⅰ、P·Ⅱ）水化生成物中 $Ca(OH)_2$ 和水化铝酸钙含量较多，所以其耐侵蚀性较其他品种水泥差。掺混合材料的水泥水化反应生成物中 $Ca(OH)_2$ 明显减少，其耐侵蚀性比硅酸盐水泥（P·Ⅰ、P·Ⅱ）有显著改善。

（三）水泥石腐蚀的防护措施

针对水泥石腐蚀的原理，防止水泥石腐蚀的措施有以下几种。

1. 合理选择水泥品种

如在软水或浓度很小的一般酸侵蚀条件下的工程，宜选用水化生成物中 $Ca(OH)_2$ 含量较少的水泥（即掺大量混合材料的水泥）；在有硫酸盐侵蚀的工程，宜选用铝酸钙（C_3A）含量低于 5%的抗硫酸盐水泥。通用水泥中，硅酸盐水泥（P·Ⅰ、P·Ⅱ）是耐侵蚀性最差的一种。有侵蚀情况时，如无可靠防护措施，应尽量避免使用。

2. 提高水泥石密实度

水泥石中的毛细管、孔隙是引起水泥石腐蚀加剧的内在原因之一，因此，采取适当措施，

如强制搅拌、振动成型、真空吸水、掺加外加剂等，或在满足施工操作的前提下，努力减少水胶比，提高水泥石密实度，都将使水泥石的耐侵蚀性得到改善。

3. 表面加做保护层

在腐蚀作用较大时设置保护层，可在混凝土或砂浆表面加上耐腐蚀性高、不透水的保护层，如塑料、沥青防水层，或喷涂不透水的水泥浆面层等，以防止腐蚀性介质与水泥石直接接触。

七、硅酸盐水泥的性质与应用

1. 强度与水化热高

硅酸盐水泥 C_3S 和 C_3A 含量高，早期放热量大，放热速度快，早期强度高，用于冬期施工常可避免冻害，尤其是其早期强度增长率大，特别适合早期强度要求高的工程、高强混凝土结构和预应力混凝土工程。但高放热量对大体积混凝土工程不利，如无可靠的降温措施，不宜用于大体积混凝土工程。

2. 碱度高、抗碳化能力强

硅酸盐水泥硬化后的水泥石显示强碱性，埋于其中的钢筋在碱性环境中表面生成一层灰色钝化膜，可保持几十年不生锈。由于空气中的 CO_2 与水泥石中的 $Ca(OH)_2$ 会发生碳化反应而生成 $CaCO_3$，使水泥石逐渐由碱性变为中性。当中性化深度达到钢筋附近时，钢筋失去碱性保护而锈蚀，表面疏松膨胀，会造成钢筋混凝土构件报废。因此，钢筋混凝土构件的寿命往往取决于水泥的抗碳化性能。硅酸盐水泥碱性强且密实度高，抗碳化能力强，所以特别适用于重要的钢筋混凝土结构和预应力混凝土工程。

3. 干缩小、耐磨性好

硅酸盐水泥在硬化过程中形成大量的水化硅酸钙凝胶体，使水泥石密实，游离水分少，不易产生干缩裂纹，可用于干燥环境的混凝土工程。而且硅酸盐水泥强度高，耐磨性好，可用于路面与地面工程。

4. 抗冻性好

硅酸盐水泥拌和物不易发生泌水，硬化后的水泥石密实度较大，所以抗冻性优于其他通用水泥，适用于严寒地区受反复冻融作用的混凝土工程。

5. 耐腐蚀性与耐热性差

硅酸盐水泥石中有大量的 $Ca(OH)_2$ 和水化铝酸钙，容易引起软水、酸类和盐类的侵蚀。所以，不宜用于受流动水、压力水、酸类和硫酸盐侵蚀的工程。

硅酸盐水泥石在温度为 250℃时，水化物开始脱水，水泥石强度下降；当受热 700℃以上时，将遭破坏。所以，硅酸盐水泥不宜单独用于耐热混凝土工程。

6. 湿热养护效果差

硅酸盐水泥在常规养护条件下硬化快、强度高。但经过蒸汽养护后，再经自然养护至 28d 测得的抗压强度，往往低于未经蒸养的 28d 抗压强度。

☆**小提示**

硅酸盐水泥凝结硬化快，耐冻性、耐磨性好，适用于早期强度高、凝结硬化快、冬期施工及严寒地区受反复冻融的工程。水泥石中有较多的氢氧化钙，抗软水腐蚀和抗化学腐蚀性差，故硅酸盐水泥不适用于经常与流动的淡水接触及有水压作用的工程，不宜用于受海水、湖水作用的工程。

65

学习单元 2　掺混合材料的硅酸盐水泥

知识目标

（1）了解混合材料的种类。

（2）熟悉普通硅酸盐水泥的技术要求与应用。

（3）熟悉矿渣、火山灰质、粉煤灰硅酸盐水泥的技术要求及其异同。

技能目标

（1）能够掌握普通硅酸盐水泥的要求及其应用。

（2）能够正确区分。矿渣、火山灰质、粉煤灰硅酸盐水泥掌握复合硅酸盐水泥的技术要求与性能。

 基础知识

一、混合材料

（一）混合材料的种类

1. 活性混合材料

常温下能与氢氧化钙和水发生水化反应，生成水硬性水化产物，并能逐渐凝结硬化产生强度的混合材料称为活性混合材料。活性混合材料的主要作用是改善水泥的某些性能，同时还具有扩大水泥强度等级范围、降低水化热、增加产量和降低成本的作用。

常用的活性混合材料如下所述。

（1）粒化高炉矿渣。粒化高炉矿渣是高炉炼铁的熔融矿渣，经水或水蒸气急速冷却处理所得到的质地疏松、多孔的粒状物，也称水淬矿渣。粒化高炉矿渣在急冷过程中，熔融矿渣的黏度增加很快，来不及结晶，大部分呈玻璃态，储存有潜在的化学能。如熔融矿渣任其自然冷却，凝固后呈结晶态，活性很小，属非活性混合材料。粒化高炉矿渣的活性来源主要是活性氧化硅和活性氧化铝。

> ☆小提示
>
> 　　矿渣化学成分与硅酸盐水泥熟料相近，差别在于氧化钙含量比熟料低，氧化硅含量较高。粒化高炉矿渣中氧化铝和氧化钙含量越高，氧化硅含量越低，则矿渣活性越高，所配制的矿渣水泥强度也越高。

（2）火山灰质混合材料。火山灰质混合材料泛指以活性氧化硅及活性氧化铝为主要成分的活性混合材料。它的应用是从火山灰开始的，故而得名，但也并不限于火山灰。按其活性主要来源，又分为以下 3 类。

① 含水硅酸质混合材料。主要有硅藻土、蛋白质、硅质渣等。活性来源为活性氧化硅。

② 铝硅玻璃质混合材料。主要是火山爆发喷出的熔融岩浆在空气中急速冷却所形成的玻璃质多孔的岩石，如火山灰、浮石、凝灰岩等。活性来源于活性氧化硅和活性氧化铝。

③ 烧黏土质混合材料。主要有烧黏土、炉渣、燃烧过的煤矸石等。其活性来源是活性氧化铝和活性氧化硅。掺这种混合材料的水泥水化后水化铝酸钙含量较高，其抗硫酸盐腐蚀性差。

火山灰质混合材料结构上的特点是疏松多孔，内比表面积大，易反应。

（3）粉煤灰。粉煤灰是煤粉锅炉吸尘器所吸收的微细粉土。灰分经熔融、急冷，成为富含玻璃体的球状体。从化学成分讲，粉煤灰属于火山灰质混合材料一类，但粉煤灰结构致密，性质与火山灰质混合材料有所不同，又是一种工业废料，所以单独列出。

2. 非活性混合材料

常温下不能与氢氧化钙和水发生反应或反应甚微，也不能产生凝结硬化的混合材料，称为非活性混合材料。它掺在水泥中主要起填充作用，如扩大水泥强度等级范围、降低水化热、增加产量、降低成本等。

常用的非活性混合材料主要有石灰石、石英砂、自然冷却的矿渣等。

（二）活性混合材料在激发剂作用下的水化

磨细的活性混合材料与水调和后，本身不会硬化或硬化极为缓慢，但在氢氧化钙溶液中，会发生显著水化。其水化反应式为

$$xCa(OH)_2+SiO_2+mH_2O \rightarrow xCaO \cdot SiO_2 \cdot nH_2O \qquad (4-15)$$

$$yCa(OH)_2+Al_2O_3+mH_2O \rightarrow yCa(OH)_2 \cdot Al_2O_3 \cdot nH_2O \qquad (4-16)$$

式中，x、y 值取决于混合材料的种类、石灰和活性氧化硅及活性氧化铝的比例、环境温度以及作用所延续的时间等；m 值一般为 1 或稍大；n 值一般为 1～2.5。生成的水化硅酸钙和水化铝酸钙是具有水硬性的水化物。当有石膏存在时，水化铝酸钙还可以和石膏进一步反应，生成水硬性产物水化硫铝酸钙。

当活性混合材料掺入硅酸盐水泥中，与水拌和后，首先的反应是硅酸盐水泥熟料水化，生成氢氧化钙；然后，与掺入的石膏作为活性混合材料的激发剂，产生前述的反应（称二次反应）。二次反应的速度较慢，受温度影响敏感。温度高，水化加快，强度增长迅速；反之，水化减慢，强度增长缓慢。

☼小提示
　活性混合材料的活性是在氢氧化钙和石膏作用下才激发出来的，故称它们为活性混合材料的激发剂，前者称为碱性激发剂，后者称为硫酸盐激发剂。

二、普通硅酸盐水泥

普通硅酸盐水泥简称普通水泥，代号为 P·O。水泥中掺活性混合材料时，其掺量应大于5%且小于或等于 20%，其中允许用不超过水泥质量 5%的窑灰或不超过水泥质量 8%的非活性混合材料来代替。

（一）普通硅酸盐水泥的技术要求

国家标准《通用硅酸盐水泥》（GB 175—2007）对普通硅酸盐水泥的技术要求如下所述。

1. 细度

以比表面积表示，不小于 300m²/kg。80μm 方孔筛筛余不得超过 10.0%。

2. 凝结时间

硅酸盐水泥初凝不得早于 45min，终凝不得迟于 390min。普通水泥初凝不得早于 45min，终凝不得迟于 10h。

3. 安定性

用沸煮法检验必须合格。为了保证水泥长期安定性，水泥中氧化镁含量不得超过 5.0%。如果水泥经压蒸安定性试验合格，则水泥中氧化镁含量允许放宽到 6.0%；水泥中三氧化硫含量不得超过 3.5%。

4. 强度

根据 3d 和 28d 龄期的抗折和抗压强度，将普通硅酸盐水泥划分为 42.5、42.5R、52.5、52.5R 4 个强度等级。

5. 不溶物

Ⅰ型硅酸盐水泥中不溶物不得超过 0.75%。Ⅱ型硅酸盐水泥中不溶物不得超过 1.50%。

6. 氧化镁

水泥中氧化镁的含量不得超过 5.0%。如果水泥经压蒸安定性试验合格，则水泥中氧化镁含量允许放宽到 6.0%。

7. 三氧化硫

水泥中三氧化硫的含量不得超过 3.5%。

8. 烧失量

Ⅰ型硅酸盐水泥中烧失量不得大于 3.0%，Ⅱ型硅酸盐水泥中烧失量不得大于 3.5%。普通水泥中烧失量不得大于 5.0%。

> ☆小提示
>
> 凡普通水泥中氧化镁、三氧化硫、不溶物、氯离子、凝结时间、安定性、强度任何一项技术要求不符合标准规定，则为不合格品。不合格品水泥不得用于建筑工程中。

（二）普通硅酸盐水泥的性质与应用

普通硅酸盐水泥中掺入少量混合材料的主要作用是扩大强度等级范围，以利于合理选用。由于混合材料掺量较少，其矿物组成的比例仍在硅酸盐水泥的范围内，所以其性能、应用范围与同强度等级的硅酸盐水泥相近。与硅酸盐水泥比较，其早期硬化速度稍慢，强度略低；抗冻性、耐磨性及抗碳化性稍差；而耐腐蚀性稍好，水化热略有降低。

三、矿渣、火山灰质、粉煤灰硅酸盐水泥

（一）3 种水泥的代号及组分

1. 矿渣硅酸盐水泥

由硅酸盐水泥熟料和粒化高炉矿渣、适量石膏磨细制成的水硬性胶凝材料称为矿渣硅酸盐水泥（简称矿渣水泥），代号 P·S。水泥中粒化高炉矿渣掺加量按重量百分比计为 20%～70%。允许用石灰石、窑灰、粉煤灰和火山灰质混合材料中的一种材料代替矿渣，代替数量不得超过水泥重量的 8%，替代后水泥中粒化高炉矿渣不得少于 20%。

2. 火山灰质硅酸盐水泥

由硅酸盐水泥熟料和火山灰质混合材料、适量石膏磨细制成的水硬性胶凝材料称为火山灰质硅酸盐水泥（简称火山灰水泥），代号 P·P。水泥中火山灰质混合材料掺加量按重量百分比计为 20%～50%。

3. 粉煤灰硅酸盐水泥

由硅酸盐水泥熟料和粉煤灰、适量石膏磨细制成的水硬性胶凝材料称为粉煤灰硅酸盐水泥（简称粉煤灰水泥），代号 P·F。水泥中粉煤灰掺加量按重量百分比计为 20%～40%。

（二）3 种水泥的技术要求

《通用硅酸盐水泥》（GB 175—2007）规定的技术要求如下所述。

1. 细度

以筛余表示，80μm 方孔筛筛余不得超过 10.0%或 45μm 方孔筛筛余不超过 30%。

2. 凝结时间

初凝不得早于 45min，终凝不得迟于 600min。

3. 安定性

用沸煮法检验必须合格。

4. 强度等级

矿渣水泥、火山灰质水泥、粉煤灰水泥按 3d、28d 龄期抗压强度及抗折强度分为 32.5、32.5R、42.5、42.5R、52.5、52.5R 6 个强度等级。各强度等级、各龄期的强度值不得低于表 4-3 中的数值。

表 4-3　　　　矿渣、火山灰质、粉煤灰水泥各强度等级、各龄期强度值

强度等级	抗压强度/MPa		抗折强度/MPa	
	3d	28d	3d	28d
32.5	≥10.0	≥32.5	≥2.5	≥5.5
32.5R	≥15.0	≥32.5	≥3.5	≥5.5
42.5	≥15.0	≥42.5	≥3.5	≥6.5
42.5R	≥19.0	≥42.5	≥4.0	≥6.5
52.5	≥21.0	≥52.5	≥4.0	≥7.0
52.5R	≥23.0	≥52.5	≥4.5	≥7.0

注：R 表示早强型。

（三）3 种水泥特性和应用的异同

由于 3 种水泥均掺入大量混合材料，所以这些水泥有许多共同特性，又因掺入的混合材料品种不同，故各品种水泥性质也有一定差异。

1. 共同特性

（1）早期强度低，后期强度高。掺入大量混合材料的水泥凝结硬化慢，早期强度低，但硬化后期可以赶上甚至超过同强度等级的硅酸盐水泥。因其早期强度较低，不宜用于早期强度要求高的工程。

（2）水化热低。由于水泥中熟料含量较少，水化放热高的 C_3S、C_3A 矿物含量较少，且二

69

次反应速度慢，所以水化热低。这些水泥不宜用于冬期施工。但水化热低，不致引起混凝土内外温差过大，所以此类水泥适用于大体积混凝土工程。

（3）耐蚀性较好。这些水泥硬化后，在水泥石中 $Ca(OH)_2$、C_3A 含量较少，抵抗软水、酸类、盐类侵蚀的能力明显提高。用于有一般侵蚀性要求的工程时，比硅酸盐水泥耐久性好。

（4）蒸汽养护效果好。在蒸汽养护高温高湿环境中，活性混合材料参与的二次反应会加速进行，强度提高幅度较大，效果好。

（5）抗碳化能力差。这类水泥硬化后的水泥石碱度低、抗碳化能力差，对防止钢筋锈蚀不利，不宜用于重要钢筋混凝土结构和预应力混凝土。

（6）抗冻性、耐磨性差。与硅酸盐水泥相比，抗冻性、耐磨性差，不适用于受反复冻融作用的工程和有耐磨性要求的工程。

2. 各自特性

（1）矿渣水泥。矿渣为玻璃态的物质，难磨细，对水的吸附能力差，故矿渣水泥保水性差，泌水性大。在混凝土施工中，由于泌水而形成毛细管通道及水囊，水分的蒸发又容易引起干缩，影响混凝土的抗渗性、抗冻性及耐磨性等。由于矿渣经过高温，矿渣水泥硬化后氢氧化钙的含量又比较少，因此矿渣水泥的耐热性比较好。

☆小提示

对低温（10℃）环境中需要强度发展迅速的工程，如不能采取加热保温或加速硬化等措施，不宜使用矿渣硅酸盐水泥。

（2）火山灰质水泥。耐水性强，水化热低，后期强度增长快，耐硫酸盐类腐蚀，和匀性好。它的缺点是：早期强度较低，低湿时，强度增长很慢。所以，不宜在 8℃以下施工。耐冻、耐磨性差，使用时应该注意加强洒水覆盖养护。

（3）粉煤灰水泥。混凝土中掺入适量的粉煤灰有利于提高混凝土的流动性，以及减少大体积混凝土的内部水化热，能有效防止大体积混凝土产生裂缝。早期强度比不掺入粉煤灰的混凝土强度略低，但是后期强度要比不掺入粉煤灰的混凝土强度略高。

四、复合硅酸盐水泥

复合硅酸盐水泥简称复合水泥，代号为 P·C。复合水泥中混合材料总掺量按质量分数应大于 20%，不超过 50%。水泥中允许用不超过 8%的窑灰代替部分混合材料；掺矿渣时，混合材料掺量不得与矿渣硅酸盐水泥重复。

（一）复合硅酸盐水泥的技术要求

《通用硅酸盐水泥》（GB 175—2007）中规定的技术要求主要如下所述。

1. 细度

以筛余表示，80μm 方孔筛筛余不得超过 10.0%或 45μm 方孔筛筛余不超过 30%。

2. 凝结时间

初凝不得早于 45min，终凝不得迟于 600min。

3. 安定性

用沸煮法检验必须合格。

4. 强度等级

强度等级分为 32.5、32.5R、42.5、42.5R、52.5、52.5R。

（二）复合硅酸盐水泥的性能

复合硅酸盐水泥是由硅酸盐水泥熟料、两种或两种以上规定的混合材料、适量石膏磨细制成的水硬性胶凝材料。

由于在复合水泥中掺入了两种或两种以上的混合材料，可以相互取长补短，因此能够克服掺单一混合材料水泥的一些缺点。其早期强度接近于普通水泥，而其他性能优于矿渣水泥、火山灰水泥、粉煤灰水泥，因而适用范围广。

学习单元 3 通用水泥的验收与保管

知识目标

（1）掌握通用水泥的验收方式。

（2）掌握通用水泥的保管方式。

（3）掌握受潮水泥的识别、处理与使用方法。

技能目标

（1）能够掌握通用水泥的验收与保管的方式。

（2）能够正确的识别、处理受潮水泥。

 基础知识

一、通用水泥的验收

由于水泥有效期短，质量极容易变化，因此，对进入施工现场的水泥必须进行验收，以检测水泥是否合格，确定水泥是否能够用于工程中。水泥的验收包括包装标志验收、数量验收和质量验收 3 个方面。

（一）包装标志验收

根据供货单位的发货明细表或入库通知单及质量合格证，分别核对水泥包装上所注明的水泥品种、代号、净含量、强度等级，生产许可证标志（QS），生产者名称和地址，出厂编号，执行标准号，包装年、月、日等。掺火山灰质混合材料的普通水泥和矿渣水泥还应标上"掺火山灰"字样，包装袋两侧应印有水泥名称和强度等级，硅酸盐水泥和普通硅酸盐水泥的印刷采用红色，矿渣水泥的印刷采用绿色，火山灰水泥、粉煤灰水泥和复合水泥的印刷采用黑色或蓝色。

☆**小提示**

散装水泥在供应时必须提交与袋装水泥标志相同内容的卡片。

71

（二）数量验收

水泥可以袋装或散装，袋装水泥每袋净含量 50kg，且不得少于标志质量 99%。随机抽取 20 袋，总质量（含包装袋）不得少于 1 000kg，其他包装形式由供需双方协商确定，但有关袋装质量要求应符合上述规定。散装水泥平均堆积密度为 1 450kg/m^3，袋装压实的水泥为 1 600kg/m^3。

（三）质量验收

1. 检查出厂合格证和出厂检验报告

水泥出厂应有水泥生产厂家的出厂合格证，内容包括厂别、品种、出厂日期、出厂编号和检验报告。检验报告内容应包括出厂检验项目、细度、混合材料品种和掺加量、石膏和助磨剂的品种及掺加量、属旋窑或立窑生产及合同约定的其他技术要求。当用户需要时，生产者应在水泥发出之日起 7d 内寄发出 28d 强度以外的各项试验结果。28d 强度数值应在水泥发出日起 32d 内补报。

2. 交货与验收

交货时水泥的质量验收可抽取实物试样以其检验结果为依据，也可以生产者同编号水泥的检验报告为依据。采用何种方法验收应由双方商定，并在合同或协议中注明。

以抽取实物试样的检验结果为验收依据时，买卖双方应在发货前或交货地共同取样和签封。取样方法按《水泥取样方法》（GB/T 12573—2008）进行，取样数量为 20kg，缩分为二等份。一份由卖方保存 40d，一份由买方按《通用硅酸盐水泥》（GB 175—2007）规定的项目和方法进行检验。在 40d 以内，买方检验认为产品质量不符合相应标准要求，而卖方又有异议时，双方应将卖方保存的另一份试样送有关监督检验机构进行仲裁检验。

以水泥厂同编号水泥的试验报告为验收依据时，在发货前或交货时，买方在同编号水泥中取样，双方共同签封后由卖方保存 90d；或认可卖方自行取样、签封并保存 90 天的同编号水泥的封存样。在 90d 内，买方对水泥质量有疑问时，买卖双方应将共同认可的试样送省级或省级以上国家认可的水泥质量监督检验机构进行仲裁检验。

3. 复验

按照《混凝土结构工程施工质量验收规范（2011 年版）》（GB 50204—2002）以及工程质量管理的有关规定，用于承重结构的水泥，用于使用部位有强度等级要求的混凝土用水泥，出厂超过 3 个月（快硬硅酸盐水泥为超过一个月）的水泥和进口水泥，在使用前必须进行复验，并提供试验报告。水泥的抽样复验应符合见证取样送检的有关规定。

水泥复验的项目，通常只检测水泥的安定性、强度和其他必要的性能指标。

经确认，水泥各项技术指标及包装质量符合要求时方可出厂。

4. 水泥质量评定

水泥是基础建设中必不可少的主要原材料之一。水泥品质的好坏对建设工程的质量有巨大的影响。在建筑工程中，根据水泥的品质可分为合格品、不合格品两类。

（1）合格品。水泥的包装、质量及各项技术指标都能满足国家相应规范的要求时，可判为合格品。这类水泥可以按照设计的要求正常使用。

（2）不合格品。一般常用水泥当细度、终凝时间、不溶物和烧失量中的任一项不符合标准规定或混合材料掺加量超过最大限量和强度低于商品强度等级的指标时判为不合格品。水泥包装标志中，水泥品种、强度等级、工厂名称和出厂编号不全的也判为不合格品。

不合格水泥在建筑工程中可以降低标准使用。如强度指标不合格可降低标号使用或用于工程的次要受力部位（如做基础的垫层）等。

二、通用水泥的保管

（1）库房内储存，库房地面应有防潮措施，库内应保持干燥，防止雨露浸入。堆放时，应按品种、强度等级（或标号）、出厂编号、到货先后或使用顺序排列成垛。堆垛高度以不超过10袋为宜。堆垛应至少离开四周墙壁30cm，各垛之间应留置宽度不小于70cm的通道。

（2）露天堆放。当限于条件，水泥露天堆放时，应在距地面不少于30cm垫板上堆放，垫板下不得积水。水泥堆垛必须用布覆盖严密，防止雨露侵入使水泥受潮。

（3）储存期限。水泥存储期过长，其活性将会降低。一般存储3个月以上的水泥，强度降低10%～20%；6个月降低15%～30%；一年后降低25%～40%。对已进场的每批水泥，根据在场的存放情况重新采样检验其强度和安全性。存放期超过3个月的通用水泥和存放期超过一个月的快硬水泥，使用前必须复验，并按复验结果使用。

☆**小提示**

水泥一般应入库存放。水泥仓库应保持干燥，库房地面应高出室外地面30cm，离开窗户和墙壁30cm以上，袋装水泥堆垛不宜过高，以免下部水泥受压结块，一般为10袋，如存放时间短，库房紧张，也不宜超过15袋；露天临时储存的袋装水泥，应选择地势高，排水条件好的场地，并认真做好上盖下垫，以防水泥受潮。使用散装水泥时应使用散装水泥罐车运输，采用铁皮水泥罐仓或散装水泥库存放。

对于受潮水泥，可以进行处理后再使用，受潮水泥的识别、处理和使用见表4-4。

表4-4　　　　　　　　　　　受潮水泥的识别、处理和使用

受潮程度	处理办法	使用要求
轻微结块,但可用手捏成粉末	将粉块压碎	经试验后根据实际强度使用
部分结成硬块	将硬块筛除，粉块压碎	经试验后根据实际强度使用，用于受力小的部位，强度要求不高的工程或配制砂浆
大部分结成硬块	将硬块粉碎磨细	不能作为水泥使用，可作为混合材掺入新水泥使用（掺量应小于25%）

📖**课堂案例**

广西百色某车间单层砖房屋盖采用预制空心板12m跨现浇钢筋混凝土大梁，1983年10月开工，使用进场已3个多月并存放于潮湿地方的水泥。1984年1月4日下午房屋全部倒塌。

想一想

为什么会出现上述问题？应该如何防止呢？

案例分析

事故的主因是使用受潮水泥，且采用人工搅拌，无严格配合比。致使大梁混凝土平均抗

压强度极低。此外，还存在振捣不实，配筋不足等问题。

防止措施如下所述。

（1）施工现场入库水泥应按品种、标号、出厂日期分别堆放，并建立标志。先到先用，防止混乱。

（2）防止水泥受潮。水泥不慎受潮，可分情况处理。

① 有粉状，但可用手捏成粉末，尚无硬块。可压碎粉块，通过实验，按实际强度使用。

② 部分水泥结成硬块。可筛去硬块，压碎粉块。通过实验，按实际强度使用，可用于不重要的、受力小的部位，也可用于砌筑砂浆。

③ 大部分水泥结成硬块。粉碎、磨细，不能作为水泥使用，但仍可作水泥混合材或混凝土掺和剂。

学习单元 4　专用水泥

知识目标

（1）掌握道路硅酸盐水泥的技术要求与应用。

（2）掌握砌筑水泥的技术要求与应用。

技能目标

能够根据工程实际情况合理选用专用水泥。

 基础知识

一、道路硅酸盐水泥

道路硅酸盐水泥是由道路硅酸盐水泥熟料，0～10%活性混合材料和适量石膏磨细制成的水硬性胶凝材料制成，简称道路水泥，代号为 P·R。

（一）道路硅酸盐水泥的技术要求

《道路硅酸盐水泥》（GB 13693—2005）规定的技术要求如下所述。

（1）氧化镁。道路水泥中氧化镁含量不得超过 5.0%。

（2）三氧化硫。道路水泥中三氧化硫含量不得超过 3.5%。

（3）烧失量。道路水泥中烧失量不得大于 3.0%。

（4）比表面积。比表面积为 300～450m^2/kg。

（5）凝结时间。初凝不得早于 1.5 h，终凝不得迟于 10 h。

（6）安定性。用沸煮法检验必须合格。

（7）干缩率。28d 干缩率不得大于 0.10%。

（8）耐磨性。28d 磨损量不得大于 3.0kg/m^2。

（9）强度。各强度等级、各龄期强度不低于表 4-5 的规定。

表 4-5　道路硅酸盐水泥各强度等级、各龄期强度最低值（GB 13693—2005）

强度等级	抗折强度/MPa		抗压强度/MPa	
	3d	28d	3d	28d
32.5	3.5	6.5	16.0	32.5
42.5	4.0	7.0	21.0	42.5
52.5	5.0	7.5	26.0	52.5

（10）碱含量。碱含量由供需双方商定。若使用活性骨料，用户要求提供低碱水泥，水泥中碱含量应不超过 0.60%。碱含量按 $w(Na_2O)+0.658w(K_2O)$ 计算值表示。

（二）道路硅酸盐水泥的性质与应用

道路水泥熟料中降低铝酸三钙（C_3A）含量，以减少水泥的干缩率；提高铁铝酸四钙含量，可使水泥耐磨性、抗折强度提高。

> ☼小提示
>
> 道路硅酸盐水泥的特性是干缩率小、抗冻性好、耐磨性好、抗折强度高、抗冲击性好，适用于道路路面和对耐磨性、抗干缩性要求较高的混凝土工程。

二、砌筑水泥

砌筑水泥是由一种或一种以上活性混合材料或具有水硬性的工业废料为主要原料，加入适量硅酸盐水泥熟料和石膏，经磨细制成的水硬性胶凝材料，代号 M。这种水泥的强度较低，不能用于钢筋混凝土或结构混凝土，主要用于工业与民用建筑的砌筑和抹面砂浆、垫层混凝土等。

（一）砌筑水泥的技术要求

《砌筑水泥》（GB/T 3183—2003）规定的技术要求如下所述。

（1）三氧化硫。水泥中三氧化硫含量应不大于 4.0%。

（2）细度。80μm 方孔筛筛余不大于 10.0%。

（3）凝结时间。初凝不早于 60min，终凝不迟于 12h。

（4）安定性。用沸煮法检验，应合格。

（5）保水率。保水率应不低于 80%。

（6）强度。各等级水泥各龄期强度应不低于表 4-6 中的数值。

表 4-6　水泥强度

水泥等级	抗压强度/MPa		抗折强度/MPa	
	7d	28d	7d	28d
12.5	7.0	12.5	1.5	3.0
22.5	10.0	22.5	2.0	4.0

（二）砌筑水泥的性质与应用

砌筑水泥强度等级较低，能满足砌筑砂浆强度要求。利用大量的工业废渣作为混合材料，可降低水泥成本。砌筑水泥的生产、应用，一改过去用高强度等级水泥配制低强度等级砌筑砂浆、抹面砂浆的不合理、不经济现象。

☼小提示

砌筑水泥适用于砖、石、砌块砌体的砌筑砂浆和内墙抹面砂浆、垫层混凝土等，不得用于结构混凝土。

知识链接

判定水泥的质量标准

通用水泥质量等级（建材行业）如下所述。

水泥产品质量划分为优等品、一等品和合格品3个等级。

（1）优等品：水泥产品标准必须达到国际先进水平，且水泥实物质量水平与国外同类产品相比达到近5年内的先进水平。

（2）一等品：水泥产品标准必须达到国际一般水平，且水泥实物质量水平达到国际同类产品的一般水平。

（3）合格品：按我国现行水泥产品标准组织生产，水泥实物质量水平必须达到产品标准的要求。

学习案例

某大体积的混凝土工程，浇注两周后拆模，发现挡墙有多道贯穿型的纵向裂缝。该工程使用某立窑水泥厂生产的42.5Ⅱ型硅酸盐水泥，其熟料矿物组成为C_3S：61%，C_2S：14%，C_3A：14%，C_4AF：11%。

想一想

为什么会出现挡墙有多道贯穿型的纵向裂缝的情况？应该如何防止这种情况再次发生？

案例分析

原因分析：由于该工程所使用的水泥C_3A和C_3S含量高，导致该水泥的水化热高，且在浇注混凝土中，混凝土的整体温度高，以后混凝土温度随环境温度下降，混凝土产生冷缩，造成混凝土贯穿型的纵向裂缝。

防止措施：首先，对大体积的混凝土工程宜选用低水化热，即C_3A和C_3S的含量较低的水泥。其次，水泥用量及水灰比也需适当控制。

知识拓展

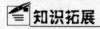

彩色水泥

1. 彩色水泥的生产

彩色水泥以白色硅酸盐水泥熟料和优质白色石膏，掺入颜料、外加剂共同磨细而成。

彩色水泥的生产方法有两种：间接法和直接法。

（1）间接生产法。间接法是指白色硅酸盐水泥或普通硅酸盐水泥在粉磨时（或现场使用时）

将彩色颜料掺入，混匀成为彩色水泥。常用的颜料有氧化铁（红、黄、褐红色）、氧化锰（黑、褐色）、氧化铬（绿色）、赭石（赭色）、群青（蓝色）和炭黑（黑色）等。制造红、褐、黑色等颜色较深的彩色水泥，一般用硅酸盐水泥熟料；浅色的彩色水泥，用白色硅酸盐水泥熟料。颜料必须着色性强，不溶于水，分散性好，耐碱性强，对光和大气稳定性好，掺入后不能显著降低水泥的强度。

间接生产法较简单，水泥色彩较均匀，颜色较多，但颜料用量较大。

（2）直接生产法。直接生产法是指在白水泥生料中加入着色物质，煅烧成彩色水泥熟料，然后再加适量石膏磨细制成彩色水泥。着色物质为金属氧化物或氢氧化物，颜色深浅随着色剂掺量（0.1%～2.0%）而变化。

直接生产法着色剂用量少，有时可用工业副产品，成本较低，但目前生产的色泽有限，窑内气氛变化会造成熟料颜色不均匀；由彩色熟料磨制成的彩色水泥，在使用过程中会因彩色熟料矿物的水化易出现"白霜"，使颜色变淡。

2. 彩色水泥的应用

（1）配制彩色水泥浆。彩色水泥浆是以各种彩色水泥为基料，掺入适量氧化钙促凝剂和皮胶液胶结料配制成的刷浆材料。可作为彩色水泥涂料用于建筑物内墙、外墙、顶棚和柱子的粉刷，还广泛应用于贴面装饰工程的擦缝和勾缝工序，具有很好的辅助装饰效果。

（2）配制彩色混凝土。以白色、彩色水泥为胶凝材料，加入适当品种的骨料即可制得白色、彩色混凝土，根据不同的施工工艺可达到不同的装饰效果。也可制成各种制品，如彩色砌块、彩色水泥砖等。

（3）配制彩色水泥砂浆。彩色水泥砂浆是以各种彩色水泥与细骨料配制而成的装饰材料，主要用于建筑物内、外墙装饰。

情境小结

（1）硅酸盐水泥的水化产物主要有：水化硅酸钙凝胶、氢氧化钙晶体、水化硫铝酸钙晶体、水化铝酸钙晶体和水化铁酸钙凝胶。硬化后的水泥石是以水化硅酸钙凝胶为主的水化产物与未水化水泥内核、孔隙和水形成的多相多孔体系，孔隙的大小、多少和分布状态等，与水泥石的强度及耐久性密切相关。

（2）在水泥中掺入混合材料是为了改善水泥的某些性能，同时达到增加产量和降低成本的目的。常用的活性混合材料是粒化高炉矿渣、粉煤灰等。在硅酸盐水泥熟料中掺入适量的各种混合材料，可制成各种掺混合材料的水泥，如普通水泥、矿渣水泥、粉煤灰水泥和复合水泥等。

（3）硅酸盐水泥的技术性质主要有凝结时间、体积安定性和强度，其中强度是评定水泥强度等级的依据。

（4）硅酸盐水泥适用于早期强度高的高强混凝土和预应力混凝土工程，适用于严寒地区遭受反复冻融作用的工程，不宜用于大体积混凝土和受软水、酸类和硫酸盐侵蚀的工程，不能用来配制耐热混凝土。

学习检测

一、填空题

1. 硅酸盐类水泥是以_____为主要成分的水泥熟料、适量的石膏及规定的混合材料制成的水硬性胶凝材料。

2. 随着水泥水化、凝结的继续，浆体逐渐转变为具有一定强度的坚硬固体水泥石，这一过程称为_____。

3. 水泥石的硬化程度越高，_____，未水化的水泥颗粒和毛细孔含量越少，_____。

4. 凝结时间又分为_____和_____。初凝时间是指从_____到水泥浆_____所需的时间；终凝时间为从_____起到水泥浆_____的时间。

5. 水泥标准稠度用水量是指_____时所需要的水，通常用水与水泥质量的比（百分数）来表示。

6. 水泥强度是指_____，是评定水泥强度等级的依据。

7. 在硅酸盐水泥中掺加一定量的混合材料，能改善_____，增加_____，提高_____，调节_____，扩大_____。

8. 水泥的验收包括_____、_____和_____3个方面。

二、选择题

1. 为调整硅酸盐水泥的凝结时间，在生产的最后阶段还要加入（ ）。
   A. 石灰石　　　　　B. 石膏　　　　　C. 氧化钙　　　　　D. 铁矿石

2. 硅酸盐水泥熟料中干燥收缩最小、耐磨性最好的是（ ）。
   A. 硅酸三钙　　　　B. 硅酸二钙　　　　C. 铝酸三钙　　　　D. 铁铝酸四钙

3. 下列属于硅酸盐水泥的化学性能指标有（ ）。
   A. 氧化镁含量　　　　　　　　　B. 三氧化硫含量
   C. 碱含量　　　　　　　　　　　D. 不溶物含量

4. 硅酸盐水泥的初凝时间不小于（ ）min，终凝时间不大于（ ）min。
   A. 45，390　　　　B. 50，360　　　　C. 40，400　　　　D. 45，380

5. 标准稠度需水量最少的水泥是（ ）。
   A. 普通水泥　　　　　　　　　　B. 硅酸盐水泥
   C. 火山灰水泥　　　　　　　　　D. 复合水泥

6. 下列关于硅酸盐水泥的性质和应用说法正确的是（ ）。
   A. 硅酸盐水泥凝结硬化快，耐冻性、耐磨性好
   B. 适用于早期强度高、凝结硬化快、冬期施工及严寒地区受反复冻融的工程
   C. 水泥石中有较多的氢氧化钙，抗软水腐蚀和抗化学腐蚀性差
   D. 不适用于经常与流动的淡水接触及有水压作用的工程

7. 掺混合材料硅酸盐水泥具有（ ）的特点。
   A. 早期强度高　　　　　　　　　B. 凝结硬化快
   C. 抗冻性好　　　　　　　　　　D. 水化热低

8. 下列不属于活性混合材料的有（ ）。
   A. 粒化高炉矿渣　　　　　　　　B. 火山灰质混合材料
   C. 粉煤灰　　　　　　　　　　　D. 石灰石

9. 硅酸盐水泥和普通硅酸盐水泥包装袋的印刷采用（ ）。
   A. 红色　　　　　B. 蓝色　　　　　C. 绿色　　　　　D. 黄色

10. 通用水泥的储存时间不宜过长，一般不超过（ ）。
    A. 一年　　　　　B. 半年　　　　　C. 3个月　　　　　D. 一个月

三、回答题

1. 硅酸盐水泥熟料由哪些主要的矿物组成？其在水泥水化中有何特性？

2. 影响硅酸盐水泥凝结硬化的因素有哪些？

3. 硅酸盐水泥的物理力学性质包括哪些内容？

4. 硅酸盐水泥石腐蚀的类型有哪些？各自的具体内容是什么？

5. 水泥石腐蚀的防护措施有哪些？

6. 硅酸盐水泥有哪些性质？

7. 为什么生产硅酸盐水泥时掺和适量石膏对水泥不起破坏作用，而硬化水泥石在有硫酸盐的环境介质中生成的石膏就有破坏作用？

8. 什么是硅酸盐水泥的混合材料？在硅酸盐水泥中掺混合材料起到什么作用？

9. 国家标准对普通硅酸盐水泥的技术要求有哪些？

10. 不同品种以及同品种不同强度等级的水泥能否掺混使用？为什么？

学习情境五

混凝土

情境导入

深圳市前海片区临海大道位于深圳市南山区前海湾填海区，该场区原为滨海潮间带淤泥滩涂，从 1989 年开始由南油集团抛石填筑围堤并陆续分区进行地基处理。筑堤方法主要为直接抛石挤淤填筑，地基处理方法主要为插塑料排水板堆载预压法。临海大道（0+635）～（1+300）段，南侧跨旧堤坡脚或紧临旧堤坡脚；旧堤以北设计道路范围内已于 2003 年 3 月达到固结要求，但有些区域尚未卸载；桩号 1+240 附近旧堤斜穿临海大道，旧堤落底情况较好，该处旧堤东南侧临海大道内有小范围已插板堆散货预压的场区。设计在该区段采用强夯法加固，有效加固深度为 7～8m，强夯法加固后进行整平碾压至交工面标高。（1+300）～（1+380）段，现状地基情况良好，设计未进行地基处理。由于以 1+300 为分界，路基的处理方法不同，产生的工后沉降也会有差异，为了避免这种不均匀沉降影响到路面，设计对（1+250）～（1+350）段路面结构进行变更，采用了钢筋混凝土路面，同时根据甲方的要求，混凝土板块的大小仍维持原设计（4m×4m）。临海大道已于 2005 年 6 月竣工通车，该路通行车道大部分为重型车辆，目前使用状况良好。

案例分析

混凝土具有原料丰富，价格低廉，生产工艺简单的特点，因而其用量越来越大。同时混凝土还具有抗压强度高，耐久性好，强度等级范围宽等特点。这些特点使其使用范围十分广泛，不仅在各种土木工程中使用，就是造船业，机械工业，海洋开发，地热工程等，混凝土也是重要的材料。

如何进行普通混凝土主要技术性质的检测？如何进行普通混凝土配合比的设计？如何进行混凝土质量的评定？需要掌握如下重点。

（1）混凝土的组成、特点及其应用要求。

（2）混凝土的基本组成材料。

（3）混凝土的技术性质。

（4）普通混凝土配合比设计。

（5）混凝土的质量控制。

（6）混凝土外加剂。

（7）混凝土掺和料。

（8）特殊品种混凝土。

学习单元1　混凝土

知识目标

（1）了解混凝土的概念与分类。

（2）掌握混凝土应用的基本要求。

技能目标

能够根据实际工程情况，正确选用混凝土。

基础知识

一、混凝土的概念及分类

混凝土是指由胶凝材料将集料胶结成整体的工程复合材料的统称。通常讲的混凝土一词是指用水泥作胶凝材料，砂、石作集料；与水（可含外加剂和掺和料）按一定比例配合，经搅拌而得的水泥混凝土，也称普通混凝土，它广泛应用于土木工程。

混凝土的种类繁多，可以从不同角度进行分类。

（一）按所用胶凝材料分类

按胶凝材料分，混凝土可分为无机胶结材料混凝土、有机胶结材料混凝土和有机、无机复合胶结材料混凝土。

（1）无机胶结材料混凝土包括水泥混凝土、硅酸盐混凝土、石膏混凝土、水玻璃氟硅酸钠混凝土等。

（2）有机胶结材料混凝土包括沥青混凝土、硫黄混凝土、聚合物混凝土等。

（3）有机、无机复合胶结材料混凝土包括聚合物水泥混凝土、聚合物浸渍混凝土等。

（二）按用途分类

按用途不同，混凝土可分为结构混凝土、道路混凝土、水工混凝土、耐热混凝土、耐酸混凝土、防射线混凝土等。

（三）按体积密度分类

混凝土按照表观密度的大小可分为重混凝土、普通混凝土、轻质混凝土。这3种混凝土不同之处就是骨料的不同。重混凝土的表观密度大于 $2\,500kg/m^3$，是由特别密实和特别重的集料制成的。如重晶石混凝土、钢屑混凝土等，它们具有不透 X 射线和 γ 射线的性能。普通混凝土即是我们在建筑中常用的混凝土，表观密度为 $1\,950\sim2\,500kg/m^3$，集料为砂、石。轻质混凝土是表观密度小于 $1\,950kg/m^3$ 的混凝土，可以分为3类。

（1）轻集料混凝土，其表观密度在 $800\sim1\,950kg/m^3$，轻集料包括浮石、火山渣、陶粒、膨胀珍珠岩、膨胀矿渣、矿渣等。

（2）多空混凝土（泡沫混凝土、加气混凝土），其表观密度是 $300\sim1\,000kg/m^3$。泡沫混凝土是由水泥浆或水泥砂浆与稳定的泡沫制成的。加气混凝土是由水泥、水与发气剂制成的。

（3）大孔混凝土（普通大孔混凝土、轻骨料大孔混凝土），其组成中无细集料。普通大孔混凝土的表观密度范围为 1 500～1 900kg/m³，是由碎石、软石、重矿渣作集料配制的。轻骨料大孔混凝土的表观密度为 500～1 500kg/m³，是由陶粒、浮石、碎砖、矿渣等作为集料配制的。

（四）按性能特点分类

按性能特点不同，混凝土可分为抗渗混凝土、耐酸混凝土、耐热混凝土、高强混凝土、高性能混凝土等。

（五）按施工方法分类

按施工方法分类，混凝土可分为现浇混凝土、预制混凝土、泵送混凝土、喷射混凝土等。

在混凝土中应用最广、用量最大的是水泥混凝土，水泥混凝土按表观密度可分为如下 3 类。

1. 重混凝土

重混凝土的表观密度>2.8t/m³，常采用重晶石、铁矿石、钢屑等作骨料和锶水泥、钡水泥共同配置防辐射混凝土，它们具有不透 X 射线和 γ 射线的性能，主要作为核工程的屏蔽结构材料。

2. 普通混凝土

普通混凝土，一般指以水泥为主要胶凝材料，与水、砂、石子，必要时掺入化学外加剂和矿物掺和料，按适当比例配合，经过均匀搅拌、密实成型及养护硬化而成的人造石材，表观密度为 2 000～2 800kg/m³。混凝土强度等级是以立方体抗压强度标准值划分，目前我国普通混凝土强度等级划分为 14 级：C15、C20、C25、C30、C35、C40、C45、C50、C55、C60、C65、C70、C75、C80。

3. 轻混凝土

容重不大于 2 000kg/m³ 的混凝土的统称。轻混凝土按其孔隙结构分为：轻集料混凝土（即多孔集料轻混凝土），多孔混凝土（主要包括加气混凝土和泡沫混凝土等）和大孔混凝土（即无砂混凝土或少砂混凝土）。轻混凝土与普通混凝土相比，其最大特点是容重轻且具有良好的保温性能。主要用作工业与民用建筑，特别是高层建筑、桥梁工程的承重结构及保温隔热结构兼保温材料。

二、混凝土的组成

混凝土的组织结构如图 5-1 所示，各组成材料在混凝土中所起的作用是不同的。砂和石子在混凝土中起骨架作用。水泥和水形成水泥浆体，包裹在骨料的表面并填充骨料之间的空隙，在混凝土拌和物中，水泥浆体起润滑作用，赋予混凝土拌和物流动性，便于施工；在混凝土硬化之后起胶结作用，将砂石骨料胶结成一个整体，使混凝土产生强度，成为坚硬的人造石材。外加剂起改性作用。

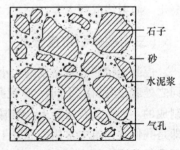

图 5-1　混凝土组织结构示意

三、混凝土的特点

混凝土之所以在土木工程中得到广泛应用，是由于它有许多独特的技术性能。这些特点主要反映在以下几个方面。

（一）材料来源广泛

混凝土中占整个体积80%以上的砂、石料均可以就地取材，其资源丰富，有效降低了制作成本。

（二）性能可调整范围大

根据使用功能要求，改变混凝土的材料配合比例及施工工艺，可在相当大的范围内对混凝土的强度、保温耐热性、耐久性及工艺性能进行调整。

（三）在硬化前有良好的塑性

混凝土拌和物优良的可塑成型性，使混凝土可适应各种形状复杂的结构构件的施工要求。

（四）施工工艺简易、多变

混凝土既可进行简单的人工浇筑，亦可根据不同的工程环境特点灵活采用泵送、喷射、水下等施工方法。

（五）可用钢筋增强

钢筋与混凝土虽为性能迥异的两种材料，但两者却有近乎相等的线膨胀系数，从而使它们可共同工作，弥补了混凝土抗拉强度低的缺点，扩大了其应用范围。

（六）有较高的强度和耐久性

高强混凝土的抗压强度可达100MPa以上，且同时具备较高的抗渗、抗冻、抗腐蚀、抗碳化性，其耐久年限可达数百年以上。

混凝土在具有上述优点的同时，也存在着自重大、养护周期长、导热系数较大、不耐高温、拆除废弃物再生利用性较差等缺点。随着混凝土新功能、新品种的不断开发，这些缺点正不断得以克服和改进。

四、混凝土的应用

混凝土应用的基本要求如下所述。

（1）要满足结构安全和施工不同阶段所需要的强度要求。

（2）要满足混凝土搅拌、浇筑、成型过程所需要的工作性要求。

（3）要满足设计和使用环境所需要的耐久性要求。

（4）要满足节约水泥、降低成本的经济性要求。

简单地说，就是要满足强度、工作性、耐久性和经济性的要求，这些要求也是混凝土配合比设计的基本目标。

学习单元2 混凝土的基本组成材料

知识目标

（1）了解混凝土组成材料的种类、特性。

（2）掌握混凝土组成材料的技术要求。

83

技能目标

（1）根据工程实际情况，能正确选择水泥等级。

（2）能够确定细骨料的粗细程度和颗粒级配。

基础知识

普通混凝土是由水泥、粗细骨料、水、外加剂和掺和剂按一定的比例配制而成的，普通混凝土也简称为混凝土。

一、水泥

水泥是决定混凝土成本的主要材料，同时又起到黏结、填充等重要作用，因此水泥的选用格外重要。配制混凝土用的水泥应符合国家现行标准的有关规定。在配制时，应合理地选择水泥的品种和强度等级。

（一）水泥品种的选择

水泥的品种应根据工程的特点和所处的环境气候条件，特别是应针对工程竣工后可能遇到的环境影响因素进行分析，并考虑当地水泥的供应情况作出选择。常用水泥品种的选择见表 5-1。

表 5-1　　　　　　　　　　常用水泥品种选用

混凝土工程特点及所处环境条件		优先使用	可以使用	不宜使用
普通混凝土	在普通气候环境中的混凝土	普通水泥	矿渣水泥 火山灰质水泥 粉煤灰水泥	—
	在干燥环境中的混凝土	普通水泥	矿渣水泥	火山灰质水泥
	在高湿环境中或长期处于水下的混凝土	矿渣水泥 火山灰质水泥 粉煤灰水泥	普通水泥	—
	厚大体积的混凝土	矿渣水泥 火山灰质水泥 粉煤灰水泥	普通水泥	硅酸盐水泥
有特殊要求的混凝土	要求快硬高强（≥C30）的混凝土	硅酸盐水泥 快硬硅酸盐水泥	—	—
	严寒地区的露天混凝土及处于水位升降范围内的混凝土	普通水泥 硅酸盐水泥或 抗硫酸盐硅酸盐水泥	矿渣水泥 （≥32.5 级）	火山灰质水泥
	有抗渗要求的混凝土	普通水泥 火山灰质水泥	硅酸盐水泥 粉煤灰水泥	矿渣水泥
	有耐磨要求的混凝土	普通水泥	矿渣水泥 （≥32.5 级）	火山灰质水泥
	受侵蚀性环境水或气体作用的混凝土	根据介质的种类、浓度等具体情况，按专门规定选用		

（二）水泥强度等级的选择

水泥强度等级的选择是指水泥强度等级和混凝土设计强度等级的关系。若水泥强度过高，水泥的用量就会过少，从而影响混凝土拌和物的工作性；反之，水泥强度过低，则可能影响混凝土的最终强度。根据经验，一般情况下水泥强度等级以混凝土设计强度等级的 1.5～2.0 倍为宜。对于较高强度等级的混凝土，应为混凝土强度等级的 0.9～1.5 倍。选用普通强度等级的水泥配制高强混凝土（＞C60）时，并不受此比例的约束。

> ☆小提示
>
> 对于低强度等级的混凝土，可采用特殊种类的低强度水泥或掺加一些改善工作性的外掺材料（如粉煤灰等）。

二、细骨料

普通混凝土中的细骨料通常是砂。

（一）细骨料的种类及特性

细骨料按产地及来源，一般可分为天然砂和机制砂。天然砂是自然生成的，经人工开采和筛分的粒径小于 4.75mm 的岩石颗粒，包括河砂、湖砂、山砂、淡化海砂，但不包括软质、风化的岩石颗粒。河砂、湖砂材质最好，洁净、无风化、颗粒表面圆滑。山砂风化较严重，含泥较多，含有机杂质和轻物质也较多，质量最差。海砂中常含有贝壳等杂质，所含氯盐、硫酸盐、镁盐会引起水泥的腐蚀，故材质较河砂为次。

机制砂是经除土处理，由机械破碎、筛分制成的，粒径小于 4.75mm 的岩石、矿山尾矿或工业废渣颗粒（不包括软质、风化的颗粒），俗称人工砂。混合砂是由天然砂和机制砂混合而成的。

天然砂是一种地方资源，随着我国基本建设的日益发展和农田、河道环境保护措施的逐步加强，天然砂资源逐步减少。不但如此，混凝土技术的迅速发展，对砂的要求日益提高，其中一些要求较高的技术指标，天然砂难以满足。我国有大量的金属矿和非金属矿，在采矿和加工过程中伴随产生较多的尾尘。这些尾尘及由石材粉碎生产的机制砂的推广使用，既有效利用资源又保护了环境，可形成综合利用的效益。美、英、日等工业发达国家使用人工砂已有几十年的历史，我国国内已有多条人工砂生产线，生产人工砂的设备与技术也基本具备，在我国发展人工砂的条件已经成熟。

根据《建设用砂》（GB/T 14684—2011），砂石按其技术要求分为Ⅰ类、Ⅱ类、Ⅲ类。Ⅰ类砂石宜用于强度等级大于 C60 的混凝土；Ⅱ类砂石宜用于强度等级为 C30～C60 及抗冻、抗渗或其他要求的混凝土；Ⅲ类砂石宜用于强度等级小于 C30 的混凝土。

（二）细骨料的技术要求

1. 粗细程度和颗粒级配

（1）粗细程度。砂的粗细程度是指不同的砂粒混合在一起的平均程度。砂子通常分为粗砂、中砂、细砂和特细砂等几种。在配制混凝土时，在相同用砂量条件下，采用细砂则其总表面积较大，而采用粗砂则其总表面积较小。砂的总表面积越大，则在混凝土中需要包裹砂粒表面的水泥浆就越多。当混凝土拌和物和易性要求一定时，显然用较粗的砂拌制混凝土比用较细的砂所需的水泥浆省，但若砂子过粗，易使混凝土拌和物产生离析、泌水等现象，影响混凝土的工作性。因此，用作配制混凝土的砂不宜过细，也不宜过粗。

（2）颗粒级配。砂的颗粒级配是指砂中不同粒径的颗粒互相搭配及组合的情况。如果砂的粒径相同，如图 5-2（a）所示，则其空隙率很大，自然在混凝土中填充砂子空隙的水泥浆用量就多；当用两种粒径的砂搭配，空隙就减少了，如图 5-2（b）所示；而用 3 种粒径的砂组配，空隙会更少，如图 5-2（c）所示。由此可知，颗粒大小均匀的砂是级配不良的砂；当砂中含有较多的粗颗粒，并以适量的中粗颗粒及少量的细颗粒填充其空隙，即具有良好的颗粒级配，则可使砂的空隙率和总表面积均较小，这样的砂才是比较理想的。使用级配良好的砂，填充空隙用的水泥浆少，节约水泥，而且混凝土的和易性好，强度和耐久性好。

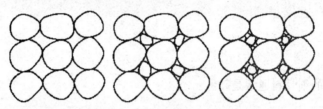

(a) 粒径相同的砂组合　(b) 两种粒径的砂搭配　(c) 3种粒径的砂组配

图 5-2　骨料的颗粒级配

☼**小提示**

选择细骨料时应同时考虑砂的粗细程度和颗粒级配，只有这样才能既满足设计与施工的要求，又能节约水泥。

（3）粗细程度和颗粒级配的确定。砂的粗细程度和颗粒级配用筛分析法确定，并用细度模数表示砂的粗细，用级配区判别砂的颗粒级配。

筛分试验是采用过 9.50mm 方孔筛后 500g 烘干的待测砂，用一套孔径从大到小（孔径分别为 4.75mm、2.36mm、1.18mm、600μm、300μm、150μm）的标准金属方孔筛进行筛分，然后称其各筛上所得的粗颗粒的质量（称为筛余量），将各筛余量分别除以 500 得到分级筛余百分率（％）a_1、a_2、a_3、a_4、a_5、a_6，再将其累加得到累计筛余百分率（简称累计筛余率）A_1、A_2、A_3、A_4、A_5、A_6，其计算过程见表 5-2。

表 5-2 累计筛余率的计算过程

筛孔尺寸	分计筛余		累计筛余百分率/%
	分计筛余量/g	分级筛余百分率/%	
4.75mm	m_1	a_1	$A_1=a_1$
2.36mm	m_2	a_2	$A_2=a_2+a_1$
1.18mm	m_3	a_3	$A_3=a_3+a_2+a_1$
600μm	m_4	a_4	$A_4=a_4+a_3+a_2+a_1$
300μm	m_5	a_5	$A_5=a_5+a_4+a_3+a_2+a_1$
150μm	m_6	a_6	$A_6=a_6+a_5+a_4+a_3+a_2+a_1$

注：在市政和水利工程中，粗、细骨料亦称为粗、细集料。

由筛分试验得出的 6 个累计筛余百分率作为计算砂平均粗细程度的指标细度模数（M_x）和检验砂的颗粒级配是否合理的依据。

细度模数是指各号筛的累计筛余百分率之和除以 100 之商，即

$$M_x = \frac{\sum\limits_{i-2}^{6} A_i}{100} \tag{5-1}$$

因砂定义为粒径小于 4.75mm 的颗粒，故公式中的 i 应取 2～6。

若砂中含有粒径大于 4.75mm 的颗粒，即 $a_1 \neq 0$，则应在式（5-1）中考虑该项影响，式（5-1）变形为常见的下式。

$$M_x = \frac{A_2 + A_3 + A_4 + A_5 + A_6 - 5A_1}{100 - A_1} \tag{5-2}$$

细度模数越大，砂越粗。《建设用砂》（GB/T 14684—2011）按细度模数将砂分为粗砂（M_x=3.7～3.1）、中砂（M_x=3.0～2.3）、细砂（M_x=2.2～1.6）3 类。普通混凝土在可能情况下应选用粗砂或中砂，以节约水泥。

细度模数的数值主要决定于 150μm 孔径的筛到 2.36mm 孔径的筛的 5 个累计筛余量，由于在累计筛余的总和中，粗颗粒分计筛余的"权"比细颗粒大（如 a_2 的权为 5，而 a_6 的权仅为 1），所以 M_x 的值很大程度上取决于粗颗粒的含量。此外，细度模数的数值与小于 150μm 的颗粒含量无关。

☼**小提示**

细度模数在一定程度上反映砂颗粒的平均粗细程度，但不能反映砂粒径的分布情况，不同粒径分布的砂可能有相同的细度模数。

根据计算和试验结果，《建设用砂》（GB/T 14684—2011）规定将砂的合理级配以 600μm 级的累计筛余率为准，划分为 3 个级配区，分别称为 1 区、2 区、3 区，见表 5-3。任何一种砂，只要其累计筛余率 A_1～A_6 分别分布在某同一级配区的相应累计筛余率的范围内，即为级配合理，符合级配要求。具体评定时，除 4.75mm 及 600μm 级外，其他级的累计筛余率允许稍有超出，但超出总量不得大于 5%。由表 5-4 中数值可见，在 3 个级配区内，只有 600μm 级的累计筛余率是不重叠的，故称其为控制粒级，控制粒级使任何一个砂样只能处于某一级配区内，避免出现同属两个级配区的现象。砂的级配类别应符合表 5-4 的规定。

表 5-3 颗粒级配

砂的分类	天然砂			机制砂		
级配区	1 区	2 区	3 区	1 区	2 区	3 区
方筛孔	累计筛余百分率（%）					
4.75mm	10～0	10～0	10～0	10～0	10～0	10～0
2.36mm	35～5	25～0	15～0	35～5	25～0	15～0
1.18mm	65～35	50～10	25～0	65～35	50～10	25～0
600μm	85～71	70～41	40～16	85～71	70～41	40～16
300μm	95～80	92～70	85～55	95～80	92～70	85～55
150μm	100～90	100～90	100～90	97～85	94～80	94～75

表 5-4   级配类别

类　别	I	II	III
级配区	2 区	1、2、3 区	

评定砂的颗粒级配，也可采用作图法，即以筛孔直径为横坐标，以累计筛余率为纵坐标，将表 5-3 规定的各级配区相应累计筛余率的范围标注在图上形成级配区域，如图 5-3 所示。然后，把某种砂的累计筛余率 $A_1 \sim A_6$ 在图上依次描点连线。若所连折线都在某一级配区的累计筛余率范围内，即为级配合理。

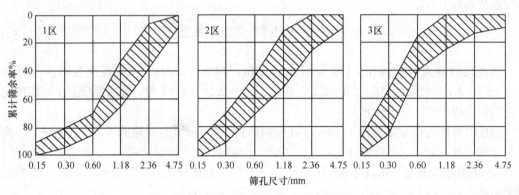

图 5-3　混凝土用砂级配范围曲线

☆小提示

如果砂的自然级配不符合级配的要求，可采用人工调整级配来改善，即将粗细不同的砂进行掺配，或将砂筛除过粗、过细的颗粒。

2. 含泥量、石粉含量和泥块含量

砂中含泥量通常是指天然砂中粒径小于 0.075mm 的颗粒含量；石粉含量是指机制砂中粒径小于 0.075mm 的颗粒含量；泥块含量是指砂中所含粒径大于 1.18mm，经水浸洗、手捏后粒径小于 0.6mm 的颗粒含量。

天然砂中的泥土颗粒极细。它们通常包覆于砂粒表面，从而在混凝土中妨碍了水泥浆与砂子的黏结。有的泥土还会降低混凝土的使用操作性能、强度及耐久性，并增大混凝土的干缩。因此，砂中的泥土对于混凝土不利，应严格控制其含量。通常，在配制高强度混凝土时，需将砂子冲洗干净。当砂中夹有黏土块时，会形成混凝土中的薄弱部分，这对混凝土质量影响更大，更应严格控制其含量。

生产人工砂的过程中会产生一定量的石粉，并混入砂中。石粉的粒径虽小于 0.075mm，但与天然砂中的泥土成分不同，粒径分布有所不同，在混凝土中的表现也不同。一般认为，人工砂中适量的石粉对混凝土质量是有益的，主要是可以改善新拌混凝土的施工操作性能。因为人工砂颗粒本身尖锐、多棱角，这对混凝土的某些性能不利，有适量的石粉存在，可对此有所改善。此外，由于石粉主要是由 0.004～0.075mm 的微粒组成的，它能在细骨料间隙中嵌固填充，从而提高混凝土的密实性。

根据《建设用砂》（GB/T 14684—2011），天然砂的含泥量和泥块含量及机制砂的石粉含量和泥块含量应符合以下规定。

（1）天然砂的含泥量和泥块含量应符合表 5-5 的规定。

表 5-5 　　　　　　　　　　　　天然砂的含泥量和泥块含量

类　　别	Ⅰ	Ⅱ	Ⅲ
含泥量（按质量计/%）	≤1.0	≤3.0	≤5.0
泥块含量（按质量计/%）	0	≤1.0	≤2.0

（2）机制砂 MB 值≤1.4 或快速法试验合格时，石粉含量和泥块含量应符合表 5-6 的规定；机制砂 MB 值>1.4 或快速法试验不合格时，石粉含量和泥块含量应符合表 5-7 的规定。

表 5-6 　　　　石粉含量和泥块含量（MB 值≤1.4 或快速法试验合格）

类　　别	Ⅰ	Ⅱ	Ⅲ
MB 值	≤0.5	≤1.0	≤1.4 或合格
石粉质量（按质量计/%①）	≤10.0		
泥块含量（按质量计/%）	0	≤1.0	≤2.0

注：① 此指标根据使用地区和用途，经试验验证，可由供需双方协商确定。

表 5-7 　　　　石粉含量和泥块含量（MB 值>1.4 或快速法试验不合格）

类　　别	Ⅰ	Ⅱ	Ⅲ
石粉含量（按质量计/%）	≤1.0	≤3.0	≤5.0
泥块含量（按质量计/%）	0	≤1.0	≤2.0

3. 砂的有害物质

砂在生成过程中，由于环境的影响和作用，常混有会对混凝土性质造成不利的物质，以天然砂尤为严重。依《建设用砂》（GB/T 14684—2011），砂中不应混有草根、树叶、树枝、塑料、煤块、炉渣等杂物。其他有害物质，包括云母、轻物质、有机物、硫化物和硫酸盐、氯盐的含量控制应符合表 5-8 的规定。

表 5-8 　　　　　　　　　　　　砂中有害物质含量

类　　别	Ⅰ	Ⅱ	Ⅲ
云母（按质量计/%）	≤1.0		≤2.0
轻物质（按质量计/%）	≤1.0		
有机物	合格		
硫化物及硫酸盐（按 SO_3 质量计/%）	≤0.5		
氯化物（以氯离子质量计/%）	≤0.01	≤0.02	≤0.06
贝壳（按质量计/%①）	≤3.0	≤5.0	≤8.0

注：① 该指标仅适用于海砂，其他砂种不作要求。

（1）云母及轻物质。云母是砂中常见的矿物，呈薄片状，极易分裂和风化，会影响混凝土的工作性和强度。轻物质是 $\rho < 2g/cm^3$ 的矿物（如煤或轻砂），其本身与水泥黏结不牢，会降低混凝土的强度和耐久性。

（2）有机物。有机物是指天然砂中混杂的动植物的腐殖质或腐殖土等。有机物减缓水泥的凝结，影响混凝土的强度。如砂中有机物过多，可采用石灰水冲洗、露天摊晒的方法处理解决。

（3）硫化物和硫酸盐。硫化物和硫酸盐是指砂中所含的二硫化亚铁（FeS_2）和石膏（$CaSO_4 \cdot 2H_2O$），会与硅酸盐水泥石中的水化产物生成体积膨胀的水化硫铝酸钙，造成水泥石的开裂，降低混凝土的耐久性。

（4）氯盐。海水常会使海砂中的氯盐超标。氯离子会对钢筋造成锈蚀，所以对钢筋混凝土，尤其是预应力混凝土中的氯盐含量应严加控制。对此，可用水洗的方法予以处理。

4. 坚固性

坚固性是指骨料在自然风化和外界其他物理化学因素作用下所具有的抵抗破坏的能力。采用硫酸钠溶液法进行试验，样品在硫酸钠饱和溶液中经过 5 次浸渍循环后，砂的质量损失应符合表 5-9 的规定；机制砂则采用压碎指标试验法进行检测，压碎指标应符合表 5-10 的规定。

表 5-9　　　　　　　　　　　　　天然砂坚固性指标

类　别	I	II	III
质量损失/%		≤8	≤10

表 5-10　　　　　　　　　　　　　机制砂压碎指标

类　别	I	II	III
单级最大压碎指标/%	≤20	≤25	≤30

5. 表观密度、松散堆积密度、空隙率

砂表观密度应不小于 2 500kg/m³；松散堆积密度应不小于 1 400kg/m³；空隙率应不大于 44%。

6. 碱活性骨料

当水泥或混凝土中含有较多的强碱（Na_2O、K_2O）物质时，可能与含有活性二氧化硅的骨料反应，这种反应称为碱—骨料反应，其结果可能导致混凝土内部产生局部体积膨胀，甚至使混凝土结构产生膨胀性破坏。因此，除了控制水泥的碱含量以外，还应严格控制混凝土中含有活性二氧化硅等物质的活性骨料。工程实际中，若怀疑所用砂有可能含有活性骨料，应根据混凝土结构的使用条件与要求，按规定方法进行骨料的碱活性试验，以确定其是否可以采用。

☼小提示

　对于重要工程中的混凝土用砂，通常应采用化学法或砂浆长度法对砂子进行碱活性检验。

7. 砂的含水状态

砂在实际使用时，一般是露天堆放的，受到环境温湿度的影响，往往处于不同的含水状态。在混凝土的配合比计算中，需要考虑砂的含水状态的影响。

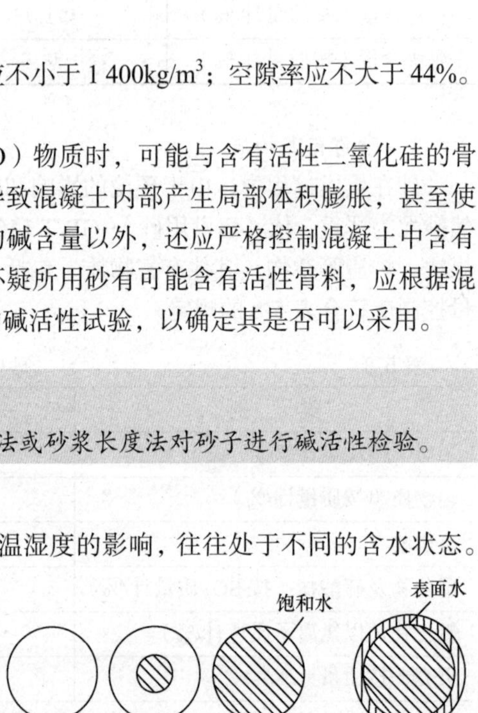

砂的含水状态，从干到湿可分为 4 种。

（1）全干状态。又称烘干状态，是砂在烘箱中烘干至恒重，达到内部、外部均不含水的状态，如图 5-4（a）所示。

（2）气干状态。即在砂的内部含有一定水分，而表层和表面是干燥、无水的，砂在干燥的环境中自然堆放，达到的干燥往往是这种状态，如图 5-4（b）所示。

图 5-4　砂的含水状态

（3）饱和面干状态。即砂的内部和表层均含水达到饱和状态，而表面的开口孔隙及面层却处于无水状态，如图 5-4（c）所示。拌制混凝土的砂处于这种状态时，与周围水的交换最少，对配合比中水的用量影响最小。

（4）湿润状态。即砂的内部不但含水饱和，其表面还被一层水膜覆裹，颗粒间被水所充盈，如图 5-4（d）所示。

> ☼**小提示**
>
> 　　一般情况下，混凝土的试验室配合比是按砂的全干状态考虑的，此时拌和混凝土的实际流动性要小一些。而在施工配合比中，又把砂的全部含水都考虑在用水量的调整中而缩减拌和水量，实际状况是仅有湿润状态的表面的水才可以冲抵拌和水量，因此也会出现实际流动性的损失。因此从理论上讲，试验室配合比中砂的理想含水状态应为饱和面干状态。在混凝土用量较大，需精确计算的市政、水利工程中，常以砂的饱和面干状态为准。

三、粗骨料

粗骨料是指粒径大于 4.75mm 的岩石颗粒，俗称石子。

（一）粗骨料的分类和特征

普通混凝土常用的粗骨料有碎石和卵石。碎石是由天然岩石、卵石或矿山废石经机械破碎、筛分制成的粒径大于 4.75mm 的岩石颗粒。卵石是由天然岩石经自然风化、水流搬运和分选、堆积形成的粒径大于 4.75mm 的岩石颗粒。按其产源可分为河卵石、海卵石、山卵石等。天然卵石表面光滑，棱角少，空隙率及表面积小，拌制的混凝土和易性好，但与水泥的胶结能力较差；碎石表面粗糙，有棱角，与水泥浆黏结牢固，拌制的混凝土强度较高。使用时，应根据工程要求及就地取材的原则选用。

《建设用卵石、碎石》（GB/T 14685—2011）将碎石、卵石按技术要求分为Ⅰ类、Ⅱ类和Ⅲ类。Ⅰ类用于强度等级大于 C60 的混凝土；Ⅱ类用于强度等级为 C30～C60 及抗冻、抗渗或有其他要求的混凝土；Ⅲ类适用于强度等级小于 C30 的混凝土。

（二）粗骨料的技术要求

1. 最大粒径及颗粒级配

粗骨料的粗细程度用最大粒径表示。公称粒级的上限称为该粒级的最大粒径。例如 5～40mm 粒级的粗骨料，其最大粒径为 40mm。粗骨料最大粒径增大时，骨料的总表面积减小，可见采用较大最大粒径的骨料可以节约水泥。因此，当配制中、低强度等级混凝土时，粗骨料的最大粒径应尽可能选用得大些。

在工程中，粗骨料最大粒径的确定还要受结构截面尺寸、钢筋净距及施工条件的限制。《混凝土结构工程施工质量验收规范（2011 年版）》（GB 50204—2002）中规定，混凝土用的粗骨料，其最大颗粒粒径不得超过结构截面最小尺寸的 1/4，且不得超过钢筋最小净距的 3/4。对混凝土实心板，骨料的最大粒径不宜超过板厚的 1/3，且不得超过 40mm。

粗骨料的颗粒级配与细骨料级配的原理相同。采用级配良好的粗骨料对节约水泥和提高混凝土的强度是极为有利的。石子级配的判定也是通过筛分析方法，其标准筛的孔径为 2.36、4.75、9.50、16.0、19.0、26.5、31.5、37.5、53.0、63.0、75.0、90.0mm 12 个筛档。分析筛余百分率及累计筛余

91

百分率的计算方法，与细骨料的计算方法相同。卵石、碎石的颗粒级配应符合表 5-11 的规定。

表 5-11 　　　　　　　　　　　卵石、碎石的颗粒级配

级配情况	公称粒级/mm	累计筛余（按质量计/%）											
		筛孔尺寸/mm											
		2.36	4.75	9.50	16.0	19.0	26.5	31.5	37.5	53.0	63.0	75.0	90.0
连续粒级	5~16	95~100	85~100	30~60	0~10	0							
	5~20	95~100	90~100	40~80	—	0~10	0						
	5~25	95~100	90~100	—	30~70	—	0~5	0					
	5~31.5	95~100	90~100	70~90		15~45		0~5					
	5~40	—	95~100	70~90		30~65			0~5	0			
单粒级	5~10	95~100	80~100	0~15	0								
	10~16		95~100	80~100	0~15								
	10~20		95~100	85~100		0~15	0						
	16~25			95~100	55~70	25~40	0~10	0~10					
	6~31.15		95~100		85~100				0				
	4~20			95~100		80~100			0~10	0			
	40~80					95~100			70~100		30~60	0~10	0

☼ 小提示

　　粗骨料的级配按供应情况有连续粒级和单粒级两种。连续粒级中由小到大每一级颗粒都占有一定的比例，又称为连续级配。天然卵石的颗粒级配就属于连续级配，连续级配大小颗粒搭配合理，使配制的混凝土拌和物的工作性好，不易发生离析现象，目前多采用连续级配。单粒级主要用于组合成具有要求级配的连续粒级，或与连续粒级混合使用，用以改善级配，或配成较大粒度的连续粒级。

2. 含泥量和泥块含量

卵石、碎石的含泥量和泥块含量应符合表 5-12 的规定。

表 5-12 　　　　　　　　　　卵石、碎石的含泥量和泥块含量

类　　别	Ⅰ	Ⅱ	Ⅲ
含泥量（按质量计/%）	≤0.5	≤1.0	≤1.5
泥块含量（按质量计/%）	0	≤0.2	≤0.5

3. 针片状颗粒

骨料颗粒的理想形状应为立方体。但实际骨料产品中，常会出现颗粒长度大于平均粒径 4 倍的针状颗粒和厚度小于平均粒径 2/5 的片状颗粒。针片状颗粒的外形和较低的抗折能力，会降低混凝土的密实度和强度，并使其工作性变差，故对其含量应予以控制。卵石、碎石的针片状颗粒含量应符合表 5-13 的规定。

表 5-13 　　　　　　　　　　　卵石、碎石的针片状颗粒含量

类　　别	Ⅰ	Ⅱ	Ⅲ
针片状颗粒总含量（按质量计/%）	≤5	≤10	≤15

4. 有害物质

与砂相同，卵石和碎石中不应混有草根、树叶、树枝、塑料、煤块和炉渣等杂物，且其中有害物质（如有机物、硫化物和硫酸盐）的含量控制应满足表 5-14 的规定。

表 5-14　　　　　　　　　　　　　　卵石和碎石中有害物质限量

类　　别	I	II	III
硫化物及硫酸盐（按 SO$_3$ 质量计/%）	≤0.5	≤1.0	≤1.0

5. 坚固性

坚固性是指骨料在自然风化和其他外界物理、化学因素作用下抵抗破裂的能力。骨料越密实，强度越高，吸水率越小，坚固性越好，反之坚固性越差。采用硫酸钠溶液进行试验，以卵石和碎石经 5 次循环后，其质量损失应符合表 5-15 的规定。

表 5-15　　　　　　　　　　　　　　卵石、碎石的坚固性指标

混凝土所处的环境条件及其性能要求	质量损失/%
在严寒及寒冷地区室外使用并经常处于潮湿或干湿交替状态下的混凝土；对于有抗疲劳、耐磨、抗冲击要求的混凝土；有腐蚀介质作用或经常处于水位变化地区的地下结构混凝土	≤8
其他条件下使用混凝土	≤12

6. 强度

粗骨料在混凝土中要形成坚实的骨架，故其强度要满足一定的要求。粗骨料的强度有立方体抗压强度和压碎指标值两种。

立方体抗压强度即浸水饱和状态下的骨料母体岩石制成的 50mm × 50mm × 50mm 立方体试件，在标准试验条件下测得的抗压强度值。要求该强度火成岩不小于 80MPa，变质岩不小于 60MPa，水成岩不小于 30MPa。

压碎指标是对粒状粗骨料强度的另一种测定方法。该方法是将气干的石子按规定方法填充于压碎指标测定仪（内径 152mm 的圆筒）内，其上放置压头，在试验机上均匀加荷至 200 kN 并稳荷 5 s，卸荷后称量试样质量（G_1），然后再用孔径为 2.36mm 的筛进行筛分，称其筛余量（G_2），则压碎指标 Q_e 可用下式表示。

$$Q_e = \frac{G_1 - G_2}{G_1} \times 100\%　　　　　　　　　（5-3）$$

压碎指标值越大，说明骨料的强度越小。该种方法操作简便，在实际生产质量控制中应用较普遍。根据《建设用卵石、碎石》（GB/T 14685—2011）的规定，粗骨料的压碎指标值控制可参照表 5-16。

表 5-16　　　　　　　　　　　　　　碎石、卵石的压碎指标值

类　　别	I	II	III
碎石压碎指标	≤10	≤20	≤30
卵石压碎指标	≤12	≤16	≤16

7. 表观密度、连续级配松散堆积空隙率

卵石、碎石的表观密度、连续级配松散堆积空隙率应符合如下规定。

93

（1）表观密度应不小于 2 600kg/m³。

（2）连续级配松散堆积空隙率应符合表 5-17 的规定。

表 5-17 　　　　　　　　卵石、碎石的连续级配松散堆积空隙率

类　　别	I	II	III
空隙率/%	≤43	≤45	≤47

8. 碱—骨料反应

卵石和碎石经碱—骨料反应试验后，试件应无裂缝、疏裂、胶体外溢等现象，在规定的试验龄期膨胀率应小于 0.10%。

四、混凝土用水

混凝土用水的质量要求：不得影响混凝土的和易性及凝结；不得有损混凝土强度的发展；不得降低混凝土的耐久性、加快钢筋锈蚀及导致预应力钢筋脆断；不得污染混凝土表面。

《混凝土用水标准》（JGJ 63—2006）对混凝土用水提出了具体的质量要求。混凝土用水按水源不同分为饮用水、地表水、地下水、再生水、混凝土设备洗刷水和海水等。符合国家标准的生活用水可用于拌制混凝土；地表水、地下水、再生水等必须按照标准规定检验合格后方可使用；混凝土企业设备洗刷水不宜用于预应力混凝土、装饰混凝土、加气混凝土和暴露于腐蚀环境的混凝土，不得用于使用碱活性骨料的混凝土；海水中含有较多硫酸盐、镁盐和氯盐，影响混凝土的耐久性并加速钢筋的锈蚀。因此，未经处理的海水严禁用于混凝土和预应力混凝土，在无法获得水源的情况下，海水可用于素混凝土，但不宜用于装饰混凝土。混凝土拌和用水水质要求见表 5-18。

表 5-18 　　　　　　　　混凝土拌和用水有害物质含量限值

项　　目	预应力混凝土	钢筋混凝土	素混凝土
pH	≥5.0	≥4.5	≥4.5
不溶物/（mg·L⁻¹）	≤2 000	≤2 000	≤5 000
可溶物/（mg·L⁻¹）	≤2 000	≤5 000	≤10 000
Cl^-/（mg·L⁻¹）	≤500	≤1 000	≤3 500
SO_4^{2-}/（mg·L⁻¹）	≤600	≤2 000	≤2 700
碱含量/（mg·L⁻¹）	≤1 500	≤1 500	≤1 500

注：碱含量按 $Na_2O+0.658K_2O$ 计算值来表示。采用非碱活性骨料时，可不检验碱含量。

五、混凝土外加剂

随着社会的发展，混凝土外加剂在工程中的应用越来越受到重视，外加剂的添加对改善混凝土的性能起到一定的作用。

混凝土外加剂简称外加剂，是指在拌制混凝土的过程中掺入用以改善混凝土性能的物质。混凝土外加剂的掺量一般不大于水泥质量的 5%。混凝土外加剂产品的质量必须符合国家标准《混凝土外加剂》（GB 8076—2008）的规定。

混凝土外加剂按其主要功能分为 4 类。

（1）改善混凝土拌和物流变性能的外加剂。包括各种减水剂、引气剂和泵送剂等。

（2）调节混凝土凝结时间、硬化性能的外加剂。包括缓凝剂、早强剂和速凝剂。

（3）改变混凝土耐久性的外加剂。包括引气剂、防水剂和阻锈剂等。

（4）改善混凝土其他性能的外加剂。包括加气剂、膨胀剂、防冻剂、着色剂、防水剂和泵送剂等。

混凝土外加剂大部分为化工制品，还有一部分为工业副产品。因其掺量小、作用大，故对掺量（占水泥质量的百分比）、掺配方法和适用范围要严格按产品说明和操作规程执行。

六、混凝土掺和料

混凝土掺和料是为了改善混凝土性能，节约用水，调节混凝土强度等级，在混凝土拌合时掺入天然的或人工的能改善混凝土性能的粉状矿物质。

其中，掺和料可分为活性掺和料和非活性掺和料。活性矿物掺和料本身不硬化或者硬化速度很慢，但能与水泥水化生成氧化钙起反应，生成具有胶凝能力的水化产物。非活性矿物掺和料基本不与水泥组分起反应，如石灰石，磨细石英砂等材料。

活性掺和料在掺有减水剂的情况下，能增加新拌混凝土的流动性、黏聚性、保水性、改善混凝土的可泵性。并能提高硬化混凝土的强度和耐久性。

常用的混凝土掺和料有粉煤灰、粒化高炉矿渣、火山灰类物质。尤其是粉煤灰、超细粒化电炉矿渣、硅灰等应用效果良好。

这些掺和料都可以替代部分水泥，降低成本；降低混凝土水化热和早期强度，降低渗透性和提高耐久性。

学习单元 3　测定混凝土的技术性质

知识目标

（1）掌握混凝土拌和物的和易性和硬化混凝土的强度。

（2）掌握混凝土的变形性能和耐久性。

技能目标

（1）能够正确测定混凝土拌和物的和易性。

（2）能够通过混凝土的变形性能采取相应措施，提高混凝土强度。

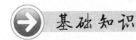 基础知识

一、混凝土拌和物的和易性

（一）和易性的概念

和易性是指混凝土拌和物在一定的施工条件和环境下，是否易于各种施工工序的操作，以获得均匀、密实混凝土的性能。和易性在搅拌时体现为各种组成材料易于均匀混合，均匀卸出；在运输过程中体现为拌和物不离析，稀稠程度不变化；在浇筑过程中体现为易于浇筑、振实、流满模板；在硬化过程中体现为能保证水泥水化以及水泥石和骨料的良好黏结。可见，混凝土的和易性是一项综合性质。目前普遍认为，它应包括以下 3 个方面的技术要求。

1. 流动性

流动性是指新拌混凝土在自重或机械振捣的作用下，能产生流动，并均匀密实地填满模板的性能。流动性反映出拌和物的稀稠程度。若混凝土拌和物太稠，则流动性差，难以振捣密实；若拌和物过稀，则流动性好，但容易出现分层离析现象。主要影响因素是混凝土用水量。

2. 黏聚性

黏聚性是指新拌混凝土的组成材料之间有一定的黏聚力，在施工过程中，不致发生分层和离析现象的性能。黏聚性反映混凝土拌和物的均匀性。若混凝土拌和物黏聚性不好，则混凝土中集料与水泥浆容易分离，造成混凝土不均匀，振捣后会出现蜂窝和空洞等现象。主要影响因素是胶砂比。

3. 保水性

保水性是指新拌混凝土具有一定的保水能力，在施工过程中，不致产生严重泌水现象的性能。保水性反映混凝土拌和物的稳定性。保水性差的混凝土内部易形成透水通道，影响混凝土的密实性，并降低混凝土的强度和耐久性。主要影响因素是水泥品种、用量和细度。

新拌混凝土的和易性是流动性、黏聚性和保水性的综合体现，新拌混凝土的流动性、黏聚性和保水性之间既互相联系，又常存在矛盾。因此，在一定施工工艺的条件下，新拌混凝土的和易性是以上 3 方面性质的矛盾统一。

（二）和易性的测定

目前，还没有能够全面反映混凝土拌和物和易性的简单测定方法。

通常，通过实验测定流动性，以目测和经验评定黏聚度和保水度。混凝土的流动性用稠度表示，其测定方法有坍落度试验法和维勃稠度法两种。

1. 坍落度试验法

坍落度试验法是将按规定配合比制配的混凝土拌和物按规定方法分层装填至坍落筒内，并分层用捣棒插捣密实，然后提起坍落度筒，测量筒高与坍落后混凝土试体最高点之间的高度差，即为坍落度值（以 mm 为单位），以 T 表示，如图 5-5 所示。

坍落度是流动性（亦称稠度）的指标，坍落度值越大，流动性越大。在测定坍落度的同时，观察确定黏聚性。用捣棒侧击混凝土拌和物的侧面，如其逐渐下沉，表示黏聚性良好；若混凝土拌和物发生坍塌，部分崩裂或出现离析，则表示黏聚性不好。保水性以在混凝土拌和物中稀浆析出的程度来评定。坍落度筒提起后，如有较多稀浆自底部析出，部分混凝土因失浆而骨料外露，则表

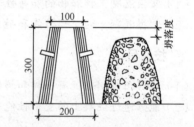

图 5-5 坍落度测定示意（单位：mm）

示保水性不好；若坍落度筒提起后，无稀浆或仅有少量稀浆自底部析出，则表示保水性好。

> ☆小提示
>
> 采用坍落度试验法测定混凝土拌和物的工作性，操作简便，应用广泛。但该方法的结果受操作技术的影响较大，尤其是黏聚性和保水性主要靠试验者的主观观测而定，人为因素较大。

根据《混凝土质量控制标准》（GB 50164—2011）的规定，坍落度检验适用于坍落度不小于 10mm 的混凝土拌和物，坍落度的等级划分见表 5-19。

表 5-19　　　　　　　　　混凝土拌和物的坍落度等级划分

等　级	坍落度/mm
S1	10～40
S2	50～90
S3	100～150
S4	160～210
S5	≥220

2．维勃稠度法

维勃稠度法适用于骨料最大粒径不大于 40mm，维勃稠度在 5～30s 的混凝土拌和物稠度的测定。这种方法是先按规定方法在圆柱形容器内做坍落度试验，提起坍落度筒后在拌和物试体顶面上放一透明圆盘，开启振动台；同时，启动秒表并观察拌和物下落情况。当透明圆盘下面全部布满水泥浆时，关闭振动台、停秒表，此时拌和物已被振实。秒表的读数"s"即为该拌和物的维勃稠度值，以"秒"为单位，用 V 表示。维勃稠度仪如图 5-6 所示。

根据《混凝土质量控制标准》（GB 50164—2011）的规定，混凝土拌和物按维勃稠度的分级见表 5-20。

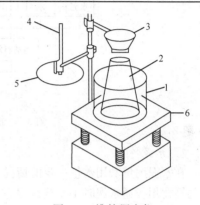

图 5-6　维勃稠度仪
1—圆柱形容器；2—坍落度筒；3—漏斗；4—测杆；5—透明圆盘；6—振动台

表 5-20　　　　　　　　混凝土按维勃稠度的分级

等　级	维勃稠度/s
V0	≥31
V1	21～30
V2	11～20
V3	6～10
V4	3～5

（三）混凝土拌和物流动性的选择

选择混凝土拌和物的坍落度，要根据构件截面大小，钢筋疏密和振捣方法来确定。当构件截面尺寸较小或钢筋较密，或采用人工振捣时，坍落度可选择大些。反之，如构件截面尺寸较大，或钢筋较疏，或采用振动器振捣时，坍落度可选择小些。按《混凝土结构工程施工质量验收规范（2011 年版）》（GB 50204—2002）的规定，混凝土浇筑时的坍落度宜按表 5-21 选用。

表 5-21　　　　　　　　　混凝土浇筑时的坍落度

序号	结构种类	坍落度/mm
1	基础或地面等的垫层、无配筋的大体积混凝土（挡土墙、基础等）或配筋稀疏的结构	10～30
2	板、梁和大型及中型截面的柱子等	30～50
3	配筋密列的结构（薄壁、斗仓、筒仓、细柱等）	50～70
4	配筋特密的结构	70～90

97

（四）影响混凝土拌和物和易性的因素

影响混凝土拌和物和易性的因素较复杂，大致分为组成材料、环境条件和时间3方面，如图5-7所示。

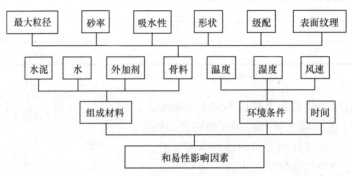

图 5-7 混凝土拌和物和易性的影响因素

1. 水泥特性

在水泥用量和用水量一定的情况下，采用矿渣水泥或火山灰水泥拌制的混凝土拌和物，其流动性比用普通水泥时小，这是因为前者水泥的密度较小，所以在相同水泥用量时，它们的绝对体积较大，因此在相同用水量情况下，混凝土就显得较稠，若要二者达到相同的坍落度，前者每立方米混凝土的用水量必须增加一些，另外，矿渣水泥拌制的混凝土拌和物泌水性较大。

2. 用水量

在水胶比不变的前提下，用水量加大，则水泥浆量增多，会使骨料表面包裹的水泥浆层厚度加大，从而减小骨料间的摩擦，增加混凝土拌和物的流动性。大量试验证明，当水胶比在一定范围（0.40～0.80）内而其他条件不变时，混凝土拌和物的流动性只与单位用水量（每立方米混凝土拌和物的拌和水量）有关，这一现象称为"恒定用水量法则"。它为混凝土配合比设计中单位用水量的确定提供了一种简单的方法，即单位用水量可主要由流动性来确定。现行行业标准《普通混凝土配合比设计规程》（JGJ 55—2011）提供的塑性混凝土用水量见表5-22。

表 5-22   塑性混凝土用水量

拌和物稠度		卵石最大公称粒径/mm				碎石最大公称粒径/mm			
项目	指标	10.0	20.0	31.5	40.0	16.0	20.0	31.5	40.0
坍落度/mm	10～3 019	0	170	160	150	200	185	175	165
	35～5 020	0	180	170	160	210	195	185	175
	55～7 021	0	190	180	170	220	205	195	185
	75～9 021	5	195	185	175	230	215	205	195

注：① 本表用水量是采用中砂时的取值。采用细砂时，每立方米混凝土用水量可增加5～10kg；采用粗砂时，可减少5～10kg。

② 掺用矿物掺和料和外加剂时，用水量应相应调整。

3. 外加剂

混凝土拌和物掺入减水剂或引气剂，流动性明显提高，引气剂还可以有效改善混凝土拌和物的黏聚性和保水性，二者还分别对硬化混凝土的强度与耐久性起着十分有利的作用。

4. 水胶比

水胶比的大小决定了水泥浆的稠度。当水胶比过小时，水泥浆较干稠，拌制的拌和物的流动性过低会使施工困难，不易保证混凝土质量。若水胶比过大，会造成拌和物黏聚性和保水性不良，产生流浆、离析现象。因此，水胶比不宜过小或过大，一般应根据混凝土的强度和耐久性要求合理选用。

5. 砂率

砂率是指混凝土中砂的质量占砂石总质量的百分率。砂率的变动，会使骨料的总表面积和空隙率发生很大的变化，从而对新拌混凝土的和易性产生显著的影响。

> ☆小提示
>
> 　　在混凝土中水泥砂浆不变的情况下，若砂率过大，则由于骨料总表面积和空隙率的增大而使水泥浆量相对显得不足，骨料颗粒表面的水泥浆层将变薄，从而减弱了水泥浆的润滑作用，混凝土就变得干稠，流动性变小。若砂率过小，则砂浆量不足以包裹石子表面且不能填满石子间空隙，从而降低混凝土拌和物的流动性，并严重影响其黏聚性和保水性，使其产生骨料离析、水泥浆流失，甚至溃散等现象。因此，在配制混凝土时，应选用一个合理砂率。

合理砂率是指在水泥用量、用水量一定的条件下，能使混凝土拌和物获得最大的流动性且能保持良好的黏聚性和保水性时的砂率，如图 5-8 所示。或者是使混凝土拌和物获得所要求的和易性和强度的前提下，水泥用水量最少时的砂率，如图 5-9 所示。

99

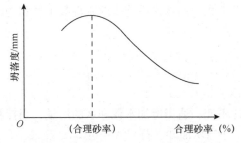　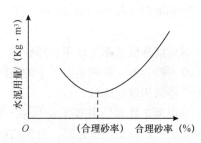

图 5-8　砂率与坍落度的关系（水和水泥用量一定）　图 5-9　砂率与水泥用量的关系（达到相同的坍落度）

按《普通混凝土配合比设计规程》（JGJ 55—2011）的规定，坍落度为 10～60mm 的混凝土砂率，可根据粗骨料品种、粒径及水胶比，按表 5-23 选取；坍落度小于 10mm 的混凝土，其砂率应经试验确定；坍落度大于 60mm 的混凝土砂率，可经试验确定，也可在表 5-23 的基础上，按坍落度每增大 20mm，砂率增大 1%的幅度予以调整。

表 5-23　　　　　　　　　　　混凝土的砂率　　　　　　　　　（单位：%）

水胶比	卵石最大公称粒径/mm			碎石最大公称粒径/mm		
	10.0	20.0	40.0	16.0	20.0	40.0
0.40	26～32	25～31	24～30	30～35	29～34	27～32
0.50	30～35	29～34	28～33	33～38	32～37	30～35
0.60	33～38	32～37	31～36	36～41	35～40	33～38
0.70	36～41	35～40	34～39	39～44	38～43	36～41

注：① 本表数值是中砂的选用砂率，对细砂或粗砂，可相应地减小或增大砂率。

② 采用人工砂配制混凝土时，砂率可适当增大。

③ 只用一个单粒级粗骨料配制混凝土时，砂率应适当增大。

6. 骨料的性质

骨料性质指混凝土所用骨料的品种、级配、颗粒粗细及表面形状等。在混凝土骨料用量一定的情况下，采用卵石和河砂拌制的混凝土拌和物，其流动性比碎石和山砂拌制的好；用级配好的骨料拌制的混凝土拌和物和水性好，用细砂拌制的混凝土拌和物的流动性较差，但黏聚性和保水性好。

7. 环境条件

新搅拌混凝土的工作性，在不同的施工环境条件下往往会发生变化。尤其是当前推广使用的集中搅拌商品混凝土，与现场搅拌最大的不同就是，要经过长距离的运输才能到达施工面。在这个过程中，若空气湿度较小、气温较高、风速较大，混凝土的工作性就会因失水而发生较大的变化。

例如，随着环境温度的升高，混凝土的坍落度损失更快，因为这时的水分蒸发及水泥的化学反应将进行得更快。

8. 时间

搅拌拌制的混凝土拌和物，随着时间的延长会变得越来越干稠，坍落度将逐渐减小，这是由于拌和物中的一些水分逐渐被骨料吸收，一部分被蒸发，以及水泥的水化与凝聚结构的逐渐形成等作用所致。

（五）改善混凝土拌和物和易性的措施

根据影响混凝土拌和物和易性的因素，可采取以下相应的技术措施来改善混凝土拌和物的和易性。

（1）尽可能降低砂率（采用合理砂率）。

（2）改善砂、石（特别是石子）的级配。

（3）尽量采用较粗的砂、石。

（4）当混凝土拌和物坍落度太小时，维持水灰比不变，适当增加水泥和水的用量；当拌和物坍落度太大，但黏聚性良好时，可保持砂率不变，适当增加砂、石。

二、硬化混凝土的强度

混凝土的强度包括抗压、抗拉、抗弯、抗剪以及握裹强度等，其中以抗压强度最大，故工程上混凝土主要承受压力。另外，混凝土的抗压强度与其他强度之间有一定的相关性，可以根据抗压强度的大小来估计其他强度值，因此混凝土的抗压强度是最重要的一项性能指标。

（一）混凝土的强度及强度等级

1. 立方体抗压强度

《普通混凝土力学性能试验方法》（GB/T 50081—2002）规定，制作 150mm×150mm×150mm 的标准立方体试件（在特殊情况下，可采用 150mm×300mm 的圆柱体标准试件），在标准条件（温度（20±2）℃，相对湿度95%以上或在温度为（20±2）℃的不流动的 $Ca(OH)_2$ 饱和溶液中）养护到28d，所测得的抗压强度值为混凝土立方体抗压强度，以 f_{cu} 表示。

混凝土的立方体抗压强度，也可根据粗骨料的最大粒径而采用非标准试件得出的强度值，但必须经换算。现行国家标准《混凝土结构工程施工质量验收规范（2011年版）》（GB 50204—2002）规定的换算系数见表5-24。

表 5-24	混凝土试件尺寸及强度的尺寸换算系数	
试件尺寸/mm	强度的尺寸换算系数	最大粒径/mm
$100 \times 100 \times 100$	0.95	≤31.5
$150 \times 150 \times 150$	1.00	≤40.0
$200 \times 200 \times 200$	1.05	≤65.0

2.　立方体抗压强度标准值

影响混凝土强度的因素非常复杂，大量的统计分析和试验研究表明，同一等级的混凝土，在龄期、生产工艺和配合比基本一致的条件下，其强度的分布（即在等间隔的不同的强度范围内，某一强度范围的试件的数量占试件总数量的比例）呈正态分布，如图 5-10 所示。图中平均强度指该批混凝土的立方体抗压强度的平均值，若以此值作为混凝土的试验强度，则只有 50% 的混凝土的强度大于或等于试配强度，显然满足不了要求。为提高强度的保证率（我国规定为 95%），平均强度（即试配强度）必须要提高（图 5-10 中 σ 为均方差，为正态分布曲线拐点处的相对强度范围，代表强度分布的不均匀性）。立方体抗压强度的标准值是指按标准试验方法测得的立方体抗压强度总体分布中的一个值，强度低于该值的百分率不超过 5%（即具有 95% 的强度保证率）。立方体抗压强度标准值用 $f_{cu,k}$ 表示，如图 5-11 所示。

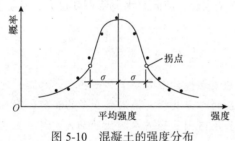

图 5-10　混凝土的强度分布

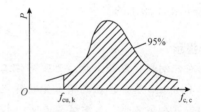

图 5-11　混凝土的立方体抗压强度标准值

3.　强度等级

根据《混凝土强度检验评定标准》（GB/T 50107—2010），混凝土的强度等级按立方体抗压强度标准值划分。普通混凝土通常划分为 C7.5、C10、C15、C20、C25、C30、C35、C40、C45、C50、C55、C60 共 12 个强度等级（C60 以上的混凝土称为高强混凝土）。

☼小提示

工程设计时，根据建筑物的部位及承载情况的不同，选取不同强度等级的混凝土。
（1）C20 以下用于垫层、基础、地面及受力不大的结构。
（2）C20～C35 用于梁、板、柱、楼梯、屋架等普通钢筋混凝土结构。
（3）C35 以上用于大跨度结构、预应力混凝土结构、起重机梁及特种结构。

4.　轴心抗压强度

混凝土的立方体抗压强度只是评定强度等级的一个标志，它不能直接作为结构设计的依据。为了符合实际情况，在结构设计中，混凝土受压构件的计算采用混凝土的轴心抗压强度（亦称棱柱强度）。国家标准规定，混凝土轴心抗压强度试验采用 150mm×150mm×300mm 的棱柱体为标准试件。试验表明，混凝土的轴心抗压强度 f_{cp} 与立方体抗压强度 f_{cu} 之比为 0.7～0.8。

（二）影响混凝土强度的因素

混凝土强度主要取决于水泥石强度、骨料强度及水泥石与骨料表面的黏结强度。在混凝土的凝结硬化过程中，由于水泥水化造成的化学收缩和物理收缩而引起水泥石体积的变化，水泥石与骨料界面上变形不均匀所产生的拉应力，以及由于拌和物泌水而在粗骨料下缘形成水囊水膜等因素，都将在界面过渡区上形成许多原生微裂缝。因此，当混凝土受力时，这些界面裂纹会逐渐扩展并汇合连通起来，形成可见的裂缝，直至导致混凝土结构丧失连续性而破坏。混凝土强度主要取决于水泥石强度和水泥石与骨料的黏结强度，而黏结强度与水泥强度等级、水灰比及骨料的性质有密切关系。同时，龄期及养护条件等因素对混凝土强度也有较大影响。

1. 水泥强度

水泥的强度和水灰比是决定混凝土强度的最主要因素。水泥是混凝土中的胶结组分，其强度的大小直接影响混凝土的强度。在配合比相同的条件下，水泥的强度越高，混凝土强度也越高。当采用同一水泥（品种和强度相同）时，混凝土的强度主要决定于水灰比；在混凝土能充分密实的情况下，水灰比越大，水泥石中的孔隙越多，强度越低，与骨料黏结力也越小，混凝土的强度就越低。反之，水灰比越小，混凝土的强度越高。

2. 水胶比

水胶比是反映水与水泥质量之比的一个参数。一般来说，水泥水化需要的水分仅占水泥质量的 25% 左右，即水胶比为 0.25 即可保证水泥完全水化，但此时水泥浆稠度过大，混凝土的工作性满足不了施工的要求。

> ☼**小提示**
>
> 在配制新拌混凝土时，为获得施工所要求的流动性，常需要多加一些水，水胶比通常需在 0.4 以上。这样，在混凝土完全硬化后，多余的水分就挥发而形成众多的孔隙，影响混凝土的强度和耐久性。大量试验表明，水胶比大于 0.25 时，随着水胶比的加大，混凝土的强度将下降。

图 5-12（a）所示即 1919 年美国学者 D.阿布拉姆斯提出的普通混凝土的抗压强度与水胶比间的指数关系。1930 年瑞士的 J.鲍罗米又提出了图 5-12（b）所示的普通混凝土的抗压强度与胶水比的线性关系，该种关系极易通过试验样本值用线性拟合的方法求出，因此在国际上被广泛应用。

混凝土的强度与水泥强度和水胶比间的线性关系式，可按下式确定。

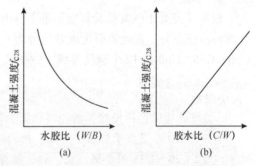

图 5-12　混凝土的抗压强度与水胶比和
胶水比的关系

$$f_{cu,0} = A f_{ce}\left(\frac{C}{W} - B\right) \tag{5-4}$$

式中，A、B 为回归系数，由试验所定；$f_{cu,0}$ 为混凝土 28d 的立方体抗压强度；f_{ce} 为水泥 28d 抗压强度实测值，当无水泥 28d 实测值时，f_{ce} 可按下式确定。

$$f_{ce} = \gamma_C \cdot f_{ce,g} \tag{5-5}$$

式中，γ_C 为水泥强度的富余系数，可按实际统计资料确定；$f_{ce,g}$ 为水泥强度等级值（MPa）。

我国在全国 6 个大区的 31 个试验单位共用 84 个品种的水泥进行了 1 184 次水泥强度和 3 768 次混凝土试验，对试验结果进行了统计分析，最后得出的回归系数值 $\alpha_a(A)$ 和 $\alpha_b(B)$ 供全国参考使用，见表 5-25。

表 5-25　　　　　　　　　　　回归系数 α_a、α_b 选用表

系数 \ 石子品种	碎　石	卵　石
α_a	0.46	0.48
α_b	0.07	0.33

3. 骨料影响

骨料的表面状况影响水泥石与骨料的黏结，从而影响混凝土的强度。碎石表面粗糙，黏结力较大；卵石表面光滑，黏结力较小。因此，在配合比相同的条件下，碎石混凝土的强度比卵石混凝土的强度高。骨料的最大粒径对混凝土的强度也有影响，骨料的最大粒径越大，混凝土的强度越小。

4. 养护条件

混凝土浇筑后必须保持足够的湿度和温度，才能保证水泥的不断水化，以使混凝土的强度不断发展。一般情况下，混凝土的养护条件可分为标准养护和同条件养护。标准养护主要为确定混凝土的强度等级时采用；同条件养护在为检验浇筑混凝土工程或预制构件中混凝土强度时采用。

为满足水泥水化的需要，浇筑后的混凝土必须保持一定时间的湿润，过早失水会造成强度下降，而且形成的结构疏松，会产生大量的干缩裂缝，进而影响混凝土的耐久性。如图 5-13 所示，在潮湿状态下，养护龄期为 28d 的强度为 100%，得出的不同湿度条件对强度的影响曲线。

周围环境的湿度是保证水泥正常进行水化作用的必要条件。湿度适当，水泥水化能顺利进行，混凝土强度能充分发展；若湿度不足，混凝土会失水干燥而影响水泥水化作用的正常进行，甚至停止水化。这不仅降低混凝土的强度（见图 5-14），而且使混凝土结构疏松，形成干缩裂缝，渗水性增大，从而影响耐久性。

103

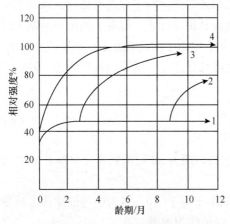

图 5-13　养护湿度条件对混凝土强度的影响

1—空气养护；2—9 个月后水中养护；
3—3 个月后水中养护；4—标准湿度条件下养护

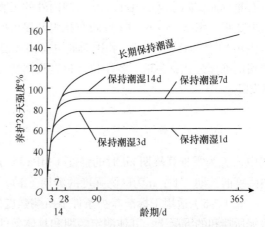

图 5-14　混凝土强度与保湿养护时间的关系

为了使混凝土正常硬化，必须在成型后一定时间内使周围环境有一定温度和湿度。《混凝土结构工程施工质量验收规范（2011 年版）》（GB 50204—2002）规定，混凝土浇筑完毕后，应在 12h 以内进行覆盖并浇水养护。混凝土浇水养护时间，对硅酸盐水泥、普通硅酸盐水泥或矿渣硅酸盐水泥拌制的混凝土，不得少于 7d；对掺缓凝型外加剂或有抗渗要求的混凝土，不得少于 14d；当采用其他品种水泥时，养护时间应根据所采用水泥的技术性能确定。

5. 龄期

在正常不变的养护条件下，混凝土的强度随龄期的增长而提高，一般来说，早期（7～14d）增长较快，以后逐渐变缓，28d 后增长更加缓慢，但可延续几年甚至几十年，如图 5-15（a）所示。

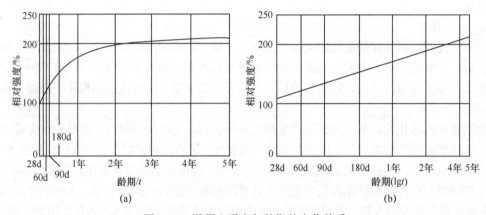

图 5-15　混凝土强度与龄期的变化关系

混凝土强度和龄期间的关系，对于用早期强度推算长期强度和缩短混凝土强度判定的时间具有重要的实际意义。几十年来，国内外的工程界和学者对此进行了深入的研究，取得了一些重要成果，图 5-15（b）即 D.阿布拉姆斯提出的在潮湿养护条件下，混凝土强度与龄期（以对数表示）间的直线表达式。我国对此也有诸多研究成果，但由于问题较复杂，至今还没有统一、严格的推算公式，各地、各单位常根据具体情况采用经验公式，目前采用较广泛的一种经验公式如下。

$$f_n = f_a \frac{\lg n}{\lg a} \tag{5-6}$$

式中，f_n 为需推算龄期 nd 时的强度（MPa）；f_a 为配制龄期为 ad 时的强度（MPa）；n 为需推测强度的龄期（d）；a 为已测强度的龄期（d）。

式（5-6）适用于标准养护条件下所测强度的龄期小于等于 3d，且为中等强度等级硅酸盐水泥所拌和的混凝土。其他测定龄期和具体条件下，仅可作为参考。

在工程实践中，通常采用同条件养护，以便更准确地检验混凝土的质量。为此，《混凝土结构工程施工质量验收规范（2011年版）》（GB 50204—2002）提出了同条件养护混凝土养护龄期的确定原则。

（1）等效养护龄期应根据同条件养护试件强度与在标准养护条件下28d龄期试件强度相等的原则确定。

（2）等效养护龄期可采用按日平均温度逐日累计达到600℃·d时所对应的龄期，0℃及以下的龄期不计入；等效养护龄期不应小于14d，也不宜大于60d。

6. 试验条件的影响

同一批混凝土，如试验条件不同，所测得的混凝土强度值则有所差异。试验条件是指试件的尺寸、形状、表面状态及加荷速度等。

（1）试件尺寸和形状。在标准养护条件下，采用标准试件测定混凝土的抗压强度是为了具有对比性。在实际施工中，也可以按粗骨料最大粒径的尺寸选用不同的试件尺寸，但计算某抗压强度时，应乘以换算系数，见表5-24的规定。

试件尺寸越大，测得的强度值越小。这是由于大试件内部存在的孔隙、微裂缝等缺陷的概率大，以及测试时产生的环箍效应所致。混凝土立方体试件在压力机上受压时，在沿加荷方向发生纵向变形的同时，混凝土试件和上下钢压板也按泊桑比效应产生横向变形。上下钢压板和混凝土的弹性模量及泊桑比不同，所以在荷载作用下，钢压板的横向应变小于混凝土的横向应变，造成上下钢压板与混凝土试件接触的表面之间产生摩阻力，对试件的横向膨胀起着约束作用，这种作用称为"环箍效应"，如图5-16（a）所示。这种效应随与压板距离的加大而逐渐消失，其影响范围约为试件边长的$\sqrt{3}/2$倍，这种作用使试件破坏后呈一对顶棱锥体，如图5-16（b）所示。

（2）表面状态。当混凝土试件表面和压板之间涂有润滑剂，则环箍效应大大减小，试件将出现垂直裂缝而破坏，如图5-16（c）所示，测得的强度值较低。

105

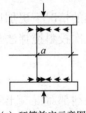 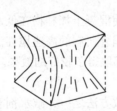 

　（a）环箍效应示意图　　（b）环箍效应破坏示意图　（c）不考虑环箍效应的试件破坏示意图

图5-16　混凝土试件受压破坏状态

（3）加荷速度。试验时，压混凝土试件的加荷速度对所测强度值影响较大。加荷速度越快，测得的强度值越大。

7. 外加剂和掺和料

在混凝土中掺入外加剂，可使混凝土获得早强和高强性能，混凝土中掺入早强剂，可显著提高早期强度；掺入减水剂可大幅度减少拌和用水量，在较低的水灰比下，混凝土仍能较好地成型密实，获得很高的28d强度。

在混凝土中加入掺和料，可提高水泥石的密实度，改善水泥石与骨料的界面黏结强度，提高混凝土的长期强度。因此，在混凝土中掺入高效减水剂和掺和料是制备高强和高性能混凝土必需的技术措施。

☼小提示

　　我国标准规定，测混凝土试件的强度时，应连续而均匀地加荷。当强度等级低于 C30 时，加荷速度为 0.3～0.5MPa/s；当强度等级≥C30 且＜C60 时，加荷速度为 0.5～0.8MPa/s；当强度等级≥C60 时，加荷速度为 0.8～1.0MPa/s。

（三）提高混凝土强度的措施

根据影响混凝土强度的因素，可采取如下措施提高混凝土强度。

1. 采用高强度等级的水泥

提高水泥的强度等级可有效提高混凝土的强度，但由于水泥强度等级的增加受到原料、生产工艺的制约，故单纯靠提高水泥强度来达到提高混凝土强度的目的，往往是不现实的，也是不经济的。

2. 降低水灰比

这是提高混凝土强度的有效措施。降低混凝土拌和物的水灰比，可降低硬化混凝土的孔隙率，明显增加水泥与骨料间的黏结力，使强度提高。但降低水灰比，会使混凝土拌和物的工作性下降。因此必须有相应的技术措施配合，如采用机械强力振捣、掺加提高工作性的外加剂等。

3. 湿热养护

除采用蒸气养护、蒸压养护、冬季骨料预热等技术措施外，还可利用蓄存水泥本身的水化热来提高强度的增长速度。

4. 龄期调整

如前所述，混凝土随着龄期的延续，强度会持续上升。实践证明，混凝土的龄期在 3～6 个月时，强度较 28d 会提高 25%～50%。工程某些部位的混凝土如在 6 个月后才能满载使用，则该部位的强度等级可适当降低，以节约水泥。但具体应用时，应得到设计、管理单位的批准。

5. 改进施工工艺

如采用机械搅拌和强力振捣，都可使混凝土拌和物在低水灰比的情况下更加均匀、密实地浇筑，从而获得更高的强度。近年来，国外研制的高速搅拌法、二次投料搅拌法及高频振捣法等新的施工工艺在国内的工程中应用，都取得了较好的效果。

6. 掺加外加剂

掺加外加剂是提高混凝土强度的有效方法之一，减水剂和早强剂都对混凝土的强度发展起到明显的作用。

三、混凝土的变形性能

混凝土的变形包括非荷载作用下的变形和荷载作用下的变形。非荷载下的变形，分为混凝土的化学收缩、干湿变形及温度变形；荷载作用下的变形，分为短期荷载作用下的变形及长期荷载作用下的变形——徐变。

（一）非荷载作用下的变形

混凝土在非荷载作用下的变形，包括化学收缩、干湿变形、碳化收缩及温度变形等。

1. 化学收缩

在混凝土硬化过程中，由于水泥水化物的固体体积，比反应前物质的总体积小，从而引起混凝土的收缩，称为化学收缩。

特点是不能恢复，收缩值较小，对混凝土结构没有破坏作用，但在混凝土内部可能产生微细裂缝而影响承载状态和耐久性。

2. 干湿变形

混凝土周围环境湿度的变化，会引起混凝土的干湿变形，表现为干缩湿胀。

当混凝土在水环境中硬化时，由于胶体颗粒表面的吸附水膜增厚，胶体粒子间距离增大，使混凝土体积产生微小的湿膨胀。这种湿膨胀的变形量很小，一般无明显的破坏作用。当混凝土在干燥空气中硬化时，首先失去的是自由水，继续干燥则毛细孔水就会蒸发，使毛细孔中负压增大而产生收缩力；如果再继续干燥，吸附水蒸发而引起胶体失水紧缩，从而使混凝土产生干缩变形。已干缩的混凝土如果重新吸水后，大部分干缩变形可以恢复，但一般仍有 40%左右的变形不能恢复，如图 5-17 所示，图中实线表示混凝土在水中养护，虚线表示在空气中养护。

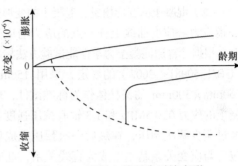

图 5-17　混凝土的湿胀干缩变形

混凝土在干燥过程中，由于毛细孔水的蒸发，使毛细孔中形成负压，随着空气湿度的降低，负压逐渐增大，产生收缩力，导致混凝土收缩。同时，水泥凝胶体颗粒的吸附水也发生部分蒸发，凝胶体因失水而产生紧缩。当混凝土在水中硬化时，体积产生轻微膨胀，这是由于凝胶体中胶体粒子的吸附水膜增厚，胶体粒子间的距离增大所致。

混凝土的干湿变形量很小，一般无破坏作用。但干缩变形对混凝土危害较大，干缩能使混凝土表面产生较大的拉应力而导致开裂，降低混凝土的抗渗、抗冻、抗侵蚀等耐久性能。

☆**小提示**

　　混凝土的干缩变形是有一定危害的，可以导致混凝土的开裂，严重的可以降低混凝土的耐久性。混凝土的干缩与水泥品种、细度、用量及水胶比、骨料的种类、施工与养护条件等有关，因此，可通过减少水泥用量和用水量、选择级配好的骨料、加强混凝土的养护，来减少混凝土的干缩。

3. 碳化收缩

在相对湿度合适的环境下，空气中的二氧化碳能与水泥石中的氢氧化钙（或其他组分）发生反应，从而引起混凝土体积减小的收缩，称为碳化收缩。碳化收缩是完全不可逆的。

混凝土工程中，碳化主要发生在混凝土表面处，恰好这里干燥速率也最大，碳化收缩与干燥收缩叠加后，可能引起严重的收缩裂缝。

4. 温度变形

温度变形是指混凝土随着温度的变化而产生热胀冷缩变形。混凝土的温度变形系数 α 为 $(1 \sim 1.5) \times 10^{-6}/℃$，即温度每升高 1℃，每 1m 胀缩 0.01～0.015mm。温度变形对大体积混凝土、纵长的混凝土结构、大面积混凝土工程极为不利，易使这些混凝土造成温度裂缝。可采取的措施为：采用低热水泥，减少水泥用量，掺加缓凝剂，采用人工降温，设温度伸缩缝，以及在结构内配置温度钢筋等，以减少因温度变形而引起的混凝土质量问题。

（二）荷载作用下的变形

1. 在短期荷载作用下的变形

（1）混凝土的弹塑性变形。混凝土是一种非匀质的复合材料，其内部结构含有砂石骨料、水泥石、游离水分和气泡，这就决定了混凝土本身的不均匀性。混凝土不是一种完全的弹性体，而是一种弹塑性体。在静力受压时，既产生弹性变形，又产生塑性变形，其应力与应变的关系是一条曲线，如图5-18所示。当在图中A点卸荷时，应力—应变曲线沿AC曲线回复，卸荷后弹性变形恢复，而残留下塑性变形。

（2）混凝土的变形模量。混凝土的变形模量是指应力—应变曲线上任一点的应力与应变之变。根据《普通混凝土力学性能试验方法标准》（GB/T 50081—2002）的规定，采用150mm×150mm×300mm的棱柱体作为标准试件，使混凝土的应力在0.5MPa和1/3轴心抗压强度之间经过至少两次预压，在最后一次预压完成后，应力与应变关系基本上成为直线关系，此时测得的变形模量值即为该混凝土弹性模量。

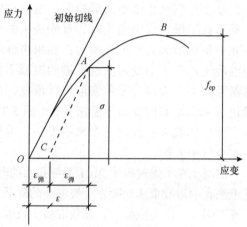

图5-18　混凝土在压力作用下的应力—应变曲线

> ☆**小提示**
> 混凝土的弹性模量随骨料与水泥石的弹性模量而异。在材料质量不变的条件下，混凝土的骨料含量较多、水胶比较小、养护条件较好及龄期较长时，混凝土的弹性模量就较大。另外，混凝土的弹性模量一般随强度提高而增大。

2. 在长期荷载作用下的变形

混凝土在长期荷载作用下，沿着作用力方向的变形会随时间不断增长，一般要延续2～3年才逐渐趋于稳定。这种在长期荷载作用下产生的变形，通常称为徐变。混凝土的变形与荷载关系如图5-19所示。混凝土在长期荷载作用下，一方面在开始加荷时发生瞬时变形，以弹性变形为主；另一方面发生缓慢增长的徐变。在荷载作用初期，徐变变形增长较快，以后逐渐变慢且稳定下来。当变形稳定以后卸掉荷载，这时将产生瞬时变形，这个瞬时变形的符号与原来的弹性变形相反，而绝对值则较原来的小，称为瞬时恢复。在卸荷后的一段时间内变形还会继续恢复，称徐变恢复。

混凝土的徐变是由于在长期荷载作用下，水泥石中的凝胶体产生黏性流动，向毛细孔内迁移所致。影响混凝土徐变的因素有水灰比、水泥用量、骨料种类、应力等。混凝土内毛细孔数量越多，徐变越大；加荷龄期越长，徐变越小；水泥用量和水灰比越小，徐变越小；所用骨料弹性模量越大，徐变越小；所受应力越大，徐变越大。

> ☆**小提示**
> 混凝土的徐变对混凝土及钢筋混凝土结构物的影响有有利的一面，也有不利的一面。徐变有利于削弱由温度、干缩等引起的约束变形，从而防止裂缝的产生。但在预应力结构中，徐变将产生应力松弛，引起预应力损失。在钢筋混凝土结构设计中，要充分考虑徐变的影响。

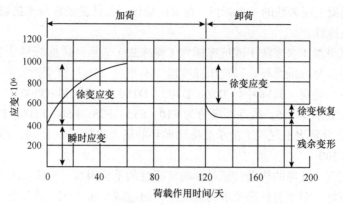

图 5-19　混凝土的变形与荷载作用时间的关系

四、混凝土的耐久性

高耐久性的混凝土是现代高性能混凝土发展的主要方向，它不但可以保证建筑物、构筑物的安全、长期使用，同时对资源的保护和环境污染的治理都有重要意义。

（一）混凝土的耐久性能

混凝土的耐久性是指混凝土在实际使用条件下抵抗各种破坏因素的作用，长期保持强度和外观完整性的能力。混凝土耐久性是指结构在规定的使用年限内，在各种环境条件作用下，不需要额外的费用加固处理而保持其安全性、正常使用和可接受的外观能力。

简单地说，混凝土材料的耐久性指标一般包括：抗渗、抗冻、抗侵蚀、抗碳化、抗碱—骨料反应等性能。

1. 混凝土的抗渗性

抗渗性是指混凝土抵抗压力介质（水、油、溶液等）渗透的性能。混凝土的抗渗性是决定混凝土耐久性最主要的因素，抗渗能力的大小主要与其本身的密实度、内部孔隙的大小及构造有关。混凝土渗水（或油）是由于内部存在相互连通的孔隙和裂缝，这些孔道除了是由于施工振捣不密实外，主要来源于水泥浆中多余的水分蒸发和泌水后留下或形成的毛细管孔道及粗骨料下界面聚积的水所形成的孔隙。渗水孔道的多少，主要与水胶比有关。水胶比越小，抗渗性能越好。

混凝土的抗渗性用抗渗等级 P 表示。测定混凝土抗渗等级采用顶面直径为 175mm、底面直径为 185mm、高为 150mm 的圆台体为标准试件，养护 28d，在标准试验方法下，以每组 6 个试件中 4 个未出现渗水时的最大水压表示，分为 P4、P6、P8、P10、P12 5 个等级，分别表示混凝土能抵抗 0.4MPa、0.6MPa、0.8MPa、1.0MPa、1.2MPa 的水压力而不渗水。

> ☼小提示
>
> 　提高混凝土的密实度，是提高混凝土抗渗性的关键。为了制得抗渗性好的混凝土，应采取如下措施：选择适当的水泥品种及数量；采用较小的水胶比；采用良好的骨料级配及砂率；采用减水剂、引气剂；加强养护及精心施工。

2. 混凝土的抗冻性

抗冻性是指混凝土在饱和水状态下，能经受多次冻融循环而不被破坏，也不明显降低强度的性能，是评定混凝土耐久性的主要指标。在寒冷地区，尤其是经常与水接触、受冻的混凝土，要求具有较高的抗冻性。

抗冻性用抗冻等级（快冻法）或抗冻标号（慢冻法）表示。抗冻标号是 28d 龄期的混凝土标准时间在饱水后反复冻融循环，以抗压强度损失不超过 25%且质量损失不超过 5%时所能承受的最大循环次数来确定。其标号有 D50、D100、D150、D200 和>D200，D50 表示该混凝土能承受冻融循环次数不少于 5。抗冻等级分为 F10、F15、F25、F50、F100、F150、F200、F250 和 F300 9 个等级，分别表示混凝土能承受冻融循环的最大次数不小于 10、15、25、50、100、150、200、250 和 300。

混凝土的密实度、孔隙的构造特征是影响抗冻性的重要因素。密实度大、具有封闭孔隙的混凝土其抗冻性较好。对于有抗冻要求的混凝土，通过减小水灰比、掺加引气剂或引气型减水剂等方法，可显著提高其抗冻性。

3. 混凝土的抗侵蚀性

当混凝土处于有侵蚀性介质的环境时，侵蚀性介质通过孔隙或毛细管通道侵入水泥石内部，引起混凝土的腐蚀而破坏。腐蚀的类型通常有软水腐蚀、硫酸盐腐蚀、溶解性化学腐蚀、强碱腐蚀等。混凝土的抗侵蚀性与密实度、水泥品种、混凝土内部空隙特征等有关。当水泥品种确定后，密实或具有封闭孔隙的混凝土，其抗腐蚀性较强。

4. 混凝土的抗碳化

混凝土的碳化作用是二氧化碳与水泥石中的氢氧化钙作用，生成碳酸钙和水，它是二氧化碳由表及里向混凝土内部逐渐扩散的过程，因此气体扩散规律决定了碳化的速度。

碳化有利有弊，有利比如使混凝土的抗压强度增大（放出水分有助于水泥水化），有弊比如导致钢筋锈蚀（混凝土碱度降低了）。

加强混凝土的抗碳化能力：水泥用量固定条件下，水灰比越低，碳化速度越慢；混凝土所在的环境也会影响其碳化速度，降低空气中二氧化碳的浓度，混凝土在水中或者相对湿度 100%条件下，以及处于特别干燥条件下，碳化作用都会停止（一般认为，相对湿度 50%～75%时碳化速度最快）。

☼**小提示**

混凝土抗碳化技巧

在实际工程中，为减少碳化作用对钢筋混凝土结构的不利影响，可采取以下措施。

（1）在钢筋混凝土结构中采用适当的保护层，使碳化深度在建筑物设计年限内达不到钢筋表面。

（2）根据工程所处环境及使用条件，合理选择水泥品种。

（3）使用减水剂，改善混凝土的和易性，提高混凝土的密实度。

（4）采用水灰比小、单位水泥用量较大的混凝土配合比。

（5）加强施工质量控制，加强养护，保证振捣质量，减少或避免混凝土出现蜂窝等质量事故。

（6）在混凝土表面涂刷保护层，防止二氧化碳侵入。

---

5. 混凝土的抗碱—骨料反应

水泥中的碱（Na_2O、K_2O）与骨料中的活性二氧化硅发生反应，生成碱—硅酸凝胶，当其吸水后产生体积膨胀（体积可增加 3 倍以上），从而导致混凝土产生膨胀开裂而破坏，这种反应称为碱—骨料反应。

　　混凝土中的碱—骨料反应进行缓慢，有一定潜伏期，通常要经过若干年后才会发现，而一旦发生便难以阻止，故有混凝土"癌症"之称。对于重要工程的混凝土所使用的粗、细骨料，应进行碱活性检验。

　　产生碱—骨料反应的原因：一是水泥中碱（Na_2O 或 K_2O）的含量较高；二是骨料中含有活性二氧化硅成分；三是存在水分的作用，在干燥情况下，混凝土不可能发生碱—骨料膨胀反应，因此潮湿环境中的混凝土结构尤其应注意碱—骨料反应的危害。

　　预防措施如下所述。

　　（1）控制水泥的含碱量和降低水泥用量。

　　（2）掺入活性混合材料，减少混凝土膨胀。

　　（3）选用非活性骨料。

　　（4）使混凝土处于干燥状态。

（二）提高混凝土耐久性的措施

　　混凝土的耐久性要求主要应根据工程特点、环境条件而定。工程上主要应从材料的质量、配合比设计、施工质量控制等多方面采取措施给予保证。具体有以下几点。

　　（1）掺入高效减水剂。在保证混凝土拌和物所需流动性的同时，尽可能降低用水量，减少水灰比，使混凝土的总孔隙，特别是毛细管孔隙率大幅度降低。

　　（2）掺入高效活性矿物掺料。普通水泥混凝土的水泥石中水化物稳定性的不足，是混凝土不能超耐久的另一主要因素。

　　（3）消除混凝土自身的结构破坏因素。除了环境因素引起的混凝土结构破坏以外，混凝土本身的一些物理化学因素，也可能引起混凝土结构的严重破坏，致使混凝土失效。

　　（4）保证混凝土的强度。尽管强度与耐久性是不同概念，但又密切相关，它们之间的本质联系是基于混凝土的内部结构，都与水灰比这个因素直接相关。

学习单元 4　设计普通混凝土配合比

📝知识目标

　　（1）熟悉混凝土配合比设计的基本要求。

　　（2）熟悉混凝土配合比设计基本参数的确定。

　　（3）掌握混凝土配合比设计的步骤。

📝技能目标

　　（1）能够根据工程实际情况设计混凝土配合比。

　　（2）能够正确计算混凝土配合比的参数。

🔵 基础知识

　　混凝土配合比设计是混凝土工艺中最重要的项目之一。其目的是在满足工程对混凝土的基本要求的情况下，找出混凝土组成材料间最合理的比例，以便生产出优质而经济的混凝土。混凝土配合比设计包括配合比的计算、试配和调整。

一、配合比设计的基本要求

普通混凝土一般指以水泥为主要胶凝材料，与水、砂、石子，必要时掺入化学外加剂和矿物掺和料，按适当比例配合，经过均匀搅拌、密实成型及养护硬化而成的人造石材。混凝土主要划分为两个阶段与状态：凝结硬化前的塑性状态，即新拌混凝土或混凝土拌和物；硬化之后的坚硬状态，即硬化混凝土或混凝土。混凝土强度等级是以立方体抗压强度标准值划分，目前我国普通混凝土强度等级划分为 14 级：C15、C20、C25、C30、C35、C40、C45、C50、C55、C60、C65、C70、C75 及 C80。

配合比设计的基本要求如下所述。

（1）满足混凝土结构设计的强度等级要求。

（2）满足施工和易性要求。

（3）满足工程所处环境对混凝土耐久性的要求。

（4）满足经济要求，节约水泥，降低成本。

> ☼小提示
>
> 混凝土配合比设计应满足混凝土配制强度、拌和物性能、力学性能和耐久性能的设计要求。混凝土拌和物性能、力学性能和耐久性能的试验方法应分别符合现行国家标准《普通混凝土拌和物性能试验方法标准》（GB/T 50080—2002）、《普通混凝土力学性能试验方法标准》（GB/T 50081—2002）和《普通混凝土长期性能和耐久性能试验方法标准》（GB/T 50082—2009）的规定。

112

二、混凝土配合比设计基本参数的确定

混凝土配合比设计中的 3 个基本参数是：水胶比，即水和水泥之间的比例；砂率，即砂和石子间的比例；单位用水量，即骨料与水泥浆之间的比例。这 3 个基本参数一旦确定，混凝土的配合比也就确定了。

（一）水胶比的确定

水胶比的确定，主要取决于混凝土的强度和耐久性。从强度角度看，水胶比应小些，水胶比可根据混凝土的强度公式来确定；从耐久性角度看，水胶比小些，水泥用量多些，混凝土的密度就高，耐久性则优良，这可通过控制最大水胶比和最小水泥用量来满足。由强度和耐久性分别决定的水胶比往往是不同的，此时应取较小值。但在强度和耐久性都已满足的前提下，水胶比应取较大值，以获得较高的流动性。

（二）单位用水量的确定

用水量的多少，是影响混凝土拌和物流动性大小的重要因素。单位用水量在水胶比和水泥用量不变的情况下，实际反映的是水泥浆量与骨料用量之间的比例关系。水泥浆量要满足包裹粗、细骨料表面并保持足够流动性的要求，但用水量过大，会降低混凝土的耐久性。水胶比在 0.40～0.80 范围内时，考虑粗骨料的品种、最大粒径，单位用水量按表 5-22 确定。

（三）砂率的确定

砂率的大小不仅影响拌和物的流动性，而且对黏聚性和保水性也有很大的影响，因此配合比设计应选用合理砂率。砂率主要应从满足工作性和节约水泥两个方面考虑。在水胶比和水泥用量（即水泥浆量）不变的前提下，应取坍落度最大而黏聚性和保水性又好的砂率，即合理砂率，这可由表 5-23 初步决定，经试拌调整而最终确定。在工作性满足的情况下，砂率尽可能取小值，以达到节约水泥的目的。

混凝土配合比的 3 个基本参数的确定原则，可由图 5-20 表达。

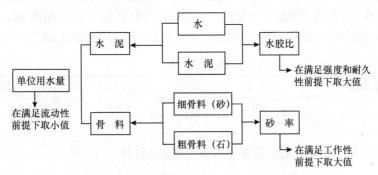

图 5-20　混凝土配合比设计的 3 个基本参数及确定原则

三、混凝土配合比设计的步骤

混凝土配合比可以通过计算法确定。用计算法确定配合比时，首先按照已选择的原材料性能及混凝土的技术要求进行初步计算，得出"初步配合比"；再经过试验室试拌调整，得出"基准配合比"；然后，经过强度检验（如有抗渗、抗冻等其他性能要求，应当进行相应的检验），定出满足设计和施工要求并比较经济的"试验室配合比"（也叫设计配合比）；最后根据现场砂、石的实际含水率，对试验室配合比进行调整，求出"施工配合比"。具体步骤如下。

（一）通过计算，确定计算配合比

计算配合比，是指按原材料性能、混凝土技术要求和施工条件，利用混凝土强度经验公式和图表进行计算所得到的配合比。

1. 确定混凝土配制强度

（1）混凝土配制强度应按下列规定确定。

① 当混凝土的设计强度等级小于 C60 时，配制强度应按下式确定。

$$f_{cu,0} \geqslant f_{cu,k} + 1.645\,\sigma \tag{5-7}$$

式中，$f_{cu,0}$ 为混凝土配制强度（MPa）；$f_{cu,k}$ 为混凝土立方体抗压强度标准值（MPa），即混凝土的设计强度等级；σ 为混凝土强度标准差（MPa）。

② 当混凝土的设计强度等级不小于 C60 时，配制强度应按下式确定。

$$f_{cu,0} \geqslant 1.15\,f_{cu,k} \tag{5-8}$$

（2）混凝土强度标准差应按下列规定确定。

① 当具有近 1～3 个月的同一品种、同一强度等级混凝土的强度资料，且试件组数不小于 30 时，其混凝土强度标准差 σ 应按下式计算。

113

$$\sigma = \sqrt{\frac{\sum_{i=1}^{N} f_{cu,i}^2 - nm_{f_{cu}}^2}{n-1}} \qquad (5-9)$$

式中，σ 为混凝土强度标准差；$f_{cu,i}$ 为第 i 组的试件强度（MPa）；$m_{f_{cu}}$ 为 n 组试件的强度平均值（MPa）；n 为试件组数。

对于强度等级不大于 C30 的混凝土，当混凝土强度标准差计算值不小于 3.0MPa 时，应按式（5-9）计算结果取值；当混凝土强度标准差计算值小于 3.0MPa 时，应取 3.0MPa。

对于强度等级大于 C30 且小于 C60 的混凝土，当混凝土强度标准差计算值不小于 4.0MPa 时，应按式（5-9）计算结果取值；当混凝土强度标准差计算值小于 4.0MPa 时，应取 4.0MPa。

② 当没有近期的同一品种、同一强度等级混凝土强度资料时，其强度标准差 σ 可按表 5-26 取值。

表 5-26 　　　　　　　　　　　　标准差 σ 值 　　　　　　　　　　　（单位：MPa）

混凝土强度标准值	≤C20	C25～C45	C50～C55
σ	4.0	5.0	6.0

2. 确定水胶比

混凝土强度等级小于 C60 时，混凝土水胶比按下式计算。

$$W/B = \frac{\alpha_a f_b}{f_{cu,0} + \alpha_a \alpha_b f_b} \qquad (5-10)$$

式中，α_a、α_b 为回归系数，应根据工程所使用的水泥、骨料，通过试验建立的水胶比与混凝土强度关系式确定。当不具备试验统计资料时，回归系数可取：碎石，$\alpha_a = 0.53$，$\alpha_b = 0.20$；卵石，$\alpha_a = 0.49$，$\alpha_b = 0.13$。$f_{cu,0}$ 为混凝土的试配强度（MPa）。f_b 为胶凝材料 28d 胶砂抗压强度可实测（MPa）；当无实测值时，f_b 可按下式确定。

$$f_b = \gamma_f \gamma_s f_{ce} \qquad (5-11)$$

式中，γ_f、γ_s 为粉煤灰影响系数和粒化高炉矿渣粉影响系数，可按表 5-27 确定。

f_{ce} 为水泥 28d 胶砂抗压强度（MPa），可实测，也可根据 3d 强度或快测强度推定 28d 强度关系式得出。

表 5-27 　　　　　　粉煤灰影响系数（γ_f）和粒化高炉矿渣粉影响系数（γ_s）

掺量（%）种类	粉煤灰影响系数 γ_f	粒化高炉矿渣粉影响系数 γ_s
0	1.00	1.00
10	0.90～0.95	1.00
20	0.80～0.85	0.95～1.00
30	0.70～0.75	0.90～1.00
40	0.60～0.65	0.80～0.90
50	—	0.70～0.85

注：① 本表应以 P·O 42.5 水泥为准；如采用普通硅酸盐水泥以外的通用硅酸盐水泥，可将水泥混合材掺量 20%以上部分计入矿物掺和料。

② 宜采用Ⅰ级或Ⅱ级粉煤灰；采用Ⅰ级灰宜取上限值，采用Ⅱ级灰宜取下限值。

③ 采用 S75 级粒化高炉矿渣粉宜取下限值，采用 S95 级粒化高炉矿渣粉宜取上限值，采用 S105 级粒化高炉矿渣粉可取上限值加 0.05。

④ 当超出表中的掺量时，粉煤灰和粒化高炉矿渣粉影响系数应经试验确定。

☼**小提示**

　　计算出的水胶比，应小于规定的最大水胶比。若计算得出的水胶比大于最大水胶比，则取最大水胶比，以保证混凝土的耐久性。

　　3. 确定用水量 m_{w0} 和外加剂用量（m_{a0}）

　　（1）干硬性和塑性混凝土用水量的确定。混凝土水胶比在 0.40～0.80 范围时，可按表 5-28 和表 5-29 选取；混凝土水胶比小于 0.40 时，可通过试验确定。

表 5-28　　　　　　　　　　干硬性混凝土的用水量　　　　　　　　　（单位：kg/m³）

拌和物稠度		卵石最大公称粒径/mm			碎石最大粒径/mm		
项目	指标	10.0	20.0	40.0	16.0	20.0	40.0
维勃稠度/s	16～20	175	160	145	180	170	155
	11～15	180	165	150	185	175	160
	5～10	185	170	155	190	180	165

表 5-29　　　　　　　　　　塑性混凝土的用水量　　　　　　　　　　（单位：kg/m³）

拌和物稠度		卵石最大粒径/mm				碎石最大粒径/mm			
项目	指标	10.0	20.0	31.5	40.0	16.0	20.0	31.5	40.0
坍落度/mm	10～30	190	170	160	150	200	185	175	165
	35～50	200	180	170	160	210	195	185	175
	55～70	210	190	180	170	220	105	195	185
	75～90	215	195	185	175	230	215	205	195

　　注：① 本表用水量系采用中砂时的取值。采用细砂时，每立方米混凝土用水量可增加 5～10kg；采用粗砂时，可减少 5～10kg。

　　② 掺用矿物掺和料和外加剂时，用水量应相应调整。

　　（2）流动性和大流动性混凝土用水量的确定。掺外加剂时，每立方米流动性或大流动性混凝土的用水量 m_{w0} 可按下式计算。

$$m_{w0} = m'_{w0}(1-\beta) \tag{5-12}$$

式中，m_{w0} 为计算配合比每立方米混凝土的用水量（kg/m³）；m'_{w0} 为未掺外加剂时推定的满足实际坍落度要求的每立方米混凝土的用水量（kg/m³），以表 5-29 中 90mm 坍落度的用水量为基础，按每增大 20mm 坍落度相应增加 5kg/m³ 用水量来计算；当坍落度增大到 180mm 以上时，随坍落度相应增加的用水量可减少；β 为外加剂的减水率（%），经混凝土试验确定。

　　（3）每立方米混凝土中外加剂用量（m_{a0}）应按下式计算。

$$m_{a0} = m_{b0}\beta_a \tag{5-13}$$

式中，m_{a0} 为计算配合比每立方米混凝土中外加剂用量（kg/m³）；m_{b0} 为计算配合比每立方米混凝土中胶凝材料用量（kg/m³）；β_a 为外加剂掺量（%），应经混凝土试验确定。

4. 计算胶凝材料用量（m_{b0}）、矿物掺和料用量（m_{f0}）和水泥用量（m_{c0}）

（1）每立方米混凝土的胶凝材料用量（m_{b0}）按下式计算，并进行试拌调整，在拌和物性能满足的情况下，取经济、合理的胶凝材料用量。

$$m_{b0} = \frac{m_{w0}}{W/B} \qquad (5\text{-}14)$$

式中，m_{b0} 为计算配合比每立方米混凝土中胶凝材料用量（kg/m³）；m_{w0} 为计算配合比每立方米混凝土的用水量（kg/m³）；W/B 为混凝土水胶比。

（2）每立方米混凝土的矿物掺和料用量（m_{f0}）按下式计算。

$$m_{f0} = m_{b0}\,\beta_f \qquad (5\text{-}15)$$

式中，m_{f0} 为计算配合比每立方米混凝土中矿物掺和料用量（kg/m³）；β_f 为矿物掺和料掺量（%）。

（3）每立方米混凝土的水泥用量（m_{c0}）按下式计算。

$$m_{c0} = m_{b0} - m_{f0} \qquad (5\text{-}16)$$

式中，m_{c0} 为计算配合比每立方米混凝土中水泥用量（kg/m³）。

5. 选取合理砂率值 β_s

根据粗骨料的种类、最大粒径及混凝土的水胶比，由表 5-23 查得或根据混凝土拌和物的和易性要求，通过试验确定合理砂率。

6. 计算粗、细骨料用量（m_{g0}、m_{s0}）

在已知砂率的情况下，粗、细骨料的用量可用质量法或体积法求得。

（1）质量法。假定各组成材料的质量之和（即拌和物的体积密度）接近一个固定值。当采用质量法计算混凝土配合比时，粗、细骨料用量应按式（5-17）计算，砂率应按式（5-18）计算。

$$m_{f0} + m_{c0} + m_{g0} + m_{s0} + m_{w0} = m_{cp} \qquad (5\text{-}17)$$

$$\beta_s = \frac{m_{s0}}{m_{g0} + m_{s0}} \times 100\% \qquad (5\text{-}18)$$

式中，m_{g0} 为计算配合比每立方米混凝土的粗骨料用量（kg/m³）；m_{s0} 为计算配合比每立方米混凝土的细骨料用量（kg/m³）；β_s 为砂率（%）；m_{cp} 为每立方米混凝土拌和物的假定质量（kg），可取 2 350～2 450kg/m³。

（2）体积法。假定混凝土拌和物的体积等于各组成材料的体积与拌和物中所含空气的体积之和。当采用体积法计算混凝土配合比时，砂率应按式（5-18）计算，粗、细骨料用量应按下式计算。

$$\frac{m_{c0}}{\rho_c} + \frac{m_{f0}}{\rho_f} + \frac{m_{g0}}{\rho_g} + \frac{m_{s0}}{\rho_s} + \frac{m_{w0}}{\rho_w} + 0.01\alpha = 1 \qquad (5\text{-}19)$$

式中，ρ_c 为水泥密度（kg/m³），应按《水泥密度测定方法》（GB/T 208—1994）测定，也可取 2 900～3 100kg/m³；ρ_f 为矿物掺和料密度（kg/m³），可按《水泥密度测定方法》（GB/T 208—1994）测定；ρ_g 为粗集料的表观密度（kg/m³），应按现行行业标准《普通混凝土用砂、石质量及检验方法标准》（JGJ 52—2006）测定；ρ_s 为细集料的表观密度（kg/m³），应按现行行业标准《普通混凝土用砂、石质量及检验方法标准》（JGJ 52—2006）测定；ρ_w 为水的密度（kg/m³），可取 1 000kg/m³；α 为混凝土的含气量百分数，在不使用引气型外加剂时，α 可取 1。

经过上述计算，即可求出计算配合比。

（二）检测和易性，确定试拌配合比

按计算配合比进行混凝土试拌配合比的试配和调整。试配时，每盘混凝土试配的最小搅拌量应符合规定，并不应小于搅拌机公称容量的 1/4 且不应大于搅拌机公称容量。

试拌后立即测定混凝土的工作性。当试拌得出的拌和物坍落度比要求值小时，应在水胶比不变的前提下，增加用水量（同时增加水泥用量）；当比要求值大时，应在砂率不变的前提下，增加砂、石用量；当黏聚性、保水性差时，可适当加大砂率。调整时，应及时记录调整后的各材料用量（m_{cb}，m_{wb}，m_{sb}，m_{gb}），并实测调整后混凝土拌和物的体积密度 ρ_{oh}（kg/m³），令工作性调整后的混凝土试样总质量 m_{Qb} 为

$$m_{Qb} = m_{cb} + m_{wb} + m_{sb} + m_{gb} \ (\text{体积} \geqslant 1\text{m}^3) \tag{5-20}$$

由此得出基准配合比（调整后的 1m³ 混凝土中各材料用量）如下。

$$m_{cj} = \frac{m_{cb}}{m_{Qb}} \rho_{oh} \ (\text{kg/m}^3)$$

$$m_{wj} = \frac{m_{wb}}{m_{Qb}} \rho_{oh} \ (\text{kg/m}^3)$$

$$m_{sj} = \frac{m_{sb}}{m_{Qb}} \rho_{oh} \ (\text{kg/m}^3)$$

$$m_{gj} = \frac{m_{gb}}{m_{Qb}} \rho_{oh} \ (\text{kg/m}^3) \tag{5-21}$$

117

（三）检验强度，确定设计配合比

经过和易性调整得出的试拌配合比，不一定满足强度要求，应进行强度检验。既满足设计强度又比较经济、合理的配合比，就称为设计配合比（实验室配合比）。在试拌配合比的基础上做强度试验时，应采用 3 个不同的配合比，其中一个为试拌配合比中的水胶比，另外两个较试拌配合比的水胶比分别增加和减少 0.05。其用水量应与试拌配合比的用水量相同，砂率可分别增加和减少 1%。当不同水胶比的混凝土拌和物坍落度与要求值的差超过允许偏差时，可通过增、减用水量进行调整。

> ☆小提示
>
> 制作混凝土强度试验试件时，应检验混凝土拌和物的和易性及表观密度，并以此结果作为代表相应配合比的混凝土拌和物性能。每种配合比至少应制作一组（3 块）试件，标准养护到 28d 时试压。

根据试验得出的混凝土强度与其相对应的灰水比（C/W）关系，用作图法或计算法求出与混凝土配制强度（$f_{cu,0}$）相对应的灰水比，并应按下列原则确定每立方米混凝土的材料用量。

（1）用水量（m_w）应在基准配合比用水量的基础上，根据制作强度试件时测得的坍落度或维勃稠度进行调整确定。

（2）水泥用量（m_c）应以用水量乘以选定出来的灰水比计算确定。

（3）粗骨料和细骨料用量（m_g 和 m_s）应在基准配合比的粗骨料和细骨料用量的基础上，按选定的灰水比进行调整后确定。

经试配确定配合比后，应按下列步骤进行校正。

据前述已确定的材料用量，按下式计算混凝土的表观密度计算值 $\rho_{c,c}$。

$$\rho_{c,c} = m_c + m_g + m_s + m_w \tag{5-22}$$

式中，$\rho_{c,c}$ 为混凝土拌和物的表观密度计算值（kg/m^3）；m_c 为每立方米混凝土的水泥用量（kg/m^3）；m_g 为每立方米混凝土的粗骨料用量（kg/m^3）；m_s 为每立方米混凝土的细骨料用量（kg/m^3）；m_w 为每立方米混凝土的用水量（kg/m^3）。

再按下式计算混凝土配合比校正系数 σ。

$$\sigma = \frac{\rho_{c,t}}{\rho_{c,c}} \tag{5-23}$$

式中，$\rho_{c,t}$ 为混凝土表观密度实测值（kg/m^3）；$\rho_{c,c}$ 为混凝土表观密度计算值（kg/m^3）。

当混凝土表观密度实测值 $\rho_{c,t}$ 与计算值 $\rho_{c,c}$ 之差的绝对值不超过计算值的 2% 时，上述配合比可不做校正；当两者之差超过 2% 时，应将配合比中每项材料用量均乘以校正系数 δ，即为确定的设计配合比。

根据所在单位常用的材料，可设计出常用的混凝土配合比备用。在使用过程中，应根据原材料情况及混凝土质量检验的结果予以调整。但遇有下列情况之一时，应重新进行配合比设计。

（1）对混凝土性能指标有特殊要求时。

（2）水泥、外加剂或矿物掺和料品种、质量有显著变化时。

（3）该配合比的混凝土生产间断半年以上时。

（四）根据含水率，换算施工配合比

试验室得出的设计配合比值中，骨料是以干燥状态为准的，而施工现场骨料含有一定的水分，因此，应根据骨料的含水率对配合比设计值进行修正，修正后的配合比为施工配合比。

经测定，施工现场砂的含水率为 w_s，石子的含水率为 w_g，则施工配合比如下。

水泥用量 m'_c $m'_c = m_c$

砂用量 m'_s $m'_s = m_s(1 + w_s)$

石子用量 m'_g $m'_g = m_g(1 + w_g)$

用水量 m'_w $m'_w = m_w - m_s \cdot w_s - m_g \cdot w_g$ （5-24）

式中，m_c、m_w、m_s、m_g 为调整后的试验室配合比中每立方米混凝土中的水泥、水、砂和石子的用量（kg）。

☼**小提示**

进行混凝土配合比计算时，其计算公式和有关参数表格中的数值均以干燥状态骨料（含水率小于 0.05% 的细骨料或含水率小于 0.2% 的粗骨料）为基准。当以饱和面干骨料为基准进行计算时，则应做相应的调整，即施工配合比公式（5-24）中的 w_s 和 w_g 分别表示现场砂石含水率与其饱和面干含水率之差。

课堂案例

某办公室墙体用 C5 碎石大孔混凝土，用大模现浇施工工艺。碎石粒级为 10～20mm，用 42.5 级普通硅酸盐水泥，实测强度为 45MPa，施工管理水平中等 $C_v = 15\%$。

（1）计算配制强度 $f_{cu,0} = \dfrac{f_{cu,k}}{1 - C_v} = \dfrac{5.0}{1 - 0.15} = 5.882\text{MPa}$。

（2）根据配制强度，估算每立方米大孔混凝土水泥用量 $m_{c0} = 69.36 + 784.93 \times \dfrac{f_{cu,0}}{f_{ce}} =$

$69.36 + 784.93 \times \dfrac{5.882}{45.0} = 171.96\text{kg/m}^3$。

（3）按确定水泥用量，估算其合理水灰比：$W/C = 0.58 - 0.000\,715\,m_{c0} = 0.457$。

（4）依上述水灰比，求其用水量 $m_{w0} = 0.457 \times 171.96 = 78.59\text{kg/m}^3$。

（5）1m^3 大孔混凝土用 1m^3 紧密状态的碎石，根据原材料检验，紧密状态下碎石表观密度为 $1\,512\text{kg/m}^3$。

（6）试拌和制作试件，待 28d 的抗压强度确能满足设计要求后，可使用于工程实践中。

学习单元 5 混凝土的质量控制

知识目标

（1）掌握混凝土原材料、施工过程中和养护后的质量控制要求。

（2）掌握混凝土质量评定的方法。

技能目标

（1）能够对混凝土原材料、施工过程中和养护后的混凝土进行质量控制。

（2）能够正确评定混凝土强度的质量。

 基础知识

一、混凝土原材料质量控制

（一）水泥

（1）水泥品种与强度等级应根据设计、施工要求以及工程所处环境确定。对于一般建筑结构及预制构件的普通混凝土，宜采用通用硅酸盐水泥；高强混凝土和有抗冻要求的混凝土宜采用硅酸盐水泥或普通硅酸盐水泥；有预防混凝土碱—骨料反应要求的混凝土工程宜采用低碱水泥；大体积混凝土宜采用中、低热硅酸盐水泥或低热矿渣硅酸盐水泥，也可采用通用硅酸盐水泥；有特殊要求的混凝土也可采用其他品种的水泥。水泥应符合现行国家标准《通用硅酸盐水泥》（GB 175—2007）和《中热硅酸盐水泥 低热硅酸盐水泥 低热矿渣硅酸盐水泥》（GB 200—2003）的规定。

（2）水泥质量主要控制项目应包括凝结时间、安定性、胶砂强度、氧化镁和氯离子含量，低碱水泥主要控制项目还应包括碱含量，中、低热硅酸盐水泥或低热矿渣硅酸盐水泥主要控制项目还应包括水化热。

（3）在水泥应用方面应符合以下规定。

① 宜采用旋窑或新型干法窑生产的水泥。

② 水泥中的混合材品种和掺加量应得到明示。

③ 用于生产混凝土的水泥温度不宜高于 60℃。

（二）粗骨料

（1）粗骨料应符合现行行业标准《普通混凝土用砂、石质量及检验方法标准》（JGJ 52—2006）的规定。

（2）粗骨料质量主要控制项目应包括颗粒级配、针片状含量、含泥量、泥块含量、压碎值指标和坚固性，用于高强混凝土的粗骨料主要控制项目还应包括岩石抗压强度。

（3）在粗骨料应用方面应符合以下规定。

① 混凝土粗骨料宜采用连续级配。

② 对于混凝土结构，粗骨料最大公称粒径不得超过构件截面最小尺寸的 1/4，且不得超过钢筋最小净间距的 3/4；对混凝土实心板，骨料的最大公称粒径不宜超过板厚的 1/3，且不得超过 40mm；对于大体积混凝土，粗骨料最大公称粒径不宜小于 31.5mm。

③ 对于防裂抗渗透要求高的混凝土，宜选用级配良好和空隙率较小的粗骨料，或者采用 2 个或 3 个粒级的粗骨料混合配制连续级配粗骨料，粗骨料空隙率不宜大于 47%。

④ 对于有抗渗、抗冻、抗腐蚀、耐磨或其他特殊要求的混凝土，粗骨料中的含泥量和泥块含量分别不应大于 1.0% 和 0.5%；坚固性检验的质量损失不应大于 8%。

⑤ 对于高强混凝土，粗骨料的岩石抗压强度应比混凝土设计强度至少高 30%；最大公称粒径不宜大于 25.0mm，针片状含量不宜大于 5%，不应大于 8%；含泥量和泥块含量应分别不大于 0.5% 和 0.2%。

⑥ 对粗骨料或用于制作粗骨料的岩石，应进行碱活性检验，包括碱—硅活性检验和碱—碳酸盐活性检验；对于有预防混凝土碱—骨料反应要求的混凝土工程，不宜采用有碱活性的粗骨料。

（三）细骨料

（1）细骨料应符合现行行业标准《普通混凝土用砂、石质量及检验方法标准》（JGJ 52—2006）的规定；混凝土用海砂应符合现行行业标准《海砂混凝土应用技术规范》（JGJ 206—2010）的规定。

（2）细骨料质量主要控制项目应包括颗粒级配、细度模数、含泥量、泥块含量、坚固性、氯离子含量和有害物质含量；人工砂主要控制项目还应包括石粉含量和压碎值指标，但可不包括氯离子含量和有害物质含量；海砂主要控制项目还应包括贝壳含量。

（3）在细骨料应用方面应符合以下规定。

① 泵送混凝土宜采用中砂，且 300μm 筛孔的颗粒通过量不宜少于 15%。

② 对于防裂抗渗透要求高的混凝土，宜选用级配良好和洁净的中砂，天然砂的含泥量和泥块含量应分别不大于 2.0% 和 0.5%，人工砂的石粉含量不宜大于 5%。

③ 对于有抗渗、抗冻或其他特殊要求的混凝土，砂中的含泥量和泥块含量应分别不大于 3.0% 和 1.0%；坚固性检验的质量损失不应大于 8%。

④ 对于高强混凝土，砂的细度模数宜控制在 2.6～3.0 范围之内，含泥量和泥块含量应分

别不大于 2.0% 和 0.5%。

⑤ 钢筋混凝土和预应力钢筋混凝土用砂的氯离子含量应分别不大于 0.06% 和 0.02%。

⑥ 混凝土用海砂必须经过净化处理。

⑦ 混凝土用海砂氯离子含量不应大于 0.03%，贝壳含量应符合表 5-30 的规定。海砂不得用于预应力钢筋混凝土。

表 5-30　　　　　　　　混凝土用海砂的贝壳含量

混凝土强度等级	≥C60	≥C40	C35～C30	C25～C15
贝壳含量（按质量计/%）	≤3	≤5	≤8	≤10

⑧ 人工砂中的石粉含量应符合表 5-31 的规定。

表 5-31　　　　　　　　人工砂中石粉含量

混凝土强度等级		≥C60	C55～C30	≤C25
石粉含量（%）	$MB < 1.4$	≤5.0	≤7.0	≤10.0
	$MB \geq 1.4$	≤2.0	≤3.0	≤5.0

⑨ 不宜单独采用特细砂作为细骨料配制混凝土。

⑩ 对于河砂和海砂，应进行碱—硅活性检验；对于人工砂，还应进行碳酸盐活性的检验；对于有预防混凝土碱—骨料反应要求的混凝土工程，不宜采用有碱活性的砂。

（四）矿物掺和料

（1）用于混凝土中的矿物掺和料可包括粉煤灰、粒化高炉矿渣粉、硅灰、钢渣粉、磷渣粉；可采用两种或两种以上的矿物掺和料按一定比例混合使用。粉煤灰应符合现行国家标准《用于水泥和混凝土中的粉煤灰》（GB/T 1596—2005）的规定，粒化高炉矿渣粉应符合现行国家标准《用于水泥和混凝土中的粒化高炉矿渣粉》（GB/T 18046—2008）的规定，钢渣粉应符合现行国家标准《用于水泥和混凝土中的钢渣粉》（GB/T 20491—2006），其他矿物掺和料应符合现行国家相关标准的规定；矿物掺和料的放射性应符合现行国家标准《建筑材料放射性核素限量》（GB 6566—2010）的规定。

（2）粉煤灰的主要控制项目应包括细度、需水量比、烧失量和三氧化硫含量，C 类粉煤灰的主要控制项目还应包括游离氧化钙含量和安定性；粒化高炉矿渣粉主要控制项目应包括比表面积、活性指数和流动度比；钢渣粉的主要控制项目应包括比表面积、活性指数、流动度比、游离氧化钙含量、三氧化硫含量、氧化镁含量和安定性；磷渣粉的主要控制项目应包括细度、活性指数、流动度比、五氧化二磷含量和安定性；硅灰的主要控制项目应包括比表面积和二氧化硅含量。矿物掺和料还应进行放射性检验。

（3）在矿物掺和料应用方面应符合以下规定。

① 掺用矿物掺和料的混凝土，宜采用硅酸盐水泥和普通硅酸盐水泥。

② 在混凝土中掺用矿物掺和料时，矿物掺和料的种类和掺量应经试验确定，其混凝土性能应满足设计要求。

③ 矿物掺和料宜与高效减水剂同时使用。

④ 对于高强混凝土或有抗渗、抗冻、抗腐蚀、耐磨等其他特殊要求的混凝土，宜采用不低于 Ⅱ 级的粉煤灰。

⑤ 对于高强混凝土和耐腐蚀要求的混凝土，当需要采用硅灰时，宜采用二氧化硅含量不小

于 90% 的硅灰；硅灰宜采用吨包供货。

（五）外加剂

（1）外加剂应符合国家现行标准《混凝土外加剂》（GB 8076—2008）和《混凝土外加剂应用技术规范》（GB 50119—2013）的规定。

（2）外加剂质量主要控制项目应包括掺外加剂混凝土性能和外加剂匀质性两方面，混凝土性能方面的主要控制项目有减水率、凝结时间差和抗压强度比，外加剂匀质性方面的主要控制项目有 pH、氯离子含量和碱含量。

> ☼**小提示**
> 引气剂和引气减水剂主要控制项目还应包括含气量，防冻剂主要控制项目还应包括钢筋锈蚀试验。

（3）在外加剂应用方面应符合以下规定。

① 在混凝土中掺用外加剂时，外加剂应与水泥具有良好的适应性，其种类和掺量应经试验确定，混凝土性能应满足设计要求。

② 高强混凝土宜采用高性能减水剂；有抗冻要求的混凝土宜采用引气剂或引气减水剂；大体积混凝土宜采用缓凝剂或缓凝减水剂；混凝土冬期施工可采用防冻剂。

③ 不得在钢筋混凝土和预应力钢筋混凝土中采用含有氯盐配制的外加剂；不得在预应力钢筋混凝土中采用含有亚硝酸盐或碳酸盐的防冻剂以及在办公、居住等建筑工程中采用含有硝铵或尿素的防冻剂。

④ 外加剂中的氯离子含量和碱含量应满足混凝土设计要求。

⑤ 宜采用液态外加剂。

（六）水

（1）混凝土用水应符合现行行业标准《混凝土用水标准》（JGJ 63—2006）的规定。

（2）混凝土用水主要控制项目应包括 pH、不溶物含量、可溶物含量、硫酸根离子含量、氯离子含量、水泥凝结时间差和水泥胶砂强度对比，当混凝土骨料为碱活性时，主要控制项目还应包括碱含量。

（3）在混凝土用水方面应符合以下规定。

① 未经处理的海水严禁用于钢筋混凝土和预应力钢筋混凝土。

② 当骨料具有碱活性时，混凝土用水不得采用混凝土企业生产设备洗刷水。

二、混凝土生产与施工过程中的质量控制

（一）原材料进场

（1）混凝土原材料进场时，供方应按规定批次向需方提供质量证明文件。质量证明文件应包括形式检验报告、出厂检验报告与合格证等，外加剂产品还应提供使用说明书。

（2）原材料进场后，应按《混凝土质量控制标准》（GB 50164—2011）第 7.1 节的规定进行进场检验。

（3）水泥应按不同品种和强度等级分批存储，并应采取防潮措施；出现结块的水泥不得用于混

凝土工程；水泥出厂超过 3 个月（快硬硅酸盐水泥超过 1 个月），应进行复检，合格者方可使用。

（4）粗、细骨料堆场应有防尘和遮雨设施；粗、细骨料应按品种、规格分别堆放，不得混杂，不得混入杂物。

（5）矿物掺和料存储时，应有明显标记，不同矿物掺和料以及水泥不得混杂堆放，应防潮防雨，并应符合有关环境保护的规定；矿物掺和料存储期超过 3 个月时，应进行复检，合格者方可使用。

（6）外加剂的送检样品应与工程大批量进货一致，并应按不同的供货单位、品种和牌号进行标识，单独存放；粉状外加剂应防止受潮结块，如有结块，应进行检验，合格者应经粉碎至全部通过 600μm 筛孔后方可使用；液态外加剂应储存在密闭容器内，并应防晒和防冻，如有沉淀等异常现象，应经检验合格后方可使用。

（二）计量

（1）原材料计量宜采用电子计量设备。计量设备的精度应满足现行国家标准的有关规定，应具有法定计量部门签发的有效检定证书，并应定期校验。混凝土生产单位每月应自检一次；每一工作班开始前，应对计量设备进行零点校准。

（2）每盘混凝土原材料计量的允许偏差应符合表 5-32 的规定，原材料计量偏差应每班检查 1 次。

表 5-32 　　　　　　　　　　各种原材料计量的允许偏差

原材料种类	计量允许偏差（按质量计）
胶凝材料	±2%
粗、细骨料	±3%
拌和用水	±1%
外加剂	±1%

（3）对于原材料计量，应根据粗、细骨料含水率的变化，及时调整粗、细骨料和拌和用水的称量。

（三）搅拌

（1）混凝土搅拌机应符合现行国家标准《混凝土搅拌机》（GB/T 9142—2000）的规定。混凝土搅拌宜采用强制式搅拌机。

（2）原材料投料方式应满足混凝土搅拌技术要求和混凝土拌和物质量要求。

（3）混凝土搅拌的最短时间可按表 5-33 采用；当搅拌高强混凝土时，搅拌时间应适当延长；采用自落式搅拌机时，搅拌时间宜延长 30s。对于双卧轴强制式搅拌机，可在保证搅拌均匀的情况下适当缩短搅拌时间。混凝土搅拌时间应每班检查 2 次。

表 5-33 　　　　　　　　　混凝土搅拌的最短时间 　　　　　　　　（单位：s）

混凝土坍落度/mm	搅拌机机型	搅拌机出料量/L		
		<250	250～500	>500
≤40	强制式	60	90	120
>40 且 <100	强制式	60	60	90
≥100	强制式	60		

注：混凝土搅拌的最短时间系指全部材料装入搅拌筒中起，到开始卸料止的时间。

（4）同一盘混凝土的搅拌匀质性应符合以下规定。

① 混凝土中砂浆密度两次测值的相对误差不应大于 0.8%。

② 混凝土稠度两次测值的差值不应大于表 5-34 规定的混凝土拌和物稠度允许偏差的绝对值。

表 5-34   混凝土拌和物稠度允许偏差

坍落度/mm			
设计值/mm	≤40	50～90	≥100
允许偏差/mm	±10	±20	±30
维勃时间/s			
设计值/s	≥11	10～6	≤5
允许偏差/s	±3	±2	±1
扩展度/mm			
设计值/mm		≥350	
允许偏差/mm		±30	

（5）冬期生产施工搅拌混凝土时，宜优先采用加热水的方法提高拌和物温度，也可同时采用加热骨料的方法提高拌和物温度。应先投入骨料和热水进行搅拌，然后再投入胶凝材料等共同搅拌，水泥不应与热水直接接触。拌和用水和骨料的加热温度不得超过表 5-35 的规定。当骨料不加热时，拌和用水可加热到 60℃以上。

表 5-35   拌和用水和骨料的最高加热温度   （单位：℃）

采用的水泥品种	拌和用水	骨料
硅酸盐水泥和普通硅酸盐水泥	60	40

（四）运输

（1）在运输过程中，应控制混凝土不离析、不分层和组成成分不发生变化，并应控制混凝土拌和物性能满足施工要求。

（2）当采用机动翻斗车运输混凝土时，道路应平整、避免颠簸。

（3）当采用搅拌罐车运送混凝土拌和物时，搅拌罐在冬期应有保温措施，夏季最高气温超过 40℃时，应有隔热措施。

（4）当采用搅拌罐车运送混凝土拌和物时，卸料前应采用快挡旋转搅拌罐不少于 20s；因运距过远、交通或现场等问题造成坍落度损失较大而卸料困难时，可采用在混凝土拌和物中掺入适量减水剂并快挡旋转搅拌罐的措施，减水剂掺量应有经试验确定的预案，但不得加水。

（5）当采用泵送混凝土时，混凝土运输应能保证混凝土连续泵送，并应符合现行行业标准《泵送混凝土施工技术规程》（JGJ/T 10—2011）的有关规定。

（6）混凝土拌和物从搅拌机卸出至施工现场接收的时间间隔不宜大于 90min。

（五）浇筑成型

（1）浇筑混凝土前，应检查并控制模板、钢筋、保护层和预埋件等的尺寸、规格、数量和位置，其偏差值应符合现行国家标准《混凝土结构工程施工质量验收规范（2011 年版）》

（GB 50204—2011）的规定。此外，还应检查模板支撑的稳定性以及接缝的密合情况，并应保证模板在混凝土浇筑过程中不失稳、不跑模和不漏浆。

（2）浇筑混凝土前，应清除模板内以及垫层上的杂物；表面干燥的地基土、垫层、木模板应浇水湿润。

（3）当夏季天气炎热时，混凝土拌和物入模温度不应高于35℃，宜选择晚间或夜间浇筑混凝土；现场温度高于35℃时，宜对金属模板进行浇水降温，但不得留有积水。

（4）当冬期施工时，混凝土拌和物入模温度不应低于5℃，并应有保温措施。

（5）在浇筑过程中，应有效控制混凝土的均匀性、密实性和整体性。

（6）泵送混凝土输送管道的最小内径宜符合表5-36的规定；混凝土输送泵的泵压应与混凝土拌和物特性和泵送高度相匹配；泵送混凝土的输送管道应支撑稳定，不漏浆，冬期应有保温措施，夏季最高气温超过40℃时，应有隔热措施。

表 5-36　　　　　　　　　泵送混凝土输送管道的最小内径　　　　　　　　　（单位：mm）

粗骨料公称最大粒径	输送管最小内径
25	125
40	150

（7）不同配合比或不同强度等级泵送混凝土在同一时间段交替浇筑时，输送管道中的混凝土不得混入其他不同配合比或不同强度等级混凝土。

（8）当混凝土自由倾落高度大于2.5m时，应采用串筒、溜管或振动溜管等辅助设备。

（9）现场浇筑的竖向结构物应分层浇筑，每层浇筑厚度宜控制在300~350mm；大体积混凝土宜采用分层浇筑方法，可利用自然流淌形成斜坡沿高度均匀上升，分层厚度不应大于500mm。

（10）自密实混凝土浇筑布料点应结合拌和物特性选择适宜的间距，必要时可以通过试验确定混凝土布料点下料间距。

（11）结构柱、墙混凝土设计强度等级高于梁、板混凝土设计强度等级时，应在交界区域采取分隔措施。分隔位置应设在低强度等级的构件中，且应距高强度等级构件边缘不小于500mm的距离。应先浇筑高强度等级混凝土，后浇筑低强度等级混凝土。

（12）应根据混凝土拌和物特性及混凝土结构、构件或制品的制作方式选择适当的振捣方式和振捣时间。

（13）混凝土振捣宜采用机械振捣。当施工无特殊振捣要求时，可采用振捣棒进行振捣，插入间距不应大于振捣棒振动作用半径的一倍，连续多层浇筑时，振捣棒应插入下层拌和物约50mm进行振捣；当浇筑厚度在200mm以下的表面积较大的平面结构或构件时，宜采用表面振动成型。

☼小提示

当采用干硬性混凝土拌和物浇筑成型混凝土制品时，宜采用振动台或表面加压振动成型。

（14）振捣时间宜按拌和物稠度和振捣部位等不同情况，控制在10~30s内，当混凝土拌和物表面出现泛浆，可视为捣实。

（15）混凝土拌和物从搅拌机卸出后到浇筑完毕的延续时间不宜超过表5-37的规定。

表 5-37   混凝土从搅拌机卸出到浇筑完毕的延续时间   （单位：s）

混凝土生产地点	气温	
	≤25℃	>25℃
商品混凝土搅拌站	150	120
施工现场	120	90
混凝土制品厂	90	60

（16）在混凝土浇筑同时，应制作供结构或构件出池、拆模、吊装、张拉、放张和强度合格评定用的同条件养护试件，还应按设计要求制作抗冻、抗渗或其他性能试验用的试件。

（17）在混凝土浇筑及静置过程中，应在混凝土终凝前对浇筑面进行抹面处理。

（18）混凝土构件成型后，在强度达到 1.2MPa 以前，不得在构件上面踩踏行走，混凝土在自然保湿养护下强度达到 1.2MPa 的时间可按表 5-38 估计；构件底模及其支架拆除时的混凝土强度应符合表 5-39 的规定。

表 5-38   混凝土强度达到 1.2MPa 的时间估计   （单位：h）

水泥品种	外界温度（℃）			
	1~5	5~10	10~15	15 以上
硅酸盐水泥 普通硅酸盐水泥	46	36	26	20
矿渣硅酸盐水泥 火山灰硅酸盐水泥 粉煤灰硅酸盐水泥	60	38	28	22

注：掺加矿物掺和料的混凝土可适当增加时间。

表 5-39   构件底模及其支架拆除时的混凝土强度要求

构件类型	构件跨度/m	达到设计的混凝土立方体抗压 强度标准值的百分率/%
板	≤2	≥50
	>2，≤8	≥75
	>8	≥100
梁、拱、壳	≤8	≥75
	>8	≥100
悬臂构件	—	≥100

三、混凝土养护后的质量控制

混凝土必须养护至表面强度达到 1.2MPa 以上，才能准许在其上行人或安装模板和支架；否则将损伤构件边角，严重时可能破坏混凝土的内部结构而造成工程质量事故。底模及其支架拆除时的混凝土强度应符合设计要求；当无设计要求时，应符合《混凝土结构工程施工质量验收规范》（GB 50204—2002）的规定，混凝土强度应符合表 5-40 的要求。

表 5-40　　　　　　　　　　　底模拆除时的混凝土强度要求

构件类型	构件跨度/m	达到设计的混凝土立方体抗压强度标准值的百分率/%
	≤2	≥50
板	>2，≤8	≥75
	>8	≥100
梁、拱、壳	≤8	≥75
	>8	≥100
悬臂构件		≥100

四、混凝土质量评定方法

在混凝土施工中，既要保证混凝土达到设计要求的性能，又要保持其质量的稳定性。但实际上，混凝土的质量不可能是均匀、稳定的。造成其质量波动的因素比较多，如水泥、骨料等原材料质量的波动；原材料计量的误差；水胶比的波动；搅拌时间、浇筑、振捣和养护条件的波动；取样方法、试件制作、养护条件、试验操作等因素造成的混凝土质量波动。

☀**小提示**
在正常施工条件下，这些影响因素是随机的，混凝土的性能也是随机变化的，因此可采用数理统计方法来评定混凝土强度和性能是否达到质量要求。混凝土的抗压强度与其他性能有较好的相关性，能反映混凝土的质量，所以通常以混凝土抗压强度作为评定混凝土质量的一项重要技术指标。

（一）混凝土强度的数理统计方法

在施工条件一定的情况下，对同一批混凝土进行随机抽样，制作成型，养护 28 天，测其抗压强度并绘出强度概率分布曲线。该曲线符合正态分布规律，如图 5-10 所示。正态分布曲线呈钟形，以平均强度为对称轴，两边对称，距对称轴越远，出现的概率越小，最后逐渐趋向于零；在对称轴两侧曲线上各有一个拐点，拐点距对称轴距离为标准差 σ；曲线和横坐标之间围成的面积为概率总和（100%）。用数理统计方法评定混凝土质量时，常用强度平均值、标准差、变异系数和强度保证率等统计参数进行综合评定。

1. 强度平均值
强度平均值的计算如下。

$$\overline{f}_{cu} = \frac{1}{n} \sum_{i=1}^{n} f_{cu,i} \qquad (5\text{-}25)$$

式中，n 为试件组数；$f_{cu,i}$ 为第 i 组抗压强度值（MPa）。

强度平均值 $\overline{f}_{cu}$ 只能反映该批混凝土总体强度的平均水平，而不能反映混凝土强度波动性情况。

2. 标准差
标准差的计算如下。

$$\sigma = \sqrt{\frac{\sum_{i=1}^{n}(f_{\mathrm{cu},i} - \overline{f}_{\mathrm{cu}})^2}{n-1}} = \sqrt{\frac{\sum_{i=1}^{n}f_{\mathrm{cu},i}^2 - n\overline{f}_{\mathrm{cu}}^2}{n-1}} \tag{5-26}$$

☼**小提示**

标准差亦称均方差，是评定混凝土质量均匀性的指标。它是强度分布曲线上拐点距平均强度的距离。σ 值小，曲线高而窄，说明强度值分布较集中，混凝土质量越稳定，均匀性越好。

3. 变异系数

变异系数计算如下。

$$C_{\mathrm{v}} = \frac{\sigma}{f_{\mathrm{cu}}} \times 100\% \tag{5-27}$$

变异系数又称离差系数。C_{v} 也是用来评定混凝土质量均匀性的指标。C_{v} 数值越小，说明混凝土质量越均匀。

4. 强度保证率

强度保证率 P 是指混凝土强度总体分布中，强度不低于设计强度等级 $f_{\mathrm{cu,k}}$ 的概率，以正态分布曲线图 5-21 的阴影部分面积来表示。由图可知

$$\overline{f}_{\mathrm{cu}} = f_{\mathrm{cu,k}} + t\sigma \quad \text{或} \quad t = \frac{\overline{f}_{\mathrm{cu}} - f_{\mathrm{cu,k}}}{\sigma} \tag{5-28}$$

式中，t 为概率度。由概率度再根据正态分布曲线可通过下式求强度保证率 P（%），或利用表 5-41 查到 P 值。

$$P = \frac{1}{\sqrt{2\pi}} \int_{t}^{\infty} \mathrm{e}^{\frac{t^2}{2}} \mathrm{d}t \tag{5-29}$$

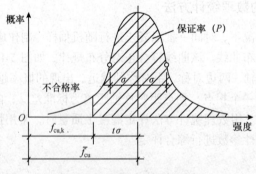

图 5-21　混凝土强度保证率

表 5-41　　　　　　　　　　　　不同 t 值的保证率

t	0.00	0.50	0.80	0.84	1.00	1.04	1.20	1.28	1.40	1.50	1.60
P/%	50.0	69.2	78.8	80.0	84.1	85.1	88.5	90.0	91.9	93.3	94.5
t	1.645	1.70	1.75	1.81	1.88	1.96	2.00	2.05	2.33	2.50	3.00
P/%	95.0	95.5	96.0	96.5	97.0	97.5	97.7	98.0	99.0	99.4	99.87

在工程中，P 值可根据统计周期内混凝土试件强度不低于强度等级的组数 N_0 与试件总数 N

128

之比求得。

$$P = \frac{N_0}{N} \times 100\%, \quad N \geqslant 25 \tag{5-30}$$

（二）混凝土的试配强度

在配制混凝土时，由于各种因素的影响，会导致混凝土的质量不稳定。如果按设计强度等级配制混凝土，从图 5-22 中可知，混凝土强度保证率只有 50%，因此，配制混凝土时，为保证 95%强度保证率，必须使混凝土的配制强度大于设计强度。

（三）混凝土强度的评定

根据《混凝土强度检验评定标准》（GB/T 50107—2010）的规定，对混凝土强度应分批进行检验评定。一个验收批的混凝土应由强度等级相同、龄期相同以及生产工艺条件和配合比基本相同的混凝土组成。

☆小提示

混凝土强度评定分为统计方法及非统计方法两种。对大批量、连续生产混凝土的强度，应按标准规定的统计方法评定混凝土强度。对小批量或零星生产的混凝土的强度，可按国家标准规定的非统计方法评定。

1. 统计方法一

当混凝土的生产条件在较长时间内能保持一致，且同一品种、同一强度等级混凝土的强度变异性保持稳定时，强度评定应由连续 3 组试件组成一个验收批，其强度应同时满足下列要求。

$$m_{f_{cu}} \geqslant f_{cu,k} + 0.7\sigma_0 \tag{5-31}$$

$$f_{cu,min} \geqslant f_{cu,k} - 0.7\sigma_0 \tag{5-32}$$

检验批混凝土立方体抗压强度的标准差应按下式计算。

$$\sigma_0 = \sqrt{\frac{\sum_{i=1}^{n} f_{cu,i}^2 - n m_{f_{cu}}^2}{n-1}} \tag{5-33}$$

当混凝土强度等级低于 C20 时，其强度的最小值应满足下式要求。

$$f_{cu,min} \geqslant 0.85 f_{cu,k} \tag{5-34}$$

当混凝土强度等级高于 C20 时，其强度的最小值应满足下式要求。

$$f_{cu,min} \geqslant 0.90 f_{cu,k} \tag{5-35}$$

式中，$m_{f_{cu}}$ 为同一验收批混凝土立方体抗压强度的平均值（MPa），精确到 0.1MPa；$f_{cu,k}$ 为混凝土立方体抗压强度标准值（MPa），精确到 0.1MPa；σ_0 为验收批混凝土立方体抗压强度的标准差（MPa），精确到 0.1MPa，当检验批混凝土强度标准差 σ_0 计算值小于 2.5N/mm² 时，应取 2.5N/mm²；$f_{cu,min}$ 为同一验收批混凝土立方体抗压强度的最小值（MPa），精确到 0.1MPa；$f_{cu,i}$ 为前一个检验期内同一品种、同一强度等级的第 i 组混凝土试件的立方体抗压强度代表值（MPa），精确到 0.1MPa；该检验期不应少于 60d，也不得大于 90d；n 为前一检验期内的样本容量，在该期间内样本容量不应少于 45。

2. 统计方法二

当混凝土的生产条件在较长时间内不能保持一致，且混凝土强度变异性不能保持稳定，或前一个检验期内的同一品种混凝土没有足够的数据用以确定验收批混凝土立方体强度的标准差时，应由不少于 10 组的试件组成一个验收批，其强度应同时满足下列要求。

$$m_{f_{cu}} \geq f_{cu,k} + \lambda_1 \cdot S_{f_{cu}} \tag{5-36}$$

$$f_{cu,min} \geq \lambda_2 \cdot f_{cu,k} \tag{5-37}$$

同一检验批混凝土立方体抗压强度的标准差应按下式计算。

$$S_{f_{cu}} = \sqrt{\frac{\sum_{i=1}^{n} f_{cu,i}^2 - nm_{f_{cu}}^2}{n-1}} \tag{5-38}$$

式中，$S_{f_{cu}}$ 为同一检验批混凝土立方体抗压强度标准差（MPa），精确到 0.01MPa；当检验批混凝土强度标准差 $S_{f_{cu}}$ 计算值小于 2.5MPa 时，应取 2.5MPa；λ_1、λ_2 为合格判定系数，按表 5-42 取用；n 为本检验期内的样本容量。

表 5-42   混凝土强度的合格判定系数

试件组数	10~14	15~19	≥20
λ_1	1.15	1.05	0.95
λ_2	0.90	0.85	

3. 非统计方法

按非统计方法评定混凝土强度时，其强度应同时满足下列要求。

$$m_{f_{cu}} \geq \lambda_3 \cdot f_{cu,k} \tag{5-39}$$

$$f_{cu,min} \geq \lambda_4 \cdot f_{cu,k} \tag{5-40}$$

式中，λ_3、λ_4 为合格评定系数，应按表 5-43 取用。

表 5-43   混凝土强度的非统计法合格评定系数

混凝土强度等级	<C60	≥C60
λ_3	1.15	1.10
λ_4	0.95	

4. 混凝土强度的合格性判定

混凝土强度分批检验结果能满足以上评定的规定时，则该批混凝土判为合格；否则，为不合格。由不合格批混凝土制成的结构或构件，应进行鉴定。对不合格的结构或构件，必须及时处理。

☆小提示

当对混凝土试件强度的代表性有怀疑时，可采用从结构或构件中钻取试件的方法或采用非破损检验方法，按有关标准的规定对结构或构件中混凝土的强度进行推定。

学习单元6　混凝土外加剂

知识目标

（1）熟悉混凝土外加剂的种类。
（2）掌握混凝土外加剂的使用要求。

技能目标

（1）能够根据工程实际情况正确使用混凝土外加剂。
（2）能够掌握混凝土外加剂掺量的限值。

基础知识

混凝土外加剂是指为改善和调节混凝土的性能而掺加的物质。混凝土外加剂在工程中的应用越来越受到重视，外加剂的添加对改善混凝土的性能起到一定的作用，但外加剂的选用、添加方法及适应性将严重影响其发展。

一、混凝土外加剂的功能

混凝土外加剂是在拌制混凝土过程中掺入，掺量不大于5%，用以改善混凝土性能的物质。

由于掺入很少的外加剂就能明显改善混凝土的某种性能（如改善和易性、调节凝结时间、提高强度和耐久性、节省水泥等），因此外加剂深受工程界的欢迎，在混凝土及砂浆中得到越来越广泛的使用。

混凝土外加剂按其主要功能分为4类。

（1）改善混凝土拌和物流变性能的外加剂，包括各种减水剂、引气剂和泵送剂等。

（2）调节混凝土凝结时间、硬化性能的外加剂，包括缓凝剂、早强剂和速凝剂。

（3）改变混凝土耐久性的外加剂，包括引气剂、防水剂和阻锈剂等。

（4）改善混凝土其他性能的外加剂，包括加气剂、膨胀剂、防冻剂、着色剂、防水剂和泵送剂等。

> ☆小提示
>
> 混凝土外加剂大部分为化工制品，还有一部分为工业副产品。因其掺量小、作用大，故对掺量（占水泥质量的百分比）、掺配方法和适用范围要严格按产品说明和操作规程执行。

二、减水剂

减水剂是指在混凝土坍落度基本相同的条件下，能减少拌合用水量的外加剂。减水剂多为表面活性剂，它的作用效果由其表面活性产生。

（一）减水剂的作用机制

表面活性物质的分子分为亲水端和疏水端两部分。亲水端在水中可指向水，而疏水端则指向气体、非极性液体（油）或固态物质，可降低水—气、水—固相间的界面能，具有湿润、发

131

泡、分散、乳化的作用，如图 5-22（a）所示。根据表面活性物质亲水端的电离特性，它可分为离子型和非离子型，又根据亲水端电离后所带的电性，分为阳离子型、阴离子型和两性型。

　　水泥加水拌和后，由于水泥矿物颗粒带有不同电荷，产生异性吸引或由于水泥颗粒在水中的热运动而产生吸附力，使其形成絮凝状结构，如图 5-22（b）所示，把拌和用水包裹在其中，对拌和物的流动性不起作用，降低了工作性。因此，在施工中必须增加拌和水量，而水泥水化的用水量很少（水胶比仅为 0.23 左右即可完成水化），多余的水分在混凝土硬化后，挥发形成较多的孔隙，从而降低了混凝土的强度和耐久性。

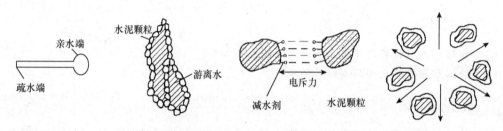

(a) 减水剂分子模型　　(b) 水泥浆的絮凝状结构　　(c) 减水剂分子的作用　　(d) 水泥浆絮凝状结构的解体

图 5-22　减水剂的作用机制

　　加入减水剂后，减水剂的疏水端定向吸附于水泥矿物颗粒的表面，亲水端朝向水溶液，形成吸附水膜。由于减水剂分子的定向排列，水泥颗粒表面带有相同电荷，在电斥力的作用下，水泥颗粒分散开来，絮凝状结构解体变成分散状结构，如图 5-22（c）和图 5-22（d）所示，从而把包裹的水分释放出来，达到减水、提高流动性的目的。

（二）减水剂的技术经济效果

　　根据使用减水剂的目的不同，在混凝土中掺入减水剂后，可得到如下效果。

　　1. 提高流动性

　　在不改变原配合比的情况下，加入减水剂后可以明显地提高拌和物的流动性，而且不影响混凝土的强度。

　　2. 提高强度

　　在保持流动性不变的情况下，掺入减水剂可以减少拌和用水量；若不改变水泥用量，可以降低水胶比，提高混凝土的强度。

　　3. 节省水泥

　　在保持混凝土的流动性和强度都不变的情况下，可以减少拌和用水量，同时减少水泥用量。

　　4. 改变混凝土性能

　　在拌和物加入减水剂后，可以减少拌和物的泌水、离析现象，延缓拌和物的凝结时间，降低水泥水化放热速度，显著提高混凝土的抗渗性及抗冻性，使耐久性能得到提高。

三、引气剂

　　引气剂是指搅拌混凝土过程中能引入大量均匀分布、稳定而封闭的微小气泡的外加剂。

　　引气剂属憎水性表面活性剂，能显著降低水的表面张力和界面能，使水溶液在搅拌过程中极易产生许多微小的封闭气泡，气泡直径多在 200μm 以下。同时，因引气剂定向吸附在气泡表面，形成较为牢固的液膜，使气泡稳定而不破裂。按混凝土含气量 3%～5% 计（不加引气剂的混凝土含气量为 1%），1m³ 混凝土拌和物中含数百亿个气泡。由于大量微小、封闭且均匀分布的气泡存在，混凝土的某些性能在以下几个方面得到明显的改善或改变。

1. 改善和易性

球状气泡如同滚珠一样，减少了颗粒间的摩擦阻力，使混凝土拌和物流动性增加。同时，由于水分均匀分布在大量气泡的表面，使能自由移动的水量减少，混凝土拌和物的保水性、黏聚性也随之提高。

2. 提高耐久性

混凝土硬化后，由于气泡隔断了混凝土中的毛细管渗水通道，改善了混凝土的孔隙特征，从而可显著提高混凝土的抗渗性和抗冻性，对抗侵蚀性也有所提高。

3. 强度受损、变形加大

掺入引气剂形成的气泡，使混凝土的有效承载面积减少，故引气剂可使混凝土的强度受到损失。同时，气泡的弹性模量较小，会使混凝土的弹性变形加大。

长期处于潮湿严寒环境中的混凝土，应掺用引气剂或引气减水剂。引气剂的掺量根据混凝土的含气量要求并经试验确定。最小含气量与骨料的最大粒径有关，现行国家标准《普通混凝土配合比设计规程》（JGJ 55—2011）规定的最小含气量见表 5-44，最大含气量不宜超过 7%。

表 5-44　　　　　　　　　长期处于潮湿及严寒环境中混凝土的最小含气量

粗骨料最大公称粒径/mm	混凝土最小含气量/%	
	潮湿或水位变动的寒冷和严寒环境	盐冻环境
40.0	4.5	5.0
25.0	5.0	5.5
20.0	5.5	6.0

注：含气量为气体占混凝土体积的百分比。

☼**小提示**

由于外加剂技术的不断发展，近年来引气剂已逐渐被引气型减水剂所代替。引气型减水剂不仅能起到引气作用，而且对强度有提高作用，还可节约水泥，因此应用范围逐渐扩大。

四、早强剂

早强剂是指能加速混凝土早期强度发展的外加剂。早强剂可促进水泥的水化和硬化，加快施工进度，提高模板周转率，特别适用于早强、有防冻要求或紧急抢修的工程。

目前广泛使用的混凝土早强剂有 3 类，即氯盐早强剂、硫酸盐（如 Na_2SO_4）早强剂和三乙醇胺早强剂。为更好地发挥各种早强剂的技术特性，实践中常采用复合早强剂。早强剂或对水泥的水化产生催化作用，或与水泥成分发生反应生成固相产物，从而有效提高混凝土的早期（<7d）强度。

（一）氯盐早强剂

常用的氯盐早强剂有氯化钙、氯化钠、氯化钾，以氯化钙应用最广。氯化钙能与水泥中的矿物成分或水化物反应，其生成物能增加水泥石中的固相比例，促进水泥石的结构形成，还能使混凝土中游离水减少，孔隙率降低。因而掺入氯化钙能缩短水泥的凝结时间，提高混凝土的密实度、强度和抗冻性。但氯盐早强剂的掺入，会给混凝土结构物带来一些负面影响。氯离子浓度的增加将加剧对混凝土中钢筋的锈蚀作用，所以应严格控制氯盐类早强剂的掺量。《混凝土外加剂应用技术规范》（GB 50119—2003）规定了早强剂的掺量限值，见表5-45。

表5-45　　　　　　　　　　　常用早强剂掺量限值

混凝土种类	使用环境	早强剂名称	掺量（占水泥质量百分比）/%
预应力混凝土	干燥环境	三乙醇胺	0.05
		硫酸钠	1.0
钢筋混凝土	干燥环境	氯离子（Cl⁻）	0.6
		硫酸钠	2.0
		与缓凝减水剂复合的硫酸钠	3.0
		三乙醇胺	0.05
	潮湿环境	硫酸钠	1.5
		三乙醇胺	0.05
有饰面要求的混凝土	—	硫酸钠	0.08
素混凝土	—	氯离子（Cl⁻）	1.8

注：预应力混凝土及潮湿环境中使用的钢筋混凝土中不得掺氯盐早强剂。

（二）硫酸盐早强剂

硫酸盐早强剂包括硫酸钠、硫代硫酸钠、硫酸钙等。应用最多的硫酸钠（Na_2SO_4）是缓凝型的早强剂。硫酸钠掺入混凝土中后，会迅速与水泥水化产生的氢氧化钙反应，生成高分散性的二水石膏（$CaSO_4 \cdot 2H_2O$），它比直接掺加的二水石膏更易与 C_3A 迅速反应，生成水化硫铝酸钙的晶体，有效提高混凝土的早期强度。

硫酸钠的掺量为 0.5%～2%，可使混凝土 3d 强度提高 20%～40%。硫酸钠常与氯化钠、亚硝酸钠、三乙醇胺、重铬酸盐等制成复合早强剂，可取得更好的早强效果。

> ☆小提示
>
> 硫酸钠对钢筋无锈蚀作用，可用于不允许使用氯盐早强剂的混凝土中。但硫酸钠与水泥水化产物 $Ca(OH)_2$ 反应后可生成 NaOH，与碱—骨料可发生反应，故严禁用于含有活性骨料的混凝土中。

（三）三乙醇胺早强剂

三乙醇胺是无色或淡黄色油状液体，强碱性、无毒、不易燃烧，对钢筋无锈蚀作用；但单独使用，早强效果不明显，常与氯化钠、亚硝酸钠、二水石膏复合使用，效果较好，掺量为 0.02%～0.05%。混凝土在掺入这类复合早强剂后，其强度和抗渗性均有所提高。

（四）复合早强剂

大量试验表明，上述几类早强剂以适当比例配制成的复合早强剂具有较好的早强效果。常用复合早强剂见表5-46。

表 5-46 常用复合早强剂

类型	外加剂组分	常用剂量（以水泥质量百分比计）/%
复合早强剂	三乙醇胺+氯化钠	（0.03～0.05）+0.5
	三乙醇胺+氯化钠+亚硝酸钠	0.05+（0.3～5）+（1～2）
	硫酸钠+亚硝酸钠+氯化钠+氯化钙	（1～1.5）+（1～3）+（0.3～0.5）+（0.3～0.5）
	硫酸钠+氯化钠	（0.5～1.5）+（0.3～0.5）
	硫酸钠+亚硝酸钠	（0.5～1.5）+1.0
	硫酸钠+三乙醇胺	（0.5～1.5）+0.05
	硫酸钠+二水石膏+三乙醇胺	（1～1.5）+2+0.05
	亚硝酸钠+二水石膏+三乙醇胺	1.0+2+0.05

五、缓凝剂

加入混凝土中后能延长其凝结时间而不显著降低其后期强度的外加剂称为缓凝剂。目前常用的缓凝剂主要有糖类、无机盐类、羟基羧酸及其盐类和木质素磺酸盐类等。主要品种有糖蜜、木质素磺酸盐及柠檬酸等。有机类缓凝剂多为表面活性剂，掺入混凝土，能吸附在水泥颗粒表面，并使其表面的亲水膜带有同性电荷，从而使水泥颗粒相互排斥，阻碍了水泥水化产物的凝聚，无机类混凝剂是在水泥颗粒表面形成一层难溶的薄膜，对水泥颗粒的正常水化起阻碍作用，从而导致缓凝。

缓凝剂因其在水泥及其水化物表面的吸附或与水泥矿物反应生成不溶层而延缓水泥的水化而达到缓凝的效果。糖蜜的掺量为 0.1%～0.3%，可缓凝 2～4h。木钙既是减水剂又是缓凝剂，其掺量为 0.1%～0.3%；当掺量为 0.25%时，可缓凝 2～4h。羟基羧酸及其盐类，如柠檬酸或酒石酸钾钠等，当掺量为 0.03%～0.1%时，凝结时间可达 8～19h。

☼小提示

缓凝剂有延缓混凝土的凝结、保持工作性、延长放热时间、消除或减少裂缝以及减水增强等多种功能，对钢筋也无锈蚀作用，适于高温季节施工和泵送混凝土、滑模混凝土以及大体积混凝土的施工或远距离运输的商品混凝土。但缓凝剂不宜用于日最低气温在 5℃以下施工的混凝土，也不宜单独用于有早强要求的混凝土或蒸养混凝土。

六、膨胀剂

膨胀剂是能使混凝土（砂浆）在水化过程中产生一定的体积膨胀，并在有约束的条件下产生适宜自应力的外加剂。它可补偿混凝土的收缩，使抗裂性、抗渗性提高，掺量较大时可在钢筋混凝土中产生自应力。膨胀剂常用的品种有硫铝酸钙类（如明矾石膨胀剂）、氧化镁类（如氧化镁膨胀剂）、复合类（如氧化钙—硫铝酸钙膨胀剂）等。

☼小提示

膨胀剂主要应用于屋面刚性防水、地下防水、基础后浇缝、堵漏、底座灌浆、梁柱接头及自应力混凝土。

七、泵送剂

泵送剂指能改善混凝土拌和物泵送性能的外加剂。一般由减水剂、缓凝剂、引气剂等单独使用或复合使用而成。目前常用的泵送剂主要包括以下两类。

（1）引气型。常用泵送剂多为引气型，主要组分为高效减水剂、引气剂等。

（2）非引气型。主要组分为缓凝型减水剂、保塑剂等。

混凝土掺加泵送剂后，能使其流动性显著增加，并降低其泌水性和离析现象，从而方便其泵送施工操作，并容易保证混凝土的质量。其适用于工业与民用建筑及其他构筑物的泵送施工混凝土、滑模施工、水下灌注桩混凝土等工程，特别适用于大体积混凝土、高层建筑和超高层建筑等工程。

> ☼小提示
>
> 泵送剂的品种、掺量应按供货单位提供的推荐掺量和环境温度、泵送高度、泵送距离、运输距离等要求经混凝土试配后确定。

学习单元 7　加入掺和料的混凝土

📖知识目标

（1）熟悉混凝土掺和料的种类。

（2）掌握混凝土掺和料的技术要求。

📖技能目标

能够掌握粉煤灰的掺用方法。

➡ 基础知识

为了改善混凝土的性质，除水泥、水和骨料以外，根据需要在拌制时作为混凝土的一个成分所加的材料，叫作掺和料（混合材料）。

掺和料不同于生产水泥时与熟料一起磨细的混合料，它是在混凝土（或砂浆）搅拌前或在搅拌过程中，与混凝土（或砂浆）其他组分一样，直接加入的一种外掺料。

用于混凝土的掺和料绝大多数是具有一定活性的工业废渣。掺和料不仅可以取代部分水泥，减少混凝土的水泥用量，降低成本，而且可以改善混凝土拌和物和硬化混凝土的各项性能。因此，混凝土中掺用掺和料，其技术、经济和环境效益是十分显著的。

一、粉煤灰

粉煤灰是火力发电厂的煤粉燃烧后排放出来的废料，属于火山灰质混合材料，表面光滑，颜色呈灰色或暗灰色。按氧化钙含量分为高钙灰（CaO 含量为 15%～35%，活性相对较高）和低钙灰（CaO 含量低于 10%，活性较低），我国大多数电厂排放的粉煤灰为低钙灰。

在混凝土中掺入一定量的粉煤灰后，一方面由于粉煤灰本身具有良好的火山灰性和潜在的水硬性，能同水泥一样，水化生成硅酸钙凝胶，起到增强作用；另一方面，由于粉煤灰中含有大量微珠，具有较小的表面积，因此在用水量不变的情况下，可以有效地改善拌和物的和易性；同时，若保持拌和物流动性不变，减少用水量，可以提高混凝土强度和耐久性。

> ☼ **小提示**
>
> 粉煤灰在混凝土中有提高密实度、强度，改善和易性，节约水泥的效果，并能降低水化热，改善混凝土抗化学侵蚀的能力。

（一）粉煤灰的种类

根据《用于水泥和混凝土中的粉煤灰》（GB/T 1596—2005）的规定，粉煤灰的种类划分如下。

（1）按品质划分。粉煤灰按品质划分为Ⅰ、Ⅱ、Ⅲ 3个级别，其中Ⅰ级粉煤灰的品质最好。

（2）按煤种划分。粉煤灰按煤种划分为F类和C类。

F类粉煤灰是由无烟煤或烟煤煅烧收集的粉煤灰。

C类粉煤灰是由褐煤或次烟煤煅烧收集的粉煤灰，其氧化钙含量一般大于10%。

（二）粉煤灰的技术要求

粉煤灰的技术要求应符合表5-47中的规定。

表5-47　　　　　　　　　　拌制混凝土和砂浆用粉煤灰技术要求

项　　目		技术要求		
		Ⅰ级	Ⅱ级	Ⅲ级
细度45μm方孔筛筛余/%，不大于	F类粉煤灰	12.0	25.0	45.0
	C类粉煤灰			
需水量比/%，不大于	F类粉煤灰	95	105	115
	C类粉煤灰			
烧失量/%，不大于	F类粉煤灰	5.0	8.0	15.0
	C类粉煤灰			
三氧化硫含量/%，不大于	F类粉煤灰	3.0		
	C类粉煤灰			
游离氧化钙/%，不大于	F类粉煤灰	1.0		
	C类粉煤灰	4.0		
含水量/%，不大于	F类粉煤灰	1.0		
	C类粉煤灰			
安定性，雷氏夹沸煮后增加距离/mm，不大于	C类粉煤灰	5.0		

（三）粉煤灰的掺用方法

1. 等量取代法

等量取代法即以等质量的粉煤灰取代混凝土中的水泥，主要适用于掺加Ⅰ级粉煤灰的混凝土及超强的大体积的混凝土工程。

2. 超量取代法

粉煤灰的掺入量超过取代水泥的质量，超量的粉煤灰取代部分细骨料。超量取代法可以使掺粉煤灰的混凝土达到与不掺时相同的强度，并可节约细骨料用量。

粉煤灰的超量应根据粉煤灰的等级而定。

（1）Ⅰ级粉煤灰超量系数为 1.1～1.4。

（2）Ⅱ级粉煤灰超量系数为 1.3～1.7。

（3）Ⅲ级粉煤灰超量系数为 1.5～2.0。

3. 外加法

外加法是指在保持混凝土水泥用量不变的情况下，外掺一定量的粉煤灰，其目的是为了改善混凝土拌和物的和易性。

实践证明，当粉煤灰取代水泥用量过多时，混凝土的抗碳化和耐久性变差，所以粉煤灰取代水泥的最大限量应符合表 5-48 的规定。

表 5-48　　　　　　　　　　　　　粉煤灰取代水泥的最大限量　　　　　　　　　　（单位：%）

混凝土种类	粉煤灰取代水泥的最大限量			
	硅酸盐水泥	普通硅酸盐水泥	矿渣硅酸盐水泥	火山灰质硅酸盐水泥
预应力钢筋混凝土	25	15	10	—
钢筋混凝土 高强度混凝土 高抗冻性混凝土 蒸养混凝土	30	25	20	15
中、低混凝土 泵送混凝土 大体积混凝土 地下、水下混凝土 压浆混凝土	50	40	30	20
碾压混凝土	65	55	45	35

（四）粉煤灰掺和料的应用

粉煤灰掺和料适用于一般工业民用建筑结构和构筑物的混凝土，尤其适用于泵送混凝土、大体积混凝土、抗渗混凝土、抗化学侵蚀混凝土、蒸汽养护混凝土、地下工程和水下工程混凝土、压浆和碾压混凝土等。

粉煤灰用于混凝土工程，常根据等级，按《粉煤灰混凝土应用技术规范》（GBJ 146—1990）的规定选用相应等级的粉煤灰。

（1）Ⅰ级粉煤灰适用于钢筋混凝土和跨度小于 6m 的预应力钢筋混凝土。

（2）Ⅱ级粉煤灰适用于钢筋混凝土和无钢筋混凝土。

（3）Ⅲ级粉煤灰主要适用于无钢筋混凝土。对强度等级要求等于或大于 C30 的无筋混凝土，宜采用Ⅰ、Ⅱ级粉煤灰。

（4）用于预应力钢筋混凝土、钢筋混凝土及强度等级要求等于或大于 C30 的无筋混凝土的粉煤灰的等级，经试验可采用比上述规定低一级的粉煤灰。

二、硅灰

硅灰又称凝聚硅灰或硅粉，为硅金属或硅铁合金的副产品。在温度高达 2 000℃下，将石英还原成硅时，会产生 SiO 气体，到低温区再氧化成 SiO_2，最后冷凝成极细的球状颗粒固体。

硅灰成分中，SiO_2 含量高达 80%以上，硅灰颗粒的平均粒径为 0.1～0.2μm，比表面积为 20 000～25 000m^2/kg，密度为 2.2g/cm^3，堆积密度只有 250～300kg/m^3。硅灰的火山灰活性极高，但因其颗粒极细，单位质量很轻，给收集、装运、管理等带来很多困难。

硅灰取代水泥后，其作用与粉煤灰类似，可改善混凝土拌和物的和易性，降低水化热，提高混凝土抗侵蚀、抗冻、抗渗性，抑制碱—骨料反应，且其效果要比粉煤灰好得多。硅灰中的 SiO_2 在早期即可与 $Ca(OH)_2$ 发生反应，生成水化硅酸钙。所以，用硅灰取代水泥可提高混凝土的早期强度。

> ☼小提示
>
> 　　硅灰取代水泥量一般应控制在 5%～15%；当超过 20%以后，水泥浆将变得十分黏稠。混凝土拌和用水量随硅灰的掺入而增加。为此，当混凝土掺用硅灰时，则应同时掺加减水剂，这样才可获得最佳效果。由于硅灰的售价较高，目前只用于配制高强和超高强混凝土、高抗渗混凝土以及其他要求高性能的混凝土。

三、矿渣微粉

粒化高炉渣粉是将粒化高炉矿渣经过干燥磨细而成的微粉，作为混凝土的外掺料。矿渣微粉不仅可以等量取代水泥，而且可以使混凝土的多项性能获得显著改善，如降低水泥水化热、提高耐蚀性、抑制碱—骨料反应和大幅度提高长期强度等。关于矿渣微粉的技术指标可参考国家标准《用于水泥和混凝土中的粒化高炉矿渣粉》（GB/T 18046—2008）。

掺矿渣微粉的混凝土与普通混凝土的用途一样，可用作钢筋混凝土、预应力钢筋混凝土和素混凝土。大掺量矿渣微粉混凝土适用于大体积混凝土、地下工程混凝土和水下混凝土。

四、煤矸石

煤矸石是煤矿开采或洗煤过程中排出的一种碳质岩。将煤矸石经过高温煅烧，使其所含黏土矿物脱水分解，并除去炭分，烧掉有害杂质，就可使其具有较好的活性，是一种可以很好利用的黏土质混合材料。

煤矸石除了可作为火山灰混合材料外，还可以生产湿碾混凝土制品和烧制混凝土骨料等。煤矸石中含有一定数量的氧化铝，还能促使水泥的快凝和早强，获得较好的效果。

学习单元 8　应用于特殊场合的混凝土

✍知识目标

（1）熟悉特殊混凝土的种类。

（2）掌握特殊混凝土的技术要求。

技能目标

可以区分和描述特殊混凝土种类。

基础知识

一、高强混凝土

高强混凝土是指强度等级为 C60 及其以上的混凝土。

由于高强混凝土强度高、变形小、耐久性好，因此高强混凝土在高层、超高层建筑、大跨度桥梁、高级公路等工程中得到了推广应用。采用高强混凝土，可减轻结构自重，提高构件的承载力，节省投资，从而获得明显的技术、经济效益。随着水泥强度等级的提高，高效减水剂及超细掺和料的使用以及混凝土技术的发展，配制高强混凝土的途径越来越多，通常同时采用几种技术措施进行复合，使混凝土达到设计强度要求。

用于高强混凝土的粗骨料的性能，对混凝土的抗压强度和弹性模量起着主要制约作用。当混凝土的强度等级在 C50～C60 时，对粗骨料并无过多的要求。但对于强度等级在 C70～C80 及以上的高强混凝土，则应仔细检验粗骨料的性能。对于 >C60 的高强混凝土，宜选用坚硬密实的石灰岩或辉绿岩、花岗岩、正长岩、辉长岩等深成岩碎石或卵石骨料。配制高强混凝土，应符合《普通混凝土配合比设计规程》（JGJ 55—2011）中提出的有关原则和规定。

（1）水泥应选用硅酸盐水泥或普通硅酸盐水泥。

（2）粗骨料宜采用连续级配，其最大公称粒径不宜大于 25mm，粗骨料的针片状颗粒含量不应大于 5.0%，含泥量和泥块含量不应大于 0.5% 和 0.2%。

（3）细骨料的细度模数宜为 2.6～3.0，含泥量和泥块含量不应大于 2.0% 和 0.5%。

（4）配制高强混凝土应采用减水率不小于 25% 的高效减水剂。

（5）配制高强混凝土应掺用粒化高炉矿渣粉、粉煤灰和硅灰等矿物掺和料，粉煤灰等级不应低于 Ⅱ 级，对于强度等级不低于 C80 的高强混凝土宜掺用硅灰。

（6）高强混凝土的水胶比、胶凝材料用量和砂率可按表 5-49 选取，并应经试配确定。

表 5-49　　　　　　　　　　　水胶比、胶凝材料用量和砂率

强度等级	水胶比	胶凝材料用量/（kg·m⁻³）	砂率/%
≥C60，<C80	0.28～0.34	480～560	
≥C80，<C100	0.26～0.28	520～580	35～42
C100	0.24～0.26	550～600	

（7）高强混凝土的外加剂和矿物掺和料的品种、掺量，也应通过试验确定，矿物掺和量应为 25%～40%；硅灰掺量不应大于 10%；水泥用量不应大于 500kg/m³。

（8）高强混凝土配合比的试配和确定步骤与普通混凝土相同。当采用 3 个不同的配合比进行强度试验时，其中一个为基准配合比，另外两个配合比的水胶比宜比基准配合比的水胶比增加或减少 0.02。

（9）高强混凝土设计配合比确定后，应用该配合比进行不少于 3 盘混凝土的重复试验，每盘混凝土应至少成型一组试件，每组混凝土的抗压强度不应低于配制强度。

（10）高强混凝土抗压强度测定应采用标准尺寸试件，使用非标准尺寸试件时，尺寸折算系数应经试验确定。

二、轻混凝土

轻混凝土是指表观密度小于 1 950kg/m³ 的混凝土。轻混凝土具有轻质、高强、多功能等特性，在工程中使用可减轻结构自重、增大构件尺寸、改善建筑物的保温和防震性能、降低工程造价等，有较好的技术、经济效果。

轻混凝土可分为轻骨料混凝土、多孔混凝土和大孔混凝土 3 类。

（一）轻骨料混凝土

《轻骨料混凝土技术规程》（JGJ 51—2002）中规定，用轻粗骨料、轻砂（或普通砂）、水泥和水配制而成的干表观密度不大于 1 900kg/m³ 的混凝土，称为轻骨料混凝土。

轻骨料混凝土按细骨料不同，又分为全轻混凝土（粗、细骨料均为轻骨料）和砂轻混凝土（细骨料全部或部分为普通砂）。

1. 轻骨料的种类

堆积密度不大于 1 100kg/m³ 的轻粗骨料和堆积密度不大于 1 200kg/m³ 的轻细骨料，总称为轻骨料。

轻粗骨料按其性能分为 3 类：堆积密度不大于 500kg/m³ 的保温用或结构保温用超轻骨料；堆积密度大于 510kg/m³ 的轻骨料；强度等级不小于 25MPa 的结构用高强轻骨料。

轻骨料按来源不同可分为 3 类。

（1）天然轻骨料。天然形成的（如火山爆发）多孔岩石，经破碎、筛分而成的轻骨料，如浮石、火山渣等。

（2）人造轻骨料。以天然矿物为主要原料经加工制粒、烧胀而成的轻骨料，如黏土陶粒、页岩陶粒等。

（3）工业废料轻骨料。以粉煤灰、煤渣、煤矸石、高炉熔融矿渣等工业废料为原料，采用专门加工工艺制成的轻骨料，如粉煤灰陶粒、煤渣、自然煤矸石、膨胀矿渣珠等。

> ☆小提示
>
> 按颗粒形状不同，轻骨料可分为圆球形（粉煤灰陶粒、黏土陶粒）、普通型（页岩陶粒和膨胀珍珠岩等）及碎石型（浮石、火山渣、煤渣等）。轻骨料的生产方法有烧结法和烧胀法。烧结法是将原料加工成球，经高强烧结而获得多孔骨料，如粉煤灰陶粒；烧胀法是将原料加工制粒，经高温熔烧使原料膨胀形成多孔结构，如黏土陶粒和页岩陶粒等。轻骨料按其技术指标，分为优等品（A）、一等品（B）和合格品（C）3 类。

2. 轻骨料的技术要求

轻骨料的技术要求主要有堆积密度、颗粒级配（细度模数）、粒型系数、筒压强度（高强轻粗骨料尚应检测强度等级）和吸水率等。此外，软化系数、烧失量、有毒物质含量等也应符合有关规定。

（1）轻骨料的堆积密度。轻骨料堆积密度的大小，将影响轻骨料混凝土的表观密度和性能。轻粗骨料的堆积密度分为 200、300、400、500、600、700、800、900、1 000、1 100kg/m³ 10 个等级；轻细骨料分为 500、600、700、800、900、1 000、1 100、1 200kg/m³ 8 个等级。

（2）粗细程度与颗粒级配。保温及结构保温轻骨料混凝土用的轻粗骨料，其最大粒径不宜大于 40mm。结构轻骨料混凝土用的轻粗骨料，其最大粒径不宜大于 20mm。

141

轻骨料的级配应符合表 5-50 的要求。

表 5-50 轻骨料的颗粒级配

种类	类别	公称粒径/mm	各筛号的累计筛余（按质量计/%）										
			筛孔径/mm										
			40.0	31.5	20.0	16.0	10.0	5.00	2.50	1.25	0.630	0.315	0.160
细骨料	—	0~5	—	—	—	—	0	0~10	0~35	20~60	30~80	65~90	75~100
粗骨料	连续粒级	5~40	0~10	—	40~60	—	50~85	90~100	95~100	—	—	—	—
		5~31.5	0~5	0~10	—	40~75	—	90~100	95~100	—	—	—	—
		5~20	—	0~5	0~10	—	40~80	90~100	95~100	—	—	—	—
		5~16	—	—	0~5	0~10	20~60	85~100	95~100	—	—	—	—
		5~10	—	—	—	0	0~15	80~100	95~100	—	—	—	—
	单粒级	10~16	—	—	0	0~15	85~100	90~100	—	—	—	—	—

轻砂的细度模数宜在 2.3~4.0 范围内。

（3）强度。轻粗骨料的强度可由筒压强度和强度等级两种指标表示。筒压强度是间接评定骨料颗粒本身强度的指标。它是将轻粗骨料按标准方法置于承压筒（115mm×100mm）内，在压力机上将置于承压筒上的冲压模以每秒 300~500 N 的速度匀速加荷压入。当压入深度为 20mm 时，测其压力值（MPa），该值即为该轻粗骨料的筒压强度。不同品种、密度级别和质量等级的轻粗骨料筒压强度要求见表 5-51。

表 5-51 轻粗骨料筒压强度

轻骨料品种		密度等级	筒压强度/MPa		
			优等品	一等品	合格品
超轻骨料	黏土陶粒 页岩陶粒 粉煤灰陶粒	200	0.3	0.2	
		300	0.7	0.5	
		400	1.3	1.0	
		500	2.0	1.5	
	其他超轻粗骨料	≤500	—		
普通轻骨料	黏土陶粒 页岩陶粒 粉煤灰陶粒	600	3.0	2.0	—
		700	4.0	3.0	—
		800	5.0	4.0	—
		900	6.0	5.0	—
	浮石 火山渣 煤渣	600	—	1.0	0.8
		700	—	1.2	1.0
		800	—	1.5	1.2
		900	—	1.8	1.5
	自燃煤矸石 膨胀矿渣珠	900	—	3.5	3.0
		1 000	—	4.0	3.5
		1 100	—	4.5	4.0

筒压强度只能间接表示轻骨料的强度，因轻骨料颗粒在承压筒内为点接触，受应力集中的影响，其强度远小于它在混凝土中的真实强度。故国家标准规定，高强轻粗骨料还应检验强度等级指标。

强度等级是指不同轻粗骨料所配制的混凝土的合理强度值，它由不同轻骨料按标准试验方法配制而成的混凝土强度试验而得。通过强度等级，就可根据欲配制的高强轻骨料混凝土强度来选择合适的轻粗骨料，有很强的实用意义。不同密度级别的高强轻粗骨料的筒压强度及强度等级，应不低于表 5-52 的规定。

表 5-52　　　　　　　　　高强轻粗骨料的筒压强度及强度等级

密度等级	筒压强度/MPa	强度等级/MPa
600	4.0	25
700	5.0	30
800	6.0	35
900	6.5	40

（4）粒型系数。颗粒形状对轻粗骨料在混凝土中的强度起着重要作用，轻粗骨料理想的外形应是球状。颗粒的形状越细长，其在混凝土中的强度越低，故要控制轻粗骨料的颗粒外形的偏差。粒型系数是用以反映轻粗骨料中的软弱颗粒情况的一个指标，它是随机选用 50 粒轻粗骨料颗粒，用游标卡尺测量每个颗粒的长向最大值 D_{max} 和中间截面处的最小尺寸 D_{min}，然后计算每颗的粒型系数 K'_e，再根据下式计算该种轻粗骨料的平均粒型系数 K_e，以两次试验的平均值作为测定值。

$$K'_e = \frac{D_{max}}{D_{min}} \qquad K_e = \frac{\sum_{i=1}^{n} K'_e}{n} \qquad (5-41)$$

不同粒型轻粗骨料的粒型系数，应符合表 5-53 的规定。

表 5-53　　　　　　　　　轻粗骨料粒型系数

轻骨料粒型	平均粒型系数		
	优等品	一等品	合格品
圆球型≤	1.2	1.4	1.6
普通型≤	1.4	1.6	2.0
碎石型≤	—	2.0	2.5

（5）吸水率。轻骨料的吸水率很大，因此会显著影响拌和物的和易性及强度。在设计轻骨料混凝土配合比时，必须考虑轻骨料的吸水问题，并根据 1h 的吸水率计算附加用水量。国家标准中对轻粗骨料的吸水率做了规定，轻砂和天然轻粗骨料的吸水率不做规定。

3. 轻骨料混凝土的施工要点及应用

轻骨料颗粒轻、表面粗糙、吸水率大，因此施工时应注意以下几点。

（1）采用干燥骨料拌制混凝土时，应考虑附加用水量。骨料露天堆放，含水率受气候的影响较大，施工时要及时测含水率和调整加水量。

（2）搅拌时应采用强制式搅拌机，并适当延长搅拌时间，防止轻骨料上浮或不均匀。

（3）浇筑成型时，采用加压振捣。振捣时间应适宜，防止轻骨料上浮，造成分层现象。

（4）轻骨料混凝土的表观密度比普通混凝土小，对和易性相同的拌和物，轻骨料混凝土从外观上显得干稠，施工时应防止外观判断上的错觉而随意增加用水量。

（5）轻骨料混凝土容易产生干缩裂缝，早期应加强养护。当采用蒸汽养护时，静停时间不宜少于 1.5～2.0h。

虽然人工骨料的成本高于就地取材的天然骨料，但轻骨料混凝土的表观密度比普通混凝土减少 1/4～1/3，隔热性能改善，可使结构尺寸减小，增加使用面积，降低基础工程费用和材料运输费用，其综合效益良好。因此，轻骨料混凝土主要适用于高层和多层建筑、软土地基、大跨度结构、抗震结构、要求节能的建筑和旧建筑的加层等。如南京长江大桥采用轻骨料桥面板、珠海国际会议中心 20 层以上部位采用 LC40 轻骨料混凝土。国内还有不少地方将轻骨料混凝土用作房屋墙体和屋面板，都取得了良好的经济技术效果。

（二）多孔混凝土

多孔混凝土是一种内部充满大量细小封闭气孔的混凝土。

多孔混凝土具有孔隙率大、体积密度小、导热系数低等特点，是一种轻质材料，兼有结构及保温隔热等功能。其易于施工，可钉、可锯，可制成砌块、墙板、屋面板及保温制品，广泛应用于工业与民用建筑工程中。

根据气孔产生方法的不同，多孔混凝土有加气混凝土和泡沫混凝土两种。由于加气混凝土生产较稳定，因此加气混凝土生产和应用发展更为迅速。

1. 加气混凝土

加气混凝土是用含钙材料（水泥、石灰）、含硅材料（石英砂、粉煤灰、尾矿粉、粒化高炉矿渣等）和发气剂（铝粉等）等原料，经磨细、配料、搅拌、浇注、发气、静停、切割、压蒸养护等工序生产而成的。铝粉在料浆中与 $Ca(OH)_2$ 发生化学反应，放出 H_2 形成气泡，使料浆中形成多孔结构。料浆在高压蒸汽养护下，含钙材料与含硅材料发生反应，生成水化硅酸钙，使坯体具有强度。化学反应过程如下。

$$2Al+3Ca(OH)_2+6H_2O \longrightarrow 3CaO \cdot Al_2O_3 \cdot 6H_2O+3H_2 \uparrow$$

加气剂也可采用双氧水、碳化钙和漂白粉等。

生产加气混凝土制品时，常采用高压蒸汽养护。料浆在高压蒸汽养护下，含钙材料与含硅材料发生反应，生成水化硅酸钙，使制品具有强度。

加气混凝土制品主要有砌块和条板两种。砌块可作为 3 层及以下房屋的承重墙，也可以作为工业厂房，多层、高层框架结构的非承重墙。配有钢筋的加气混凝土条板可作为承重和保温的屋面板。加气混凝土还可以与普通混凝土预制成复合板，用于外墙，兼有承重和保温作用。由于加气混凝土能利用工业废料，产品成本较低，能大幅度降低建筑物自重，保温效果好，因此具有较好的技术经济效果。

☼小提示

加气混凝土的强度较低、孔隙率和吸水率大，所以其砌筑砂浆、抹面砂浆、与门窗的固定方法都与普通砖墙不同，需专门配制，外表面必须作饰面处理。

2. 泡沫混凝土

泡沫混凝土是将水泥净浆与泡沫剂拌和后经浇筑成型、养护而成的一种多孔混凝土。

泡沫剂是泡沫混凝土中的主要成分，泡沫剂常采用松香胶和水解牲血。泡沫剂可用水稀释，经强力搅拌可形成稳定的泡沫。

配制自然养护的泡沫混凝土,水泥强度等级应为 42.5 级及以上,每立方米用量 300~400kg,否则强度太低。生产制品时,常采用蒸汽或蒸压养护,不仅可缩短养护时间和提高强度,而且还可掺入工业废料(如粉煤灰、炉渣、矿渣等),以节省水泥。

泡沫混凝土常用于屋面和管道保温,可制作板、半圆瓦、弧形条等制品。

(三)大孔混凝土

大孔混凝土又称无砂混凝土,是以粗骨料、水泥和水配制而成的一种轻混凝土。按所用粗骨料品种不同,大孔混凝土分为普通大孔混凝土(用碎石、卵石)和轻骨料大孔混凝土(用陶粒、浮石等)。在混凝土中,水泥浆包裹在粗骨料颗粒的表面,将粗骨料黏结在一起,但水泥浆不起填充作用,因而形成大孔结构的混凝土。有时,为了提高大孔混凝土的强度,加入少量细骨料(砂),这种混凝土可称为少砂混凝土。

普通大孔混凝土的表观密度为 1 500~1 950kg/m^3,抗压强度为 3.5~10MPa;轻骨料大孔混凝土的表观密度为 500~1 500kg/m^3,抗压强度为 1.5~7.5MPa。

大孔混凝土的强度和表观密度与骨料的品种、级配有关。采用单粒级骨料配制的大孔混凝土,表观密度小,强度低。大孔混凝土的导热系数小,保温性能好,吸湿性较小,收缩比普通混凝土小 30%~50%,可抵抗 15~25 次冻融循环。

大孔混凝土可制作墙体用的各种小型空心砌块和板材,也可用于现浇墙体。普通大孔混凝土可广泛用于市政工程,如滤水管、滤水板等。

三、防水混凝土

防水混凝土是指抗渗等级等于或大于 P6 级的混凝土,具有质地密实、孔隙率小的特性,主要用于有抗渗要求的水工工程、给水排水工程和地下构筑物。

为提高混凝土的抗渗性,常通过合理选择原材料、减小水胶比及掺加适量外加剂,使混凝土内部密实或堵塞混凝土内部毛细管通道等方法来实现。

目前常用的防水混凝土的配制方法有以下几种。

(一)富水泥浆法

富水泥浆法是通过采用较小的水胶比、较高的水泥用量和砂率,提高水泥浆的质量和数量,使混凝土更密实。

根据《普通混凝土配合比设计规程》(JGJ 55—2011)的规定,抗渗混凝土所用原材料应符合下列要求。

(1)水泥品种应按设计要求选用。当有抗冻要求时,应优先选用普通硅酸盐水泥。

(2)粗骨料宜采用连续级配,其最大公称粒径不宜大于 40.0mm,其含泥量不得大于 1.0%,泥块含量不得超过 0.5%。

(3)细骨料宜采用中砂,含泥量不得大于 3%,泥块含量不得大于 1%。

(4)抗渗混凝土宜掺用外加剂和矿物掺和料,粉煤灰等级应为Ⅰ级或Ⅱ级。

抗渗混凝土配合比计算应遵守以下几点规定。

(1)每立方米混凝土中的胶凝材料用量不宜少于 320kg。

(2)砂率宜为 35%~45%。

(3)抗渗混凝土的最大水胶比应符合表 5-54 的规定。

表 5-54　　　　　　　　　　　抗渗混凝土最大水胶比限值

设计抗渗等级	最大水胶比	
	C20～C30	C30 以上
P6	0.60	0.55
P8～P12	0.55	0.50
>P12	0.50	0.45

（二）骨料级配法

骨料级配法是通过改善骨料级配，使骨料本身达到最大密实程度的堆积状态。为了降低空隙率，还应加入占骨料量 5%～8%、粒径小于 0.16mm 的细粉料。同时，严格控制水胶比、用水量及拌和物的和易性，使混凝土结构密实，提高抗渗性。

（三）掺外加剂法

掺外加剂法与前面两种方法比较，施工简单，造价低廉，质量可靠，被广泛采用。它是在混凝土中掺入适当品种的外加剂，改善混凝土内的孔结构，隔断或堵塞混凝土中各种孔隙、裂缝、渗水通道等，以达到改善混凝土抗渗性的目的。常用外加剂有引气剂（如松香热聚物）、密实剂（如采用 $FeCl_3$ 防水剂）。

（四）采用特殊水泥

采用无收缩不透水水泥、膨胀水泥等来拌制混凝土，能够改善混凝土内的孔结构，有效地提高混凝土的密实度和抗渗能力。

四、流态混凝土和泵送混凝土

（一）流态混凝土

流态混凝土（亦称大流动性混凝土）是指混凝土拌和物坍落度大于或等于 160mm、呈高度流动状态的混凝土，主要应用于不便振捣施工、用普通塑性混凝土难以浇筑密实的部位，可自动流满模板并呈密实状态，因此也称为自密实混凝土。流态混凝土适用于浇筑钢筋特别密、形状复杂、截面窄小的料仓壁，高层建筑的剪力墙，安装机械设备的预留孔，隧洞衬砌的封顶部位或作为水下混凝土等。

流态混凝土是在拌和物中加入硫化剂（即高效减水剂）配制而成的。由于加入硫化剂后，混凝土的水胶比不变或改变很小，故能在保证纯度和耐久性的前提下，大大提高拌和物的流动性，使其达到设计要求的坍落度。为避免流态混凝土施工过程中产生离析及分层现象，除合理选择减水剂品种外，在配合比设计中应适当加大砂率 5%～10%，且砂中应含有一定量的细颗粒，必要时可掺用一定数量的粉煤灰，以提高混凝土拌和物的黏聚性。一般粗骨料最大粒径不宜大于 40mm，水泥与粒径小于 0.315mm 的细骨料颗粒的总和不宜小于 $400kg/m^3$。

配制流态混凝土的硫化剂应选用非加气型、不缓凝的高效减水剂，常用的有萘系或树脂系高效减水剂，掺量一般为水泥用量的 0.5%～0.7%。为避免在运输过程中混凝土坍落度的损失，可采取后加法（即在预拌混凝土浇灌前加入，随即使用）。增加 0.5% 的萘系 UNF 高效减水剂，可使拌和物坍落度为 80～120mm 的普通混凝土坍落度提高至 180～210mm，且抗压强度、弹性模量等力学性能并不降低，含气量、干缩、泌水亦无改变，并有一定的早强效果。

（二）泵送混凝土

泵送混凝土是指混凝土拌和物坍落度不低于 100mm 并用泵送施工的混凝土。近年来，为提高施工效率和减少施工现场组织的复杂性，商品（预拌）混凝土和混凝土泵送机械的应用逐渐推广，对泵送混凝土的需求也迅速增加。泵送混凝土是在混凝土泵的推动下沿管道进行传输和浇筑的，因此它不但要满足强度和耐久性的要求，更要满足管道输送对混凝土拌和物提出的可泵性要求。所谓可泵性，是指混凝土拌和物应具有顺利通过管道、与管道间的摩擦阻力小、不离析、不泌水、不阻塞的性能。

为保持良好的可泵性，泵送混凝土应在混凝土拌和物中掺加泵送剂。泵送剂包括减水剂或高效减水剂、适量的引气剂（含气量不宜超过 4%，以防在泵送过程中众多的气泡降低泵送效率，以致堵泵）和其他化学外加剂。配制泵送混凝土的粗骨料应采用连续级配，最大粒径应满足表 5-55 的要求。细骨料应采用中砂，小于 0.315mm 的颗粒含量不应小于 15%，砂率宜为 35%～45%。泵送混凝土宜掺用粉煤灰或其他活性矿物掺和料。为防止水泥用量（含矿物掺量）过少，造成含浆量过小，使拌和物干涩（同样坍落度情况下），不利于泵送，水泥和矿物掺和料总量不宜小于 $300kg/m^3$，且水胶比不能太大，应控制用水量与水泥和矿物掺和料总量之比不大于 0.6，以免浆体黏度小而造成离析。

表 5-55　　　　　　　　　　粗骨料的最大粒径的相关规定

粗骨料品种	泵送高度/m	粗骨料最大公称粒径与输送管径之比
碎石	<50	≤1∶3.0
	50～100	≤1∶4.0
	>100	≤1∶5.0
卵石	<50	≤1∶2.5
	50～100	≤1∶3.0
	>100	≤1∶4.0

> ☆**小提示**
> 泵送混凝土的坍落度以能满足施工及管道运输的要求即可，不一定达到流态混凝土的水平，但流态混凝土一般都需采用泵送的方式进行浇筑施工。

五、耐酸混凝土

硅酸盐水泥水化后呈碱性，在酸性介质作用下会遭受腐蚀，因此水泥混凝土是不耐酸的。耐酸混凝土则必须采用其他耐酸的胶凝材料与耐酸骨料配制。常用的耐酸胶凝材料有水玻璃、硫黄、沥青等；常用的耐酸骨料有石英砂、铸石粉、石英石、花岗石等。

水玻璃耐酸混凝土的主要组成材料为水玻璃，耐酸填料，耐酸粗、细骨料和氟硅酸钠。水玻璃混凝土能抵抗绝大多数酸类（氢氟酸除外）物质的侵蚀作用，特别是对强氧化性的酸，如浓硫酸、硝酸等有足够的耐酸稳定性，在高温（1 000℃）下仍具有良好的耐酸性能，并具有较高的机械强度。这种耐酸混凝土材料取材方便、成本低廉，是一种优良的耐酸材料，但缺点是抗渗及耐水性差，施工较复杂。

水玻璃为水玻璃混凝土的胶凝材料，其模数和密度对耐酸混凝土的性能影响较大，一般水玻璃的密度控制在 $1.36\sim1.50g/cm^3$ 范围，模数应在 $2.4\sim3.0$，以 $2.6\sim2.8$ 为佳，相应的密度为 $1.38\sim1.42g/cm^3$。水玻璃模数和密度可根据需要进行调整；如需提高模数，可掺入可溶性的非晶质 SiO_2（硅藻土）；如需降低水玻璃模数，可掺入 NaOH。100g 水玻璃所需 NaOH 的掺加量 m_{NaOH}（g）可用下式计算。

$$m_{NaOH} = \left(\frac{S}{n'} - N\right) \times 80.02 \tag{5-42}$$

式中，S 为每 100g 水玻璃 SiO_2 的分子摩尔数；N 为每 100g 水玻璃中 NaOH 的分子摩尔数；n' 为要求调整后的水玻璃模数；80.02 为由 Na_2O 换算成 NaOH 的系数。

耐酸填料主要由耐酸矿物（如辉绿岩）、陶瓷或含石英质高的石粉粉磨而成，要求其细度大、耐酸度高、含水率低。

耐酸粗、细骨料是由酸性岩石（如石英质岩石、辉绿岩、安山岩、玄武岩等）制成的碎石和砂。要求其耐酸度高、空隙率小、颗粒级配合理、不含泥、含水率低、浸酸后体积安定性好等。

> ☆**小提示**
>
> 氟硅酸钠是水玻璃耐酸混凝土中的水玻璃的促硬剂，其质量好坏主要看纯度和细度。纯度高的含杂质较少，相应地可减少其掺量。其细度的大小与水玻璃化学反应的快慢及是否完全有密切关系。

六、纤维混凝土

纤维混凝土是以普通混凝土为基材，掺各种纤维材料而组成的复合材料。普通混凝土的抗拉、抗弯、韧性和耐磨性差，掺入的纤维材料与混凝土基体共同承受荷载，可显著提高混凝土抗拉强度，降低其脆性。纤维材料的品种较多，通常采用的有钢纤维、玻璃纤维、石棉纤维、合成纤维、碳纤维等。按纤维弹性模量分，有高弹性模量纤维（如钢、玻璃、石棉、碳纤维等）和低弹性模量纤维（如尼龙、聚乙烯、聚丙烯纤维等）。各类纤维材料中，钢纤维的弹性模量比混凝土高 10 倍以上，对抑制混凝土裂缝形成、提高混凝土抗拉和抗弯强度、增加韧性效果最好，目前应用最广。但为节约钢材，可采用玻璃纤维、矿棉、岩棉等，来配制纤维混凝土。

在纤维混凝土中，纤维的含量、几何形状以及在混凝土中的分布情况，对于纤维混凝土的性能有着重要影响。钢纤维按外形分为平直、薄板、大头针、弯钩、波形纤维等。纤维的直径很小，长径比为 $70\sim120$。纤维的掺量按占混凝土体积的百分比计，掺加的体积率为 $0.3\%\sim8\%$。纤维在混凝土中只有在纤维方向与荷载方向平行或接近平行时，才有效果。纤维乱向分布，对提高混凝土的抗剪效果较好。在混凝土中掺入钢纤维后抗压强度几乎不提高，但受压破坏时无碎块、不崩裂，抗拉、抗剪、抗弯强度和抗冲击韧性、抗疲劳性都有提高。

配制纤维混凝土时，对粗骨料的最大粒径有限制，一般不大于 20mm；应采用高强度等级的水泥，且水泥用量较多；采用砂率高，一般为 $45\%\sim60\%$；采用低水胶比，一般在 $0.40\sim0.55$ 之间；为了减少水泥用量，改善混凝土拌和物的和易性，可加入减水剂或掺粉煤灰。搅拌纤维混凝土时，若将水泥、砂石和水拌和均匀后，再加纤维，由于混凝土黏度大，加入纤维不易搅拌均匀，因此搅拌加料时，应先将水泥、砂石和纤维干拌均匀后再加水。

> ☼ **小提示**
>
> 　　纤维混凝土目前主要用于机场跑道、停车场、公路路面、桥面、薄壁结构、屋面板、墙板等要求高耐磨、高抗冲击、抗裂的部位及构件。

七、聚合物混凝土

聚合物混凝土由聚合物与水泥混凝土配制而成。聚合物混凝土抗拉、抗压、抗弯强度高，抗冻、抗渗性能好，耐化学腐蚀能力强。它分为聚合物浸渍混凝土、聚合物水泥混凝土和聚合物混凝土。

（一）聚合物浸渍混凝土

聚合物浸渍混凝土是将已硬化并干燥的混凝土浸入有机单体液体（如苯乙烯、甲基丙烯酸甲酯、环氧树脂）中，经加热或辐射，使渗入混凝土孔隙的单体进行聚合，形成坚硬的整体。

浸入混凝土内部的有机单体，要求黏度低，对水泥凝结硬化无害，可采用常压或真空方法浸渍聚合物。单体经聚合后的聚合物渗填于混凝土内部的孔隙，提高了混凝土的密实度，增加了水泥石与骨料之间的黏结力，使聚合浸渍混凝土的强度显著提高（抗压强度提高2～4倍），抗渗、抗冻、抗冲击、耐磨、耐腐蚀等性能也明显改善，弹性模量增大，变形减小。

浸渍混凝土主要用于强度和耐久性要求高的特殊工程，如高压输气管、水工构筑物等特殊构件。

（二）聚合物水泥混凝土

聚合物水泥混凝土是在水泥拌和物中掺入聚合物乳液，以水泥和聚合物共同作为胶凝材料，并将粗骨料胶结成为整体混凝土。常用的聚合物有聚氯乙烯、聚醋酸乙烯、聚丙酸乙烯等。

聚合物水泥混凝土和易性好、强度高，由于形成了聚合物薄膜，抗渗性、抗冻性提高，吸水性降低，耐腐蚀、抗冲击、抗磨性好。聚合物水泥混凝土制作工艺简便、成本低，主要用于铺筑无缝地面、耐腐蚀地面及修补工程。

（三）聚合物混凝土

聚合物混凝土是用聚合物代替水泥作胶结料，与砂石骨料结合而成的混凝土。聚合物多用合成树脂，因此又称树脂混凝土。常用的聚合物有环氧树脂、聚甲基丙烯酸甲酯等。用树脂作胶结料与骨料有很强的黏结力，使混凝土具有较高的强度，良好的抗渗、抗冻、耐腐蚀、耐磨性等。但由于生产成本高，目前聚合物混凝土仅用于要求高强、高耐腐蚀的特殊工程。

八、防辐射混凝土

能屏蔽 X、γ 射线或中子辐射的混凝土，称为防辐射混凝土。对于 X、γ 射线，高密度的物质具有较好的防御能力，因此配制防辐射混凝土采用重骨料。常用的重骨料有重晶石（$BaSO_4$）、

149

赤铁矿（Fe_2O_3）、磁铁矿（$Fe_3O_4 \cdot H_2O$）。防辐射混凝土所用的胶凝材料采用胶凝性能好、水化热低、水化结合水量高的水泥，可采用硅酸盐水泥，最好采用高铝水泥或硅酸钡、硅酸锶等重水泥。为了提高对中子流的防护，可在混凝土中掺入硼、硼盐及锂盐等。

> ☼**小提示**
>
> 　防辐射混凝土用于原子能工业及在工业、农业、医疗方面使用放射性同位素的装置中，如反应堆、加速器、放射化学装置等的防护结构。

九、喷射混凝土

喷射混凝土是将预先配好的水泥、砂、石和速凝剂装入喷射机，利用压缩空气经管道混合输送到喷头与高压水混合后，以很高的速度喷射到岩石或混凝土的表面，迅速硬化形成的混凝土。

喷射混凝土宜采用普通硅酸盐水泥，骨料的级配要好，石子的最大粒径不应大于 20mm，10mm 以上的粗骨料要控制在 30%以下，砂子宜用粗砂，不宜使用细砂，因细砂会增加混凝土的收缩变形。为保证喷射混凝土能在几分钟内凝固，提高早期强度，减少回弹量，在混凝土中宜掺加速凝剂，如红星一型或 711 型速凝剂。喷射混凝土的配合比（水泥：砂：石）一般为 1:2:2.5、1:2.5:2、1:2:2、1:2.5:1.5，水胶比为 0.4～0.5，水泥用量为 300～450kg/m³，抗压强度为 25～40MPa。

喷射混凝土具有较高的强度，与岩石的黏结力较好，可形成整体，施工速度快，已广泛应用于岩石地下工程、隧道衬砌和矿井支护工程。

十、大体积混凝土

（1）大体积混凝土配合比设计除应符合《普通混凝土配合比设计规程》（JGJ 55—2011）第3、4、5、6章的规定外，还应符合本节的规定。

（2）大体积混凝土所用的原材料应符合下列规定。

① 大体积混凝土宜采用中、低热硅酸盐水泥或低热矿渣硅酸盐水泥，水泥的 3d 和 7d 水化热应符合标准规定；当采用硅酸盐水泥或普通硅酸盐水泥时应掺加矿物掺和料，胶凝材料的 3d 和 7d 水化热分别不宜大于 240kJ/kg 和 270kJ/kg。水化热试验方法应按现行国家标准《水泥水化热测定方法》（GB/T 12959—2008）执行。

② 粗集料宜为连续级配，最大公称粒径不宜小于 31.5mm，含泥量不应大于 1.0%；细集料宜采用中砂，含泥量不应大于 3.0%。

③ 宜掺用矿物掺和料和缓凝型减水剂。

（3）当设计采用混凝土 60d 或 90d 龄期强度时，宜采用标准试件进行抗压强度试验。

（4）大体积混凝土配合比应符合下列规定。

① 水胶比不宜大于 0.55，用水量不宜大于 175kg/m³。

② 在保证混凝土性能要求的前提下，宜提高每立方米混凝土中的粗集料用量；砂率宜为 38%～42%。

③ 在保证混凝土性能要求的前提下，应减少胶凝材料中的水泥用量，提高矿物掺和料掺量，混凝土中矿物掺和料掺量应符合表 5-56 的规定。

表 5-56　　　　　　　　　　　钢筋混凝土中矿物掺和料最大掺量

矿物掺和料种类	水胶比	最大掺量/%	
		硅酸盐水泥	普通硅酸盐水泥
粉煤灰	≤0.40	≤45	≤35
	>0.40	≤40	≤30
粒化高炉矿渣粉	≤0.40	≤65	≤55
	>0.40	≤55	≤45
钢渣粉	—	≤30	≤20
磷渣粉	—	≤30	≤20
硅灰	—	≤10	≤10
复合掺和料	≤0.40	≤60	≤50
	>0.40	≤50	≤40

注：① 采用硅酸盐水泥和普通硅酸盐水泥之外的通用硅酸盐水泥时，混凝土中水泥混合材和矿物掺和料用量之和应不大于按普通硅酸盐水泥用量 20%计算混合材和矿物掺和料用量之和。

② 对基础大体积混凝土，粉煤灰、粒化高炉矿渣粉和复合掺和料的最大掺量可增加 5%。

③ 复合掺和料中各组分的掺量不宜超过任一组分单掺时的最大掺量。

（5）在配合比试配和调整时，控制混凝土绝热温升不宜大于 50℃。

（6）大体积混凝土配合比应满足施工对混凝土凝结时间的要求。

十一、抗冻混凝土

（1）抗冻混凝土配合比设计除应符合《普通混凝土配合比设计规程》（JGJ 55—2011）第 3、4、5、6 章的规定外，还应符合本节的规定。

（2）抗冻混凝土的原材料应符合下列规定。

① 应采用硅酸盐水泥或普通硅酸盐水泥。

② 宜选用连续级配的粗集料，其含泥量不得大于 1.0%，泥块含量不得大于 0.5%。

③ 细集料含泥量不得大于 3.0%，泥块含量不得大于 1.0%。

④ 粗、细集料均应进行坚固性试验，并应符合现行行业标准《普通混凝土用砂、石质量及检验方法标准》（JGJ 52—2006）的规定。

⑤ 钢筋混凝土和预应力混凝土不应掺用含有氯盐的外加剂。

（3）抗冻混凝土配合比应符合下列规定。

① 最大水胶比和最小胶凝材料用量应符合表 5-57 的规定。

② 复合矿物掺和料掺量应符合表 5-58 的规定。

③ 抗冻混凝土宜掺用引气剂，掺用引气剂的混凝土最小含气量应符合《普通混凝土配合比设计规程》（JGJ 55—2011）第 3.0.7 条的规定。

表 5-57　　　　　　　抗冻混凝土的最大水胶比和最小胶凝材料用量

设计抗冻等级	最大水胶比		最小胶凝材料用量（kg/m³）
	无引气剂时	掺引气剂时	
F50	0.55	0.60	300
F100	0.50	0.55	320
不低于 F150	—	0.50	350

表 5-58 抗冻混凝土中复合矿物掺和料掺量限值

矿物掺和料种类	水胶比	对应不同水泥品种的矿物掺和料掺量	
		硅酸盐水泥/%	普通硅酸盐水泥/%
复合矿物掺和料	≤0.40	60	50
	> 0.40	50	40

注：① 采用硅酸盐水泥和普通硅酸盐水泥之外的通用硅酸盐水泥时，混凝土中水泥混合材和复合矿物掺和料用量之和应不大于普通硅酸盐水泥（混合材掺量按 20%计）混凝土中水泥混合材和复合矿物掺和料用量之和。

② 复合矿物掺和料中各矿物掺和料组分的掺量不宜超过表 5-46 中单掺时的限量。

知识链接

装饰混凝土的种类和应用

装饰混凝土是一种饰面混凝土，它充分利用混凝土成型时良好的塑性和组成材料的特点，使成型后的混凝土表面具有装饰性的线形、纹理、质感及色彩效果，以满足建筑物立面装饰的不同要求。常用的装饰混凝土有彩色混凝土、清水装饰混凝土和外露骨料混凝土等。

1. 彩色混凝土

彩色混凝土是用彩色水泥或在白水泥中掺入颜料和彩色或白色骨料按一定比例配制而成的。从建筑装饰功能出发，彩色混凝土所用的骨料与普通水泥混凝土有所不同，除一般骨料外还需使用价格较高的彩色骨料，如大理石、花岗岩、陶瓷、彩色陶粒等。这类彩色骨料的形状、尺寸及粒径是多种多样的，这些骨料对混凝土性有一定的影响。

彩色混凝土色彩效果的好与差，着色是关键，这与颜料性质、掺量和掺加方法有关。掺加到混凝土中的颜料，要有良好的分散性，暴露在空气中耐久不褪色。彩色混凝土的着色方法，有掺加彩色外加剂、无机矿物颜料、化学着色剂及干撒着色硬化剂、外涂着色等。

在普通混凝土基材表面加做饰面层，制成的面层着色的彩色混凝土路面砖已有相当广泛的应用。不同颜色的水泥混凝土花砖，按设计图案铺设，外形美观，色彩鲜艳，成本低廉，施工方便，用于园林、街心花园、庭院和人行便道，可获得十分理想的装饰效果。

2. 清水装饰混凝土

清水装饰混凝土是利用混凝土结构或构件的线条或几何外形的处理而获得装饰性。它具有简单、明快、大方的立面装饰效果。也可以在成型时利用模板等在构件表面上做出凹凸花纹，使立面质感更加丰富，从而获得艺术装饰效果。这类装饰混凝土构件基本上保持了混凝土原有的外观质地，因此称为清水装饰混凝土。其成型工艺有 3 种，即正打成型工艺、反打成型工艺和立模工艺。

3. 外露骨料混凝土

外露骨料混凝土是在混凝土硬化前后，通过一定工艺手段使混凝土骨料适当外露，以骨料的天然色泽和不规则的组合造型达到一定的装饰效果。

外露骨料混凝土的制作工艺有：水洗法、缓凝剂法、酸洗法、水磨法、喷砂法、抛丸法、凿剥法、火焰喷射法和劈裂法等。

外露骨料混凝土饰面关键在于石子的选择，在使用彩色石子时，配色要协调美观，只要石子的品种和色彩选择适当，就能获得良好的装饰性和耐久性。

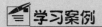学习案例

某教学楼工程现浇室内钢筋混凝土柱，混凝土设计强度等级为C20，施工要求坍落度为35～50mm，采用机械搅拌和振捣。施工单位无近期的混凝土强度资料。采用原材料如下。

胶凝材料：新出厂的矿渣水泥，32.5级，密度为3 100kg/m³。

粗骨料：卵石，最大粒径20mm，表观密度为2 730kg/m³，堆积密度为1 500kg/m³。

细骨料：中砂，表观密度为2 650kg/m³，堆积密度为1 450kg/m³。

水：自来水。

想一想

试设计混凝土的配合比。若施工现场中砂含水率为3%，卵石含水率为1%，求施工配合比。

案例分析

解：（1）通过计算，确定计算配合比。

① 确定配制强度（$f_{cu,0}$）。施工单位无近期的混凝土强度资料，查表5-26取$\sigma=4.0$MPa，配制强度为

$$f_{cu,0}=f_{cu,k}+1.645\sigma=20+1.645\times4.0=26.58\text{MPa}$$

② 确定水胶比（W/B）。由于胶凝材料为32.5级的水泥，无矿物掺和料，取$\gamma_f=1.0$，$\gamma_s=1.0$，$\gamma_c=1.12$，$f_b=\gamma_f\gamma_s f_{ce}=\gamma_f\gamma_s\gamma_c f_{ce,g}=1.0\times1.0\times1.12\times32.5=36.4$MPa；卵石的回归系数取$\alpha_a=0.49$，$\alpha_b=0.13$。利用强度经验公式计算水胶比为

$$W/B=\frac{\alpha_a f_b}{f_{cu,0}+\alpha_a\alpha_b f_b}=\frac{0.49\times36.4}{26.58+0.49\times0.13\times36.4}=0.617$$

该结构物处于室内干燥环境，要求$W/B\leq0.60$，所以W/B取0.60才能满足耐久性要求。

③ 确定用水量（m_{w0}）。根据施工要求的坍落度35～50mm，卵石$D_{max}=20$mm，查表5-28、表5-29，取$m_{w0}=180$kg。

④ 确定胶凝材料（m_{b0}）和水泥用量（m_{c0}）。胶凝材料（m_{b0}）用量为$m_{b0}=\dfrac{m_{w0}}{W/B}=\dfrac{180}{0.60}=$

300kg；因为没有掺加矿物掺和料，即$m_{f0}=0$kg。则水泥的用量为$m_{c0}=m_{b0}-m_{f0}=300-0=300$kg。

该结构物处于室内干燥环境，最小胶凝材料用量为280kg，所以m_{c0}取300kg能满足耐久性要求。

⑤ 确定合理砂率值（β_s）。查表5-23，$W/B=0.60$，卵石$D_{max}=20$mm，可取砂率$\beta_s=34\%$。

⑥ 确定粗、细骨料用量（m_{g0}、m_{s0}）。采用体积法计算，取$\alpha=1$，解下列方程组

$$\begin{cases}\dfrac{300}{3100}+\dfrac{m_{g0}}{2730}+\dfrac{m_{s0}}{2650}+\dfrac{180}{1000}+0.01\times1=1\\[2mm]\dfrac{m_{s0}}{m_{g0}+m_{s0}}=34\%\end{cases}$$

得：$m_{g0}=1\ 273$kg；$m_{s0}=656$kg。

计算配合比为

$$m_{c0}:m_{s0}:m_{g0}:m_{w0}=300:656:1\ 273:180=1:2.19:4.24:0.60$$

（2）调整和易性，确定试拌配合比。

卵石$D_{max}=20$mm，按计算配合比试拌20 L混凝土，其材料用量如下。

胶凝材料（水泥）：$300 \times 20/1\,000 = 6.00$kg。

砂子：$656 \times 20/1\,000 = 13.12$kg。

石子：$1\,273 \times 20/1\,000 = 25.46$kg。

水：$180 \times 20/1\,000 = 3.60$kg。

将称好的材料均匀拌和后，进行坍落度试验。假设测得坍落度为 25mm，小于施工要求的 35～50mm，需调整其和易性。在保持原水胶比不变的原则下，若增加 5%灰浆，再拌和，测其坍落度为 45mm，黏聚性、保水性均良好，达到施工要求的 35～50mm。调整后，拌和物中各项材料实际用量如下。

胶凝材料（水泥）（m_{bt}）：$6.00 + 6.00 \times 5\% = 6.30$kg。

砂（m_{st}）：13.12kg。

石子（m_{gt}）：25.46kg。

水（m_{wt}）：$3.60 + 3.60 \times 5\% = 3.78$kg。

混凝土拌和物的实测体积密度为 $\rho_{0h} = 2\,380$kg/m^3。则每立方米混凝土中，各项材料的试拌用量如下。

胶凝材料（m_{bb}）：
$$m_{bb} = \frac{m_{bt}}{m_{bt} + m_{gt} + m_{st} + m_{wt}} \times \rho_{0h} \times 1$$
$$= \frac{6.30}{6.30 + 25.46 + 13.12 + 3.78} \times 2\,380 \times 1 = 308\text{kg}$$

砂（m_{sb}）：
$$m_{sb} = \frac{m_{st}}{m_{bt} + m_{gt} + m_{st} + m_{wt}} \times \rho_{0h} \times 1$$
$$= \frac{13.12}{6.30 + 25.46 + 13.12 + 3.78} \times 2\,380 \times 1 = 642\text{kg}$$

石子（m_{gb}）：
$$m_{gb} = \frac{m_{gt}}{m_{bt} + m_{gt} + m_{st} + m_{wt}} \times \rho_{0h} \times 1$$
$$= \frac{25.46}{6.30 + 25.46 + 13.12 + 3.78} \times 2\,380 \times 1 = 1\,245\text{kg}$$

水（m_{wb}）：
$$m_{wb} = \frac{m_{wt}}{m_{bt} + m_{gt} + m_{st} + m_{wt}} \times \rho_{0h} \times 1$$
$$= \frac{3.78}{6.30 + 25.46 + 13.12 + 3.78} \times 2\,380 \times 1 = 185\text{kg}$$

试拌配合比为

$$m_{bb} : m_{sb} : m_{gb} : m_{wb} = 308 : 642 : 1\,245 : 185 = 1 : 2.08 : 4.04 : 0.60$$

（3）检验强度，确定设计配合比。在试拌配合比基础上，拌制 3 种不同水胶比的混凝土。一种为试拌配合比 $W/B = 0.60$，另外两种配合比的水胶比分别为 $W/B = 0.65$ 和 $W/B = 0.55$。经试拌调整已满足和易性的要求。测其体积密度，$W/B = 0.65$ 时，$\rho_{0h} = 2\,370$kg/m^3；$W/B = 0.55$ 时，$\rho_{0h} = 2\,390$kg/m^3。

每种配合比制作一组（3 块）试件，标准养护 28d，测得抗压强度如下。

水胶比（W/B）	抗压强度（f_{cu}，MPa）
0.55	29.2
0.60	26.8
0.65	23.7

作出 f_{cu} 与 B/W 的关系图，如图 5-23 所示。

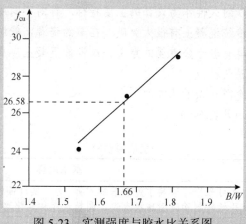

图 5-23　实测强度与胶水比关系图

由抗压强度试验结果可知，水胶比 $W/B = 0.60$ 的试拌配合比的混凝土强度能满足配制强度 $f_{cu,0}$ 的要求，并且混凝土体积密度实测值（$\rho_{c,t}$）与计算值（$\rho_{c,c}$）相吻合，各项材料的用量不需要校正。故设计配合比为

$$m_c : m_s : m_g : m_w = 308 : 642 : 1\,245 : 185 = 1 : 2.08 : 4.04 : 0.60$$

（4）根据含水率换算施工配合比。将设计配合比换算成现场施工配合如下。

胶凝材料（水泥）（m_b'）：$m_b' = m_b = 308 \text{kg}$

砂子（m_s'）：$m_s' = m_s\,(1+a\%) = 642 \times (1+3\%) = 661 \text{kg}$

石子（m_g'）：$m_g' = m_g\,(1+b\%) = 1\,245 \times (1+1\%) = 1\,257 \text{kg}$

水（m_w'）：$m_w' = m_w - m_s a\% - m_g b\% = 185 - 642 \times 3\% - 1\,245 \times 1\% = 153 \text{kg}$

施工配合比为

$$m_b' : m_s' : m_g' : m_w' = 308 : 661 : 1\,257 : 153 = 1 : 2.15 : 4.08 : 0.50$$

　知识拓展

新型混凝土

1. 高性能混凝土

高性能混凝土（High performance concrete，HPC）是一种新型高技术混凝土，是在大幅度提高普通混凝土性能的基础上采用现代混凝土技术制作的混凝土。它以耐久性作为设计的主要指标，针对不同用途要求，对下列性能重点予以保证:耐久性、工作性、适用性、强度、体积稳定性和经济性。

1950 年 5 月美国国家标准与技术研究院（NIST）和美国混凝土协会（ACI）首次提出高性能混凝土的概念。但是到目前为止，各国对高性能混凝土提出的要求和涵义完全不同。美国的工程技术人员认为：高性能混凝土是一种易于浇注、捣实、不离析，能长期保持高强、韧性与体积稳定性，在严酷环境下使用寿命长的混凝土。美国混凝土协会认为：此种混凝土并不一定需要很高的混凝土抗压强度，但仍需达到 55MPa 以上，需要具有很高的抗化学腐蚀性或其他一些性能。日本工程技术人员则认为：高性能混凝土是一种具有高填充能力的混凝土，在新拌阶段不需要振捣就能完善浇注；在水化、硬化的早期阶段很少产生有水化热或干缩等因素而形成的裂缝；在硬化后具有足够的强度和耐久性。我国著名的混凝土学者吴中伟教授的定义是：高性能混凝土为一种新型高技术混凝土，是在大幅度提高普通混凝土性能的基础上采用现代混凝土技术制作的混凝土，是以耐久性作为设计的主要指标，针对不同用途的要求，他认为，高性能混凝土不仅在性能上对传统混凝土有很大突破，在节约资源、能源、改善劳动条件、经济合理等方面，尤其对保护环境有着十分重要的意义。高性能混凝土应更多地掺加以工业废渣为主的掺和料，更多地节约水泥熟料。

高性能混凝土的实现途径有以下几方面。

（1）采用优质原材料，见表5-59。

表 5-59　　　　　　　　　　　优质原材料

序号	类别	基本内容
1	水泥	水泥可采用硅酸盐水泥和普通水泥。为了实现高性能混凝土的高强及超高强，国外开始研制和应用球状水泥、调粒水泥和活化水泥等
2	骨料	细骨料可采用河砂和人工砂，粗骨料应选用表面粗糙、强度高的骨料，如砂岩、安山岩、石英斑岩、石灰岩和玄武岩等
3	矿物掺和料	配制高性能混凝土必须掺入细或超细的活性掺和料，如硅灰、磨细矿渣、优质粉煤灰和沸石粉。它们填充在毛细孔中形成紧密体系，同时可改善骨料界面结构，提高界面黏结强度
4	高效减水剂	配制高性能混凝土必须掺入高效减水剂，这样能显著降低混凝土的水胶比（水与水泥和矿物掺和料总和重量比），典型的高效减水剂有萘系、三聚氰胺系和改性木钙系高效减水剂等。目前多数高效减水剂存在坍落度损失较大的问题

（2）确定合理配合比。为能得到很低的渗透性并使活性矿物掺和料充分发挥强度效应，高性能混凝土水胶比一般低于0.40，但必须通过加强早期养护加以控制。

高性能混凝土在配合比上的特点是低用水量，较低的水泥用量，并以大量掺用的优质矿物掺和料和配用的高性能混凝土外加剂作为水泥、水、砂、石之外的混凝土必需组分。

（3）采用合理的施工工艺。高性能混凝土水泥等胶结料总量较大，用水量小，混凝土拌和物组分多、黏性较大，不易拌和均匀，需要采用拌和性能好的强制搅拌设备，适当延长搅拌时间。

高性能混凝土是水泥混凝土的发展方向之一，广泛应用于高层建筑、工业厂房、桥梁工程、港口及海洋工程、水工结构等工程中。目前，高性能混凝土的研究与应用已日益得到国内外的重视，随着科学技术的发展，高性能混凝土必将会得到更加广泛的应用和推广。

2．环保型混凝土

环保型混凝土是指能够改善、美化环境，对人类与自然的协调具有积极作用的混凝土材料。这类混凝土的研究和开发刚起步，它标志着人类在处理混凝土材料与环境的关系的过程中采取了更加积极、主动的态度。目前所研究和开发的品种主要有透水、排水性混凝土，绿化植被混凝土和净化混凝土等。

植被混凝土是以多孔混凝土为基础，通过在多孔混凝土内部的孔隙加入各种有机、无机的养料来为植物提供营养，并且加入各种添加剂来改善混凝土内部性质，使混凝土内部的环境更适合植物生长，另外在混凝土表面铺一层混有种子的客土，为种子提供早期营养。近年来国内相关研究机构对植被混凝土开展了系列研究，并且已经取得了一定的成果。

净化混凝土是将光催化技术应用于水泥混凝土材料中而制成的光催化混凝土，可以起到净化城市大气的作用。如在建筑物表面使用掺有TiO_2的混凝土，可以通过光催化作用，使汽

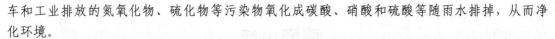

车和工业排放的氮氧化物、硫化物等污染物氧化成碳酸、硝酸和硫酸等随雨水排掉，从而净化环境。

3. 绿色混凝土

绿色高性能混凝土的概念最早是由吴中伟教授首先提出的，并指出它是混凝土发展的方向。绿色高性能混凝土是指从生产制造、使用到废弃的整个周期中，最大限度地减少资源和能源的消耗，最有效地保护环境，是可以进行清洁、生产和使用的，并且可再回收循环利用的高质量高性能的绿色建筑材料。

绿色高性能混凝土应具备以下特点。

（1）尽量少用水泥熟料，以减少产生大量的 CO_2 对大气的污染，降低资源与能源消耗。代之以工业废渣为主的超细活性掺和料。最新技术表明，超细掺和料已可以代替 60%～80%水泥熟料，最终水泥将成为少量掺入混凝土的"外加剂"。

（2）尽量多用工业废料，以改善环境，保持混凝土的可持续发展。如粉煤灰、矿渣、硅灰等，它们取代水泥后不仅不降低性能，反而可以得到耐久性好、耐腐蚀、寿命长、性能稳定的高性能混凝土。这样既利用了工业废料又得到了高性能，具有可持续发展性。

（3）使用各种化学矿物外加剂，可提高混凝土质量，减小混凝土构筑物的尺寸，减少资源、能源消耗；另一方面尽量使用无施工缺陷的混凝土，提高使用寿命，特别是在严酷的自然条件下（如寒冷、腐蚀、海水中、潮湿等）的使用寿命。

4. 再生混凝土

再生混凝土是指将废弃的混凝土块经过破碎、清洗、分级后，按一定比例与级配混合，部分或全部代替砂石等天然集料（主要是粗集料），再加入水泥、水等配制而成的新混凝土。再生混凝土按集料的组合形式可以有以下几种情况：集料全部为再生集料；粗集料为再生集料、细集料为天然砂；粗集料为天然碎石或卵石、细集料为再生集料；再生集料替代部分粗集料或细集料。

近几年来，世界建筑业进入高速发展阶段，混凝土作为最大宗的人造材料对自然资源的占用及对环境造成的负面影响引发了可持续发展问题的讨论。全球因建（构）筑物拆除、战争、地震等原因，每年排放废弃混凝土 500 亿～600 亿吨，如此巨量的废弃混凝土，除处理费用惊人外，还需占用大量的空地存放，污染环境，浪费耕地，成为城市的一大公害，因此引发的环境问题十分突出，如何处理废弃混凝土将成为一个新的课题。另外，混凝土生产需要大量的砂石、骨料，随着对天然砂石的不断开采，天然骨料资源也趋于枯竭，生产再生混凝土，用到新建筑物上不仅能降低成本，节省天然骨料资源，缓解骨料供需矛盾，还能减轻废弃混凝土对城市环境的污染。

再生骨料含有 30%左右的硬化水泥砂浆，这些水泥砂浆绝大多数独立成块，少量附着在天然骨料的表面，所以总体上说再生骨料表面粗糙，棱角较多。另外，混凝土块在解体、破碎过程中使再生骨料内部形成大量微裂纹，因此，再生骨料吸水率较大，同时密度小、强度低。

☆小提示

在相同配比条件下，再生混凝土比普通混凝土黏聚性和保水性好，但流动性差，常需配合减水剂进行施工。再生混凝土强度比普通混凝土强度降低约10%，导热系数小，抗裂性好，适用于墙体围护材料及路面工程。

情境小结

（1）普通混凝土是将水泥、粗细骨料、水、外加剂和掺和剂按一定的比例配制而成的。

（2）普通混凝土的主要技术性质包括混凝土拌和物的和易性，硬化混凝土的强度、变形性能和耐久性。

（3）混凝土配合比设计的目的是在满足工程对混凝土的基本要求的情况下，找出混凝土组成材料间最合理的比例，以便生产出优质而经济的混凝土。混凝土配合比设计包括配合比的计算、试配和调整。

（4）为保证结构安全，能可靠地使用，必须对混凝土的生产和合格性进行控制。生产控制是对混凝土生产过程的各个环节进行有效质量控制，以保证产品质量的可靠。合格性控制是对混凝土质量进行准确判断，目前采用的方法是用数理统计的方法，通过混凝土强度的检验评定来完成。

学习检测

一、填空题

1. 混凝土是由_____与_____等按适当比例制成拌和物，经硬化后所得到的人造石材。

2. 普通混凝土是将_____、_____、_____、_____和_____按一定的比例配制而成的。

3. 细骨料按产地及来源一般可分为_____和_____。

4. 普通混凝土常用的粗骨料有_____和_____。

5. 普通混凝土的主要技术性质包括混凝土拌和物的_____，硬化混凝土的_____、混凝土的_____和_____。

6. 混凝土配合比设计基本参数有_____、_____和_____。

7. 混凝土配合比设计过程主要包括_____、_____、_____、_____。

8. 混凝土强度评定分为_____及_____两种。对大批量、连续生产的混凝土，应按标准规定的_____评定混凝土强度。

9. 混凝土外加剂是在拌制混凝土过程中掺入，掺量不大于_____，用以改善混凝土性能的物质。

10. 常用作混凝土的掺和料有_____、_____、_____以及其他工业废渣。

二、选择题

1. 下列不属于混凝土和易性指标的是（　　）。

A. 流动性　　　　　B. 黏聚性　　　　　C. 保水性　　　　　D. 稳定性

2.《混凝土质量控制标准》（GB 50164—2011）规定，坍落度检验适用于坍落度不小于（　　）的混凝土拌和物。

A. 10mm　　　　　B. 20mm　　　　　C. 30mm　　　　　D. 40mm

3. 影响混凝土强度的主要因素有（　　）。

A. 水泥强度等级　　B. 水胶比　　　　　C. 龄期　　　　　　D. 粗集料最大粒径

4. 混凝土在非荷载作用下的变形，包括（　　　　）。

    A. 化学收缩　　　　　B. 干湿变形　　　　　C. 碳化收缩　　　　　D. 温度变形

5. 提高混凝土耐久性的措施有（　　　　）。

    A. 合理选择水泥品种　　　　　　　　　B. 增大水胶比

    C. 选用级配好的集料　　　　　　　　　D. 振捣密实

6. 混凝土配合比设计的基本要求有（　　　　）。

    A. 满足和易性要求　　　　　　　　　　B. 满足强度要求

    C. 满足耐久性要求　　　　　　　　　　D. 满足经济性要求

7. 用数理统计方法评定混凝土质量时，常用（　　　　）等统计参数进行综合评定。

    A. 强度平均值　　　　　　　　　　　　B. 标准差

    C. 变异系数　　　　　　　　　　　　　D. 强度保证率

8. 在混凝土中掺入引气剂后，可得到的效果有（　　　　）。

    A. 改善和易性　　　　　　　　　　　　B. 提高耐久性

    C. 节省水泥　　　　　　　　　　　　　D. 强度受损、变形加大

三、回答题

1. 在混凝土中应用最广、用量最大的是哪种混凝土？该混凝土按表观密度可分为哪几类？

2. 建筑工程对混凝土提出的基本技术要求有哪些？

3. 混凝土的基本组成材料有哪几类？分别在混凝土中起什么作用？

4. 配制混凝土时对细骨料的质量有何要求？

5. 决定混凝土强度的主要因素是什么？怎样有效地提高混凝土的强度？

6. 混凝土耐久性的主要性能指标包括哪些内容？提高混凝土耐久性的措施有哪些？

7. 混凝土配合比的 3 个基本参数是什么？如何确定这 3 个基本参数？

8. 混凝土配合比设计中的实验室配合比公式的本质是什么？

9. 什么是混凝土外加剂？混凝土外加剂按其主要功能可分为哪几类？

10. 特殊品种混凝土和新型混凝土有哪些种类？

学习情境六
建筑砂浆

情境导入

某业主要求其房屋建筑工程采用强度等级为 M7.5，稠度为 80～90mm 的水泥石灰混合砂浆。采用 32.5 级矿渣硅酸盐水泥，中砂的堆积密度为 1 450kg/m³，含水率为 2%；石灰膏的稠度为 100mm。

案例分析

就以上案例而言，如果要配制优质砂浆，应采用工程实际使用的材料进行试拌，测定其拌和物的稠度和分层度。当不能满足要求时，应调整材料用量，直到符合要求为止，确定试配时砂浆基准配合比。

如何对砂浆的主要技术性质进行检测？如何对砌筑砂浆进行配合比设计？如何根据各种抹面砂浆的特性对其进行应用？需要掌握如下要点。

（1）建筑砂浆的概念、分类与用途。

（2）建筑砂浆的组成。

（3）砂浆的技术性质。

（4）砌筑砂浆的配合比设计。

（5）抹面砂浆。

学习单元 1 认识建筑砂浆

知识目标

（1）了解砂浆的概念与分类。

（2）熟悉建筑砂浆的用途。

技能目标

可以熟悉砂浆的组成材料及对材料的质量要求。

基础知识

建筑砂浆是将砌筑块体材料（砖、石、砌块）黏结为整体的砂浆。是由无机胶凝材料、细骨料和水，有时也掺入某些掺和料组成。

一、建筑砂浆的分类

建筑砂浆是由无机胶凝材料、细集料、掺和料、水以及根据性能确定的各种组分按适当比例配合、拌制并经硬化而成的工程材料。砂浆在土木工程中用途广泛，用量也相当大，主要用于砌筑、抹面、修补和装饰等工程。如在墙面、地板及梁柱结构的表面用砂浆抹面可起防护、垫层和装饰等作用，砂浆用于大型墙、板的接缝和镶贴瓷砖、大理石等，还可用于防水、防腐、保温、吸声、加固修补等。

建筑砂浆按所用胶凝材料的不同，可分为水泥砂浆、石灰砂浆、水泥石灰混合砂浆等；按用途不同，可分为砌筑砂浆、抹面砂浆等。将砖、石、砌块等块材黏结成砌体的砂浆称为砌筑砂浆，它起着传递荷载并使应力分布较为均匀、协调变形的作用。抹面砂浆是指涂抹在基底材料的表面，兼有保护基层、增加美观等作用的砂浆。根据其功能不同，抹面砂浆一般可分为普通抹面砂浆、装饰砂浆、防水砂浆和特种砂浆等。常用的普通抹面砂浆有水泥砂浆、石灰砂浆、水泥石灰混合砂浆、麻刀石灰砂浆（简称麻刀灰）、纸筋石灰砂浆（纸筋灰）等。特种砂浆是具有特殊用途的砂浆，主要有隔热砂浆、吸声砂浆、耐腐蚀砂浆、聚合物砂浆、防辐射砂浆等。

二、建筑砂浆的用途

建筑砂浆是一种用量大、用途广的建筑材料，应用范围如下所述。

（1）砌筑砖、石、砌块等构成砌体。

（2）作为墙面、柱面、地面等的砂浆抹面。

（3）内、外墙面的装饰抹面。

（4）作为砖、石、大型墙板的勾缝。

（5）用来镶贴大理石、水磨石、面砖、马赛克等贴面材料。

可见，砂浆在使用时的特点是铺设层薄，多与多孔吸水的基面材料相接触，强度要求不高。

三、建筑砂浆的组成

（一）胶凝材料

胶凝材料在砂浆中起着胶结作用，它是影响砂浆和易性、强度等技术性质的主要组分。建筑砂浆常用的胶凝材料有水泥和石灰等。砂浆应根据所使用的环境和部位来合理选择胶凝材料。

1. 水泥

通用硅酸盐水泥及砌筑水泥都可以用来配制砂浆。水泥的技术指标应符合《通用硅酸盐水泥》（GB 175—2007）和《砌筑水泥》（GB/T 3183—2003）的规定。对于一些特殊用途砂浆，如修补裂缝、预制构件嵌缝、结构加固等，应采用膨胀水泥。

水泥强度等级应根据砂浆品种及强度等级的要求进行选择。M15及以下强度等级的砂浆宜选用32.5级的通用硅酸盐水泥；M15以上强度等级的砂浆宜选用42.5级的通用硅酸盐水泥。

2. 石灰

为了改善砂浆的和易性和节约水泥，可在砂浆中掺入适量石灰配制成石灰砂浆或水泥石灰混合砂浆。

生石灰熟化成石灰膏时，应用孔径不大于3mm×3mm的网过滤，熟化时间不得少于7d；磨细生石灰的熟化时间不得少于2d。沉淀池中储存的石灰膏，应采取防止干燥、冻结和污染的措施，严禁使用脱水硬化的石灰膏。消石灰粉不得直接用于砂浆中。

砌筑砂浆用水泥的强度等级应根据设计要求进行选择。为合理利用资源、节约材料，在配制砂浆时要尽量选用低强度等级水泥或砌筑水泥。水泥砂浆采用的水泥，其强度等级不宜大于 32.5 级；水泥混合砂浆采用的水泥，其强度等级不宜大于 42.5 级。

（二）砂

砂浆用砂主要为天然砂，其质量要求应符合《建设用砂》（GB/T 14684—2011）的规定。砂浆采用中砂拌制，既可以满足和易性要求，又能节约水泥，因此优先选用中砂。由于砂浆铺设层较薄，应对砂的最大粒径加以限制，其最大粒径不应大于 2.5mm；毛石砌体宜选用粗砂，其最大粒径应小于砂浆层厚度的 1/5～1/4。砂的含泥量不应超过 5%；强度等级为 M2.5 的水泥混合砂浆，砂的含泥量不应超过 10%。

（三）水

拌和砂浆用水与混凝土拌和用水的要求基本相同，应选用无有害杂质的洁净水拌制砂浆，未经试验鉴定的污水不能使用。

（四）掺和料

为改善砂浆的和易性，常在砂浆中加无机的微细颗粒的掺和料，如石灰膏、磨细生石灰、消石灰粉及磨细粉煤灰等。

由块状生石灰磨细得到的磨细生石灰，其细度用 0.080mm 筛的筛余量不应大于 15%。消石灰粉使用时也应预先浸泡，不得直接使用于砌筑砂浆。

石灰膏、电石膏试配时的稠度应为（120 ± 5）mm。

粉煤灰的品质指标应符合国家有关标准的要求。

（五）外加剂

为了改善砂浆的某些性能，可在砂浆中掺入外加剂，如防水剂、增塑剂、早强剂等。外加剂的品种与掺量应通过试验确定。

学习单元 2　测定砂浆的技术性质

📖 知识目标

（1）掌握砂浆和易性的测定方法。

（2）了解砂浆的强度等级。

📝 技能目标

（1）能够对砂浆的主要技术性质进行检测。

（2）能够测定砂浆的和易性。

基础知识

砂浆的技术性质主要是新拌砂浆的和易性和硬化后砂浆的强度，另外还有砂浆的黏结力、变形、耐久性等性能。

一、新拌砂浆的和易性

和易性是指新拌水泥混凝土易于各工序施工操作（搅拌、运输、浇灌、捣实等）并能保证质量均匀、成型密实的性能。也称混凝土的工作性。它包括流动性，保水性，黏聚性等。

（一）流动性

流动性是指新拌混凝土在自重或机械振捣的作用下，能产生流动，并均匀密实地填满模板的性能。流动性反映拌和物的稀稠程度。若混凝土拌和物太干稠，则流动性差，难以振捣密实；若拌和物过稀，则流动性好，但容易出现分层离析现象。主要影响因素是混凝土用水量。用"沉入度"表示。

用砂浆稠度仪通过试验测定沉入度值，以标准圆锥体在砂浆内自由沉入 10s 后测定，沉入深度用毫米（mm）表示。沉入度大，砂浆流动性大，但流动性过大，硬化后强度将会降低；若流动性过小，则不便于施工操作。

砂浆流动性的大小与砌体材料种类、施工条件及气候条件等因素有关。对于多孔吸水的砌体材料和干热的天气，则要求砂浆的流动性大些；相反，对于密实不吸水的材料和湿冷的天气，则要求流动性小些。根据《砌筑砂浆配合比设计规程》（JGJ/T 98—2010）的规定，用于砌体的砂浆稠度见表 6-1。

表 6-1	砌筑砂浆的稠度	（单位：mm）
砌体种类		**施工稠度**
烧结普通砖砌体、粉煤灰砖砌体		70～90
混凝土砖砌体、普通混凝土小型空心砌块砌体、灰砂砖砌体		50～70
烧结多孔砖砌体、烧结空心砖砌体、轻集料混凝土小型空心砌块砌体、蒸压加气混凝土砌块砌体		60～80
石砌体		30～50

（二）保水性

保水性是指新拌混凝土具有一定的保水能力，在施工过程中，不致产生严重泌水现象的性能。保水性反映混凝土拌和物的稳定性。保水性差的混凝土内部易形成透水通道，影响混凝土的密实性，并降低混凝土的强度和耐久性。主要影响因素是水泥品种、用量和细度。

砂浆的保水性用砂浆分层度测定仪测定，以分层度（mm）表示。先将搅拌均匀的砂浆拌和物一次装入分层度筒，测定沉入度，然后静置 30min 后，去掉上节 200mm 砂浆，剩余的 100mm 砂浆倒出放在搅拌锅内搅拌 2min，再测其沉入度，两次测得的沉入度之差即为该砂浆的分层度值。砂浆的分层度以在 10～20mm 为宜。分层度过大，砂浆易产生离析，不便于施工和水泥硬化。因此水泥砂浆分层度不应大于 30mm，水泥混合砂浆分层度一般不会超过 20mm；分层度接近于零的砂浆，容易发生干缩裂缝。

（三）黏聚性

黏聚性是指新拌混凝土的组成材料之间有一定的黏聚力，在施工过程中，不致发生分层和离析现象的性能。黏聚性反映混凝土拌和物的均匀性。若混凝土拌和物黏聚性不好，则混凝土中集料与水泥浆容易分离，造成混凝土不均匀，振捣后会出现蜂窝和空洞等现象。主要影响因素是胶砂比。

新拌混凝土的和易性是流动性、黏聚性和保水性的综合体现，新拌混凝土的流动性、黏聚性和保水性之间既互相联系，又常存在矛盾。因此，在一定施工工艺的条件下，新拌混凝土的和易性是以上 3 方面性质的矛盾统一。

二、硬化砂浆的强度和强度等级

砂浆在砌体中主要起传递荷载的作用，并经受周围环境介质的作用，因此砂浆应具有一定的黏结强度、抗压强度和耐久性。试验证明：砂浆的黏结强度、耐久性均随抗压强度的增大而提高，即它们之间有一定的相关性，而且抗压强度的试验方法较为成熟，测试较为简单、准确，所以工程上常以抗压强度作为砂浆的强度指标。

> ☆小提示
>
> 砂浆的强度等级是以边长为 70.7mm 的立方体试块，在标准养护条件（水泥混合砂浆为温度（20±2）℃，相对湿度 60%～80%；水泥砂浆为温度（20±2）℃，相对湿度 90%以上）下，用标准试验方法测得 28 天龄期的抗压强度来确定的。砌筑砂浆的强度等级有 M30、M25、M20、M15、M10、M7.5、M5。

影响砂浆强度的因素较多。试验证明，当原材料质量一定时，砂浆的强度主要取决于水泥强度等级与水泥用量。用水量对砂浆强度及其他性能的影响不大。砂浆的强度可用下式表示。

$$f_{m} = \frac{\alpha f_{ce} Q_{c}}{1\,000} + \beta = \frac{\alpha K_{c} f_{ce,k} Q_{c}}{1\,000} + \beta \tag{6-1}$$

式中，f_{m} 为砂浆的抗压强度（MPa）；f_{ce} 为水泥的实际强度（MPa）；Q_{c} 为 1m³ 砂浆中的水泥用量（kg）；K_{c} 为水泥强度等级的富余系数，按统计资料确定；$f_{ce,k}$ 为水泥强度等级的标准值（MPa）；α、β 为砂浆的特征系数，$\alpha=3.03$，$\beta=-15.09$。

三、砂浆的黏结力

砂浆能把许多块状的砖石材料黏结成为一个整体。因此，砌体的强度、耐久性及抗震性取决于砂浆黏结力的大小。砂浆的黏结力随其抗压强度的增大而提高。此外，砂浆的黏结力与砖石的表面状态、清洁程度、湿润状况及施工养护条件等因素有关。粗糙的、洁净的、湿润的表面黏结力较好。

四、砂浆的变形

砂浆在承受荷载或温、湿度条件变化时，均会产生变形。如果变形过大或者不均匀，会降低砌体质量，引起沉陷或裂缝。砂浆变形性的影响因素很多，如胶凝材料的种类和用量、用水量、细骨料的种类和级配、细骨料的质量以及外部环境条件等。

☆小提示

砂浆中混合料掺量过多或使用轻骨料，会产生较大的收缩变形。为了减少收缩，可在砂浆中加入适量的膨胀剂。

五、砂浆的耐久性

耐久性是材料抵抗自身和自然环境双重因素长期破坏作用的能力。即保证其经久耐用的能力。耐久性越好，材料的使用寿命越长。在受冻融影响较多的建筑部位，要求砂浆具有一定的抗冻性。对有冻融次数要求的砌筑砂浆，经冻融试验后，质量损失率不得大于 5%，抗压强度损失率不得大于 25%。

学习单元3　设计砌筑砂浆的配合比

✍知识目标

（1）掌握砌筑砂浆配合比设计的基本要求。
（2）掌握砌筑砂浆配合比选用和设计的方法。

✍技能目标

能够对砌筑砂浆进行配合比设计。

➔ 基础知识

砂浆配合比设计可通过查有关资料或手册来选取或通过计算来进行，然后再进行试拌调整。《砌筑砂浆配合比设计规程》（JGJ/T 98—2010）规定，砂浆的配合比以质量比表示。

一、砌筑砂浆配合比设计基本要求

砌筑砂浆配合比设计应满足以下基本要求。

（1）砂浆拌和物的和易性应满足施工要求，且拌和物的体积密度：水泥砂浆 $\geq 1\,900\text{kg/m}^3$；水泥混合砂浆、预拌砌筑砂浆 $\geq 1\,800\text{kg/m}^3$。

（2）砌筑砂浆的强度、耐久性应满足设计要求。

（3）经济上应合理，水泥及掺和料的用量应较少。

二、砌筑砂浆配合比设计

（一）水泥混合砂浆配合比计算

1. 计算砂浆的试配强度 $f_{\text{m,0}}$

砂浆的试配强度 $f_{\text{m,0}}$ 应按下式计算。

$$f_{\text{m,0}} = k \cdot f_2 \tag{6-2}$$

式中，$f_{\text{m,0}}$ 为砂浆的试配强度（MPa），精确至 0.1MPa；f_2 为砂浆强度等级值（MPa），精确至

0.1MPa；k 为系数，按表 6-2 取值。

表 6-2 　　　　　　　　　　　　砂浆强度标准差 σ 及 k 值

强度等级 施工水平	强度标准差 σ（MPa）							k
	M5	M7.5	M10	M15	M20	M20	M30	
优良	1.00	1.50	2.00	3.00	4.00	5.00	6.00	1.15
一般	1.25	1.88	2.50	3.75	5.00	6.25	7.50	1.20
较差	1.50	2.25	3.00	4.50	6.00	7.50	9.00	1.25

2. 计算水泥用量 Q_c

由式（6-1）得

$$Q_c = \frac{1\,000(f_{m,0} - \beta)}{\alpha f_{ce}} \qquad (6-3)$$

式中，Q_c 为 1m³ 砂浆的水泥用量，精确至 1kg；f_{ce} 为水泥的实测强度，精确至 0.1MPa；α、β 为砂浆的特征系数，其中 $\alpha = 3.03$，$\beta = -15.09$。

另外，当无法取得水泥的实测强度值时，可按下式计算。

$$f_{ce} = \gamma_c \cdot f_{ce,k} \qquad (6-4)$$

式中，$f_{ce,k}$ 为水泥强度等级对应的强度值，MPa；γ_c 为水泥强度等级值的富余系数，该值应按实际统计资料确定。无统计资料时，取 1.0。

3. 计算石灰膏用量 Q_D

$$Q_D = Q_A - Q_C \qquad (6-5)$$

式中，Q_D 为 1m³ 砂浆的石灰膏用量，精确至 1kg，石灰膏使用时的稠度宜为（120±5）mm；Q_A 为 1m³ 砂浆中水泥和石灰膏的总量，精确至 1kg，宜在 300～350kg。

当石灰膏稠度不满足时，其换算系数可按表 6-3 进行换算。

表 6-3 　　　　　　　　　　　　石灰膏不同稠度时的换算系数

石灰膏稠度/mm	120	110	100	90	80	70	60	50	40	30
换算系数	1.00	0.99	0.97	0.95	0.93	0.92	0.90	0.88	0.87	0.86

4. 确定砂子用量 Q_s

每立方米砂浆中的用水量 Q_s，应按砂干燥状态（含水率小于 0.5%）的堆积密度值作为计算值，单位以 kg 计。

5. 确定用水量 Q_w

每立方米砂浆中的用水量，根据砂浆稠度等要求可选用 210～310kg。同时，应注意以下几点。

（1）混合砂浆中的用水量，不包括石灰膏中的水。

（2）当采用细砂或粗砂时，用水量分别取上限或下限。

（3）稠度小于 70mm 时，用水量可小于下限。

（4）施工现场气候炎热或干燥季节，可酌量增加用水量。

（二）水泥砂浆材料用量

水泥砂浆材料用量可按表 6-4 选用。

表 6-4　　　　　　　　　　每立方米水泥砂浆材料用量　　　　　　　　　　（单位：kg/m³）

强度等级	水泥	砂	用水量
M5	200～230		
M7.5	230～260		
M10	260～290		
M15	290～330	砂的堆积密度值	270～330
M20	340～400		
M25	360～410		
M30	430～480		

注：M15 及 M15 以下强度等级水泥砂浆，水泥强度等级为 32.5 级；M15 以上强度等级水泥砂浆，水泥强度等级为 42.5 级。

（三）配合比的试验、调整与确定

按计算或查表所得的配合比，采用工程中实际使用的材料进行试拌，测定其拌和物的稠度和分层度。当不能满足要求时，应调整材料用量，直到符合要求为止，确定试配时砂浆基准配合比。

试配时至少应采用 3 个不同的配合比，其中一个为基准配合比，其他配合比的水泥用量应按基准配合比分别增加及减少 10%，在保证稠度、分层度合格的条件下，可将用水量、石灰膏、保水增稠材料或粉煤灰等活性掺和料用量做相应调整。

选定符合试配强度及和易性要求且水泥用量最低的配合比作为砂浆的试配配合比。

（四）配合比的校正

（1）应根据上述确定的砂浆配合比材料用量，按下式计算砂浆的理论表观密度值。

$$\rho_L = Q_C + Q_D + Q_S + Q_W \tag{6-6}$$

式中，ρ_L 为砂浆的理论表观密度值，精确到 10kg/m³。

（2）应按下式计算砂浆配合比校正系数 δ。

$$\delta = \frac{\rho_C}{\rho_L} \tag{6-7}$$

式中，ρ_C 为砂浆的实测表观密度值，精确到 10kg/m³。

（3）当砂浆的实测表观密度值与理论表观密度值之差的绝对值不超过理论的 2%时，可将得出的试配配合比确定为砂浆设计配合比；当超过 2%时，应将试配配合比中每项材料用量均乘以校正系数后，确定为砂浆设计配合比。

☼小提示

　　砂浆配合比确定后，当原材料有变更时，其配合比必须重新通过试验确定。

📖课堂案例

　　用 42.5 级普通硅酸盐水泥，含水率为 3%的中砂，堆积密度为 1 495kg/m³，掺用灰石膏，稠度为 110mm，施工水平一般，试配制砌筑砖墙，柱用 M10 等级水泥灰石砂浆，稠度要求 70~100mm。

解：（1）计算试配强度 $f_{m,0}$。

已知 $f_2=10$MPa，由表 6-2 得 $\sigma=2.5$MPa

由式（6-2）得

$$f_{m,0} = 10+0.645\times2.50 = 11.61\text{MPa}$$

（2）计算水泥用量 Q_c。

$$A = 1.50；B = -4.25$$

按式（6-5），$f_{ce} = 42.5$MPa

由式（6-4），$Q_c = \dfrac{1\,000(f_{m,0} - B)}{Af_{ce}} = 1\,000\times（11.61+4.25）1.5\times42.5 = 248\text{kg/m}^3$

（3）计算石灰用量 Q_D。

取 $Q_A = 300\text{kg/m}^3$

则 $Q_D = Q_A - Q_C = 340 - 248 = 92\text{kg/m}^3$

石灰膏稠度 110mm，换算系数为 0.99

$$92\times0.99 = 91\text{kg/m}^3$$

（4）计算用砂量 Q_S。根据砂子堆积密度和含水量计算砂用量为

$$Q_S = 1\,495\times（1+0.03）= 1\,540\text{kg/m}^3$$

（5）选择用水量 Q_W。

选择试配用水量 $Q_W = 300\text{kg/m}^3$

（6）确定配合比。

由以上计算得出砂浆试配时各材料的用量比例为

水泥：石灰膏：砂：水 = 248：91：1 540：300 = 1：0.37：6.21：1.21

学习单元 4　配制抹面砂浆

📝 知识目标

（1）熟悉抹面砂浆的性质及用途。

（2）掌握抹面砂浆的特性。

📝 技能目标

能够根据工程实际情况，合理选用抹面砂浆。

➡️ 基础知识

抹面砂浆是涂抹在建筑物或建筑构件表面的砂浆的统称，也称抹灰砂浆。根据抹面砂浆功能的不同，可将抹面砂浆分为普通抹面砂浆、装饰抹面砂浆和具有某些特殊功能的抹面砂浆（如防水砂浆、绝热砂浆、吸声砂浆、耐酸砂浆等）。

抹面砂浆要求具有良好的和易性，容易抹成均匀、平整的薄层，便于施工；还应有较高的

黏结力，砂浆层应能与底面黏结牢固，长期使用不致开裂或脱落；处于潮湿环境或易受外力作用部位（如地面、墙裙等），还应具有较高的耐水性和强度。

抹面砂浆的组成材料与砌筑砂浆基本相同，但有时加入一些纤维材料（如麻刀、纸筋、玻璃纤维等），来提高抹灰层的抗拉强度，增加抹灰层的弹性和耐久性；有时加入胶黏剂（如聚乙烯醇缩甲醛胶或聚醋酸乙烯乳液等），提高面层强度和柔韧性，加强砂浆层与基层材料的黏结。

一、普通抹面砂浆

砂浆在建筑物表面起着平整、保护、美观的作用。抹面砂浆一般用于粗糙和多孔的底面，且与底面和空气的接触面大，失去水分的速度更快，因此要有更好的保水性。抹面砂浆不承受外力，对强度要求不高；以薄层或多层涂抹于建筑物表面，要求与基地有足够的黏结力，故胶凝材料一般比砌筑砂浆多。

为了保证抹灰层表面平整，避免开裂脱落，抹面砂浆一般分两层或 3 层施工。底层砂浆主要起与基层牢固黏结的作用，要求稠度较稀，其组成材料常随基底而异，如一般砖墙、混凝土墙、柱面常用混合砂浆砌筑；对混凝土基底，宜采用混合砂浆或水泥砂浆；若为木板条、苇箔，则应在砂浆中掺入适量麻刀或玻璃纤维等纤维材料。中层砂浆主要起找平作用，较底层砂浆稍稠。面层砂浆主要起装饰作用，一般要求采用细砂拌制的混合砂浆、麻刀石灰砂浆或纸筋砂浆。在容易碰撞或潮湿的地方应采用水泥砂浆。

普通抹面砂浆的配合比以及应用范围可参考表 6-5。

表 6-5　　　　　　　　　　　　普通抹面砂浆配合比及应用范围

材　　料	配合比（体积比）	应用范围
石灰：砂	（1：2）～（1：4）	用于砖石墙表面（檐口、勒脚、女儿墙以及潮湿房间的墙除外）
石灰：黏土：砂	（1：1：4）～（1：1：8）	干燥环境的墙表面
石灰：石膏：砂	（1：0.6：2）～（1：1.5：3）	用于不潮湿房间的墙及顶棚
石灰：石膏：砂	（1：2：2）～（1：2：4）	用于不潮湿房间的线脚及其他修饰工程
石灰：水泥：砂	（1：0.5：4.5）～（1：1：5）	用于檐口、勒脚、女儿墙以及比较潮湿的部位
水泥：砂	（1：2）～（1：1.5）	用于地面、顶棚或墙面面层
水泥：砂	（1：0.5）～（1：1）	用于混凝土地面随时压光
水泥：石膏：砂：锯末	1：1：3：5	用于吸声粉刷
水泥：白石子	1：1.5	用于剁石［打底用 1：（2～2.5）水泥砂浆］
石灰膏：麻刀	100：2.5（质量比）	用于板层、顶棚面层
石灰膏：麻刀	100：1.3（质量比）	用于板层、顶棚底层
石灰膏：纸筋	灰膏 0.1m³，纸筋 0.36kg	用于较高级墙面、顶棚

二、装饰抹面砂浆

装饰抹面砂浆是用于室内外装饰，以增加建筑物美观为主的抹面砂浆。装饰抹面砂浆的底层和中层抹灰与普通抹面砂浆基本相同，主要是装饰砂浆的面层选材有所不同。为了提高装饰抹面砂浆的装饰艺术效果，一般面层选用具有一定颜色的胶凝材料和骨料并采用某些特殊的操作工艺，使装饰面层呈现不同的色彩、线条与花纹等。

装饰抹面砂浆所采用的胶凝材料有白色水泥、彩色水泥或在常用的水泥中掺加耐碱矿物颜料配成彩色水泥以及石灰、石膏等。骨料多为白色、浅色或彩色的天然砂，彩色大理石或花岗石碎屑，陶瓷碎粒或特制的塑料色粒等。

根据砂浆的组成材料不同，常将装饰抹面砂浆分为灰浆类和石渣类砂浆饰面。

灰浆类砂浆饰面是以水泥砂浆、石灰砂浆以及混合砂浆作为装饰用材料，通过各种工艺手段直接形成饰面层。饰面层做法除普通砂浆抹面外，还有拉毛灰、甩毛灰、搓毛灰、扒拉灰、假面砖、拉条等做法。

石渣类砂浆饰面是用水泥（普通水泥、白色水泥或彩色水泥）、石渣、水（有时掺入一定量胶黏剂）制成石渣浆，用不同的做法，造成石渣不同的外露形式以及水泥与石渣的色泽对比，构成不同的装饰效果。

建筑工程中几种常用装饰砂浆的工艺做法如下所述。

（一）拉毛灰

拉毛是在水泥砂浆或水泥混合砂浆抹灰层上，抹上水泥混合砂浆、纸筋石灰或水泥石灰浆等，并利用拉毛工具将砂浆拉出波纹和斑点的毛头，做成装饰面层。一般适用于有声学要求的礼堂、剧院等室内墙面，也可用于外墙面、阳台栏板或围墙饰面。

（二）甩毛灰

甩毛灰是先用水泥砂浆做底层，再用竹丝等工具将罩面灰浆甩洒在表面上，形成大小不一，但又很有规律的云朵状毛面。也有先在基层上刷水泥色浆，再甩上不同颜色的罩面灰浆，并用抹子轻轻压平，形成两种颜色的套色做法。

要求甩出的云朵必须大小相称，纵横相同。

（三）搓毛灰

搓毛灰是在罩面灰浆初凝时，用硬木抹子由上而下搓出一条细而直的纹路，也可水平方向搓出一条 L 形细纹路，当纹路明显搓出后即停。

搓毛灰这种装饰方法工艺简单、造价低、效果朴实大方。

（四）扫毛灰

扫毛灰是在罩面灰浆初凝时，采用竹丝扫帚，把按设计组合分格的面层砂浆，扫出不同方向的条纹，或做成仿岩石的装饰抹灰。扫毛灰做成假石以代替天然石饰面，施工方便，造价便宜，适用于影剧院、宾馆的内墙和庭院的外墙饰面。

（五）水刷石

水刷石是将水泥和粒径为 5mm 左右的石渣按比例配制成砂浆，以装饰用途使用后，待水泥浆初凝，随即用硬毛刷蘸水刷洗，或以清水冲洗，目的是冲掉初凝后表面的水泥浆，使得渣体外露出来。其水刷石有石料饰面的质感效果，如再结合适当的艺术处理，可面获得自然美观、明快庄重、秀丽淡雅的艺术效果，且经久耐用，不需维护。

（六）水磨石

水磨石是用普通水泥、白水泥或彩色水泥和有色石渣或白色大理碎粒做面层，硬化后用机械磨平抛光表面而成。不仅美观而且有较好的防水、耐磨性能。水磨石分现制和预制两种。现制多用于地面装饰，预制件多用作楼梯踏步、踢脚板、地面板、柱面、窗台板、台面等。

（七）斩假石

斩假石又称剁斧石，是在水泥砂浆基层上涂抹水泥石砂浆，待硬化后，用剁斧、齿斧及各种凿子等工具剁出有规律的石纹，使其形成天然岩石粗犷的效果。主要用于室外柱面、勒脚、栏杆、踏步等处的装饰。

（八）干黏石

干黏石是对水刷石做法的改进，在刚抹好的砂浆层上，采用手工甩抛并及时拍入小石子，而得到的一种装饰抹灰做法。为了提高效率，可用喷涂机代替手工作业。这种做法与水刷石相比，既节约水泥、石粒等原材料，减少湿作业，又能提高工效。

（九）外墙喷涂

喷涂多用于外墙饰面，是用挤压式砂浆泵或喷斗将聚合物水泥砂浆喷涂到墙面基层或底灰上，形成饰面层，在涂层表面再喷一层甲基硅醇钠或甲基硅树脂疏水剂，以提高饰面层的耐久性和减少墙面污染。

根据涂层质感可分为波面喷涂、颗粒喷涂和花点喷涂，获得不同饰面效果。

（十）外墙滚涂

外墙滚涂是将聚合物水泥砂浆抹在墙体表面上，用辊子滚出花纹，再喷罩甲基硅醇钠疏水剂形成饰面层。

外墙滚涂施工简单、易于掌握、工效高，同时，施工时不易污染其他墙面及门窗，对局部施工尤为适用。

（十一）弹涂

弹涂是在墙体表面涂刷一道聚合物水泥色浆后，通过电动（或手动）弹力器分几遍将各种水泥色浆弹到墙面上，形成直径 1～3mm，大小近似、颜色不同、互相交错的圆形色点，深浅色点互相衬托，构成彩色的装饰面层。由于饰面凹凸起伏不大，加以外罩甲基硅树脂或聚乙烯醇缩丁醛涂料，故耐污染性能、饰面黏结力好，可直接弹涂在底层灰上和底基较平整的混凝土墙板、石膏等墙面上。

▍知识链接▍

新型建筑砂浆

新型建筑砂浆主要包括混凝土小型空心砌块的砌筑砂浆、自流平砂浆、无机保温砂浆、聚合物砂浆及干混抹灰砂浆等。

1. 混凝土小型空心砌块的砌筑砂浆

混凝土小型空心砌块砌筑砂浆是砌块建筑专用的砂浆。与使用传统的砌筑砂浆相比，专用砂浆砌筑，可使砌体砌缝饱满，黏结性能好，减少墙体开裂和渗漏，提高砌块建筑质量。

混凝土小型空心砌块的砌筑砂浆用 Mb 标记，按抗压强度分为 Mb5.0、Mb7.5、Mbl0.0、Mbl5.0、Mb20.0、Mb25.0 和 Mb30.0 共 7 个等级。其抗压强度指标相应于 M5.0、M7.5、M10.0、M15.0、M20.0、M25.0 和 M30 等级的一般砌筑砂浆抗压强度指标。

混凝土小型空心砌块的砌筑砂浆的技术要求见表 6-6。

表 6-6 　　　　　　　　　混凝土小型空心砌块砌筑砂浆的技术要求

项目	技术要求
密度	水泥砂浆不应小于 1 900kg/m^3，水泥混合砂浆不应小于 1 800kg/m^3
稠度	50～80mm
分层度	10～30mm
抗冻性	设计有抗冻性要求的砌筑砂浆，经冻融试验、质量损失不应大于 5%，强度损失不应大于 25%

2. 自流平砂浆

自流平砂浆是由特种水泥、精选骨料及多种添加剂组成，与水混合后形成一种流动性强、高塑性的自流平地基材料，包括水泥基自流平砂浆、自流平砂浆、找平砂浆等，其科技含量高，是技术环节比较复杂的产品。它是由多种活性成分组成的干混型粉状材料，现场拌水即可使用。

自流平砂浆使用安全，无污染、美观、快速施工与投入使用是自流平水泥的特色。

3. 无机保温砂浆

无机保温砂浆是一种用于建筑物内外墙粉刷的新型保温节能砂浆，以无机类的轻质保温颗粒作为轻骨料，加入由胶凝材料、抗裂添加剂及其他填充料等组成的干粉砂浆。

无机保温砂浆均为灰色粉体，精选进口可再生分散胶粉、无机胶凝材料、优质骨料及具有保水、增温、蓄变、抗裂等功能的助剂预混干拌而成。对多种保温材料均具有良好的黏结力，且具有良好的柔性、耐水性和耐候性。使用时，可在现场直接加水调和使用，不仅方便操作而且具有安全、环保等特点。

4. 聚合物砂浆

所谓聚合物砂浆，是指在建筑砂浆中添加聚合物黏结剂，使砂浆性能得到很大改善的一种新型建筑材料。其中的聚合物黏结剂作为有机黏结材料与砂浆中的水泥或石膏等无机黏结材料完美地组合在一起，大大提高了砂浆与基层的黏结强度、砂浆的可变形性即柔性、砂浆的内聚强度等性能。

5. 干混抹灰砂浆

干混抹灰砂浆是由水泥、掺和料、干砂、外加剂和改性助剂配比均匀混合而成，具有黏结强度高，保水性好，施工滑爽，不空鼓，不开裂，不掉粉，现场加水搅拌即可施工，省工省料等特点，是特别为现代装饰装修工程开发的新型建筑材料。

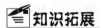 **学习案例**

某工程要求用于砌筑砖墙的砂浆为 M7.5 强度等级，稠度为 70～90mm 的水泥石灰混合砂浆。水泥采用 32.5 级矿渣硅酸盐水泥；砂为中砂，堆积密度为 1 450kg/m³，含水率为 2%；石灰膏的稠度为 100mm；施工水平一般。

想一想

（1）砂浆试配强度。

（2）水泥用量。

（3）石灰膏用量。

（4）砂子用量。

（5）用水量。

案例分析

解：

（1）计算砂浆试配强度 $f_{m,0}$。

$$f_{m,0} = k\, f_2 = 1.20 \times 7.5 = 9.0\text{MPa}$$

（2）计算水泥用量 Q_C。

$$Q_C = \frac{1\,000(f_{m,0} - \beta)}{\alpha\, f_{ce}} = \frac{1\,000 \times (9.0 + 15.09)}{3.03 \times 32.5} = 245\text{kg/m}^3$$

（3）计算石灰膏用量 Q_D。

取砂浆中水泥和石灰膏的总量为 350kg/m³，则

$$Q_D = Q_A - Q_C = 350 - 245 = 105\text{kg/m}^3$$

将稠度为 100mm 的石灰膏换算成 120mm，查表 6-2，换算系数为 0.97，则

$$Q_D = 105 \times 0.97 = 102\text{kg/m}^3$$

（4）确定砂子用量 Q_S。

$$Q_S = 1\,450 \times (1 + 2\%) = 1\,479\text{kg/m}^3$$

（5）确定用水量 Q_W。

可选取 260kg，扣除砂中所含的水量，拌和用水量为

$$Q_W = 260 - 1\,450 \times 2\% = 231\text{kg}$$

水泥石灰砂浆试配时的配合比为

$$水泥：石灰膏：砂 = 245：102：1\,479 = 1：0.42：6.04$$

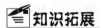 **知识拓展**

特殊功能砂浆

1. 防水砂浆

防水砂浆是一种抗渗性高的砂浆。砂浆防水层又称刚性防水，适用于不受振动和具有一定刚度的混凝土或砖石砌体工程。

根据防水材料组成的不同，防水砂浆一般有以下 3 种。

（1）水泥砂浆。由水泥、细集料、掺和料加水制成的砂浆。水泥砂浆进行多次抹面，用作

防水层。其配合比中水泥与砂子的质量比不宜大于 1：2.5，水灰比应控制在 0.50～0.55，稠度不应大于 80mm。

（2）掺加防水剂的水泥砂浆。在水泥砂浆中掺入一定量的防水剂。常用的防水剂有硅酸钠类、金属皂类、氯化物金属盐及有机硅类，在钢筋混凝土工程中，应尽量避免采用氯盐类防水剂，以防止钢筋锈蚀。加入防水剂可提高砂浆的密实性和提高防水层的抗渗能力。

（3）膨胀水泥和无收缩水泥配制的防水砂浆

防水砂浆具有微膨胀和抗渗性。在防水砂浆的配合比中，水泥与砂的质量一般不宜大于 1：2.5，水灰比应控制在 0.50～0.60，稠度不应大于 80mm。应选用 42.5 级以上的普通硅酸盐水泥和级配良好的中砂。

防水砂浆应分 4、5 层分层涂抹在基面上，每层厚度约 5mm，总厚度 20～30mm。每层在初凝前压实一遍，最后一遍要压光，并精心养护。

2. 保温砂浆

保温砂浆是以各种轻质材料为骨料，以水泥、石膏等为胶凝料，掺加一些改性添加剂，按一定比例配合制成的砂浆。保温砂浆可用于建筑墙体保温、屋面保温以及隔热管道保温层等。

目前市面上的保温砂浆主要为两种：无机保温砂浆（玻化微珠保温砂浆、膨胀蛭石保温砂浆、复合硅酸铝保温砂浆等）和有机保温砂浆（胶粉聚苯颗粒保温砂浆）。

玻化微珠保温砂浆是以闭孔膨胀珍珠岩（玻化微珠）作为轻骨料，加入胶凝材料、抗裂添加剂以及其他填充料等组成，质量轻，具有保温隔热、防水抗冻、耐久性好等优异性能。

3. 吸声砂浆

一般由轻质多孔骨料制成的保温砂浆，都具有吸声性能。另外，吸声砂浆也可以用水泥、石膏、砂、锯末（体积比为 1：1：3：5）配制，或者在石灰、石膏砂浆中掺入玻璃纤维、矿棉等松软纤维材料配制。吸声砂浆主要用于室内墙壁和顶棚的吸声。

4. 耐腐蚀砂浆

主要有以下 4 种。①耐酸砂浆。以水玻璃为胶凝材料、石英粉等为耐酸粉料、氟硅酸钠为固化剂与耐酸集料配制而成的砂浆，可用来铺设一般耐酸车间地面。②硫磺耐酸砂浆。以硫磺为胶结料，聚硫橡胶为增塑剂，掺加耐酸粉料和集料，经加热熬制而成。具有密实、强度高、硬化快的特点，能耐大多数无机酸、中性盐和酸性盐的腐蚀，但不耐浓度在 5%以上的硝酸、强碱和有机溶液，耐磨和耐火性均差，脆性和收缩性较大。一般多用于黏结块材，灌筑管道接口及地面、设备基础、储罐等处。③耐铵砂浆。先以高铝水泥、氧化镁粉和石英砂干拌均匀后，再加复合酚醛树脂充分搅拌制成，能耐各种铵盐、氨水等侵蚀，但不耐酸和碱。④耐碱砂浆。以普通硅酸盐水泥、砂和粉料加水拌和制成，有时掺加石棉绒。砂及粉料应选用耐碱性能好的石灰石、白云石等集料，常温下能抵抗 330g/L 以下的氢氧化钠浓度的碱类侵蚀。

5. 防辐射砂浆

有以下两种。①重晶石砂浆。用水泥、重晶石粉、重晶石砂加水制成。容重大（2.5t/m³），对 X、γ 射线能起阻隔作用。②加硼水泥砂浆。往砂浆中掺加一定数量的硼化物（如硼砂、硼酸、碳化硼等）制成，具有抗中子辐射性能。常用配比为石灰：水泥：重晶石粉：硬硼酸钙粉=1：9：31：4（重量比），并加适量塑化剂。

6. 膨胀砂浆

在水泥砂浆中加入膨胀剂或使用膨胀水泥，可配制膨胀砂浆。膨胀砂浆具有一定的膨胀特性，可补充一般水泥砂浆由于收缩而产生的干缩开裂。膨胀砂浆还可在修补工程和装配式墙板工程中应用，靠其膨胀作用填充缝隙，以达到黏结密封的目的。

7. 聚合物砂浆

有以下两种。①树脂砂浆。以合成树脂加入固化剂（如乙二胺、苯磺酰氯等）和粉料、细集料配制而成。常用的有环氧树脂砂浆、酚醛树脂砂浆、环氧呋喃树脂砂浆等。具有良好的耐腐蚀、防水、绝缘等性能和较高的黏结强度，常作为防腐蚀面层。②聚合物水泥砂浆。往水泥砂浆中加入适量聚合物胶黏剂（如聚乙烯醇）、颜料和少量其他附加剂，加水拌和制成。用于外墙饰面，可提高砂浆黏结力和饰面的耐久性。

情境小结

（1）砂浆是由胶结料、细骨料、掺和料和水配制而成的建筑工程材料，在建筑工程中起黏结、衬垫和传递应力的作用。根据用途不同，砂浆可分为砌筑砂浆、抹面砂浆。抹面砂浆包括普通抹面砂浆、装饰抹面砂浆、特种砂浆（如防水砂浆、耐酸砂浆、绝热砂浆、吸声砂浆等）。

（2）砂浆的技术性质主要是新拌砂浆的和易性和硬化后砂浆的强度，另外还有砂浆的黏结力、变形、耐久性等性能。

（3）砂浆配合比设计可通过查有关资料或手册来选取或通过计算来进行，然后再进行试拌调整。

学习检测

一、填空题

1. 砂浆根据用途不同，可分为_____、_____；根据胶凝材料不同，可分为_____、_____、_____。

2. 砂浆的技术性质主要是新拌砂浆的_____和硬化后砂浆的_____，另外还有砂浆的_____、_____、_____等性能。

3. 新拌砂浆的和易性应包括_____和_____两方面的含义。

4. 砂浆的流动性也叫_____，是指在自重或外力作用下流动的性能，用"_____"表示。

5. 砂浆的保水性用砂浆分层度测定仪测定，以_____表示。

6. 砂浆的黏结强度、耐久性均随抗压强度的增大而_____。

7. 当原材料质量一定时，砂浆的强度主要取决于_____与_____。

8. 根据抹面砂浆功能的不同，可将抹面砂浆分为_____、_____和具有某些特殊功能的抹面砂浆。

9. 水泥砂浆的配合比一般为水泥：砂 = _____，水胶比应控制在_____，应选用强度等级在 42.5 级及以上的普通硅酸盐水泥和级配良好的中砂。

二、选择题

1. 在潮湿环境或水中使用的砂浆，必须选用（　　　）作为胶凝材料。
   A. 水泥　　　　　　B. 石灰　　　　　　C. 石膏　　　　　　D. 水玻璃

2. 强度等级为 M2.5 的水泥混合砂浆，砂的含泥量不应超过（　　　）。
   A. 2%　　　　　　B. 10%　　　　　　C. 15%　　　　　　D. 20%

3. 砂浆的黏结力与砖石的（   ）等因素有关。

    A. 表面状态　　　　B. 清洁程度　　　　C. 湿润状况　　　　D. 施工养护条件

4. 为了减少收缩，可在砂浆中加入适量的（   ）。

    A. 减水剂　　　　　B. 引气剂　　　　　C. 膨胀剂　　　　　D. 缓凝剂

5. 对有冻融次数要求的砌筑砂浆，经冻融试验后，质量损失率不得大于（   ），抗压强度损失率不得大于（   ）。

    A. 5%，25%　　　　B. 10%，15%　　　　C. 10%，20%　　　　D. 5%，15%

6. 下列关于普通抹面砂浆用途的说法正确的是（   ）。

    A. 用于砖墙的底层抹灰，多用石灰砂浆

    B. 用于板条墙或板条顶棚的底层抹灰，多用混合砂浆或石灰砂浆

    C. 混凝土墙、梁、柱、顶板等底层抹灰，多用混合砂浆、麻刀石灰浆或纸筋石灰浆

    D. 在容易碰撞或潮湿的地方，应采用水泥砂浆

三、回答题

1. 什么是砂浆？建筑砂浆的用途有哪些？

2. 新拌砂浆的和易性包括哪些含义？分别用什么指标表示？

3. 影响砌筑砂浆抗压强度的主要因素有哪些？

4. 砌筑砂浆配合比的设计方法是什么？

5. 对抹面砂浆有哪些要求？

6. 对抹面砂浆与砌筑砂浆的组成材料和技术性质的要求有何不同？

学习情境七

墙体材料

情境导入

　　某别墅因其外表要承受外界气温变化的影响及风、雨、冰雪等的侵蚀，另外，还考虑到保温、隔热、坚固、耐久、防水、抗冻等方面的要求，业主决定采用烧结普通砖进行砌筑。如图 7-1 所示。

图 7-1　房屋建筑用烧结普通砖

案例分析

　　烧结普通砖有几大性能：文化性，环保性，舒适性，耐久性，增值性，亲和力强和快捷性。本案例中所使用的烧结普通砖具有以下优点。

　　（1）高强度、低吸水率、接近陶瓷特性。

　　（2）抗冻融、高寿命，500 年不起皮。

　　（3）保温隔热、240 墙相当于 700 黏土墙。

　　（4）隔音好、飞机噪声降到 53 分贝以下。

　　（5）装饰性强、自然、独特、百年不变色。

　　（6）模数化、规矩、施工便利。

　　（7）工效高、缩短施工工期 30%以上。

（8）节省工程造价 30%以上。

（9）无任何有毒有害因素，有呼吸特性。

（10）免维修，确保与建筑同寿命。

如何根据工程实际需要合理选择砌墙砖、墙用砌块和墙用板材的种类？如何对砌墙砖进行试验检测与评定强度等级？需要掌握如下要点。

（1）砌墙砖的类别、强度等级及其质量要求。

（2）墙用砌块技术与质量要求。

（3）墙用板材技术与质量要求。

学习单元 1　砌墙砖

知识目标

（1）掌握烧结砖的种类、技术性质及应用。

（2）掌握蒸压（养）砖的技术性质及应用。

技能目标

根据工程实际需要合理选用砌墙砖。

基础知识

砌墙砖是指由黏土、工业废料或其他地方资源为主要原料，以不同工艺制成的在建筑工程中用于砌筑墙体的砖的统称。砌墙砖是房屋建筑工程的主要墙体材料，具有一定的抗压强度，外形多为直角六面体。

砌墙砖按照生产工艺分为烧结砖和非烧结砖。经焙烧制成的砖为烧结砖；经碳化或蒸汽（压）养护硬化而成的砖属于非烧结砖。按照孔洞率（砖上孔洞和槽的体积总和与按外廓尺寸算出的体积之比的百分率）的大小，砌墙砖分为实心砖、多孔砖和空心砖。

一、烧结砖

凡经过焙烧工艺制得的砖称为烧结砖，根据其孔洞率的大小分为烧结普通砖、烧结多孔砖和烧结空心砖。

（一）烧结普通砖

烧结普通砖是指以黏土、页岩、煤矸石、粉煤灰等为主要原料，经成型、焙烧而成的实心或孔洞率不大于15%的砖。

烧结普通砖按所用原材料不同，可分为黏土砖（N）、页岩砖（Y）、煤矸石砖（M）、粉煤灰砖（F）等；按生产工艺不同，可分为烧结砖和非烧结砖；按有无孔洞，又可分为空心砖和实心砖。

1. 烧结普通砖的生产

以黏土、页岩、煤矸石、粉煤灰等为原料烧制普通砖时，其生产工艺基本相同。生产工艺过程为：采土→调制→制坯→干燥→焙烧→成品。

砖坯在干燥过程中体积收缩叫干缩，在焙烧过程中继续收缩叫烧缩。焙烧是生产烧结普通砖的重要环节。对砖的焙烧温度要予以特别控制，以免出现欠火砖或过火砖。欠火砖是由于焙烧温度过低，砖的孔隙率很大，其强度低、耐久性差。过火砖是由于焙烧温度过高，产生软化变形，使砖的孔隙率小，其外形尺寸易变形、不规整。

当黏土中含有石灰质（$CaCO_3$）时，经焙烧制成的黏土砖易发生石灰爆裂现象。黏土中若含有可溶性盐类，还会使砖砌体发生盐析现象（亦称泛霜）。

普通黏土砖可烧成红色（红砖）或灰色（青砖）。它们的差别在于焙烧环境不同：当黏土砖处于氧化气氛的焙烧环境中时，则成红砖；当黏土砖处于还原气氛的环境中时，则成青砖。

☼小提示

近年来，我国采用了内燃砖法。它是将煤渣、粉煤灰等可燃工业废渣以适量比例掺入制坯黏土原料中作为内燃料。当砖焙烧到一定温度时，内燃料在坯体内也进行燃烧，这样烧成的砖叫内燃砖。这种方法可节省大量外投煤，节约黏土，使强度提高，表观密度减少，导热系数降低，变废为宝，而且减少环境污染。

2. 烧结普通砖的技术要求

根据《烧结普通砖》（GB 5101—2003）规定，烧结普通砖的外形为直角六面体，公称尺寸为 240mm × 115mm × 53mm，按技术指标分为优等品（A）、一等品（B）和合格品（C）3 个质量等级。

（1）尺寸允许偏差。为保证砌筑质量，砖的尺寸允许偏差必须符合表 7-1 的规定。

表 7-1　　　　　　烧结普通砖尺寸允许偏差　　　　　　（单位：mm）

公称尺寸	优等品		一等品		合格品	
	样本平均偏差	样本极差≤	样本平均偏差	样本极差≤	样本平均偏差	样本极差≤
240	±2.0	8	±2.5	8	±3.0	8
115	±1.5	6	±2.0	6	±2.5	7
53	±1.5	4	±1.6	5	±2.0	6

（2）外观质量。烧结普通砖的外观质量应符合表 7-2 的规定。

表 7-2　　　　　　　烧结普通砖外观质量　　　　　　（单位：mm）

项　　目		优等品	一等品	合格品
两条面高度差	≤	2	3	5
弯曲	≤	2	3	5
杂质凸出高度	≤	2	3	5
缺棱掉角的 3 个破坏尺寸	不得同时大于	5	20	30
裂纹长度　　　　　　　≤				
（1）大面上宽度方向及其延伸至条面的长度		30	60	80
（2）大面上长度方向及其延伸至顶面的长度或条顶面上水平裂纹的长度		50	80	100
完整面	不得少于	一条面和一顶面	一条面和一顶面	—

项　　目	优等品	一等品	合格品
颜色	基本一致	—	—

注：（1）为装饰而施加的色差、凹凸纹、拉毛、压花等不算作缺陷。

（2）凡有下列缺陷之一者，不得称为完整面。

① 缺损在条面或顶面上造成的破坏面尺寸同时大于 10mm × 10mm。

② 条面或顶面上裂纹宽度大于 1mm，其长度超过 30mm。

③ 压陷、粘底、焦花在条面或顶面上的凹陷或凸出超过 2mm，区域尺寸同时大于 10mm × 10mm。

（3）强度等级。烧结普通砖按抗压强度划分为 MU30、MU25、MU20、MU15、MU10 5 个强度等级。若强度等级变异系数 $\delta \leq 0.21$，则采用平均值即标准值方法；若强度等级变异系数 $\delta > 0.21$，则采用平均值即单块最小值方法。各等级的强度标准应符合表 7-3 的规定。

表 7-3　　　　　　　　　　烧结普通砖强度等级　　　　　　　　　（单位：MPa）

强度等级	抗压强度平均值 $f \geq$	变异系数 $\delta \leq 0.21$	变异系数 $\delta > 0.21$
		强度标准值 $f_k \geq$	单块最小抗压强度值 $f_{min} \geq$
MU30	30.0	22.0	25.0
MU25	25.0	18.0	22.0
MU20	20.0	14.0	16.0
MU15	15.0	10.0	12.0
MU10	10.0	6.5	7.5

测定砖的强度时，试样数量为 10 块，试验后计算强度变异系数 δ、标准差 s 和抗压强度标准值 f_k。

强度变异系数 δ 按下式计算。

$$\delta = \frac{s}{f_m} \qquad (7-1)$$

式中，δ 为砖强度变异系数，精确至 0.01；s 为 10 块试样抗压强度标准差，精确至 0.01MPa；f_m 为 10 块试样的抗压强度平均值，精确至 0.1MPa。

标准差 s 按下式计算。

$$s = \sqrt{\frac{1}{9} \sum_{i=1}^{10} (f_i - f_m)^2} \qquad (7-2)$$

式中，f_i 为单块试样抗压强度测定值，精确至 0.01MPa。

样本量 $n = 10$ 时的强度标准值 f_k 按下式计算。

$$f_k = f_m - 1.8s \qquad (7-3)$$

（4）抗风化能力。抗风化能力是指在干湿变化、温度变化、冻融变化等物理因素作用下，材料不被破坏并长期保持其原有性质的能力。

烧抗风化性能是烧结普通砖的重要耐久性之一，通常以其抗冻性、吸水率及饱和系数等指标判定。风化区的划分见表 7-4。

按《烧结普通砖》（GB 5101—2003）规定，严重风化区中的黑龙江、吉林、辽宁、内蒙古、新疆等省区的砖，必须进行冻融试验；其他省区的砖的抗风化性能符合表 7-5 的规定时可不做冻融试验，否则必须进行冻融试验。冻融试验后，每块砖样不允许出现裂纹、分层、掉皮、掉角等现象，质量损失不得大于 2%。

表 7-4 风化区划分

名称 \ 类型	严重风化区		非严重风化区	
省份	1. 黑龙江省 2. 吉林省 3. 辽宁省 4. 内蒙古自治区 5. 新疆维吾尔自治区 6. 宁夏回族自治区 7. 甘肃省 8. 青海省 9. 陕西省 10. 山西省	11. 河北省 12. 北京市 13. 天津市	1. 山东省 2. 河南省 3. 安徽省 4. 江苏省 5. 湖北省 6. 江西省 7. 浙江省 8. 四川省 9. 贵州省 10. 湖南省	11. 福建省 12. 台湾省 13. 广东省 14. 广西壮族自治区 15. 海南省 16. 云南省 17. 西藏自治区 18. 上海市 19. 重庆市

表 7-5 烧结普通砖抗风化性能

抗风化性能 \ 项目 种类	严重风化区				非严重风化区			
	5h 沸煮吸水率/% ≤		饱和系数 ≤		5h 沸煮吸水率/% ≤		饱和系数 ≤	
	平均值	单块最大值	平均值	单块最大值	平均值	单块最大值	平均值	单块最大值
黏土砖	21	23	0.85	0.87	23	25	0.88	0.90
粉煤灰砖	23	25			30	32		
页岩砖	16	18	0.74	0.77	18	20	0.78	0.80
粉矸石砖	19	21			21	23		

注：粉煤灰掺入量（体积比）小于 30%时，抗风化性能指标按黏土砖规定。

（5）泛霜。泛霜是指可溶性的盐在砖表面盐析的现象，一般呈白色粉末、絮团或絮片状，又称起霜、盐析或盐霜。砖中出现泛霜不仅影响外观，而且结晶膨胀会引起砖表层酥松，甚至剥落。《烧结普通砖》（GB 5101—2003）规定：优等品砖无泛霜，一等品砖不允许出现中等泛霜，合格品砖不允许出现严重泛霜。

（6）石灰爆裂。石灰爆裂是指烧结普通砖的原料或内燃物质中夹杂石灰石，焙烧时被烧成生石灰，砖在使用时吸水后，体积膨胀而发生爆裂的现象。石灰爆裂影响砖墙的平整度、灰缝的平直度，甚至使墙面产生裂纹，破坏墙体。

☼小提示

《烧结普通砖》（GB 5101—2003）规定：优等品不允许出现最大破坏尺寸大于 2mm 的爆裂区域；一等品不允许出现最大破坏尺寸大于 10mm 的爆裂区域，在 2～10mm 间爆裂区域，每组砖样不得多于 15 处；合格品不允许出现最大破坏尺寸大于 15mm 的爆裂区域，在 2～15mm 间的爆裂区域，每组砖样不得多于 15 处，其中大于 10mm 的不得多于 7 处。

3. 烧结普通砖的应用

烧结普通砖是传统的墙体材料，具有较高的强度和耐久性，又因其多孔而具有保温绝热、隔音吸声等优点，因此适宜于做建筑围护结构，被大量应用于砌筑建筑物的内墙、外墙、柱、拱、烟囱、沟道及其他构筑物，也可在砌体中置适当的钢筋或钢丝以代替混凝土柱和过梁。

☼小提示

砖的吸水率大，一般为 15%～20%。在砌筑前，必须预先使砖吸水润湿，否则水泥砂浆不能正常水化和凝结硬化。

烧结普通砖中的黏土砖，因其毁田取土、能耗大、块体小、施工效率低、砌体自重大、抗震性差等缺点，国家已在主要大、中城市及一些地区禁止使用，开始重视烧结多孔砖、烧结空心砖的推广应用，因地制宜地发展新型墙体材料。利用工业废料生产的粉煤灰砖、煤矸石砖、页岩砖等以及各种砌块、板材逐步发展起来，并将逐渐取代普通黏土砖。

（二）烧结多孔砖、烧结空心砖和空心砌块

在现代建筑中，由于高层建筑的发展，对烧结砖提出了减轻自重、改善绝热和吸声性能的要求，因此出现了烧结多孔砖、烧结空心砖和空心砌块。它们与烧结普通砖相比，具有一系列优点，使用这些砖可使墙体自重减轻 30%～35%，提高工效可达 40%，节省砂浆降低造价约 20%，并可改善墙体的绝热和吸声性能。此外，在生产上能节约黏土原料、燃料，提高质量和产量，降低成本。

1. 烧结多孔砖

烧结多孔砖是以黏土、页岩、煤矸石或粉煤灰为主要原料，经焙烧而成、孔洞率不小于 25%，砖内孔洞内径不大于 22mm；孔的尺寸小而数量多，主要用于承重部位的砖，简称多孔砖。目前多孔砖分为 P 型砖和 M 型砖，如图 7-2 所示。

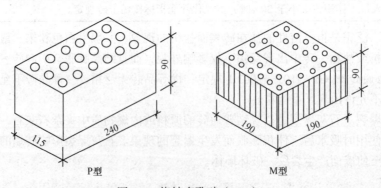

图 7-2　烧结多孔砖（mm）

（1）烧结多孔砖的技术要求。根据国家标准《烧结多孔砖和多孔砌块》（GB 13544—2011），烧结多孔砖的技术要求如下所述。

① 尺寸偏差。烧结多孔砖的外形为直角六面体，其长度、宽度、高度尺寸应为 290mm×190(140)mm×90mm、240mm×180(175)mm×115mm。多孔砖的长用尺寸为 190mm×190mm×

90mm（M 型）和 240mm×114mm×90mm（P 型）两种规格。烧结多孔砖的尺寸允许偏差应符合表 7-6 的规定。

表 7-6 　　　　　　　　　　　　多孔砖的尺寸允许偏差 　　　　　　　　　　（单位：mm）

尺　　寸	样本平均偏差	样本极差≤
＞400	±3.0	10.0
300～400	±2.5	9.0
200～300	±2.5	8.0
100～200	±2.0	7.0
＜100	±1.5	6.0

② 外观质量。烧结多孔砖的外观质量应符合表 7-7 的规定。

表 7-7 　　　　　　　　　　　烧结多孔砖的外观质量要求 　　　　　　　　（单位：mm）

项　　目		指　标
1. 完整面	不得少于	一条面和一顶面
2. 缺棱掉角的 3 个破坏尺寸	不得同时大于	30
3. 裂纹长度 （1）大面（有孔面）上深入孔壁 15mm 以上宽度方向及延伸到条面的长度 （2）大面（有孔面）上深入孔壁 15mm 以上长度方向及延伸到顶面的长度 （3）条顶面上的水平裂纹	≤ ≤ ≤	80 100 100
4. 杂质在砖面上造成的凸出高度	≤	5

注：凡有下列缺陷之一者，不能称为完整面。
① 缺损在条面或顶面上造成的破坏面尺寸同时大于 20mm×30mm。
② 条面或顶面上裂纹宽度大于 1mm，其长度超过 70mm。
③ 压陷、焦花、粘底在条面或顶面上的凹陷或凸出超过 2mm，区域最大投影尺寸同时大于 20mm×30mm。

③ 强度等级。烧结多孔砖根据抗压强度，分为 MU30、MU25、MU20、MU15、MU10 5 个强度等级，见表 7-8。

表 7-8 　　　　　　　　　　　烧结多孔砖强度等级 　　　　　　　　　　（单位：MPa）

强度等级	抗压强度平均值 f≥	强度标准值 f_k≥	单块最小抗压强度值 f_{min}≥
MU30	30.0	22.0	25.0
MU25	25.0	18.0	22.0
MU20	20.0	14.0	16.0
MU15	15.0	10.0	12.0
MU10	10.0	6.5	7.5

④ 孔型、孔结构及孔率。烧结多孔砖的孔型、孔结构及孔率应符合表 7-9 的规定。

表 7-9　　　　　　　　　　烧结多孔砖的孔型、孔结构及孔率

孔型	孔洞尺寸/mm		最小外壁厚/mm	最小肋厚/mm	孔洞率/% 砖	孔洞排列
	孔宽度尺寸 b	孔长度尺寸 L				
矩形条孔或矩形孔	≤13	≤40	≥12	≥5	≥2	① 所有孔宽应相等。孔采用单向或双向交错排列。 ② 孔洞排列上下、左右应对称，分布均匀，手抓孔的长度方向尺寸必须平行于砖的条面

注：① 矩形孔的孔长 L、孔宽 b 满足式 $L \geqslant 3b$ 时，为矩形条孔。

② 孔 4 个角应做成过渡圆角，不得做成直尖角。

③ 如设有砌筑砂浆槽，则砌筑砂浆槽不计算在孔洞率内。

④ 规格大的砖应设置手抓孔，手抓孔尺寸为（30～40）mm×（75～85）mm。

⑤ 泛霜。每块砖不允许出现严重泛霜。

⑥ 石灰爆裂破坏尺寸大于 2mm 且小于或等于 15mm 的爆裂区域，每组砖不得多于 15 处。其中大于 10mm 的不得多于 7 处。不允许出现破坏尺寸大于 15mm 的爆裂区域。

⑦ 抗风化性能。严重风化区中的黑龙江、吉林、辽宁、内蒙古、新疆等省区的砖和其他地区以淤泥、固体废弃物为主要原料生产的砖和砌块必须进行冻融试验；其他地区以黏土、粉煤砂、页岩、煤矸石为主要原料生产的砖的抗风化性能符合表 7-10 规定时可不做冻融试验，否则必须进行冻融试验。试验后，每块砖不允许出现分层、掉皮、缺棱、掉角等现象。

表 7-10　　　　　　　　　　烧结多孔砖和砌块的抗风化性能

项目 种　类	项目							
	严重风化区				非严重风化区			
	5h 沸煮吸水率/%≤		饱和系数≤		5h 沸煮吸水率/%≤		饱和系数≤	
	平均值	单块最大值	平均值	单块最大值	平均值	单块最大值	平均值	单块最大值
黏土砖和砌块	21	23	0.85	0.87	23	25	0.88	0.90
粉煤灰砖和砌块	23	25			30	32		
页岩砖和砌块	16	18	0.74	0.77	18	20	0.78	0.80
煤矸石砖和砌块	19	20			21	23		

（2）烧结多孔砖的应用。烧结多孔砖主要用于建筑物的承重墙。M 型砖符合建筑模数，使设计规范化、系列化；P 型砖便于与普通砖配套使用。

2. 烧结空心砖和空心砌块

烧结空心砖是以黏土、页岩、粉煤灰、煤矸石等为主要原料，经焙烧而成的孔洞率大于或等于 35% 的砖。其自重较轻，强度低，主要用于非承重墙和填充墙体。孔洞多为矩形孔或其他孔型，数量少而尺寸大，孔洞平行于受压面。

根据《烧结空心砖和空心砌块》（GB 13545—2003），空心砖和砌块外形为直角六面体，在与砂浆的接合面上应设有增加结合力的深度为 1mm 以上的凹线槽，如图 7-3 所示。

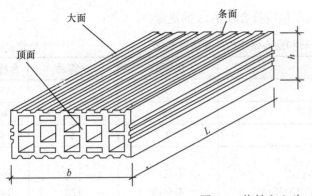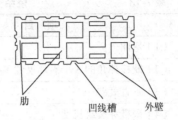

图 7-3 烧结空心砖

l—长度；*b*—宽度；*h*—高度

（1）分类。烧结空心砖和空心砌块的分类及其他参数见表 7-11。

表 7-11　　　　　　　　烧结空心砖和空心砌块的分类及其他参数

项目	内　　容
类别	按主要原料分为黏土砖和砌块（N）、页岩砖和砌块（Y）、煤矸石砖和砌块（M）、粉煤灰砖和砌块（F）
规格	（1）砖和砌块的外形为直角六面体，其长度、宽度、高度尺寸应符合下列要求（mm）：390，290，240；190，180，175；140，115，90。 （2）其他规格尺寸由供需双方协商确定
等级	（1）抗压强度分为：MU10.0、MU7.5、MU5.0、MU3.5、MU2.5。 （2）体积密度分为：800 级、900 级、1 000 级、1 100 级。 （3）强度、密度、抗风化性能和放射性物质合格的砖和砌块，根据尺寸偏差、外观质量、孔洞排列及其结构、泛霜、石灰爆裂、吸水率分为优等品（A）、一等品（B）和合格品（C）3 个质量等级
产品标记	砖和砌块的产品标记按产品名称、类别、规格、密度等级、强度等级、质量等级和标准编号顺序编写。举例如下 　　规格尺寸 290mm×190mm×90mm，密度等级 800，强度等级 MU7.5，优等品的页岩空心砖，其标记为：烧结空心砖 Y(290×190×90)　800　MU7.5A　GB 13545。 　　规格尺寸 290mm×290mm×190mm，密度等级 1 000，强度等级 MU3.5，一等品的黏土空心砌块，其标记为：烧结空心砌块 N(290×290×190)　1 000　MU3.5B　GB 13545

（2）技术要求。

① 烧结空心砖和空心砌块的尺寸允许偏差应符合表 7-12 的规定。

表 7-12　　　　　　烧结空心砖和空心砌块的尺寸允许偏差　　　　　　（单位：mm）

尺寸	优等品		一等品		合格品	
	样本平均偏差	样本极差≤	样本平均偏差	样本极差≤	样本平均偏差	样本极差≤
＞300	±2.5	6.0	±3.0	7.0	±3.5	8.0
200～300	±2.0	5.0	±2.5	6.0	±3.0	7.0
100～200	±2.0	4.0	±2.0	5.0	±2.5	6.0
＜100	±1.5	3.0	±1.7	4.0	±2.0	5.0

185

② 烧结空心砖和空心砌块的外观质量应符合表 7-13 的规定。

表 7-13 　　　　　烧结空心砖和空心砌块的外观质量要求　　　　（单位：mm）

项　目		优等品	一等品	合格品
（1）弯曲	≤	3	4	5
（2）缺棱掉角的 3 个破坏尺寸不得同时	>	15	30	40
（3）垂直度差	≤	3	4	5
（4）未贯穿裂纹长度	≤			
① 大面上宽度方向及其延伸到条面的长度		不允许	100	120
② 大面上长度方向或条面上水平面方向的长度		不允许	120	140
（5）贯穿裂纹长度	≤			
① 大面上宽度方向及其延伸到条面的长度		不允许	40	60
② 壁、肋沿长度方向、宽度方向及其水平方向的长度		不允许	40	60
（6）肋、壁内残缺长度	≤	不允许	40	60
（7）完整面	不少于	一条面和一大面	一条面或一大	—

注：凡有下列缺陷之一者，不能称为完整面。
① 缺损在大面、条面上造成的破坏面尺寸同时大于 20mm×30mm。
② 大面、条面上裂纹宽度大于 1mm，其长度超过 70mm。
③ 压陷、粘底、焦花在大面、条面上的凹陷或凸出超过 2mm，区域尺寸同时大于 20mm×30mm。

③ 烧结空心砖和空心砌块的强度等级应符合表 7-14 的规定。

表 7-14 　　　　　　　烧结空心砖和空心砌块的强度等级

强度等级	抗压强度/MPa			密度等级范围/(kg/m³)
	抗压强度平均值 $f\geqslant$	变异系数 $\delta\leqslant 0.21$	变异系数 $\delta > 0.21$	
		强度标准值 $f_k\geqslant$	单块最小抗压强度值 f_{min}	
MU10.0	10.0	7.0	8.0	≤1 100
MU7.5	7.5	5.0	5.8	
MU5.0	5.0	3.5	4.0	
MU3.5	3.5	2.5	2.8	
MU2.5	2.5	1.6	1.8	≤800

④ 烧结空心砖和空心砌块的密度等级应符合表 7-15 的规定。

表 7-15 　　　　　　烧结空心砖和砌块的密度等级　　　　（单位：kg/m³）

密度等级	5 块密度平均值
800	≤800
900	801～900
1 000	901～1 000
1 100	1 001～1 100

⑤ 烧结空心砖和空心砌块的孔洞率和孔洞排数应符合表 7-16 的规定。

表 7-16　　　　　　　　烧结空心砖和空心砌块的孔洞率和孔洞排数及其结构

等级	孔洞排列	孔洞排数/排		孔洞率/%
		宽度方向	高度方向	
优等品	有序交错排列	$b \geqslant 200mm$　≥7 $b < 200mm$　≥5	≥2	
一等品	有序排列	$b \geqslant 200mm$　≥5 $b < 200mm$　≥4	≥2	≥40
合格品	有序排列	≥3	—	

注：b 为宽度的尺寸。

⑥ 泛霜。每块砖和砌块应符合下列规定：优等品，无泛霜；一等品，不允许出现中等泛霜；合格品，不允许出现严重泛霜。

⑦ 石灰爆裂。最大破坏尺寸大于 2mm 且小于等于 15mm 的爆裂区域，每组砖和砌块不得多于 15 处，其中大于 10mm 的不得多于 7 处。不允许出现最大破坏尺寸大于 15mm 的爆裂区域。

⑧ 每组烧结空心砖的吸水率平均值应符合表 7-17 的规定。

表 7-17　　　　　　　　　　烧结空心砖吸水率　　　　　　　　　（单位：%）

等级	吸水率≤	
	黏土砖和砌块、页岩砖和砌块、煤矸石砖和砌块	粉煤灰砖和砌块
优等品	16.0	20.0
一等品	18.0	22.0
合格品	20.0	24.0

注：粉煤灰掺入量（体积比）小于 30% 时，按黏土砖和砌块规定判定。

⑨ 抗风化性能。严重风化区中的黑龙江、吉林、辽宁、内蒙古、新疆等省区的砖和砌块必须进行冻融试验；其他地区砖和砌块的抗风化性能符合表 7-18 规定时可不做冻融试验，否则必须进行冻融试验。冻融试验后，每块砖或砌块不允许出现分层、掉皮、缺棱、掉角等现象。

表 7-18　　　　　　　　　　烧结空心砖和空心砌块的抗风化性能

项目　　种类	饱和系数　≤			
	严重风化区		非严重风化区	
	平均值	单块最大值	平均值	单块最大值
黏土砖和砌块 粉煤灰砖和砌块	0.85	0.87	0.88	0.90
页岩砖和砌块 煤矸石砖和砌块	0.74	0.77	0.78	0.80

（3）烧结空心砖的应用。烧结空心砖主要用于非承重的填充墙和隔墙。

☼小提示

　　烧结多孔砖和烧结空心砖在运输、装卸过程中应避免碰撞，严禁倾卸和抛掷。堆放时应按品种、规格、强度等级分别堆放整齐，不得混杂；砖的堆置高度不宜超过 2m。

二、蒸压（养）砖

蒸压（养）砖又称免烧砖。这类砖的强度不是通过烧结获得，而是制砖时掺入一定胶凝材料或在生产过程中形成一定的胶凝物质使砖具有一定强度。根据所用原料不同，分为灰砂砖、粉煤灰砖、炉渣砖等。

（一）蒸压灰砂

蒸压灰砂砖（简称灰砂砖）是以石灰和砂为主要原料，经坯料制备、压制成型，再经高压饱和蒸汽养护而成的砖。其外形为直角六面体，规格尺寸为 240mm×115mm×53mm。

1. 灰砂砖的技术性质

根据《蒸压灰砂砖》（GB 11945—1999）的规定，蒸压灰砂砖的技术要求如下。

（1）尺寸偏差和外观。蒸压灰砂砖的尺寸允许偏差和外观质量应符合表 7-19 的规定。根据尺寸偏差和外观质量，分为优等品（A）、一等品（B）和合格品（C）3 个质量等级。

表 7-19 尺寸允许偏差和外观质量要求 （单位：mm）

项　目				指　标		
				优等品	一等品	合格品
尺寸允许偏差/mm	长度	L		±2	±2	±3
	宽度	B		±2		
	高度	H		±1		
缺棱掉角	个数/个	不多于		1	1	2
	最大尺寸/mm		≤	10	15	20
	最小尺寸/mm		≤	5	10	10
对应高度差/mm			≤	1	2	3
裂纹	条数/条	不多于		1	1	2
	大面上宽度方向及其延伸到条面的长度/mm		≤	20	50	70
	大面上长度方向及其延伸到顶面上的长度或条、顶面水平裂纹的长度/mm		≤	30	70	100

（2）强度等级。根据抗压强度及抗折强度，蒸压灰砂砖的强度等级分为 MU25、MU20、MU15、MU10 4 个等级，见表 7-20。

表 7-20 蒸压灰砂砖的强度等级 （单位：MPa）

强度级别	抗压强度		强度级别	抗压强度	
	5 块平均值≥	单块值≥		5 块平均值≥	单块值≥
MU25	25.0	20.0	MU10	10.0	8.0
MU20	20.0	16.0	MU7.5	7.5	6.0
MU15	15.0	12.0			

注：优等品的强度等级不得小于 MU15。

（3）抗冻性。蒸压灰砂砖的抗冻性应符合表 7-21 的规定。

表 7-21 蒸压灰砂砖的抗冻性指标

强度级别	冻后抗压强度（MPa）平均值≥	单块砖的干质量损失（%）≤	强度级别	冻后抗压强度（MPa）平均值≥	单块砖的干质量损失（%）≤
MU25	20.0		MU10	8.0	
MU20	16.0	2.5	MU7.5	6.0	2.0
MU15	12.0				

注：优等品的强度级别不得小于 MU15。

2. 蒸压灰砂砖的应用

蒸压灰砂砖适用于各类民用建筑、公用建筑和工业厂房的内、外墙，以及房屋的基础。是替代烧结黏土砖的产品。蒸压灰砂砖以适当比例的石灰和石英砂、砂或细砂岩，经磨细、加水拌和、半干法压制成型并经蒸压养护而成。

（二）蒸压粉煤灰砖

蒸压粉煤灰砖是以粉煤灰和石灰为主要原料，配以适量的石膏和炉渣，加水拌和后压制成型，经常压或高压蒸汽养护而制成的实心砖。其外形尺寸与烧结黏土砖相同，呈深灰色。根据外观质量、尺寸偏差、强度等级、干燥收缩值分为优等品（A）、一等品（B）和合格品（C）3个质量等级。

1. 蒸压粉煤灰砖的技术性质

根据《粉煤灰砖》（JC 239—2001）规定，粉煤灰砖的主要技术要求如下。

（1）尺寸偏差和外观。蒸压粉煤灰砖的外形为直角六面体。规格尺寸为 240mm×115mm×53mm。其尺寸允许偏差和外观质量应符合表 7-22 的规定。

表 7-22 尺寸允许偏差和外观质量要求 （单位：mm）

项　目		指标		
		优等品（A）	一等品（B）	合格品（C）
尺寸允许偏差： 　　长 　　宽 　　高		±2 ±2 ±1	±3 ±3 ±2	±4 ±4 ±3
对应高度差	≤	1	2	3
缺棱掉角的最小破坏尺寸	≤	10	15	20
完整面	不少于	二条面和一顶面或二顶面和一条面	一条面和一顶面	一条面和一顶面
裂纹长度 （1）大面上宽度方向的裂纹（包括延伸到条面上的长度） （2）其他裂纹	≤	30 50	50 70	70 100
层裂		不允许		

注：在条面或顶面上破坏面的两个尺寸同时大于 10mm 和 20mm 者为非完整面。

（2）强度等级。根据抗压强度及抗折强度，蒸压粉煤灰砖的强度等级分为 MU30、MU25、MU20、MU15、MU10 5 级，见表 7-23。

表 7-23		蒸压粉煤灰砖强度等级		（单位：MPa）
强度等级	抗压强度		抗折强度	
	10 块平均值≥	单块值≥	10 块平均值≥	单块值≥
MU30	30.0	24.0	6.2	5.0
MU25	25.0	20.0	5.0	4.0
MU20	20.0	16.0	4.0	3.2
MU15	15.0	12.0	3.3	2.6
MU10	10.0	8.0	2.5	2.0

注：强度等级以蒸压养护后 1d 的强度为准。

（3）抗冻性。蒸压粉煤灰砖的抗冻性应符合表 7-24 的规定。

表 7-24	蒸压粉煤灰砖的抗冻性指标	
强度等级	抗压强度/MPa 平均值≥	砖的干质量损失/% 单块值≤
MU30	24.0	
MU25	20.0	
MU20	16.0	2.0
MU15	12.0	
MU10	8.0	

2. 蒸压粉煤灰砖的应用

蒸压粉煤灰砖可用于工业与民用建筑的基础、墙体。应用时应注意以下几点。

（1）在易受冻融和干湿交替作用的建筑部位必须使用优等品或一等品砖。用于易受冻融作用的建筑部位时要进行冻融试验，并采取适当措施，以提高建筑的耐久性。

（2）用粉煤灰砖砌筑的建筑物，应适当增设圈梁及伸缩缝或采取其他措施，以避免或减少收缩裂缝的产生。

（3）粉煤灰砖出釜后，应存放一段时间后再用，以减少相对伸缩值。

（4）长期受高于 200℃温度作用，或受冷热交替作用，或有酸性侵蚀的建筑部位不得使用粉煤灰砖。

（三）炉渣砖

炉渣砖是以煤燃烧后的残渣为主要原料，配以一定数量的石灰和少量石膏，经加水搅拌混合、压制成型、蒸养或蒸压养护而制成的实心砖。

1. 炉渣砖的技术性质

根据《炉渣砖》（JC/T 525—2007），炉渣砖的主要技术要求如下所述。

（1）尺寸允许偏差。炉渣砖的外形为直角六面体。规格尺寸为 240mm×115mm×53mm。其尺寸允许偏差应符合表 7-25 的规定。

表 7-25	尺寸允许偏差		（单位：mm）
项 目	长度	宽度	高度
合格品	±2.0	±2.0	±2.0

（2）外观质量。炉渣砖的外观质量应符合表 7-26 的规定。

表 7-26	外观质量要求		（单位：mm）
项　目			合格品
弯曲		≤	2.0
缺棱掉角	个数/个	≤	1
	3 个方向投影尺寸的最小值	≤	10
完整面		不少于	一条面和一顶面
裂缝长度			
（1）大面上宽度方向及其延伸到条面的长度		≤	30
（2）大面上长度方向及其延伸到顶面上的长度或条、顶面水平裂纹的长度　≤			50
层裂			不允许
颜色			基本一致

（3）强度等级。根据抗压强度，炉渣砖的强度分为 MU25、MU20、MU15 3 个强度等级，见表 7-27。

表 7-27	炉渣砖强度等级		（单位：MPa）
强度等级	抗压强度平均值 $\bar{f}$ ≥	变异系数 $\delta \leqslant 0.21$	变异系数 $\delta \geqslant 0.21$
		强度标准值 f_k ≥	单块最小抗压强度 f_{min} ≥
MU25	25.0	19.0	20.2
MU20	20.0	14.0	16.0
MU15	15.0	10.0	12.0

（4）抗冻性。炉渣砖的抗冻性应符合表 7-28 的规定。

表 7-28	炉渣砖的抗冻性指标	
强度等级	冻后抗压强度/MPa 平均值　≥	单块砖的干质量损失/%　≤
MU25	22.0	2.0
MU20	16.0	2.0
MU15	12.0	2.0

（5）碳化性能。炉渣砖的碳化性能应符合表 7-29 的规定。

表 7-29	炉渣砖的碳化性能
强度等级	碳化后的强度/MPa　平均值　≥
MU25	22.0
MU20	16.0
MU15	12.0

2. 炉渣砖的应用

炉渣砖可用于一般工业与民用建筑的墙体和基础。

☀**小提示**

用于基础或易受冻融和干湿交替作用的建筑部位必须使用 MU15 及以上的砖；炉渣砖不得用于长期受热 200℃以上，或受急冷急热，或有侵蚀性介质侵蚀的建筑部位。

学习单元 2　墙用砌块的强度等级

✏**知识目标**

（1）掌握粉煤灰砌块、蒸压加气混凝土砌块的技术要求与应用。

（2）掌握混凝土小型空心砌块、轻集料混凝土小型空心砌块的技术要求与应用。

✏**技能目标**

根据工程实际需要合理选用墙用砌块。

➡ **基础知识**

砌块是一种比砌墙砖大的新型墙体材料，具有适应性强、原料来源广、不毁耕地、制作方便、可充分利用地方资源和工业废料、砌筑方便灵活等特点，同时可提高施工效率及施工的机械化程度，减轻房屋自重，改善建筑物功能，降低工程造价。推广和使用砌块是墙体材料改革的一条有效途径。

砌块是指砌筑用的人造块材，外形多为直角六面体，也有各种异形的。砌块系列中主规格的长度、宽度或高度有一项或一项以上分别大于 365mm、240mm 或 115mm，但高度不大于长度或宽度的 6 倍，长度不超过高度的 3 倍。

砌块按用途分为承重砌块与非承重砌块；按有无孔洞分为实心砌块与空心砌块；按生产工艺分为烧结砌块与蒸压蒸养砌块；按大小分为中型砌块（高度为 400mm、800mm）和小型砌块（高度为 200mm），前者用小型起重机械施工，后者可用手工直接砌筑；按原材料不同分为硅酸盐砌块和混凝土砌块，前者用炉渣、粉煤灰、煤矸石等材料加石灰、石膏配合而成，后者用混凝土制作。

一、粉煤灰砌块

粉煤灰砖是以粉煤灰、石灰为主要原料，掺加适量石膏、外加剂和集料等，经坯料配制、轮碾碾练、机械成型、水化和水热合成反应而制成的实心粉煤灰砖。

（一）粉煤灰砌块的技术要求

根据《粉煤灰砌块》[JC 238—1991(1996)]，其主要技术要求如下所述。

1. 规格

粉煤灰砌块的外形尺寸为 880mm×380mm×240mm 和 880mm×430mm×240mm 两种。砌块的端面应加灌浆

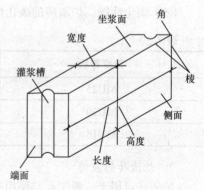

图 7-4　粉煤灰砌块形状示意图

槽，坐浆面（又叫铺浆面）宜设抗切槽，形状如图7-4所示。

2. 外观质量及尺寸允许偏差

粉煤灰砌块的外观质量要求和尺寸允许偏差见表7-30。

表7-30　　　　　　　　粉煤灰砌块外观质量要求和尺寸允许偏差　　　　　　　　（单位：mm）

项　　目		指　　标	
		一等品（B）	合格品（C）
外观质量	表面疏松	不允许	
	贯穿面棱的裂缝	不允许	
	任一面上的裂缝长度	不得大于裂缝方向砌块尺寸的1/3	
	石灰团、石膏团	直径不得大于5	
	粉煤灰团、空洞和爆裂	直径不得大于30	直径不得大于50
	局部凸起高度　　　　　　　　　≤	10	15
	翘突　　　　　　　　　　　　　≤	6	8
	缺棱掉角在长、宽、高3个方向上投影的最大值　≤	30	50
	高低差	长度方向	6	8
		宽度方向	4	6
尺寸允许偏差	长度	+4，-6	+5，-10
	高度	+4，-6	+5，-10
	宽度	±3	±6

193

3. 等级划分

按立方体试件的抗压强度，砌块分为 MU10、MU13 两个强度等级。根据外观质量、尺寸偏差和干缩性，分为一等品（B）、合格品（C）两个质量等级。粉煤灰砌块的立方体抗压强度、碳化后强度、抗冻性能、密度及干缩值应符合表7-31的要求。

表7-31　　　粉煤灰砌块的立方体抗压强度、碳化后强度、抗冻性能、密度及干缩值

项　　目	指　　标	
	M10	M13
抗压强度/MPa	3块试件平均值≥10.0 单块最小值8.0	3块试件平均值≥13.0 单块最小值10.5
人工碳化后强度/MPa	≥6.0	≥7.5
抗冻性	冻融循环结束后，外观无明显疏松、剥落或裂缝；强度损失≤20%	
密度/（kg·m⁻³）	不超过设计密度10%	
干缩值/（mm·m⁻¹）	≤0.75	≤0.90

（二）粉煤灰砌块的应用

粉煤灰砌块适用于工业与民用建筑的墙体和基础，但不宜用于有酸性侵蚀介质侵蚀的、密封性要求高的及受较大振动影响的建筑物（如锻锤车间），也不宜用于经常处于高温的承重墙（如炼钢车间、锅炉间的承重墙）和经常受潮的承重墙（如公共浴室等）。

二、蒸压加气混凝土砌块

蒸压加气混凝土砌块是在钙质材料（如水泥、石灰）和硅质材料（如砂子、粉煤灰、矿渣）的配料中加入铝粉作加气剂，经加水搅拌、浇注成型、发气膨胀、预养切割，再经高压蒸汽养护而成的多孔硅酸盐砌块。

（一）蒸压加气混凝土砌块的规格尺寸

蒸压加气混凝土砌块的规格尺寸见表 7-32。

表 7-32 　　　　　　　　　　　　砌块的规格尺寸 　　　　　　　　　（单位：mm）

长度（L）	宽度（B）			高度（H）			
600	100　120　125 150　180　200 240　250　300			200	240	250	300

注：如需要其他规格，可由供需双方协商解决。

（二）蒸压加气混凝土砌块的技术要求

根据《蒸压加气混凝土砌块》（GB 11968—2006），蒸压加气混凝土砌块按尺寸偏差与外观质量、干密度、抗压强度和抗冻性分为优等品（A）和合格品（B）两个等级。其主要技术要求如下。

1. 砌块的尺寸允许偏差和外观质量

蒸压加气混凝土砌块的尺寸允许偏差和外观质量应符合表 7-33 的规定。

表 7-33 　　　　　蒸压加气混凝土砌块的尺寸允许偏差和外观质量要求 　　　　（单位：mm）

项　　目				指　　标	
				优等品（A）	合格品（B）
尺寸允许偏差/mm		长度	L	±3	±4
		宽度	B	±1	±2
		高度	H	±1	±2
缺棱掉角	最小尺寸/mm		≤	0	30
	最大尺寸/mm		≤	0	70
	大于以上尺寸的缺棱掉角个数/个		不多于	0	2
裂纹长度	贯穿一棱二面的裂纹长度不得大于裂纹所在面的裂纹方向尺寸总和的			0	1/3
	任一面上的裂纹长度不得大于裂纹方向尺寸的			0	1/2
	大于以上尺寸的裂纹条数/条		不多于	0	2
爆裂、黏模和损坏深度/mm			≤	10	30
表面疏松、层裂				不允许	
平面弯曲				不允许	
表面油污				不允许	

2. 砌块的抗压强度

蒸压加气混凝土砌块的抗压强度有 A1.0、A2.0、A2.5、A3.5、A5.0、A7.5、A10 7 个级别，见表 7-34 和表 7-35。

表 7-34　　　　　　蒸压加气混凝土砌块的抗压强度　　　　　　（单位：MPa）

强度等级	立方体抗压强度		强度等级	立方体抗压强度	
	平均值≥	单组最小值≥		平均值≥	单组最小值≥
A1.0	1.0	0.8	A5.0	5.0	4.0
A2.0	2.0	1.6	A7.5	7.5	6.0
A2.5	2.5	2.0	A10.0	10.0	8.0
A3.5	3.5	2.8			

表 7-35　　　　　　蒸压加气混凝土砌块的强度等级

干密度级别		B03	B04	B05	B06	B07	B08
干密度	优等品（A）	A1.0	A2.0	A3.5	A5.0	A7.5	A10.0
	合格品（B）			A2.5	A3.5	A5.0	A7.5

3. 砌块的干密度

蒸压加气混凝土砌块的干密度有 B03、B04、B05、B06、B07、B08 6 个级别，见表 7-36。

表 7-36　　　　　　蒸压加气混凝土砌块的干密度　　　　　　（单位：kg/m³）

干密度级别		B03	B04	B05	B06	B07	B08
干密度	优等品（A）≤	300	400	500	600	700	800
	合格品（B）≤	325	425	525	625	725	825

4. 砌块的干燥收缩值、抗冻性和导热系数

蒸压加气混凝土砌块的干燥收缩值、抗冻性和导热系数（干态）应符合表 7-37 的规定。

表 7-37　　　　　干燥收缩值、抗冻性和导热系数

干密度级别			B03	B04	B05	B06	B07	B08
干燥收缩值[1]	标准法/（mm·m⁻¹）	≤						
	快速法/（mm·m⁻¹）	≤						
抗冻性	质量损失/%	≤						
	冻后强度/MPa　≥	优等品（A）	0.8	1.6	2.8	4.0	6.0	8.0
		合格品（B）			2.0	2.8	4.0	6.0
导热系数（干态）/［W·(m·K)⁻¹］		≤	0.10	0.12	0.14	0.16	0.18	0.20

注：①规定采用标准法、快速法测定砌块干燥收缩值，若测定结果发生矛盾不能判定时，则以标准法测定的结果为准。

（三）加气混凝土砌块的应用

目前，加气混凝土材料多以预制成品的形式应用于建筑工程中。加气混凝土砌块可以垒砌 3 层或 3 层以下房屋的承重墙，也可作为工业厂房，多层、高层框架结构建筑的非承重填充墙材料使用。配有钢筋的加气混凝土条板可作为承重和保温合一的屋面板。加气混凝土还可以与普通混

凝土混合制成复合板，用于外墙，兼有承重和保温作用。与传统的黏土烧结砖材料相比较，加气混凝土虽然强度低些，但可充分利用工业废料，产品成本较低，能大幅度降低建筑物自重，保温效果好。所以，加气混凝土制品将会越来越显示出其较高的使用价值和广阔的发展前景。

但是，建筑物的以下部位不得使用加气混凝土材料：建筑物±0.001以下（地下室的非承重内隔墙除外）；长期浸水或经常干湿交替的部位；受化学侵蚀的环境，如强酸、强碱或高浓度二氧化碳等周围；砌块表面经常处于80℃以上的高温环境。

三、混凝土小型空心砌块

混凝土小型空心砌块（简称小砌块）是以水泥、砂、石等普通混凝土材料制成的。空心率为25%～50%，常用的混凝土砌块外形如图7-5所示。

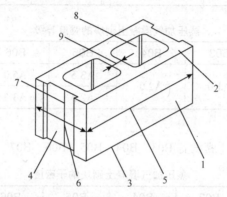

图 7-5 小型空心砌块示意图

1—条面；2—坐浆面（肋厚较小的面）；3—铺浆面（肋厚较大的面）；
4—顶面；5—长度；6—宽度；7—高度；8—壁；9—肋

（一）混凝土小型空心砌块的技术要求

根据《普通混凝土小型空心砌块》（GB 8239—1997），其主要技术指标如下。

1. 规格

混凝土小型空心砌块主规格尺寸为390mm×190mm×190mm，其他规格尺寸可由供需双方协商。

2. 强度等级与质量等级

按抗压强度分为 MU3.5、MU5.0、MU7.5、MU10.0、MU15.0、MU20.0 6个强度等级，见表7-38。按其尺寸偏差和外观质量分为优等品（A）、一等品（B）和合格品（C）3个质量等级。

表 7-38　　　　　　　　　　　普通混凝土小型空心砌块强度等级　　　　　　　　　　（单位：MPa）

强度等级	砌块抗压强度	
	平均值≥	单块最小值≥
MU3.5	3.5	2.8
MU5.0	5.0	4.0
MU7.5	7.5	6.0
MU10.0	10.0	8.0
MU15.0	15.0	12.0
MU20.0	20.0	16.0

3. 其他

混凝土小型空心砌块的抗冻性在采暖地区一般环境条件下应达到 F15，干湿交替环境条件下应达到 F25，非采暖地区不规定。其相对含水率应达到：潮湿地区≤45%，中等地区≤40%，干燥地区≤35%，其抗渗性也应满足有关规定。

（二）混凝土小型空心砌块的应用

混凝土小型空心砌块可用于多层建筑的内墙和外墙。对用于承重墙和外墙的砌块，要求其干缩率小于 0.5mm/m，非承重墙或内墙用的砌块，其干缩率应小于 0.6mm/m。这种砌块在砌筑时一般不宜浇水，但在气候特别干燥炎热时，可在砌筑前稍喷水湿润。

> ☼小提示
>
> 　小砌块采用自然养护时，必须养护28d后方可使用；出厂时小砌块的相对含水率必须严格控制在标准规定范围内；小砌块在施工现场堆放时，必须采取防雨措施；砌筑前，小砌块不允许浇水预湿。

四、轻集料混凝土小型空心砌块

轻集料混凝土小型空心砌块是以陶粒、膨胀珍珠岩、浮石、火山渣、煤渣、炉渣等各种轻粗、细骨料和水泥按一定比例混合，经搅拌成型、养护而成的空心率大于 25%、体积密度不大于 1 400kg/m^3 的轻质混凝土小砌块。

（一）轻集料混凝土小型空心砌块的技术要求

根据《轻集料混凝土小型空心砌块》（GB/T 15229—2011），其技术要求如下所述。

1. 规格

主规格尺寸为 390mm × 190mm × 190mm；其他规格尺寸可由供需双方商定。

2. 强度等级与密度等级

按砌块密度等级分为 700、800、900、1 000、1 100、1 200、1 300、1 400 8 个等级，见表 7-39；按砌块抗压强度分为 MU2.5、MU3.5、MU5.0、MU7.5、MU10.0 5 个等级，见表 7-40。

表 7-39　　　　　　　　　　轻集料混凝土小型空心砌块密度等级　　　　　　（单位：kg/m^3）

密度等级	砌块干燥表观密度范围	密度等级	砌块干燥表观密度范围
700	≥610，≤700	1100	≥1 010，≤1 100
800	≥710，≤800	1200	≥1 110，≤1 200
900	≥810，≤900	1300	≥1 210，≤1 300
1000	≥910，≤1 000	1400	≥1 310，≤1 400

表 7-40　　　　　　　　　　轻集料混凝土小型空心砌块强度等级

强度等级	砌块抗压强度/MPa		密度等级范围/(kg·m^{-3})
	平均值≥	最小值≥	≤
MU2.5	2.5	2.0	800
MU3.5	3.5	2.8	1 000
MU5.0	5.0	4.0	1 200

197

续表

强度等级	砌块抗压强度/MPa		密度等级范围/(kg·m⁻³)
	平均值≥	最小值≥	≤
MU7.5	7.5	6.0	1 200① 1 300②
MU10.0	10.0	8.0	1 200① 1 400②

注：当砌块的抗压强度同时满足 2 个强度等级或 2 个以上强度等级要求时，应以满足要求的最高强度等级为准。

① 除自燃煤矸石掺量不小于砌块质量 35%以外的其他砌块。

② 自燃煤矸石掺量不小于砌块质量 35%的砌块。

（二）轻集料混凝土小型空心砌块的应用

轻集料混凝土小型空心砌块强度等级小于 MU5.0 的多用在框架结构中的非承重隔墙和非承重墙，如框架填充墙等，可增加墙体的保温性能；强度等级为 MU7.5、MU10.0 的主要用于砌多层建筑的承重墙体，如承重保温墙等。

学习单元 3 墙用板材的技术性能及应用范围

知识目标

（1）掌握水泥类墙用板材的技术要求与应用。

（2）掌握石膏类墙用板材的技术要求与应用。

技能目标

根据工程实际需要合理选择墙用板材。

基础知识

墙用板材是一种新型墙体材料。在多功能框架结构中，墙板除轻质外，还具有保温、隔热、隔声、使用面积大、施工方便快捷等特性，具有很广阔的发展前景。

墙用板材主要分为轻质板材类（平板和条板）与复合板类（外墙板、内隔墙板、外墙内保温板和外墙外保温板）。

一、水泥类墙用板材

水泥类的墙体板材有较好的力学性能和耐久性，可用于承重墙、外墙和复合墙板的外层面。但该类板材表观密度大，抗拉强度低，在吊装过程中易受损。根据需要可制成混凝土空心板材以减轻自重和改善隔声隔热性能，也可制成用纤维增强的薄型板材。

（一）蒸压加气混凝土板

蒸压加气混凝土板是由石英砂或粉煤灰、石膏、铝粉、水和钢筋等制成的轻质板材。板中含有大量微小、非连通的气孔，孔隙率达 70%～80%，因而具有自重轻、绝热性好、隔声吸声等特性。该板材还具有较好的耐火性与一定的承载能力。

蒸压加气混凝土板按使用功能分为屋面板（JWB）、楼板（JLB）、外墙板（JRB）、隔墙板（JGB）等常用品种，其外形、断面和配筋示意如图 7-6～图 7-9 所示。

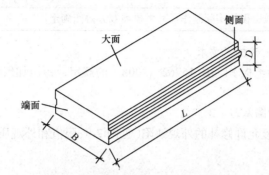

图 7-6　蒸压加气混凝土板外形示意图

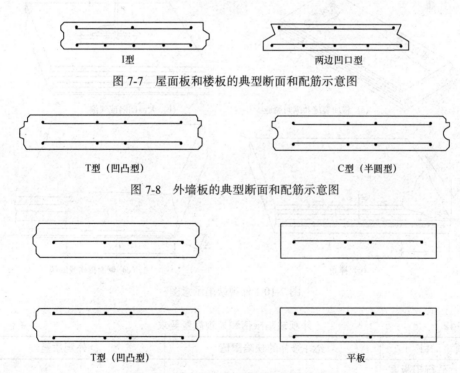

I型　　　　　　　　　　　两边凹口型

图 7-7　屋面板和楼板的典型断面和配筋示意图

T型（凹凸型）　　　　　　　C型（半圆型）

图 7-8　外墙板的典型断面和配筋示意图

199

T型（凹凸型）　　　　　　　平板

图 7-9　隔墙板的典型断面和配筋示意图

注：隔墙板配单层图片时，其厚度不应大于100mm。

1. 蒸压加气混凝土板的组成

石英砂或粉煤灰和水是生产蒸压加气混凝土板的主要原料，对制品的物理力学性能起关键作用；石膏作为掺和料，可改善料浆的流动性与制品的物理性能。铝粉是发气剂，与 $Ca(OH)_2$ 反应起发泡作用；钢筋起增强作用，以提高板材的抗弯强度。

2. 蒸压加气混凝土板的规格

蒸压加气混凝土板常用规格见表 7-41。

表 7-41	蒸压加气混凝土板常用规格	（单位：mm）
长度（L）	宽度（B）	厚度（D）
1 800～6 000（300 模数进位）	600	75、100、125、150、175、200、250、300
		120、180、240

注：其他非常用规格和单项工程的实际制作尺寸由供需双方协商确定。

3. 蒸压加气混凝土板的技术要求

根据《蒸压加气混凝土板》（GB 15762—2008）的规定，蒸压加气混凝土板的主要技术要求如下。

（1）外观质量和尺寸偏差。

① 蒸压加气混凝土板允许修补的外观缺陷（见图 7-9）限值和外观质量要求，应符合表 7-42 的要求。

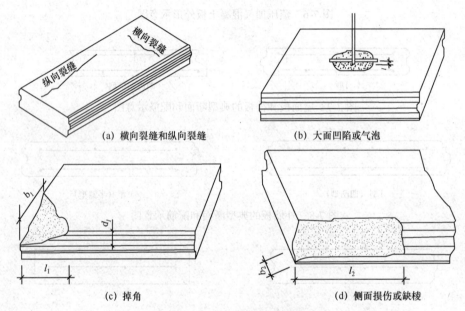

(a) 横向裂缝和纵向裂缝   (b) 大面凹陷或气泡

(c) 掉角   (d) 侧面损伤或缺棱

图 7-10　外观缺陷示意图

表 7-42		外观缺陷限值和外观质量要求	（单位：mm）
项　　目		允许修补的缺陷限值	外观质量
大面上平行于板宽的裂缝（横向裂缝）		不允许	无
大面上平行于板长的裂缝（纵向裂缝）		宽度＜0.2mm 数量不大于 3 条,总长≤1/10L	无
大面凹陷		面积≤150cm², 深度 t≤10mm, 数量不得多于 2 处	无
大气泡		直径≤20mm	无直径＞8mm、深＞3mm 的气泡
掉角	屋面板、楼板	每个端部的板宽方向不多于 1 处, 其尺寸为 b_1≤100mm, d_1≤2/3D, l_1≤300mm	每块板≤1 处（b_1≤20mm, d_1≤20mm, l_1≤100mm）

续表

项 目		允许修补的缺陷限值	外观质量
掉角	外墙板、隔墙板	每个端部的板宽方向不多于1处,在板宽方向尺寸 $b_1 \leq 150mm$,板厚方向 $d_1 \leq 4/5D$,板长方向的尺寸 $l_1 \leq 300mm$	每块板 ≤ 1 处($b_1 \leq 20mm$, $d_1 \leq 20mm$, $l_1 \leq 100mm$)
侧面损伤或缺棱		$\leq 3m$ 的板不多于2处, $>3m$ 的板不多于3处;每处长度 $l_2 \leq 300mm$,深度 $b_2 \leq 50mm$	每侧 ≤ 1 处($b_2 \leq 10mm$, $l_2 \leq 120mm$)

注: ① 修补材颜色、质感宜与蒸压加气混凝土一致,性能应匹配。
② 若板材经修补,则外观质量为修补后的要求。

② 蒸压加气混凝土板的尺寸允许偏差应符合表 7-43 的规定。

表 7-43 　　　　　　　　　　　尺寸允许偏差 　　　　　　　　　　　（单位: mm）

项 目	指　标	
	屋面板、模板	外墙板、隔墙板
长度（ L)	± 4	
宽度（ B)	0 / -4	
厚度（ D)	± 2	
侧向弯曲　　$\leq$	$L/1 000$	
对角线差　　$\leq$	$L/600$	
表面平整　　$\leq$	5	3

（2）蒸压加气混凝土基本性能。蒸压加气混凝土基本性能,包括干密度、抗压强度、干燥收缩值、抗冻性、导热系数,应符合表 7-44 的规定。

表 7-44 　　　　　　　　　　蒸压加气混凝土基本性能

强度级别		A2.5	A3.5	A5.0	A7.5
干密度级别		B04	B05	B06	B07
干密度/（kg·m^{-3}) $\leq$		425	525	625	725
抗压强度/MPa	平均值 $\geq$	2.5	3.5	5.0	7.5
	单组最小值 $\geq$	2.0	2.5	4.0	6.0
干燥收缩值/（mm·m^{-1})	标准法 $\leq$	0.50			
	快速法 $\leq$	0.60			
抗冻性	质量损失/% $\leq$	0.50			
	冻后强度/MPa $\geq$	2.0	2.8	4.0	6.0
导热系数（干态)/〔W·(m·K)$^{-1}$〕 $\leq$		0.12	0.14	0.16	0.18

（3）强度级别要求。各品种蒸压加气混凝土板的强度级别应符合表 7-45 的规定。

表 7-45	蒸压加气混凝土板的强度等级要求
品　　种	强度级别
屋面板、楼板、外墙板	A3.5、A5.0、A7.5
隔墙板	A2.5、A3.5、A5.0、A7.5

4. 蒸压加气混凝土板的应用

蒸压加气混凝土在建筑体系中的应用主要分为两大类。第一类是多层混合结构，主要发挥加气混凝土保温性能好的优点，在原多层建筑横向承重体系不变的条件下，将其用作外墙，既是墙体材料又是保温材料，是目前同类体系中最经济的保温做法。第二类是钢筋混凝土框架结构体系，用作外墙以及内隔墙，这可充分发挥加气混凝土制品质轻的优点，可广泛应用在高层建筑中。

（二）轻骨料混凝土墙板

轻骨料混凝土墙板是以水泥为胶凝材料，陶粒或天然浮石为粗骨料，陶砂、膨胀珍珠岩砂、浮石砂为细骨料，经搅拌、成型、养护而制成的一种轻质墙板。

☆小提示

　　为增强其抗弯能力，常常在内部轻骨料混凝土浇筑完后铺设钢筋网片。在每块墙板内部均设置 6 块预埋铁件，施工时与柱或楼板的预埋钢板焊接相连，墙板接缝处需采取防水措施（主要为构造防水和材料防水两种）。

（三）玻璃纤维增强水泥轻质多孔隔墙条板

玻璃纤维增强水泥轻质多孔隔墙条板俗称 GRC 条板，是以水泥为胶凝材料，以玻璃纤维为增强材料，外加细骨料和水，经过不同生产工艺而形成的一种具有若干个圆孔的条形板，具有轻质、高强、隔热、可锯、可钉、施工方便等优点。

1. GRC 条板的产品分类及规格

GRC 条板的型号按板的厚度分为 60 型、90 型、120 型，按板型分为普通板、门框板、窗框板、过梁板。图 7-11 和图 7-12 所示为一种企口与开孔形式的外形和断面示意图。GRC 条板可采用不同企口和开孔形式，但均应符合表 7-46 的要求。

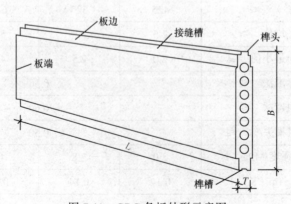

图 7-11　GRC 条板外形示意图

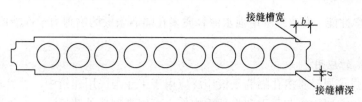

图 7-12 GRC 条板断面示意图

表 7-46 轻质多孔隔墙条板规格 （单位：mm）

型号 \ 项目	L	B	T	a	b
60	2 500~2 800	600	60	2~3	20~30
90	2 500~3 000	600	90	2~3	20~30
120	2 500~3 500	600	120	2~3	20~30

注：其他规格尺寸可由供需双方协商确定。

2. GRC 条板的技术要求

根据《玻璃纤维增强水泥轻质多孔隔墙条板》（GB/T 19631—2005）的规定，GRC 条板的技术要求如下。

（1）产品外观质量。玻璃纤维增强水泥轻质多孔隔墙条板的产品外观质量应符合表 7-47 的规定。

表 7-47 玻璃纤维增强水泥轻质多孔隔墙条板的产品外观质量要求

项 目			等 级	
			一等品	合格品
缺棱掉角	长度/mm	≤	20	50
	宽度/mm	≤	20	50
	数量	≤	2 处	3 处
板面裂缝			不允许	
蜂窝气孔	长径/mm	≤	10	30
	宽径/mm	≤	4	5
	数量	≤	1 处	3 处
飞边毛刺			不允许	
壁厚/mm		≥	10	
孔间肋厚/mm		≥	20	

（2）尺寸允许偏差。玻璃纤维增强水泥轻质多孔隔墙条板的尺寸允许偏差应符合表 7-48 的规定。

表 7-48 GRC 条板尺寸允许偏差 （单位：mm）

允许值 \ 项目	长度	宽度	厚度	板面平整度	对角线差	接缝槽宽	接缝槽深
一等品	±3	±1	±1	≤2	≤10	+2	±0.5
合格品	±5	±2	±2	≤3	≤10	+2	±0.5

（3）物理力学性能。玻璃纤维增强水泥轻质多孔隔墙条板的物理力学性能应符合表 7-49 的规定。

3. GRC 条板的应用

玻璃纤维增强水泥轻质多孔隔墙条板广泛应用于工业与民用建筑中，尤其是高层建筑物中的内隔墙。该条板主要用作非承重和半承重构件，可用来制造外墙板、复合外墙板、天花板、永久性模板等。

表 7-49　　　　玻璃纤维增强水泥轻质多孔隔墙条板的物理力学性能

项　目			一等品	合格品
含水率/%	采暖地区	≤	10	
	非采暖地区	≤	15	
气干面密度/（kg·m⁻³）	90 型	≤	75	
	120 型	≤	95	
抗折破坏荷载/N	90 型	≥	2 200	2 000
	120 型	≥	3 000	2 800
干燥收缩值/（mm·m⁻¹）		≤	0.6	
抗冲击性（30kg，0.5m 落差）			冲击 5 次，板面无裂缝	
吊挂力/N		≥	1 000	
空气声计权隔声量/dB	90 型	≥	35	
	120 型	≥	40	
抗折破坏荷载保留率（耐久性，%）		≥	80	70
放射性比活度	I_{Re}	≤	1.0	
	I_r	≤	1.0	
耐火极限/h		≥	1	
燃烧性能			不燃	

二、石膏类墙用板材

石膏类板材具有质量轻、保温、隔热、吸声、防火、调湿、尺寸稳定、可加工性好、成本低等优良性能，在内墙板中占有较大的比例，常用的石膏板有纸面石膏板、纤维石膏板、石膏空心板、石膏刨花板等。

（一）纸面石膏板

纸面石膏板是以建筑石膏为主要原料，掺入适量添加剂与纤维做板芯，以特制的板纸为护面，经加工制成的板材。纸面石膏板韧性好，不燃，尺寸稳定，表面平整，可以锯割，便于施工，主要用作吊顶、隔墙、内墙贴面、天花板、吸声板等。

1. 纸面石膏板的分类

纸面石膏板按其功能分为普通纸面石膏板、耐水纸面石膏板、耐火纸面石膏板以及防潮纸面石膏板 4 种。

普通纸面石膏是象牙白色板芯，灰色纸面，是最为经济与常见的品种。适用于无特殊要求的使用场所，使用场所连续相对湿度不超过 65%。因为价格的原因，很多人喜欢使用 9.5mm 厚的普通纸面石膏板来做吊顶或间墙，但是由于 9.5mm 普通纸面石膏板比较薄、强度不高，在潮湿条件下容易发生变形，因此建议选用 12mm 以上的石膏板。同时，使用较厚的板材也是预防接缝开裂的一个有效手段。

耐水纸面石膏板，其板芯和护面纸均经过了防水处理，根据国标的要求，耐水纸面石膏板的纸面和板芯都必须达到一定的防水要求（表面吸水量不大于 160g，吸水率不超过 10%）。耐水纸面石膏板适用于连续相对湿度不超过 95% 的场所，如卫生间、浴室等。

耐火纸面石膏板，其板芯内增加了耐火材料和大量玻璃纤维，如果切开石膏板，可以从断面处看见很多玻璃纤维。质量好的耐火纸面石膏板会选用耐火性能好的无碱玻纤，一般的产品都选用中碱或高碱玻。

防潮石膏板，具有较高的表面防潮性能，表面吸水率小于 $160g/m^2$，防潮石膏板用作环境潮度较大的房间吊顶、隔墙和贴面墙。

> ☼**小提示**
>
> 耐火纸面石膏板是以建筑石膏为主要原料，掺入无机耐火纤维增强材料和外加剂等，在与水搅拌后，浇筑于护面纸的面纸与背纸之间，并与护面纸牢固地黏结在一起，旨在提高防火性能的建筑板材。耐水耐火纸面石膏板是以建筑石膏为主要原料，掺入耐水外加剂和无机耐火纤维增强材料等，在与水搅拌后，浇筑于耐水护面纸的面纸与背纸之间，并与耐水护面纸牢固地黏结在一起，旨在改善防水性能和提高防火性能的建筑板材。

2. 纸面石膏板的技术要求

根据《纸面石膏板》（GB/T 9775—2008）的规定，纸面石膏板的主要技术要求如下。

（1）规格尺寸。纸面石膏板的公称长度为 1 500mm、1 800mm、2 100mm、2 400mm、2 440mm、2 700mm、3 000mm、3 300mm、3 600mm 和 3 660mm。

纸面石膏板的公称宽度为 600mm、900mm、1 200mm 和 1 220mm。

纸面石膏板的公称厚度为 9.5mm、12.0mm、15.0mm、18.0mm、21.0mm 和 25.0mm。

（2）外观质量。纸面石膏板板面应平整，不得有影响使用的破损、波纹、沟槽、污痕、划伤、亏料、漏料等缺陷。

（3）尺寸允许偏差。纸面石膏板的尺寸允许偏差应不大于表 7-50 的规定。

表 7-50　　　　　　　　　　纸面石膏板尺寸允许偏差　　　　　　　　　　（单位：mm）

项目	长度	宽度	厚度	
			9.5	≥12.0
尺寸偏差	−6～0	−5～0	±0.5	±0.6

3. 纸面石膏板的应用

普通纸面石膏板适用于建筑物的围护墙、内隔墙和吊顶。在厨房、厕所及空气相对湿度经常大于 70% 的潮湿环境使用时，必须采取相应的防潮措施。

防水纸面石膏板面经过防水处理，石膏芯材也含有防水成分，因而适用于湿度较大的房间墙面。它有石膏外墙衬板、耐水石膏衬板两种，可用作卫生间、厨房、浴室等贴瓷砖、金属板、塑料面墙板的衬板。

（二）纤维石膏板

纤维石膏板（或称石膏纤维板，无纸石膏板）是一种以建筑石膏粉为主要原料，以各种纤维为增强材料的一种新型建筑板材。

纤维石膏板可作干墙板、墙衬、隔墙板、瓦片及砖的背板、预制板外包覆层、天花板块、地板防火门及立柱、护墙板以及特殊应用，如拖车及船的内墙、室外保温装饰系统。目前，建筑隔墙板的市场要求及趋势是：高质量（包括高的防火、防潮、抗冲击性能）及低价格。纤维石膏板已具备防火、防潮及抗冲击性能，加之简易设计的优质隔墙具有较低价格。因此，纤维石膏板比其他石膏板材具有更大的潜力。

（三）石膏空心板

以建筑石膏为原料，加水搅拌，浇注成型的轻质建筑石膏制品。生产中允许加入纤维、珍珠岩、水泥、河沙、粉煤灰、炉渣等，拥有足够的机械强度。

石膏空心板具有质轻、比强度高、隔热、隔声、防火、可加工性好等优点，且安装墙体时不用龙骨，简单方便。适用于各类建筑的非承重内墙，但若用于相对湿度大于75%的环境中，则板材表面应做防水等相应处理。

（四）石膏刨花板

石膏刨花板是以熟石膏（半水石膏）为胶凝材料、木质刨花碎料（木材刨花碎料和非木材植物纤维）为增强材料，外加适量的水和化学缓凝剂，经搅拌形成半干性混合料，在成型压机内以 2.0～3.5MPa 的压力，维持在受压状态下完成石膏与木质材料的固结所形成的板材。

石膏刨花板按品种分，可分为素板和表面装饰板。素板，即未经装饰的石膏刨花板。表面装饰石膏刨花板的品种目前主要包括微薄木饰面石膏刨花板、三氯氰胺饰面石膏刨花板、PVC薄膜饰面石膏刨花板的等。

石膏刨花板同时具有纸面石膏板和普通刨花板的优点，板材强度较高，易加工，板材尺寸稳定性好，施工中破损率低。石膏刨花板具有较好的防火、防水、隔热、隔声性能以及较高的尺寸稳定性，无游离甲醛等有害气体的释放，属绿色环保建材。主要用作非承重内隔墙或装饰板材的基材板。

三、植物纤维类墙用板材

随着农业的发展，农作物的废弃物（如麦秸、稻草、玉米秆、甘蔗渣等）随之增多，污染环境。上述各种废弃物如经适当处理，则可制成各种植物纤维类墙用板材加以利用。建筑工程中常用的植物纤维类墙用板材主要有麦秸人造板、稻草板等。

麦秸人造板的主要原料是麦秸、板纸和脲醛树脂胶料等。麦秸人造板的优点是质轻，保温隔热性能好，隔声好，具有足够的强度和刚度，可以单板使用而不需要龙骨支撑，且便于锯、钉、打孔、黏结和油漆，施工很便捷。其缺点是耐水性差、可燃。

麦秸人造板适于用作非承重的内隔墙、天花板、厂房望板及复合外墙的内壁板。

四、复合墙板

复合墙板是一种工业化生产的新一代高性能建筑内隔板，由多种建筑材料复合而成，代替了传统的砖瓦，它具有环保节能无污染，轻质抗震、防火、保温、隔声、施工快捷的明显优点。

复合墙板是由两种以上不同材料组成的墙板，主要由承受（或传递）外力的结构层（多为金属板、钢丝网）和保温层（矿棉、泡沫塑料、加气混凝土等）及面层（各类具有可装饰性的轻质薄板）组成。其优点是承重材料和轻质保温材料的功能都得到合理利用，实现物尽其用，开拓材料来源。常用的复合墙板如下。

1. 钢丝网水泥夹芯复合板材

钢丝网水泥夹芯复合板材是将泡沫塑料、岩棉、玻璃棉等轻质芯材夹在中间，两片钢丝网之间用"之"字形钢丝相互连接，形成稳定的三维网架结构，然后用水泥砂浆在两侧抹面，或进行其他饰面装饰。常用的钢丝网水泥夹芯板材品种有多种，但基本结构相近，其结构示意图如图 7-13 所示。

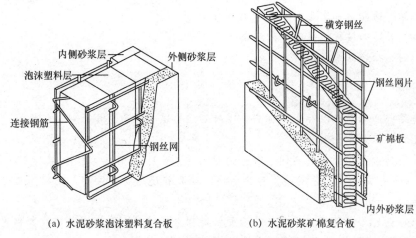

(a) 水泥砂浆泡沫塑料复合板　　　　(b) 水泥砂浆矿棉复合板

图 7-13　钢丝网水泥夹芯复合板材构造

钢丝网水泥夹芯复合板材自重轻、保温隔热性好，另外还具有隔声性好、抗冻性能好、抗震能力强等优点，适当加钢筋后具有一定的承载能力，在建筑物中可用作墙板、屋面板和各种保温板。

2. 金属面聚苯乙烯夹芯板

金属面聚苯乙烯夹芯板是以阻燃型聚苯乙烯泡沫塑料为芯材，以彩色涂层钢板为面材，用黏结剂复合而成的金属夹芯板。它具有保温隔热性能好、质量小、机械性能好、外观美观、安装方便等特点，适合于大型公共建筑，如车库、大型厂房、简易房等，所用部位主要是建筑物的绝热屋顶和墙壁。

3. 钢筋混凝土绝热材料复合外墙板

以钢筋混凝土为承重层和面层，以岩棉为芯材，在台座上一次复合而成的复合外墙板称为钢筋混凝土绝热材料复合外墙板，有承重墙板和非承重墙板两类。承重钢筋混凝土绝热材料复合墙板主要用于大模和大板高层建筑，非承重薄壁混凝土绝热材料复合外墙板可用于框架轻板体系和高层大模体系建筑的外墙工程。

4. 彩钢夹芯板材

彩钢夹芯板材是以彩色涂层钢板为面板，以阻燃型聚苯乙烯泡沫塑料、聚氨酯泡沫塑料或岩棉、矿渣棉为芯材，用胶黏剂复合而成的墙板。金属面夹芯板按芯材分为金属面聚苯乙烯夹芯板，金属面聚氨酯夹芯板，金属面岩棉、矿渣棉夹芯板。外露的彩色钢板表面一般涂以高级彩色塑料涂层，使其具有良好的抗腐蚀能力和耐久性。

彩钢夹芯板材质量轻、导热系数低、使用范围广，具有良好密封性和隔声效果以及良好的防水、防潮、防结露和装饰效果，安装、移动容易。彩钢夹芯板材适用作各类建筑物的墙体和屋面。

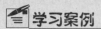

学习案例

烧结普通砖是传统的墙体材料，具有较高的强度和耐久性，又因其多孔而具有保温绝热、隔音吸声等优点，因此某房屋建筑工程选择了烧结普通砖做建筑围护结构，并用来砌筑建筑物的内墙、外墙、柱、拱、烟囱、沟道及其他构筑物，同时还在砌体中置适当的钢筋或钢丝以代替混凝土构造柱和过梁。

想一想

（1）烧结普通砖是如何生产的？

（2）烧结普通砖按抗压强度分为几个等级？

（3）如何选择烧结普通砖？

案例分析

（1）烧结普通砖是指以黏土、页岩、煤矸石、粉煤灰等为主要原料，经成型、焙烧而成的实心或孔洞率不大于15%的砖。

烧结普通砖按所用原材料不同，可分为黏土砖（N）、页岩砖（Y）、煤矸石砖（M）、粉煤灰砖（F）等；按生产工艺不同，可分为烧结砖和非烧结砖；按有无孔洞，又可分为空心砖和实心砖。

以黏土、页岩、煤矸石、粉煤灰等为原料烧制普通砖时，其生产工艺基本相同。生产工艺过程为：采土→调制→制坯→干燥→焙烧→成品。

（2）烧结普通砖按抗压强度划分为MU30、MU25、MU20、MU15、MU10 5个强度等级。若强度等级变异系数 $\delta \leqslant 0.21$，则采用平均值即标准值方法；若强度等级变异系数 $\delta > 0.21$，则采用平均值即单块最小值方法。

（3）烧结普通砖具有一定的强度，又因其多孔结构而具有良好的绝热性、透气性和热稳定性。通常其表观密度为 $1\,600 \sim 1\,800\text{kg/m}^3$，导热系数为 $0.78\text{W/}(\text{m} \cdot \text{K})$，约为混凝土的1/2。

烧结普通砖在建筑工程中主要用于墙体材料，其中优等品适用于清水墙，一等品和二等品可用于混水墙。在采用普通砖砌筑时，必须认识到砖砌体的强度不仅取决于砖的强度，而且受砂浆性质的影响很大。

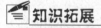

非烧结普通黏土砖

非烧结普通黏土砖是以劣质黏土、砂质土、砾砂土、红壤土等为主要原料，加入少量水泥、石灰等胶凝材料，经粉碎、搅拌，压制成型、自然养护而成的一种非烧结普通黏土砖，又称为免烧砖。

1. 分类

（1）原材料。根据其原材料组合的不同，可分为以下几种类型：黏土、水泥类；黏土、石灰类；黏土、水泥、石灰类；黏土、工业废渣（煤渣或粉煤灰）、水泥类；黏土、工业废渣、水泥、石灰类；黏土、砂、高钙粉煤灰类等。

（2）尺寸偏差、外观质量和强度。非烧结普通黏土砖按尺寸偏差、外观质量和强度，分为一等品（B）和合格品（C）。

（3）强度。按强度分为3个级别：7.5级、10级和15级。

2. 规格

非烧结普通黏土砖的外形为直角六面体，长240m，宽115mm，厚53mm。

3. 产品标记

非烧结普通黏土砖按产品名称、产品等级、强度级别、标准编号顺序进行标记，如：强度级别为10级的一等品产品标记为

UFB-B-10 JC 422

4. 尺寸允许偏差与外观质量

尺寸允许偏差与外观质量见表7-51。

表 7-51 非烧结普通黏土砖尺寸允许偏差与外观质量

项 目			指 标	
			一等品（B）	合格品（C）
尺寸允许偏差/mm	长度 宽度 厚度		±2	±3
外观质量	两个条面的厚度相差/mm	≤	2	3
	缺棱掉角的3个破坏尺寸/mm	不得同时大于	20	30
	裂纹长度/mm	≤	50	90
强度/MPa	完整面	不少于	一条面和一顶面	一条面或一顶面
	强度级别	不低于	10级	7.5级

注：完整面要求缺棱掉角在条、顶面上造成的破坏面不得同时大于10mm×20mm，或裂缝最大宽度不超过1mm。

5. 抗压强度和抗折强度

抗压强度和抗折强度见表7-52。

表 7-52 非烧结普通黏土砖抗压强度和抗折强度 （单位：MPa）

级别	抗压强度		抗折强度	
	平均值≥	单块最小值≥	平均值≥	单块最小值≥
15	15.0	10.0	2.5	1.5
10	10.0	6.0	2.0	1.2
7.5	7.5	4.5	1.5	0.9

6. 耐水性应由饱水强度来确定

各级别砖的饱水强度不得低于表7-53的规定。

表 7-53 非烧结普通黏土砖饱水强度 （单位：MPa）

强度级别	饱水强度
15	10
10	6.5
7.5	5.0

情境小结

（1）砌墙砖是指由黏土、工业废料或其他地方资源为主要原料，以不同工艺制成的在建筑工程中用于砌筑墙体的砖的统称。砌墙砖按照生产工艺分为烧结砖和非烧结砖。按照孔洞率的大小，砌墙砖分为实心砖、多孔砖和空心砖。

（2）墙用砌块是指砌筑用的人造块材。砌块按用途分为承重砌块与非承重砌块；按有无孔洞分为实心砌块与空心砌块；按生产工艺分为烧结砌块与蒸压蒸养砌块；按大小分为中型砌块和小型砌块，前者用小型起重机械施工，后者可用手工直接砌筑；按原材料不同分为硅酸盐砌块和混凝土砌块，前者用炉渣、粉煤灰、煤矸石等材料加石灰、石膏配合而成，后者用混凝土制作。

（3）墙用板材是一种新型墙体材料。墙用板材主要分为轻质板材类（平板和条板）与复合板类（外墙板、内隔墙板、外墙内保温板和外墙外保温板）。

学习检测

一、填空题

1. 砌墙砖按照生产工艺分为_____和_____；按照孔洞率的大小，砌墙砖分为_____、_____和_____。

2. 烧结普通砖按所用原材料不同，可分为_____、_____、_____、_____等；按生产工艺不同，可分为_____和_____；按有无孔洞，又可分为_____和_____。

3. 烧结普通砖的公称尺寸为_____mm×_____mm×_____mm。

4. 蒸压（养）砖根据所用原料不同，有_____、_____、_____等。

5. 建筑工程中常用的砌块有_____、_____、_____、_____等。

6. 建筑工程中常用的板材可分为_____、_____、_____和_____4大类。

二、选择题

1. 烧结普通砖的质量等级评价依据有（　　　　）。
    A. 尺寸偏差　　　　B. 外观质量　　　　C. 泛霜　　　　D. 自重

2. 烧结普通砖的强度等级是根据（　　　　）来划分的。
    A. 尺寸偏差　　　　B. 外观质量　　　　C. 石灰爆裂程度　　　　D. 抗压强度

3. 烧结普通砖的抗风化能力的判别指标有（　　　　）。通常以抗冻性、吸水率及饱和系数等指标来判别。
    A. 抗冻性　　　　B. 吸水率　　　　C. 饱和系数　　　　D. 硬度

4. 烧结多孔砖的孔洞率在（　　　　）左右。
    A. 10%　　　　B. 20%　　　　C. 30%　　　　D. 4%

5. 砖内过量的可溶性盐受潮吸水而溶解，随水分蒸发迁移至砖表面，在过饱和状态下析出晶体，形成白色粉状附着物。这种现象为（　　　　）。
    A. 偏析　　　　B. 石灰爆裂　　　　C. 盐析　　　　D. 数量少、尺寸大

6. 下面属于加气混凝土砌块的特点是（　　　　）。
    A. 轻质　　　　B. 保温隔热　　　　C. 加工性能好　　　　D. 韧性好

7. 空心砌块是指空心率≥（　　　）的砌块。

　　A．10%　　　　　　　B．15%　　　　　　　C．20%　　　　　　　D．25%

8. 蒸压加气混凝土板中含有大量微小、非连通的气孔，孔隙率达（　　　）。

　　A．80%～90%　　　　B．70%～80%　　　C．60%～70%　　　D．50%～60%

9. 普通纸面石膏板的代号为（　　　）。

　　A．P　　　　　　　　B．S　　　　　　　　C．H　　　　　　　　D．SH

10. 下列属于复合墙板的有（　　　）。

　　A．钢丝网夹芯板材　　　　　　　　　B．麦秸人造板

　　C．金属夹芯板材　　　　　　　　　　D．耐水耐火纸面石膏板

三、回答题

1. 什么是墙体材料？其发展趋势如何？

2. 烧结普通砖、烧结多孔砖和烧结空心砖各自的强度等级、质量等级是如何划分的？各自的规格尺寸是多少？主要适用范围包括哪些？

3. 烧结普通砖的技术要求有哪些？

4. 什么是蒸压灰砂砖、蒸压粉煤灰砖？它们的主要用途有哪些？

5. 什么是粉煤灰砌块？其强度等级如何划分？

6. 蒸压加气混凝土砌块的技术指标有哪些？

7. 什么是轻集料混凝土小型空心砌块？其技术要求包括哪些？

8. 常用板材产品有哪些？它们的主要用途是什么？

学习情境八

钢材

情境导入

某建筑工程使用的一批热轧带肋钢筋的牌号为 HRB335，按规定抽取一根试件做拉伸试验。钢筋直径为 16mm，原标距长 80mm，达到屈服点时的荷载分别为 72.4 kN，达到极限抗拉强度时的荷载分别为 105.6 kN。拉断后，测得标距部分长为 95.8mm。

案例分析

钢材是以铁为主要元素，含碳量一般在 2%以下，并含有其他元素的材料。

建筑用钢材主要指用于钢结构中的各种型材（如角钢、槽钢、工字钢、圆钢等）、钢板、钢管和用于钢筋混凝土结构中的各种钢筋、钢丝等。

根据本案例所述内容与相关数据，可以测出钢筋的屈服强度、抗拉强度和伸长率等力学性能。

如何根据工程实际情况选择钢材的种类？如何对钢筋混凝土结构常用钢筋进行质量检测？应掌握如下重点。

（1）钢材的概念、特点与分类。

（2）钢材的技术性质。

（3）钢材的标准与选用。

学习单元1　钢材的概述

知识目标

（1）熟悉钢材的概念、特点及其分类。

（2）掌握建筑钢材的主要技术性质。

（3）熟悉化学成分对钢材性能的影响。

技能目标

能够对钢筋混凝土结构常用钢筋进行质量检测。

基础知识

一、钢材的概念及特点

钢材是钢锭、钢坯通过压力加工制成所需要的各种形状、尺寸和性能的材料，是以铁为主要元素，含碳量一般在 2% 以下，并含有其他元素的材料。

建筑钢材主要指用于钢结构中的各种型材（如角钢、槽钢、工字钢、圆钢等）、钢板、钢管和用于钢筋混凝土结构中的各种钢筋、钢丝等。

作为一种建筑材料，钢材的主要优点如下。

（1）强度高。表现为抗拉、抗压、抗弯及抗剪强度都很高。在建筑中可用作各种构件和零部件。在钢筋混凝土中，钢材能弥补混凝土抗拉、抗弯、抗剪和抗裂性能较低的缺点。

（2）塑性好。在常温下，钢材能承受较大的塑性变形。钢材能承受冷弯、冷拉、冷拔、冷轧、冷冲压等各种冷加工。冷加工能改变钢材的断面尺寸和形状，并改变钢材的性能。

（3）品质均匀、性能可靠。钢材性能的利用效率比其他非金属材料高。

（4）韧性高。钢材能经受冲击作用；可以焊接或铆接，便于装配；能进行切削、热轧和锻造；通过热处理方法，可以在相当大的程度上改变或控制钢材的性能。

> ☆小提示
>
> 　　改革开放以来，我国钢铁工业有了很大发展，产量大幅度增长，品种大大增加，质量全面提高。目前我国钢材除大量生产钢筋，用于兴建钢筋混凝土的工业与民用建筑外，尚生产各种建筑用型材，主要用于各类公共建筑、工业建筑和高层建筑。

213

二、钢材的技术性质

钢材的技术性质主要包括力学性能和工艺性能。力学性能主要包括抗拉性能、冲击韧性、耐疲劳和硬度等。工艺性能反映金属材料在加工制造过程中所表现出来的性质，如冷弯性能、焊接性能、冷加工强化及时效处理等。

（一）钢材的力学性能

力学性能又称机械性能，是钢材最重要的使用性能。

1. 拉伸性能

拉伸是建筑钢材的主要受力形式，所以拉伸性能是表示钢材性能和选用钢材的重要指标。将低碳钢（软钢）制成一定规格的试件，放在材料试验机上进行拉伸试验，根据测试数据可以绘出图 8-1 所示的应力-应变关系曲线。从图中可以看出，低碳钢受拉至断裂，经历了 4 个阶段：弹性阶段（OA）、屈服阶段（AB）、强化阶段（BC）和颈缩阶段（CD）。

（1）弹性阶段。从图 8-1 中可以看出，钢材在静荷载作用下，受拉的 OA 阶段，应力和应变呈正比，这一阶段称为弹性阶段。具有这种变形特征的性质称为弹性。在此阶段中，应力和应变的比值称为弹性模量，即 $E=\sigma/\varepsilon$，单位是 MPa。

弹性模量是衡量钢材抵抗变形能力的指标。E 越大，使其产生一定量弹性变形的应力值也越大；在一定应力下，产生的弹性变形就越小。在工程上，弹性模量反映了钢材的刚度，是钢材在受力条件下计算结构变形的重要指标。建筑常用碳素结构钢 Q235 的弹性模量 $E=(2.0\sim2.1)\times10^5$MPa。

（2）屈服阶段。钢材在静载作用下，开始丧失对变形的抵抗能力，并产生大量塑性变形时的应力。如图 8-1 所示，在屈服阶段，锯齿形的最高点所对应的应力称为上屈服点（$B_{上}$）；最低点对应的应力称为下屈服点（$B_{下}$）。因上屈服点不稳定，所以规定以下屈服点的应力作为钢材的屈服强度，用 σ_s 表示。中、高碳钢没有明显的屈服点，通常以残余变形为 0.2%的应力作为屈服强度，用 $\sigma_{0\cdot2}$ 表示，如图 8-2 所示。

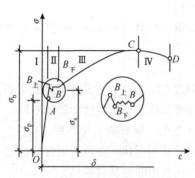

图 8-1　低碳钢受拉的应力—应变图

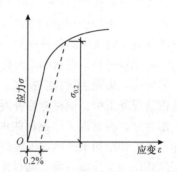

图 8-2　中、高碳钢的条件屈服点

☼小提示

　　屈服强度对钢材的使用有着重要的意义。当构件的实际应力达到屈服点时，将产生不可恢复的永久变形，这在结构中是不允许的。因此，屈服强度是确定钢材容许应力的主要依据。

可以按下式计算试件的屈服点。

$$\sigma_s = \frac{F_s}{A} \tag{8-1}$$

式中，σ_s 为屈服点，MPa；F_s 为屈服点荷载，N；A 为试件的公称横截面积，mm^2。计算时可采用表 8-1 所示公称横截面积。

表 8-1　　　　　　　　　　　　　　钢材的公称横截面面积

公称直径/mm	公称横截面积/mm^2	公称直径/mm	公称横截面积/mm^2
8	50.27	22	380.1
10	78.54	25	490.9
12	113.1	28	615.8
13	153.9	32	804.2
16	201.1	36	1 018
18	254.5	40	1 257
20	313.2	50	1 964

（3）强化阶段。在钢材屈服到一定程度后，由于钢材内部组织中的晶格发生了畸变，阻止了晶格进一步滑移，钢材得到强化，抵抗外力的能力重新提高，在应力—应变图上，曲线从 $B_{下}$点开始上升至最高点 C，这一过程称为强化阶段。对应于最高点 C 的应力称为极限抗拉强度，简称为抗拉强度，用 σ_b 表示。抗拉强度是钢材受拉时所能承受的最大应力值。其计算公式为

$$\sigma_b = \frac{F_b}{S_0} \tag{8-2}$$

式中，σ_b 为抗拉强度，MPa；F_b 为最大力，N；S_0 为试样公称截面面积。

抗拉强度虽然不能直接作为计算的依据，但屈强比（即屈服强度和抗拉强度的比值，用 σ_s / σ_b 表示）在工程上很有意义。屈强比越小，结构的可靠性越高，即防止结构破坏的潜力越大；但此值太小时，钢材强度的有效利用率太低。合理的屈强比一般在 0.6～0.75 之间。因此，屈服强度和抗拉强度是钢材力学性质的主要检验指标。

（4）颈缩阶段。试件受力达到最高点 C 点后，其抵抗变形的能力明显降低，变形迅速发展，应力逐渐下降，试件被拉长，在有杂质或缺陷处，断面急剧缩小，直至断裂，故 CD 段称为颈缩阶段。建筑钢材应具有很好的塑性。在工程中，钢材的塑性通常用伸长率（或断面收缩率）和冷弯性能来表示。

① 伸长率是指试件拉断后，标距长度的增量与原标距长度之比，符号 δ，常用%表示，如图 8-3 所示。计算公式如下。

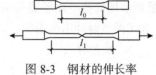

图 8-3　钢材的伸长率

$$\delta = \frac{l_1 - l_0}{l_0} \times 100\% \tag{8-3}$$

式中，δ 为伸长率，%；l_0 为原标距长度 $10a$，mm；l_1 为试件拉断后直接量出或按移位法确定的标距部分长度，mm（测量精确至 0.1mm）。

② 断面收缩率是指试件拉断后，颈缩处横截面积的减缩量占原横截面积的百分率，符号 ϕ，常以%表示。

为了测量方便，常用伸长率表征钢材的塑性。伸长率是衡量钢材塑性的重要指标，δ 越大，说明钢材塑性越好。伸长率与标距有关，对于同种钢材，$\delta_5 > \delta_{10}$。

☼小提示

　　塑性是钢材的重要技术性质，尽管结构是在弹性阶段使用的，但其应力集中处，应力可能超过屈服强度。一定的塑性变形能力，可保证应力重新分配，从而避免结构的破坏。

2. 冲击韧性

冲击韧性是反映金属材料对外来冲击负荷的抵抗能力，一般由冲击韧性值（a_k）和冲击功（A_k）表示，其单位分别为 J/cm^2 和 J。它的实际意义在于揭示材料的变脆倾向。工程上常用一次摆锤冲击弯曲试验来测定材料抵抗冲击载荷的能力。如图 8-4 所示，以摆锤冲击试件刻槽的背面，使试件承受冲击弯曲而断裂。将试件冲断的缺口处单位截面积上所消耗的功作为钢材的冲击韧性指标，用 a_k 表示。a_k 值越大，钢材的冲击韧性越好。

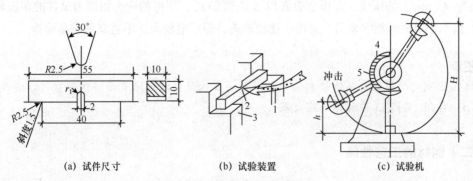

（a）试件尺寸　　　　（b）试验装置　　　　（c）试验机

图 8-4　冲击韧性试验示意图

1—摆锤；2—试件；3—试验台；4—刻转盘；5—指针

钢材的冲击韧性与钢的化学成分、冶炼与加工有关。一般来说，钢中较高的磷、硫含量，

215

夹杂物以及焊接中形成的微裂纹等都会降低冲击韧性。

此外，钢的冲击韧性还受温度和时间的影响。常温下，随温度的下降，冲击韧性降低很小，此时破坏的钢件断口呈韧性断裂状；当温度降至某一温度范围时，a_k 突然发生明显下降，如图 8-5 所示，钢材开始呈脆性断裂，这种性质称为冷脆性。发生冷脆性时的温度（范围）称为脆性临界温度（范围）。低于这一温度时，a_k 降低趋势又缓和，但此时 a_k 值很小。在北方严寒地区选用钢材时，必须对钢材的冷脆性进行评定，此时选用的钢材的脆性临界温度应比环境最低温度低些。由于脆性临界温度的测定工作复杂，规范中通常是根据气温条件规定−20℃或−40℃的负温冲击值指标。

3. 疲劳强度

钢材在交变荷载反复多次作用下，可在最大应力远低于抗拉强度的情况下突然破坏，这种破坏称为疲劳破坏。钢材的疲劳破坏指标用疲劳强度（或疲劳极限）来表示，它是指试件在交变应力的作用下，不发生疲劳破坏的最大应力值。钢材的疲劳极限与其内部组织和表面质量有关。在设计承受反复荷载且须进行疲劳验算的结构时，应当了解所用钢材的疲劳强度。

4. 硬度

钢材的硬度是指其表面抵抗重物压入产生塑性变形的能力。测定硬度的方法有布氏法和洛氏法，较常用的方法是布氏法，如图 8-6 所示。其硬度指标为布氏硬度值（HB）。

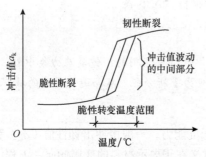

图 8-5　温度对冲击韧性的影响

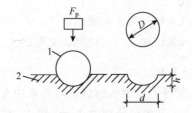

图 8-6　布氏硬度测定示意图
1—淬火钢球；2—试件

布氏法是利用直径为 D（mm）的淬火钢球，以一定的荷载 F_p（N）将其压入试件表面，得到直径为 d（mm）的压痕，以压痕表面积 S 除荷载 F_p，所得的应力值即为试件的布氏硬度值（HB），以不带单位的数字表示。布氏法比较准确，但压痕较大，不适宜做成品检验。

☼**小提示**

洛氏法测定的原理与布氏法相似，但以压头压入试件深度来表示洛氏硬度值。洛氏法压痕很小，常用于判定工件的热处理效果。

（二）钢材的工艺性能

1. 冷弯性能

冷弯性能指钢材在常温下承受弯曲变形的能力。冷弯是通过检验试件经规定的弯曲程度后，弯曲处外面及侧面有无裂纹、起层、鳞落和断裂等情况进行评定的。一般用弯曲角度 α 以及弯

心直径 d 与钢材厚度或直径 a 的比值来表示。如图 8-7 所示，弯曲角度越大，d 与 a 的比值越小，表明冷弯性能越好。

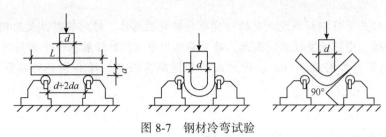

图 8-7　钢材冷弯试验

d—弯心直径；a—试件厚度或直径；α—冷弯角（90°）

冷弯性能也是检验钢材塑性的一种方法，并与伸长率存在有机的联系。伸长率大的钢材，其冷弯性能必然好，但冷弯试验对钢材塑性的评定比拉伸试验更严格、更敏感。冷弯性能是评定钢材质量的重要指标之一。

2. 焊接性能

焊接是各种型钢、钢板、钢筋的重要连接方式。建筑工程的钢结构有 90%以上是焊接结构。焊接的质量取决于焊接工艺、焊接材料及钢材的可焊性。

钢材的可焊性是指钢材是否适于用通常的方法与工艺进行焊接的性能。可焊性好的钢材，易于用一般焊接方法和工艺施焊。焊口处不易形成裂纹、气孔、夹渣等缺陷；焊接后钢材的力学性能，特别是强度，不低于原有钢材，硬脆倾向小。

钢材可焊性能的好坏主要取决于钢的化学成分。含碳量高其硬脆性增加，可焊性降低，含碳量小于 0.25%的碳素钢具有良好的可焊性。加入合金元素（如硅、锰、钒、钛等），也将增大焊接处的硬脆性，降低可焊性，硫能使焊接产生热裂纹及硬脆性。

钢筋焊接应注意的问题：冷拉钢筋的焊接应在冷拉之前进行；钢筋焊接之前，焊接部位应清除铁锈、熔渣、油污等；应尽量避免不同国家生产的钢筋之间的焊接。

3. 冷加工强化及时效处理

（1）冷加工。冷加工是钢材在常温下进行的加工，建筑钢材常见的冷加工方式有：冷拉、冷拔、冷轧、冷扭、刻痕等。

钢材在常温下超过弹性范围后，产生塑性变形强度和硬度提高、塑性和韧性下降的现象称为冷加工强化。如图 8-8 所示，钢材的应力—应变曲线为 $OBKCD$，若钢材被拉伸至 K 点时，放松拉力，则钢材将恢复至 O' 点，此时重新受拉后，其应力—应变曲线将为 $O'KCD$，新的屈服点（K）比原屈服点（B）提高，但伸长率降低。在一定范围内，冷加工变形程度越大，屈服强度提高越多，塑性和韧性降低得越多。

（2）时效处理。将经过冷拉的钢筋于常温下存放 15～20d，或加热到 100℃～200℃并保持 2h 左右，这个过程称为时效处理。前者称为自然时效，后者称为人工时效。

钢筋冷拉以后再经过时效处理，其屈服点、抗拉强度及硬度进一步提高，塑性及韧性继续降低。如图 8-8 所示，其应力—应变曲线为 $O'K_1C_1D_1$，此时屈服强度点 K_1 和抗拉强度点 C_1 均较时效处理前有所提高。一般强度较低的钢材采用自然时效，而强度较高的钢材

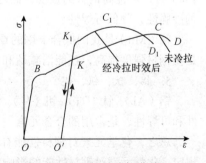

图 8-8　钢筋冷拉曲线

217

采用人工时效。

☀小提示

　　因时效处理而导致钢材性能改变的程度称为时效敏感性。时效敏感性大的钢材，经时效处理后，其韧性、塑性改变较大。因此，对重要结构应选用时效敏感性小的钢材。

　　建筑用钢筋，常利用冷加工、时效处理来提高其强度，增加钢筋的品种规格，节约钢材。

（三）钢材化学成分对钢材性能的影响

1. 碳

碳（C）是决定钢材性能的主要元素，对钢的机械性能有重要影响。当碳含量低于0.8%时，随着含碳量的增加，钢的抗拉强度和硬度提高，而塑性及韧性降低，同时，还将使钢的冷弯、焊接及抗腐蚀等性能降低，并增加钢的冷脆性和时效敏感性。

2. 磷、硫

磷（P）与碳相似，能使钢的屈服点和抗拉强度提高，塑性和韧性下降，显著增加钢的冷脆性，磷的偏析较严重，焊接时焊缝容易产生冷裂纹，所以磷是降低钢材可焊性的元素之一。因此在碳素钢中，磷的含量有严格的限制。但在合金钢中，磷可改善钢材的抗大气腐蚀性，也可作为合金元素。

硫（S）在钢材中以FeS形式存在。FeS是一种低熔点化合物，当钢材在红热状态下进行加工或焊接时，FeS已熔化，使钢的内部产生裂纹。这种在高温下产生裂纹的特性称为热脆性。热脆性大大降低了钢的热加工性和可焊性。此外，硫偏析较严重，会降低钢的冲击韧性、疲劳强度和抗腐蚀性，因此在碳素钢中也要严格限制硫含量。

3. 氧、氮

氧（O）为有害元素，主要存在于非金属夹杂物内，可降低钢的机械性能，特别是韧性。氧有促进时效倾向的作用，使钢的可焊性变差。

氮（N）对钢材性质的影响与碳、磷相似，使钢材的强度提高，塑性、韧性及冷弯性能显著下降。氮可加剧钢材的时效敏感性和冷脆性，降低可焊性。

4. 硅、锰

硅（Si）是钢的主要合金元素，是为脱氧去硫而加入的。当硅在钢材中的含量较低（小于1%）时，可提高钢材的强度，而对塑性和韧性影响不明显。但若含硅量超过1%，会增加钢材的冷脆性，降低可焊性。

锰（Mn）是我国低合金钢的重要合金元素，锰含量一般在1%～2%范围内，它的作用主要是使钢材强度提高，还能消减硫和氧引起的热脆性，使钢材的热加工性能改善。

5. 铝、钛、钒、铌

铝（Al）、钛（Ti）、钒（V）、铌（Nb）均为炼钢时的强脱氧剂，能提高钢材强度，改善韧性和可焊性，是常用的合金元素。

总之，化学元素对钢材性能有着显著的影响，因此在钢材标准中都对主要元素的含量加以规定。化学元素对钢材性能的影响见表8-2。

表 8-2	化学元素对钢材性能的影响
化学元素	对钢材性能的影响
碳（C）	C↑强度、硬度↑塑性、韧性↓可焊性、耐蚀性↓冷脆性、时效敏感性↑；C>1%，C↑强度↓
硅（Si）	Si<1%，Si↑强度↑；Si>1%，Si↑塑性、韧性↓↓可焊性↓冷脆性↑
锰（Mn）	Mn↑强度、硬度、韧性↑耐磨、耐蚀性↑热脆性↓。Si、Mn 为主要合金元素
钛（Ti）	Ti↑强度↑↑韧性↑塑性、时效↓
钒（V）	V↑强度↑时效↓
铌（Nb）	Nb↑强度↑塑性、韧性↑。Ti、V、Nb 为常用合金元素
磷（P）	P↑强度↑塑性、韧性、可焊性↓↓偏析、冷脆性↑↑耐蚀性↑
氮（N）	与 C、P 相似。在其他元素配合下 P、N 可作合金元素
硫（S）	S↑偏析↑力学性能、耐蚀性、可焊性↓↓
氧（O）	O↑力学性能、可焊性↓时效↑。S、O 属杂质

注：↑表示提高，↑↑表示显著提高；↓表示降低，↓↓表示显著降低。

学习单元 2　选用钢材的标准

知识目标

（1）掌握钢结构用钢的技术要求。

（2）掌握钢筋混凝土结构用钢性能指标。

（3）掌握钢材的应用与要求。

技能目标

能够根据工程实际情况合理选用钢材。

 基础知识

　　建筑钢材可分为钢结构用钢和钢筋混凝土结构用钢两类。在建筑工程中，钢结构所用各种型钢，钢筋混凝土结构所用的各种钢筋、钢丝、锚具等钢材的性能主要取决于所用钢种及其加工方式。

一、钢结构用钢

　　钢结构用钢主要包括碳素结构钢和低合金高强度结构钢两种。

（一）碳素结构钢

　　碳素结构钢包括一般结构钢和工程用热轧钢板、钢带、型钢等。现行国家标准《碳素结构钢》（GB/T 700—2006）具体规定了它的牌号表示方法、代号和符号、技术要求、试验方法、检验规则等。

　　1. 碳素结构钢的牌号表示方法

　　碳素结构钢的牌号由代表屈服点的字母、屈服点数值、质量等级符号、脱氧程度符号 4 部分按顺序组成。碳素结构钢可分为 5 个牌号（即 Q195、Q215、Q235、Q255 和 Q275），其含碳量在 0.06%～0.38%。每个牌号又根据其硫、磷等有害杂质的含量分成若干等级。碳素结构钢牌号由下列 4 个要素标示。

① 钢材屈服点代号，以"屈"字汉语拼音首字母"Q"表示。

② 钢材屈服点数值，表示屈服极限，单位为 MPa。

③ 质量等级符号，分 A、B、C、D 4 级，表示质量的由低到高。质量高低主要是以对冲击韧性（夏比 V 型缺口试验）的要求区分的，对冷弯试验的要求也有所区别。对 A 级钢，冲击韧性不作为要求条件，对冷弯试验只在需方有要求时才进行。而 B、C、D 各级则都要求 AKV 值不小于 27J，不过三者的试验温度有所不同，B 级要求常温 [（25±5）℃] 冲击值，C 和 D 级则分别要求 0℃和-20℃ 冲击值。B、C、D 级也都要求冷弯试验合格。为了满足以上性能要求，不同等级的 Q235 钢的化学元素略有区别。

④ 脱氧程度代号，F 沸腾钢；b 半镇静钢；Z 镇静钢；TZ 特殊镇静钢。

例如，Q235-BZ 表示这种碳素结构钢的屈服点 $\sigma_s \geq 235\text{MPa}$（当钢材厚度或直径≤16mm 时）；质量等级为 B，即硫、磷均控制在 0.045%以下；脱氧程度为镇静钢。

2. 碳素结构钢的技术要求

碳素结构钢的化学成分、力学及工艺性能见表 8-3～表 8-5。

表 8-3　　　　　　　　　　碳素结构钢的化学成分

牌号	统一数字代号①	等级	厚度（或直径）/mm	脱氧方法	化学成分（质量分数/%），≤				
					C	Si	Mn	P	S
Q195	U11952	—	—	F、Z	0.12	0.30	0.50	0.035	0.040
Q215	U12152	A	—	F、Z	0.15	0.35	1.20	0.045	0.050
	U12155	B							0.045
Q235	U12352	A		F、Z	0.22	0.35	1.40	0.045	0.050
	U12355	B			0.20②				0.045
	U12358	C		Z	0.17			0.040	0.040
	U12359	D		TZ				0.035	0.035
Q275	U12752	A	—	F、Z	0.24	0.35	1.50	0.045	0.050
	U12755	B	≤40	Z	0.21			0.045	0.045
			>40		0.22				
	U12758	C		Z	0.20			0.040	0.040
	U12759	D		TZ				0.035	0.035

注：① 表中为镇静钢、特殊镇静钢牌号的统一数字，沸腾钢牌号的统一数字代号如下。

Q195F—U1950；

Q215AF—U12150，Q215BF—U12153；

Q235AF—U12350，Q235BF—U12353；

Q275AF—U12750。

② 经需方同意，Q235B 的碳含量可不大于 0.22%。

表 8-4　　　　　　　　　　　　　碳素结构钢的冷弯试验

牌　号	试样方向	冷弯试验，$B=2a^①$，180°	
		钢材厚度（直径）^{②}/mm	
		≤60	>60～100
		弯心直径 d	
Q195	纵 横	0 0.5a	—
Q215	纵 横	0.5a a	1.5a 2a
Q235	纵 横	a 1.5a	2a 2.5a
Q275	纵 横	1.5a 2a	2.5a 3a

注：① B 为试样度，a 为试样厚度。

② 钢材厚度大于 100mm 时，弯曲试验由双方协商确定。

表 8-5　　　　　　　　　　　　碳素结构钢的拉伸、冲击性能

牌号	等级	屈服强度^{①}Reh/（N·mm^{-2}）≥						抗拉强度^{②}Rm/（N·mm^{-2}）	断后伸长率 A/%≥					冲击试验（V 形缺口）	
		厚度（或直径）/mm							厚度（或直径）/mm					温度/℃	冲击吸收功（纵向）/J≥
		≤16	>16～40	>40～60	>60～100	>100～150	>150～200		≤40	>40～60	>60～100	>100～150	>150～200		
Q195	—	195	185	—	—	—	—	315～430	33	—	—	—	—	—	—
Q215	A	215	205	195	185	175	165	335～450	31	30	29	27	26	—	—
	B													+20	27
Q235	A	235	225	215	215	195	185	370～500	26	25	24	22	21	—	27^③
	B													+20	
	C													0	
	D													-20	
Q275	A	275	265	255	245	225	215	410～540	22	21	20	18	17	—	27
	B													+20	
	C													0	
	D													-20	

注：① Q195 的屈服强度值仅供参考，不作交货条件。

② 厚度大于 100mm 的钢材，抗拉强度下限允许降低 20N/mm^2。宽带钢（包括剪切钢板）抗拉强度上限不作交货条件。

③ 厚度小于 25mm 的 Q325B 级钢材，如供方能保证冲击吸收功值合格，经需方同意，可不做检验。

221

3. 碳素结构钢的特性及应用

（1）Q195钢：强度不高，塑性、韧性、加工性能与焊接性能较好，主要用于轧制薄板和盘条等。

（2）Q215钢：用途与Q195钢基本相同，由于其强度稍高，还大量用作管坯、螺栓等。

（3）Q235钢：既有较高的强度，又有较好的塑性和韧性，焊接性能也好，在建筑工程中应用最广泛，大量用于制作钢结构用钢、钢筋和钢板等。其中Q235A级钢，一般仅适用于承受静荷载作用的结构，Q235C和Q235D级钢可用于重要的焊接结构。

> ☼**小提示**
>
> 由于Q235D级钢含有足够的形成细晶粒结构的元素，同时对硫、磷有害元素控制严格，故其冲击韧性好，有较强的抵抗振动、冲击荷载能力，尤其适用于负温条件。

（4）Q275钢：强度、硬度较高，耐磨性较好，但塑性、冲击韧性和焊接性能差。不宜用于建筑结构，主要用于制作机械零件和工具等。

（二）低合金高强度结构钢

低合金高强度结构钢是在碳素结构钢的基础上，添加少量的一种或几种合金元素（总含量小于5%）的一种结构钢。其目的是为了提高钢的屈服强度、抗拉强度、耐磨性、耐蚀性及耐低温性能等。因此，它是综合性较为理想的建筑钢材，尤其在大跨度、承受动荷载和冲击荷载的结构中更适用。另外，与使用碳素钢相比，可节约钢材20%～30%，而成本并不是很高。

1. 低合金高强度结构钢的牌号表示方法

根据国家标准《低合金高强度结构钢》（GB/T 1591—2008）的规定，低合金高强度结构钢的牌号由代表屈服点的字母Q、屈服强度值（MPa）、质量等级3个部分按顺序组成。低合金高强度结构钢按屈服点的数值（MPa）划分为Q345、Q390、Q420、Q460、Q500、Q550、Q620、Q690 8个牌号；质量等级分为A、B、C、D、E 5个等级，质量按顺序逐级提高。

例如，Q345A表示屈服点不低于345MPa的A级低合金高强度结构钢。

2. 低合金高强度结构钢的技术要求

（1）化学成分。各牌号低合金高强度结构钢的化学成分（熔炼分析）应符合表8-6的规定。

表 8-6　　　　　　　　　　低合金高强度结构钢各牌号的化学成分

牌号	质量等级	化学成分[①][②]（质量分数/%）													
		C	Si	Mn	P	S	Nb	V	Ti	Cr	Ni	Cu	N	Mo	B	Als
					≤											≥
Q345	A	≤0.20	≤0.50	≤1.70	0.035	0.035	0.07	0.15	0.20	0.30	0.50	0.30	0.012	0.10	—	—
	B				0.035	0.035										
	C				0.030	0.030										
	D	≤0.18			0.030	0.025										0.015
	E				0.025	0.020										

续表

牌号	质量等级	化学成分[①][②]（质量分数/%）													
		C	Si	Mn	P	S	Nb	V	Ti	Cr	Ni	Cu	N	Mo	B	Als
							≤									≥
Q390	A	≤0.20	≤0.50	≤1.70	0.035	0.035	0.07	0.20	0.20	0.30	0.50	0.30	0.015	0.10	—	—
	B				0.035	0.035										
	C				0.030	0.030										
	D				0.030	0.025										0.015
	E				0.025	0.020										
Q420	A	≤0.20	≤0.50	≤1.70	0.035	0.035	0.07	0.20	0.20	0.30	0.80	0.30	0.015	0.20	—	—
	B				0.035	0.035										
	C				0.030	0.030										
	D				0.030	0.025										0.015
	E				0.025	0.020										
Q460	C	≤0.20	≤0.60	≤1.80	0.030	0.030	0.11	0.20	0.20	0.30	0.80	0.55	0.015	0.20	0.004	0.015
	D				0.030	0.025										
	E				0.025	0.020										
Q500	C	≤0.18	≤0.60	≤1.80	0.030	0.030	0.11	0.12	0.20	0.60	0.80	0.55	0.015	0.20	0.004	0.015
	D				0.030	0.025										
	E				0.025	0.020										
Q550	C	≤0.18	≤0.60	≤2.00	0.030	0.030	0.11	0.12	0.20	0.80	0.80	0.80	0.015	0.30	0.004	0.015
	D				0.030	0.025										
	E				0.025	0.020										
Q620	C	≤0.18	≤0.60	≤2.00	0.030	0.030	0.11	0.12	0.20	1.00	0.80	0.80	0.015	0.30	0.004	0.015
	D				0.030	0.025										
	E				0.025	0.020										
Q690	C	≤0.18	≤0.60	≤2.00	0.030	0.030	0.11	0.12	0.20	1.00	0.80	0.80	0.015	0.30	0.004	0.015
	D				0.030	0.025										
	E				0.025	0.020										

注：① 型材及棒材 P、S 含量可提高 0.005%，其中 A 级钢上限可为 0.045%。
② 当细化晶粒元素组合加入时，20（Nb+V+Ti）≤0.22%，20（Mo+Cr）≤0.30%。

（2）低合金高强度结构钢的拉伸性能应符合表 8-7 的规定。

224

表 8-7 低合金高强度结构钢的拉伸性能①②③

牌号	质量等级	以下公称厚度（直径，边长）下的屈服强度 R_{eL}/MPa									以下公称厚度（直径，边长）下的抗拉强度 R_m/MPa							断后伸长率 (A)(%) 公称厚度（直径，边长）					
		≤16mm	>16~40mm	>40~63mm	>63~80mm	>80~100mm	>100~150mm	>150~200mm	>200~250mm	>250~400mm	≤40mm	>40~63mm	>63~80mm	>80~100mm	>100~150mm	>150~250mm	>250~400mm	≤40mm	>40~63mm	>63~100mm	>100~150mm	>150~250mm	>250~400mm
Q345	A	≥345	≥335	≥325	≥315	≥305	≥285	≥275	≥265	≥265	470~630	470~630	470~630	470~630	450~600	450~600	450~600	≥20	≥19	≥19	≥18	≥17	≥17
	B																						
	C																						
	D																						
	E																						
Q390	A	≥390	≥370	≥350	≥330	≥330	≥310	—	—	—	490~650	490~650	490~650	490~650	470~620	—	—	≥21	≥20	≥20	≥19	—	—
	B																						
	C																						
	D																						
	E																						
Q420	A	≥420	≥400	≥380	≥360	≥360	≥340	—	—	—	520~680	520~680	520~680	520~680	500~650	—	—	≥20	≥19	≥19	≥18	—	—
	B																						
	C																						
	D																						
	E																						
Q460	C	≥460	≥440	≥420	≥400	≥400	≥380	—	—	—	550~720	550~720	550~720	550~720	530~700	—	—	≥17	≥16	≥16	≥16	—	—
	D																						
	E																						
Q500	C	≥500	≥480	≥470	≥450	≥440	—	—	—	—	610~770	600~760	590~750	540~730	—	—	—	≥17	≥17	≥17	—	—	—
	D																						
	E																						
Q550	C	≥550	≥530	≥520	≥500	≥490	—	—	—	—	670~830	620~810	600~790	590~780	—	—	—	≥16	≥16	≥16	—	—	—
	D																						
	E																						
Q620	C	≥620	≥600	≥590	≥570	—	—	—	—	—	710~880	690~880	670~860	—	—	—	—	≥15	≥15	≥15	—	—	—
	D																						
	E																						
Q690	C	≥690	≥670	≥660	≥640	—	—	—	—	—	770~940	750~920	730~900	—	—	—	—	≥14	≥14	≥14	—	—	—
	D																						
	E																						

注：
① 当屈服不明显时，可测量 $R_{p0.2}$ 代替下屈服强度。
② 宽度不小于 600mm 扁平材，拉伸试验取横向试样，宽度小于 600mm 的扁平材、型材及棒材取纵向试样，断后伸长率最小值相应提高 1%（绝对值）。
③ 厚度>250~400mm 的数值适用于扁平材。

3. 低合金高强度结构钢的特性及应用

由于合金元素的细晶强化作用和固深强化等作用,低合金高强度结构钢与碳素结构钢相比,既具有较高的强度,同时又有良好的塑性、低温冲击韧性、焊接性能和耐腐蚀性等特点,是一种综合性能良好的建筑钢材。

> ☆**小提示**
>
> 　　Q345 是低合金高强度结构钢的常用牌号,Q390 是推荐使用的牌号。与碳素结构钢 Q235 相比,低合金高强度结构钢 Q345 的强度更高,等强度代换时可以节省钢材 15%~25%,并减轻结构自重。另外,Q345 具有良好的承受动荷载能力和耐疲劳性。低合金高强度结构钢广泛应用于钢结构和钢筋混凝土结构中,特别是大型结构、重型结构、大跨度结构、高层建筑、桥梁工程、承受动荷载和冲击荷载的结构。

二、钢筋混凝土结构用钢

钢筋混凝土结构用的钢筋和钢丝,主要由碳素结构钢或低合金结构钢轧制而成。主要品种有热轧钢筋、冷加工钢筋、钢筋混凝土余热处理钢筋、预应力混凝土用钢丝和钢绞线。

（一）热轧钢筋

用加热钢坯轧成的条形钢筋称为热轧钢筋,主要用于钢筋混凝土和预应力钢筋混凝土结构的配筋。

热轧钢筋按表面形状可分为光圆钢筋和带肋钢筋;而带肋钢筋又分为月牙肋钢筋和等高肋钢筋。月牙肋钢筋的纵横肋不相交,而等高肋钢筋的纵横肋相交,如图 8-9 所示。

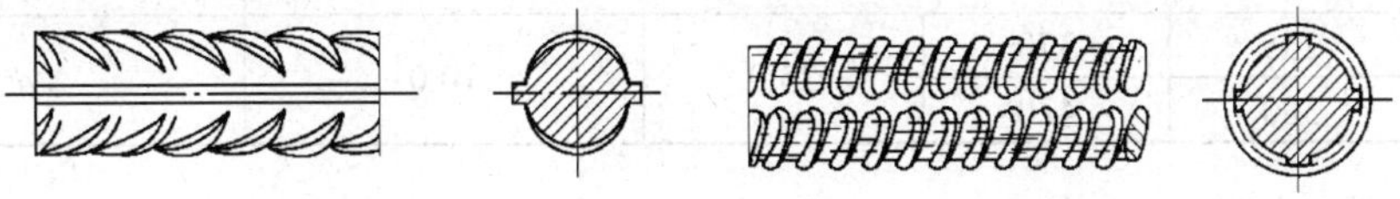

(a) 月牙肋钢筋　　　　　　　　　　(b) 等高肋钢筋

图 8-9　带肋钢筋

根据《钢筋混凝土用钢　第 1 部分:热轧光圆钢筋》(GB 1499.1—2008)及《钢筋混凝土用钢　第 2 部分:热轧带肋钢筋》(GB 1499.2—2007),热轧钢筋的牌号分为 HPB235、HPB300、HRB335、HRBF335、HRB400、HRBF400、HRB500、HRBF500,HPB235、HPB300 钢筋为光圆钢筋。低碳热轧圆盘条按其屈服强度代号为 Q215、Q235,供建筑用钢筋为 Q235。HRB335、HRBF335、HRB400、HRBF400、HRB500、HRBF500 为热轧带肋钢筋。其中 H、R、B、F 分别为热轧(Hot-rolled)、带肋(Ribbed)、钢筋(Bars)、细(Fine)4 个词的英文首位字母。

1. 热轧光圆钢筋

(1)热轧光圆钢筋公称直径。钢筋的公称直径范围为 6~22mm,推荐的钢筋公称直径为 6mm、8mm、10mm、12mm、16mm、20mm。

(2)热轧光圆钢筋牌号及化学成分(熔炼分析)应符合表 8-8 的规定。

表 8-8 热轧光圆钢筋的化学成分要求

牌号	化学成分（质量分数/%） ≤				
	C	Si	Mn	P	S
HPB235	0.22	0.30	0.65	0.045	0.050
HPB300	0.25	0.55	1.50		

（3）热轧光圆钢筋的公称横截面积与理论质量应符合表 8-9 的规定。

表 8-9 热轧光圆钢筋公称横截面积与理论质量

公称直径/mm	公称横截面积/mm²	理论质量/（kg·m⁻¹）
6（6.5）	28.27（33.18）	0.222（0.260）
8	50.27	0.395
10	78.54	0.617
12	113.1	0.888
14	153.9	1.21
16	201.1	1.58
18	254.5	2.00
20	314.2	2.47
22	380.1	2.98

注：表中理论质量按密度为 7.85g/cm³ 计算。公称直径 6.5mm 的产品为过渡性产品。

（4）热轧光圆钢筋力学性能应符合表 8-10 的规定。

表 8-10 热轧光圆钢筋的力学性能指标

牌号	屈服强度 R_{eL}/MPa	抗拉强度 R_m/MPa	断后伸长率 A/%	最大力总伸长率 A_{gt}/%	冷弯试验 180° d 为弯芯直径 a 为钢筋公称直径
			≥		
HPB235	235	370	25.0	10.0	$d=a$
HPB300	300	420			

2. 热轧带肋钢筋

（1）热轧带肋钢筋的公称直径范围为 6～50mm，推荐的钢筋公称直径为 6mm、8mm、10mm、12mm、16mm、20mm、25mm、32mm、40mm、50mm。

（2）热轧带肋钢筋的公称横截面积与理论质量见表 8-11。

表 8-11 热轧带肋钢筋的公称横截面积与理论质量

公称直径/mm	公称横截面积/mm²	理论质量/（kg·m⁻¹）	公称直径/mm	公称横截面积/mm²	理论质量/（kg·m⁻¹）
6	28.27	0.222	22	380.1	2.98
8	50.27	0.395	25	490.9	3.85
10	78.54	0.617	28	615.8	4.83
12	113.1	0.888	32	804.2	6.31
14	153.9	1.21	36	1018	7.99
16	201.1	1.58	40	1257	9.87
18	254.5	2.00	50	1964	15.42
20	314.2	2.47			

注：表中理论质量按密度为 7.85g/cm³ 计算。

（3）热轧带肋钢筋的技术性能要求见表 8-12。

表 8-12　　　　　　　　　　　热轧带肋钢筋的技术性能指标

牌号	化学成分/%						公称直径/mm	屈服强度 R_{eL}/MPa	抗拉强度 R_m/MPa	断后伸长率 A/%	最大力总伸长率 A_{gt}/%	弯芯直径 d
	C	Si	Mn	Ceq	P	S						
	≤							≥				
HRB335 HRBF335	0.25	0.80	1.60	0.52	0.045	0.045	6～25	335	455	17	7.5	3 d
							28～40					4 d
							40～50					5 d
HRB400 HRBF400	0.25	0.80	1.60	0.54	0.045	0.045	6～25	400	540	16	7.5	4 d
							28～40					5 d
							40～50					6 d
HRB500 HRBF500	0.25	0.80	1.60	0.55	0.045	0.045	6～25	500	630	15	7.5	6 d
							28～40					7 d
							40～50					8 d

（二）冷轧带肋钢筋

冷轧带肋钢筋是用热轧盘条经多道冷轧减径，一道压肋并经消除内应力后形成的一种带有二面或三面月牙形的钢筋。

1. 冷轧带肋钢筋的牌号表示方法

《冷轧带肋钢筋》（GB 13788—2008）规定，冷轧带肋钢筋牌号由 CRB 和钢筋的抗拉强度最小值构成，C、R、B 分别为冷轧（Cold rolled）、带肋（Ribbed）、钢筋（Bars）3 个词的英文首位字母，冷轧带肋钢筋分为 CRB550、CRB650、CRB800 和 CRB970 4 个牌号。CRB550 为普通钢筋混凝土用钢筋，其他牌号为预应力混凝土用钢筋。

2. 冷轧带肋钢筋的技术要求

冷轧带肋钢筋的力学性能、工艺性能应符合表 8-13、表 8-14 的规定。

表 8-13　　　　　　　　　　　力学性能和工艺性能指标

牌号	$R_{p0.2}$/MPa ≥	R_m/MPa ≥	伸长率/% ≥		弯曲试验 180°	反复弯曲次数	应力松弛初始应力应相当于公称抗拉强度的 70%
			$A_{11.3}$	A_{100}			1 000h 松弛率/% ≤
CRB550	500	550	8.0	—	$D = 3d$	—	—
CRB650	585	650	—	4.0		3	8
CRB800	720	800	—	4.0		3	8
CRB970	875	970	—	4.0		3	8

注：表中 D 为弯心直径，d 为钢筋公称直径。

227

表 8-14		冷轧带肋钢筋反复弯曲试验的弯曲半径		（单位：mm）
钢筋公称直径	4		5	6
弯曲半径	10		15	15

（三）冷轧扭钢筋

冷轧扭钢筋是由普通低碳钢热轧盘圆钢筋经冷轧扭工艺制成的。其表面形状为连续的螺旋形，故它与混凝土的黏结性能很强，同时具有较高的强度和足够的塑性。如用它代替 HPB235 级钢筋，可节约钢材 30%左右，可降低工程成本。

1. 冷轧扭钢筋的技术要求

（1）冷轧扭钢筋的截面控制尺寸、节距应符合表 8-15 的规定。

表 8-15　　　　　　　　　冷轧扭钢筋的截面控制尺寸、节距

强度级别	型号	标志直径 d/mm	截面控制尺寸/mm，$\geqslant$				节距 l_1/mm，$\leqslant$
			轧扁厚度 t_1	方形边长 a_1	外圆直径 d_1	内圆直径 d_2	
CTB550	I	6.5	3.7	—	—	—	75
		8	4.2	—	—	—	95
		10	5.3	—	—	—	110
		12	6.2	—	—	—	150
	II	6.5	—	5.4	—	—	30
		8	—	6.5	—	—	40
		10	—	8.1	—	—	50
		12	—	9.6	—	—	80
CTB550	III	6.5	—	—	6.17	5.67	70
		8	—	—	7.59	7.09	60
		10	—	—	9.49	8.89	70
CTB650	III	6.5	—	—	6.00	5.50	30
		8	—	—	7.38	6.88	50
		10	—	—	9.22	8.67	70

（2）冷轧扭钢筋的公称横截面积和理论质量应符合表 8-16 的规定。

表 8-16　　　　　　　　　冷轧扭钢筋的公称横截面积和理论质量

强度级别	型号	标志直径 d/mm	公称横截面积 A_s/mm²	理论质量/（kg·m⁻¹）
CTB550	I	6.5	29.50	0.232
		8	45.30	0.356
		10	68.30	0.536
		12	96.14	0.755
	II	6.5	29.20	0.229
		8	42.30	0.332

强度级别	型号	标志直径 d/mm	公称横截面积 A_s/mm²	理论质量/（kg·m⁻¹）
CTB550	Ⅱ	10	66.10	0.519
		12	92.74	0.728
	Ⅲ	6.5	29.86	0.234
		8	45.24	0.355
		10	70.69	0.555
CTB650	Ⅲ	6.5	28.20	0.221
		8	42.73	0.335
		10	66.76	0.524

注：Ⅰ型为矩形截面；Ⅱ型为方形截面；Ⅲ型为圆形截面。

（3）冷轧扭钢筋的力学性能应符合表 8-17 的规定。

表 8-17　　　　　　　　　　冷轧扭钢筋的力学性能指标

级别	型号	抗拉强度 σ_b/（N·mm⁻²）	断后伸长率 δ/%	冷弯试验 180°（弯芯直径=3d）
CTB550	Ⅰ	≥550	$A_{11.3}$≥4.5	受弯曲部位钢筋表面不得产生裂纹
	Ⅱ	≥550	A≥10	
	Ⅲ	≥550	A≥12	
CTB650	Ⅲ	≥650	A_{100}≥4	—

注：① d 为冷轧扭钢筋标志直径。

② A、$A_{11.3}$ 分别表示以标距 $5.65\sqrt{S_0}$ 或 $11.3\sqrt{S_0}$（S_0 为试样原始截面积）的试样断后伸长率，A_{100} 表示标距为 100mm 的试样断后伸长率。

2. 冷轧扭钢筋的应用

冷轧扭钢筋混凝土结构构件以板类及中小型梁类受弯构件为主。冷轧扭钢筋适用于一般房屋和一般构筑物的冷轧扭钢筋混凝土结构设计与施工，尤其适用于现浇楼板。

☼小提示

采用冷轧扭钢筋比采用普通热轧光圆钢筋节省钢材36%～40%，节省工时1/3，节省运费1/3，降低施工直接费用15%左右，经济效益明显。

（四）预应力混凝土用钢丝及钢绞线

大型预应力混凝土构件，由于受力很大，常采用高强度钢丝或钢绞线作为主要受力钢筋。预应力高强度钢丝是用优质碳素结构钢盘条，经酸洗、冷拉或再经回火处理等工艺制成的。钢绞线由 7 根直径为 2.5～5.0mm 的高强度钢丝绞捻后经一定热处理清除内应力而制成，绞捻方向一般为左捻。

1. 预应力混凝土用钢丝

根据《预应力混凝土用钢丝》（GB/T 5223—2002），预应力混凝土用钢丝的分类见表 8-18。

表8-18   预应力混凝土用钢丝分类

分类方法	名 称		
加工状态	冷拉钢丝（WCD）		
	消除应力钢丝	低松弛级钢丝（WLR）	
		普通松弛级钢丝（WNR）	
外形	光圆钢丝（P）		
	螺旋肋钢丝（H）		
	刻痕钢丝（I）		

2. 预应力混凝土用钢绞线

预应力混凝土用钢绞线，是以数根优质碳素结构钢丝经绞捻和消除内应力的热处理后制成。根据《预应力混凝土用钢绞线》（GB/T 5224—2003）的规定，钢绞线按捻制结构（钢丝股数）分为5种结构类型：1×2、1×3、（1×3）I、1×7和（1×7）C。

（1）预应力混凝土用钢绞线的尺寸及力学性能。

① 1×2结构钢绞线的力学性能应符合表8-19的规定。

表8-19   1×2结构钢绞线力学性能指标

钢绞线结构	钢绞线公称直径 D_n/mm	抗拉强度 R_m/MPa ≥	整根钢绞线的最大力 F_m/kN ≥	规定非比例延伸力 $F_{p0.2}$/kN ≥	最大力总伸长率（$L_0 \geq$ 400mm） A_{gt}/% ≥	应力松弛性能	
						初始负荷相当于公称最大力的百分数/%	1 000h后应力松弛率 r/% ≤
1×2	5.00	1 570	15.4	13.9	对所有规格	对所有规格	对所有规格
		1 720	16.9	15.2			
		1 860	18.3	16.5			
		1 960	19.2	17.3			
	5.80	1 570	20.7	18.6	—	30	1.0
		1 720	22.7	20.4			
		1 860	24.6	22.1			
		1 960	25.9	23.3			
	8.00	1 470	36.9	33.2	3.5	70	2.5
		1 570	39.4	35.5			
		1 720	43.2	38.9			
		1 860	46.7	42.0			
		1 960	49.2	44.3			
	10.00	1 470	57.8	52.0	—	80	4.5
		1 570	61.7	55.5			
		1 720	67.6	60.8			
		1 860	73.1	65.8			
		1 960	77.0	69.3			
	12.00	1 470	83.1	74.8			
		1 570	88.7	79.8			
		1 720	97.2	87.5			
		1 860	105	94.5			

注：规定非比例延伸力 $F_{p0.2}$ 值不小于整根钢绞线公称最大力 F_m 的90%。

② 1×3 结构钢绞线的力学性能应符合表 8-20 的规定。

表 8-20　　　　　　　　　　　1×3 结构钢绞线力学性能指标

钢绞线结构	钢绞线公称直径 D_n/mm	抗拉强度 R_m/MPa ≥	整根钢绞线的最大力 F_m/kN ≥	规定非比例延伸力 $F_{p0.2}$/kN ≥	最大力总伸长率（L_0≥400mm）A_{gt}/% ≥	应力松弛性能	
						初始负荷相当于公称最大力的百分数/%	1 000h 后应力松弛率 r/% ≤
1×3	6.20	1 570	31.1	28.0	对所有规格	对所有规格	对所有规格
		1 720	34.1	30.7			
		1 860	36.8	33.1			
		1 960	38.8	34.9			
	6.50	1 570	33.3	30.0	—	60	1.0
		1 720	36.5	32.9			
		1 860	39.4	35.5			
		1 960	41.6	37.4			
	8.60	1 470	55.4	49.9	3.5	70	2.5
		1 570	59.2	53.3			
		1 720	64.8	58.3			
		1 860	70.1	63.1			
		1 960	73.9	66.5			
	8.74	1 570	60.6	54.5			
		1 720	64.5	58.1			
		1 860	71.8	64.6			
	10.80	1 470	86.6	77.9	—	80	4.5
		1 570	92.5	83.3			
		1 720	101	90.9			
		1 860	110	99.0			
		1 960	115	104			
	12.90	1 470	125	113			
		1 570	133	120			
		1 720	146	131			
		1 860	158	142			
		1 960	166	149			
(1×3)I	8.74	1 570	60.6	54.5			
		1 670	64.5	58.1			
		1 860	71.8	64.6			

注：规定非比例延伸力 $F_{p0.2}$ 值不小于整根钢绞线公称最大力 F_m 的 90%。

③ 1×7、（1×7）C 结构钢绞线的力学性能应符合表 8-21 的规定。

表 8-21　　　　　　　　1×7、（1×7）C 结构钢绞线力学性能指标

钢绞线结构	钢绞线公称直径 D_n/mm	抗拉强度 R_m/MPa ≥	整根钢绞线的最大力 F_m/kN ≥	规定非比例延伸力 $F_{p0.2}$/kN ≥	最大力总伸长率（$L_0 \geq$ 400mm）A_{gt}/% ≥	应力松弛性能	
						初始负荷相当于公称最大力的百分数/%	1 000h 后应力松弛率 r/% ≤
1×7	9.50	1 720	94.3	84.9	对所有规格	对所有规格	对所有规格
		1 860	102	91.8			
		1 960	107	96.3			
	11.10	1 720	128	115	—	60	1.0
		1 860	138	124			
		1 960	145	131			
	12.70	1 720	170	153	3.5	70	2.5
		1 860	184	166			
		1 960	193	174			
	15.20	1 470	206	185	—	80	4.5
		1 570	220	198			
		1 670	234	211			
		1 720	241	217			
		1 860	260	234			
		1 960	274	247			
	15.70	1 770	266	239			
		1 860	279	251			
	17.80	1 720	327	294			
		1 860	353	318			
	21.60	1 770	504	454	—	—	—
		1 860	530	477			
(1×7)C	12.70	1 860	208	187			
	15.20	1 820	300	270			
	18.00	1 720	384	346			

注：规定非比例延伸力 $F_{p0.2}$ 值不小于整根钢绞线公称最大力 F_m 的 90%。

（2）预应力混凝土用钢绞线具有强度高、柔性好、无接头、施工方便、质量稳定、安全可靠等优点，使用时按要求的长度切割，主要用作大跨度、大负荷的后张法预应力屋架、桥梁和薄腹梁等结构的预应力钢筋。

| 知识链接 |

钢筋的检验与保管

1. 钢筋的检验

钢筋质量的优劣，直接影响构件的安全性和使用寿命。为此，在构件的施工中加强对钢

筋原材料的检验，就显得尤其重要。检验的要求及操作顺序见表8-22。

表 8-22　　　　　　　　　　　钢筋的检验内容与顺序

项目	总体说明
检验要求	对钢筋混凝土结构中所使用的钢筋，其验收要求如下。 （1）钢筋都应有出厂质量证明书或试验报告单。 （2）每捆（盘）钢筋均应有标牌。 （3）钢筋进场时应按批号及直径分批验收，每批重量不超过60t
检验内容	按照检验内容对钢筋进行全面检查，合格后才能使用，其主要检查内容如下。 （1）核查标牌。 （2）外观检查。 （3）抽样进行力学检验
检验操作顺序	（1）仔细查对钢筋上的标牌。 （2）对钢筋进行外观检查，其检查要求如下。 ① 钢筋表面不得有结疤、裂缝和褶皱。 ② 钢筋表面的凸块不得超过螺纹的高度。 ③ 钢筋外形尺寸应符合技术标准的要求。 （3）用力学方法检验钢筋，其操作步骤如下。 ① 从每批钢筋中任选两根钢筋，每根取两个试样分别进行拉伸试验和冷弯试验。 ② 如有一项试验不符合规定，则从同批钢筋中再抽取双倍数量的试样重做上述试验。 ③ 如仍有一个试样不合格，则该批钢筋定为不合格产品

2．钢筋的进场验收

（1）钢筋的鉴别。钢筋鉴别的方法见表8-23。

表 8-23　　　　　　　　　　　钢筋的鉴别

项目	具体操作说明
涂色鉴别	为了使品种繁多的钢筋，在运输保管的过程中不产生混淆，除根据外形鉴别之外，外形相似的钢筋可以在端部涂色标记。具体鉴别如下。 Ⅰ级钢筋：涂红色，外形为圆形。 Ⅱ级钢筋：不涂色，外形为月牙纹。 Ⅲ级钢筋：涂白色，外形为月牙纹。 Ⅳ级钢筋：涂黄色，外形为等高肋
火花试验鉴别	如钢筋经过多次运输或其他原因，造成标记涂色不清，难以分辨时，可以用火花试验加以区别。方法是：将被试验的钢筋放在砂轮上，在一定的压力下打出火花，通过火花的形状、流线、颜色等的不同，来鉴别钢筋的品种

（2）钢筋的进场验收项目

① 钢筋出厂质量标准合格证的验收。钢筋质量合格证是由钢筋生产厂质量检验部门提供给用户单位，用以证明其产品质量的证件。其内容包括：钢种、规格、数量、机械性能、化学成分的数据及结论，出厂日期、检验部门的印章、合格证的编号等，其样式见表8-24。

表 8-24　　　　　　　　　　　　　　　　　钢筋质量合格证

钢种	钢号	规格	数量	化学成分/%					机械性能			
				碳	硅	锰	磷	硫	屈服点/MPa	抗拉强度/MPa	伸长率/%	冷弯

供应单位：　　　　备注：　　厂检验部门：　　　　签章：　　　　日期：　年　月　日

　　钢筋的质量关系到建筑物的安全使用，所以合格证必须填写齐全，不得漏填或错填。钢筋进场，经外观检验合格后，由技术员、材料员分别在合格证上签字，注明使用部位后交资料员保管。

　　② 进场钢筋的外观质量检验。钢筋的外观质量每批抽取5%的钢筋进行检查，检查结果应符合相关标准的要求。

　　③ 钢筋试验。钢筋的外观项目包括物理试验（拉力试验和冷弯试验）和化学试验（主要分析碳、硫、磷、锰、硅的含量）。

　　3. 钢筋的运输与存放

　　钢筋的运输与存放要求见表8-25。

表 8-25　　　　　　　　　　　　　　　　钢筋的运输与存放要求

序号	运输与存放要求
1	每捆（盘）钢筋均应有标牌，标明钢筋级别、直径、炉罐批号及钢筋垛码号等。在运输和储存时，必须保留标牌
2	钢筋存放场地应排水良好，下垫垫木支撑，离地距离不少于200mm，以利通风，不得直接堆在地面上，防止钢筋锈蚀和污染
3	钢筋应按构件、规格、型号分别挂牌堆放，不能将几项工程的钢筋混放在一起，以免引起混乱，造成工程质量事故或影响工程进度
4	钢筋堆垛之间应留出通道，以利于查找、取运和存放
5	预应力钢筋在运输的过程中必须用油布遮盖，存放时应架空堆积在有遮盖的仓库或料棚内，其周围环境不得有腐蚀介质

　　4. 钢筋的保管

　　钢筋运到使用地点后，必须妥善保存和加强管理，否则会造成极大的浪费和损失。

　　钢筋入库时，材料管理人员要详细检查和验收；在分捆发料时，一定要防止钢筋窜捆。分捆后应随时复制标牌并及时捆扎牢固，以避免使用时错用。

　　钢筋在储存时应做好保管工作，并应注意表8-26所列的几点注意事项。

表 8-26	钢筋保管应注意的事项
序号	注意事项
1	钢筋入库要点数验收，要认真检查钢筋的规格、等级和牌号。库内应划分不同品种、规格的钢筋堆放区域。每垛钢筋应立标签，每捆钢筋上应挂标牌；标牌和标签应标明钢筋的品种、等级、直径、技术证明书编号及数量等
2	钢筋应尽量放在仓库或料棚内。当条件不具备时，应选择地势较高、土质坚实、较为平坦的露天场地堆放。在仓库、料棚或场地周围，应有一定的排水设施，以利排水。钢筋垛下要垫以枕木，使钢筋离地不小于200mm。也可用钢筋存放架存放
3	钢筋不得和酸、盐、油等类物品存放在一起。存放地点应远离产生有害气体的车间，以防止钢筋腐蚀
4	钢筋存储量应和当地钢材供应情况、钢筋加工能力以及使用量相适应，周转期应尽量缩短，避免存贮期过长，否则，既占压资金，又易使钢筋发生锈蚀

学习案例

某建筑工程需要一批钢材，供应商送来一钢材试件，直径为 25mm，原标距为 125mm，做拉伸试验，当屈服点荷载为 201.0kN，达到最大荷载为 250.3kN，拉断后测的标距长为138mm。

想一想

（1）该钢材的屈服点。
（2）该钢材的抗拉强度。
（3）该钢材拉断后的伸长率。

案例分析

（1）钢材试件的屈服点：$\sigma_s = \dfrac{F_s}{A} = 409.68\text{MPa}$。

（2）钢材试件的抗拉强度：$\sigma_b = \dfrac{F_b}{S_0} = 510.2\text{MPa}$。

（3）钢材试件的伸长率：$\delta = \dfrac{l_1 - l_0}{l_0} \times 100\% = \dfrac{138 - 125}{125} \times 100\% = 10.4\%$。

知识拓展

钢材的腐蚀防护与防火处理

1. 钢材的腐蚀防护

钢材表面与周围环境接触，在一定条件下，可发生相互作用而被腐蚀。腐蚀不仅造成钢材的受力截面减小，表面不平整导致应力集中，降低了钢材的承载能力；还会使其疲劳强度大为降低，尤其是显著降低钢材的冲击韧性，使钢材脆断。混凝土中的钢筋腐蚀后，产生体积膨胀，使混凝土顺筋开裂。因此，为了确保钢材在工作过程中不被腐蚀，必须采取防腐蚀措施。

（1）钢材腐蚀的原因。根据钢材表面与周围介质的不同作用，一般把腐蚀分为下列两种。

① 化学锈蚀。亦称干腐蚀，属纯化学腐蚀。是指钢材在常温和高温时发生的氧化或硫化作

用。氧化作用的原因是钢铁与氧化性介质接触产生化学反应。氧化性气体有空气、氧、水蒸气、二氧化碳、二氧化硫和氯等,反应后生成疏松氧化物。其反应速度随温度、湿度提高而加速。

② 电化学锈蚀。也称湿腐蚀,是由于电化学现象在钢材表面产生局部电池作用的腐蚀。例如在水溶液中的腐蚀,在大气、土壤中的腐蚀等。

钢材在潮湿的空气中,由于吸附作用,在其表面覆盖一层极薄的水膜,由于表面成分或者受力变形等的不均匀,使邻近的局部产生电极电位的差别,形成了许多微电池。在阳极区,铁被氧化成 Fe^{+2} 离子进入水膜。因为水中溶有来自空气中的氧,在阴极区氧被还原为 OH^- 离子,两者结合成不溶于水的 $Fe(OH)_2$,并进一步氧化成疏松易剥落的红棕色铁锈 $Fe(OH)_3$。在工业大气的条件下,钢材较容易锈蚀。

钢材在大气中的腐蚀,实际上是化学腐蚀和电化学腐蚀同时作用所致,但以电化学腐蚀为主。

（2）钢材腐蚀的防护。防止钢材腐蚀的主要方法有 3 种。

① 保护膜法。在钢材表面施加保护层,使钢与周围介质隔离,从而防止锈蚀。保护膜可分为金属保护膜和非金属保护膜两类。

金属保护膜是用耐腐蚀性较强的金属,以电镀或喷镀的方法覆盖钢材表面,提高钢材的耐腐蚀能力。常用的方法有镀锌、镀锡、镀铬等。

非金属保护层是用非金属材料做保护膜,使其与周围介质隔离而避免腐蚀。常用的方法是在钢材表面涂刷各种防锈涂料,此法简单易行,但不耐久。

② 电化学保护法。对于一些不易或不能覆盖保护层的地方,常用电化学保护法。即在钢铁结构上接一块比钢铁更为活泼的金属（如锌、镁等）作为阳极来保护。

③ 合金化法。在碳素钢中加入能提高抗腐蚀能力的合金元素,如铬、镍、锡、钛和铜等,制成不同的合金钢,能有效地提高钢材的抗腐蚀能力。

2. 钢材的防火处理

钢是不燃性材料,但这并不表明钢材能够抵抗火灾。耐火试验与火灾案例调查表明:以失去支持能力为标准,无保护层时钢柱和钢屋架的耐火极限只有 0.25 h,而裸露钢梁的耐火极限仅为 0.15h。温度在 200℃ 以内,可以认为钢材的性能基本不变;超过 300℃ 以后,弹性模量、屈服点和极限强度均开始显著下降,应变急剧增大;到达 600℃ 时,已失去承载能力,所以,没有防火保护层的钢结构是不耐火的。

钢结构防火保护的基本原理是采用绝热或吸热材料,阻隔火焰和热量,减小钢结构的升温速率。防火方法以包覆法为主,即以防火涂料、不燃性板材或混凝土和砂浆将钢构件包裹起来。

情境小结

（1）建筑钢材主要指用于钢结构中的各种型材（如角钢、槽钢、工字钢、圆钢等）、钢板、钢管和用于钢筋混凝土结构中的各种钢筋、钢丝等。

（2）钢材的技术性质主要包括力学性能和工艺性能。力学性能主要包括抗拉性能、冲击韧性、耐疲劳和硬度等。工艺性能反映金属材料在加工制造过程中所表现出来的性质,如冷弯性能、焊接性能、冷加工强化及时效处理等。

（3）建筑钢材可分为钢结构用钢和钢筋混凝土结构用钢两类。在建筑工程中,钢结构所用各种型钢,钢筋混凝土结构所用的各种钢筋、钢丝、锚具等钢材的性能主要取决于所用钢种及其加工方式。

（4）防止钢材腐蚀的措施主要有保护膜法、电化学保护法和合金化法。

学习检测

一、填空题

1. 钢按其化学成分可分为_____和_____两类。

2. 钢按冶炼方法可分为_____、_____和_____3 种。

3. 钢材的力学性能主要包括_____、_____、_____和_____等。

4. 低碳钢受拉至断裂，经历_____、_____、_____和_____4 个阶段。

5. 钢材的工艺性能主要包括_____、_____、_____等。

6. 钢结构用钢主要包括_____和_____两种。

7. 钢筋混凝土结构用的钢筋和钢丝，主要由_____或_____钢轧制而成。

二、选择题

1. 钢材按质量等级分类，是指按钢中有害杂质（   ）的多少进行分类。
   A. 氧、氮   B. 硫、磷   C. 铁、碳   D. 锰、硅

2. 低碳钢是指含碳量小于（   ）%的钢材。
   A. 0.10   B. 0.20   C. 0.25   D. 0.30

3. 低碳钢拉伸处于（   ）时，其应力与应变成正比。
   A. 弹性阶段   B. 屈服阶段   C. 强化阶段   D. 颈缩阶段

4. 在弹性阶段中，钢材的应力和应变的比值称为（   ）。
   A. 屈服强度   B. 抗拉强度   C. 弹性模量   D. 伸长率

5. （   ）是钢材受拉时所能承受的最大应力值。
   A. 屈服强度   B. 抗压强度   C. 抗拉强度   D. 抗折强度

6. 下列关于钢材的工艺性能的说法正确的是（   ）。
   A. 钢材的伸长率大，其冷弯性能必然好
   B. 钢材内硫的含量较高，则在焊接中易发生热脆，产生裂纹
   C. 在一定范围内，冷加工变形程度越大，屈服强度提高越多，塑性和韧性降低得越多
   D. 时效敏感性大的钢材，经时效后，其韧性、塑性改变较大

7. 在钢材的表面喷刷涂料、搪瓷、塑料等防止钢材发生腐蚀的方法属于（   ）。
   A. 保护膜法   B. 电化学保护法   C. 合金化法   D. 物理法

三、回答题

1. 什么是建筑钢材？其作为一种建筑材料的主要优点有哪些？

2. 建筑工程中主要使用哪些钢材？

3. 影响钢材技术性质的主要指标有哪些？

4. 什么是钢材的伸长率？

5. 什么是钢材的冷弯性能？应如何进行评价？

6. 化学成分对钢材的性能有何影响？

7. 什么是钢材的冷加工和时效处理？钢材经冷加工和时效处理后性能有何变化？冷加工和时效处理的目的是什么？

8. 建筑钢材的锈蚀原因有哪些？如何防护钢材？

9. 钢筋混凝土用热轧钢筋有哪些牌号？其表示的含义是什么？

学习情境九
合成高分子材料

情境导入

　　某一住宅小区建设项目，共有 12 栋住宅楼、1 所幼儿园及地下车库。其中住宅楼有 28 层、32 层、36 层不等，幼儿园为 3 层楼，地下车库是 2 层，工程总建筑面积约 271 000m²。结构类型为现浇钢筋混凝土剪力墙结构和框架结构。基础类型：地下车库是独立基础+防水底板。有 6 栋楼为筏型基础+人工挖孔灌注桩地基处理，其余的为筏型基础。建筑模板是混凝土结构工程施工的重要工具，模板技术直接影响工程建设的质量、造价和效益，建筑模板技术是建筑工程施工技术的一个重要内容。

　　该工程混凝土结构工程施工量庞大，其中模板工程就要占混凝土结构工程造价的 20%～30%，占工程用工量的 30%～40%，占工期的 50%左右。在保证混凝土工程质量的前提下选择什么类型的模板材料才能做到最为经济合理，是本工程所面临的一大难题。

案例分析

　　本工程所采用的聚氨酯塑料模板和强塑ＰＰ塑料模板是继木模板、全钢组合模板、竹木胶合板模板、全钢大模板之后又一新型换代产品。本工程使用聚氨酯塑料模板，每平方米摊销 2.66元，强塑ＰＰ塑料模板每平方米摊销 1.26 元，是胶合板模板和竹胶板模板费用的 20%～50%。使用塑料模板的优点很多，最主要的优势是节约成本，综合来说塑料模板成本是最低的。

　　本工程 2 栋楼试点使用的塑料模板，经过与常用模板对比，在保证混凝土质量的前提下节约了成本，显示出较好的经济效果。如果模板工程的施工量不大的话，因初期购买塑料模板价格偏高，只有长期、大量、重复使用才更显经济效果。

　　如何根据各种合成高分子材料的性能，结合工程实际情况选择建筑塑料、涂料与胶黏剂的品种？需要掌握如下要点。

　　（1）高分子化合物材料的基本概念、类型及其性质。

　　（2）建筑塑料。

　　（3）建筑涂料。

　　（4）建筑胶黏剂。

学习单元1　认识高分子化合物材料

知识目标

　　（1）了解高分子化合物的概念及反应类型。

（2）熟悉高分子化合物的分类、品种及其性质。

 技能目标

能够区分各高分子化合物材料。

基础知识

高分子化合物是由千万个原子彼此以共价键连接的大分子化合物,其相对分子量一般在 10^4 以上，通常指高聚物或聚合物。虽然它的分子量很大，但其化学组成却比较简单，一个大分子往往是由许多相同的、简单的结构单元通过共价键重复连接而成的。它是生产建筑塑料、胶黏剂、建筑涂料、高分子防水材料等材料的主要原料。

一、高分子化合物的反应类型

高分子化合物是由不饱和的低分子化合物（称为单体）聚合或含两个及两个以上官能团的分子间缩合而成的。其反应类型有加聚反应和缩聚反应。

（一）加聚反应

加聚反应是由许多相同或不同的低分子化合物，在加热或催化剂的作用下，相互加合成高聚物而不析出低分子副产物的反应。其生成物称为加聚物（也称加聚树脂），加聚物具有与单体类似的组成结构。例如

$$nCH_2{=}CH_2 \longrightarrow \left[CH_2{-}CH_2 \right]_n \qquad (9\text{-}1)$$

其中，n 代表单体的数目，称为聚合度。n 值越大，聚合物分子量就越大。

> **☼小提示**
>
> 工程中常见的加聚物有：聚乙烯、聚氯乙烯、聚丙烯、聚苯乙烯、聚甲基丙烯酸甲酯、聚四氟乙烯等。

（二）缩聚反应

缩聚反应是由许多相同或不同的低分子化合物，在加热或催化剂的作用下，相互结合成高聚物并析出水、氨、醇等低分子副产物的反应。其生成物称为缩聚物（也称缩合树脂），缩聚物的组成与单体完全不同。例如：苯酚和甲醛两种单体经缩聚反应得到酚醛树脂。

$$nC_6H_5OH + nCH_2O \longrightarrow \left[C_6H_3CH_2OH \right]_n + nH_2O \qquad (9\text{-}2)$$

工程中常用的缩聚物有：酚醛树脂、脲醛树脂、环氧树脂、聚酯树脂、三聚氰胺甲醛树脂及有机硅树脂等。

二、高分子化合物的分类及性质

（一）高分子化合物的分类

高分子化合物的分类方法很多，常见的有以下两种。

239

1. 按分子链的几何形状分类

高分子化合物按其链节（碳原子之间的结合形式）在空间排列的几何形状，可分为线型结构、支链型结构和体型结构（或称网状型结构）3 种。

（1）线型结构聚合物各链节连接成一长链，如图 9-1（a）所示，支链型结构聚合物带有支链，如图 9-1（b）所示，这两种聚合物可以溶解在一定的溶剂中，可以软化，以至熔化。

（2）体型结构聚合物是线型大分子间相互交联，形成网状的三维聚合物，如图 9-1（c）所示，这种聚合物加热时不软化，也不能流动，一般不溶于有机溶剂，强度、硬度、脆性较高，塑性差。

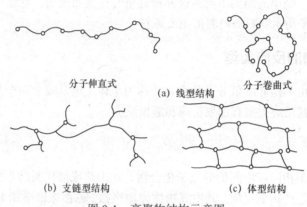

图 9-1　高聚物结构示意图

2. 按受热时的性质分类

高分子化合物按其在热作用下所表现出来的性质的不同，可分为热塑性聚合物和热固性聚合物两种。

（1）热塑性聚合物。热塑性聚合物一般为线型或支链型结构，在加热时分子活动能力增加，可以软化到具有一定的流动性或可塑性，在压力作用下可加工成各种形状的制品。冷却后分子重新"冻结"，成为一定形状的制品。这一过程可以反复进行，即热塑性聚合物制成的制品可重复利用、反复加工。这类聚合物的密度、熔点都较低，耐热性较低，刚度较小，抗冲击韧性较好。

（2）热固性聚合物。热固性聚合物在成型前分子量较低，且为线型或支链型结构，具有可溶、可熔性，在成型时因受热或在催化剂、固化剂作用下，分子发生交联成为体型结构而固化。这一过程是不可逆的，并成为不溶、不熔的物质，因而固化后的热固性聚合物是不能重新再加工的。这类聚合物的密度、熔点都较高，耐热性较高，刚度较大，质地硬而脆。

（二）高分子化合物的主要性质

1. 物理力学性质

高分子化合物的密度小，导热性很小，是很好的轻质保温隔热材料。它的电绝缘性好，是极好的绝缘材料。它的比强度（材料强度与表观密度的比值）高，是极好的轻质高强材料。它的减震、消声性好，一般可制成隔热、隔声和抗震材料。

2. 化学性质

（1）老化。在光、热、大气作用下，高分子化合物的组成和结构发生变化，致使其性质变化，如失去弹性、出现裂纹、变硬、变脆或变软、发黏而失去原有的使用功能等，这种现象称为老化。

目前采用的防老化措施主要有改变聚合物的结构、涂防护层的物理方法和加入各种防老化剂的化学方法。

（2）耐腐蚀性。一般的高分子化合物对侵蚀性化学物质（酸、碱、盐溶液）及蒸汽的作用具有较高的稳定性。但有些聚合物在有机溶液中会溶解或溶胀，使几何形状和尺寸改变，性能恶化，使用时应注意。

（3）可燃性及毒性。聚合物一般属于可燃的材料，但可燃性受其组成和结构的影响有很大差别。如聚苯乙烯遇明火会很快燃烧起来，而聚氯乙烯则有自熄性，离开火焰会自动熄灭。一般液体状态的聚合物都有不同程度的毒性，而固化后的聚合物多半是无毒的。

学习单元2　建筑塑料的组成材料及性能要求

知识目标

（1）了解建筑塑料的组成。

（2）熟悉建筑塑料性质、分类与品种。

（3）掌握建筑常用塑料的性能与用途。

技能目标

能根据不同的建筑工程选用合适的建筑塑料。

基础知识

塑料是以合成或天然高分子有机化合物为主要原料，在一定条件下塑化成型，在常温常压下产品能保持形状不变的材料。常见的高分子有机化合物有合成树脂、天然树脂、纤维素酯、沥青等。常用各种合成树脂作为塑料的主要原料。

作为一种建筑材料，塑料具有一系列特性。在建筑中适当采用塑料，代替其他传统建筑材料，能获得良好的装饰及艺术效果，减轻建筑物自重，提高工效，减少施工安装费用。近年来，随着我国现代化建设事业的发展，塑料工业发展较快，产量迅速增长，成本逐年下降，在建筑中的应用范围不断扩大。

一、建筑塑料的基本组成

建筑塑料根据组成材料种类的多少，可分为单组分塑料和多组分塑料。单组分塑料基本上由一种树脂组成或加少量着色剂而制成。多数塑料则是多组分的，组成除树脂外，还含有各种添加剂，改变添加剂的品种和数量，则塑料性质也随之改变。

（一）合成树脂

合成树脂是指塑料中的基本组分，在单组分塑料中树脂的含量几乎为100%，多组分塑料中树脂的含量占30%～70%。树脂不仅起胶结其他组分的作用，而且树脂的种类、性质、数量、用量不同，塑料的物理力学性能、用途及成本也不同。合成树脂是决定塑料基本性质的主要因素。

（二）添加剂

为了改善塑料的某些性能，常加入一些添加剂。常用的添加剂如下所述。

241

1. 填料（填充料）

填料又称填充料，可改善和增强塑料的物理力学性能，如提高机械强度、硬度、耐热性、耐磨性，增加化学稳定性等，并可降低塑料的成本。填料可分为有机填料和无机填料两类。主要是一些化学性质不活泼的粉状、片状或纤维状的固体物质，如木粉、滑石粉、石英粉、玻璃纤维等。其掺量为40%～70%。几乎所有的填料都能改善塑料的耐热性，但会降低其力学性能，并使加工变得困难。

2. 增塑剂

增塑剂可增加塑料的可塑性，减小脆性，以便于加工，并能使其制品具有柔软性。增塑剂会降低塑料制品的机械性能和耐热性等，在选择增塑剂的种类和加入量时，应根据塑料的使用性能来决定。对增塑剂的要求是：应能与合成树脂均匀混合在一起，并具有足够的耐光、耐大气、耐水等稳定性。常用的增塑剂有邻苯二甲酸酯类、磷酸酯类、二苯甲酮、樟脑等。

3. 固化剂（硬化剂）

它的主要作用是使聚合物中的线型分子交联成体型分子，从而使树脂具有热固性。常用的有胺类、酸酐类和高分子类。

4. 着色剂

在塑料中加入着色剂后，可使其具有鲜艳的色彩和美丽的光泽。所选用的着色剂应色泽鲜明、分散性好、着色力强、耐热耐晒，在塑料加工过程中稳定性良好，与塑料中的其他组分不起化学反应，同时，还应不降低塑料的性能。常用的着色剂有有机染料、无机染料、颜料。有时也采用能产生荧光或磷光的颜料，如钛白粉、氧化铁红、群青等。

5. 稳定剂

为防止塑料过早老化，延长塑料的使用寿命，常加入少量稳定剂。稳定剂耐水、耐油、耐化学侵蚀，并能与树脂相溶。常用的稳定剂有光屏蔽剂、紫外线吸收剂、热稳定剂、抗氧化剂等。

此外，还可加入阻燃剂，以提高聚合物的耐燃性等。

二、建筑塑料的性质

塑料是具有可塑性的高分子材料，具有质轻、绝缘、耐腐、耐磨、绝热、隔声等优良性能，在建筑上可作为装饰材料、绝热材料、吸声材料、防火材料、墙体材料、管道及卫生洁具等。它与传统材料相比，具有以下优异性能。

（一）质轻、比强度高

塑料的密度在 $0.9\sim2.2g/cm^3$，平均为 $1.45g/cm^3$，约为铝的 1/2、钢的 1/5、混凝土的 1/3。而其比强度却远远超过水泥、混凝土，接近或超过钢材，是一种优良的轻质高强材料。玻璃钢的比强度超过钢材和木材。

（二）导热性低

密实塑料的热导率一般为 $0.12\sim0.80W/（m\cdot K）$。泡沫塑料是良好的绝热材料，热导率甚小。

（三）耐腐蚀性好

塑料对酸、碱、盐类的侵蚀具有较高的抵抗性。

（四）电绝缘性好

塑料的导电性低，是良好的电绝缘材料。

（五）装饰性好

塑料具有良好的装饰性能，能制成线条清晰、色彩鲜艳、光泽动人的塑料制品。

塑料的性能范围宽广，可根据使用需要制成具有各种特殊功能，如绝热、吸声、耐磨、耐酸等的特殊材料。

塑料的主要缺点是：耐热性低，耐火性差，易老化，弹性模量小（刚度差）。在建筑中使用时，应扬长避短，充分发挥其优点。

三、建筑塑料的分类及品种

建筑上常用的塑料可分为热塑性塑料和热固性塑料两大类。

（一）热塑性塑料的常用品种

1. 聚乙烯塑料（PE）

聚乙烯塑料由乙烯单体聚合而成。所谓单体，是能发生聚合反应而生成高分子化合物的简单化合物。按单体聚合方法，可分为高压法、中压法和低压法 3 种。随聚合方法不同，产品的结晶度和密度不同。高压聚乙烯的结晶度低，密度小；低压聚乙烯结晶度高，密度大。随结晶度和密度的增加，聚乙烯的硬度、软化点、强度等随之增加，而冲击韧性和伸长率则下降。

聚乙烯塑料产量大，用途广。在建筑工程中主要用作防水材料、给排水管道、防渗薄膜、混凝土建筑物的防水层等。

☼小提示

聚乙烯塑料具有较高的化学稳定性和耐水性，强度虽不高，但低温柔韧性大。掺加适量碳黑，可提高聚乙烯的抗老化性能。

2. 聚氯乙烯塑料（PVC）

聚氯乙烯塑料由氯乙烯单体聚合而成，是建筑上常用的一种塑料。聚氯乙烯的化学稳定性高，抗老化性好，但耐热性差，在 100℃以上时会引起分解、变质而破坏，通常使用温度应在 60℃～80℃以下。根据增塑剂掺量的不同，可制得硬质或软质聚氯乙烯塑料。

软质聚氯乙烯可制成较好的农用薄膜，常用来制作雨衣、台布、窗帘、票夹、手提袋等。还被广泛用于制造塑料鞋及人造革。电力电缆最外层表皮常用 PVC。

硬质聚氯乙烯能制成透明、半透明及各种颜色的珠光制品。常用来制作皂盒、梳子、洗衣板、文具盒、各种管材等。

3. 聚苯乙烯塑料（PS）

聚苯乙烯塑料由苯乙烯单体聚合而成。聚苯乙烯塑料的透光性好，易于着色，化学稳定性高、耐水、耐光，成型加工方便，价格较低。但聚苯乙烯性脆，抗冲击韧性差，耐热性低，易燃，因此其应用受到一定限制。

聚苯乙烯塑料广泛应用于光学仪器化工部门及日用品方面,可用来制作茶盘、镶缸、皂盒、烟盒、学生尺、梳子等。由于具有一定的透气性,当制成薄膜制品时,又可做良好的食品包装材料。

4. 聚丙烯塑料(PP)

聚丙烯塑料由丙烯单体聚合而成。聚丙烯塑料的特点是质轻(密度 0.90g/cm³),耐热性较高(100℃~120℃),刚性、延性和抗水性均好。它的不足之处是低温脆性较显著,抗大气性差,故适用于室内。近年来,聚丙烯的生产发展较迅速,聚丙烯已与聚乙烯、聚氯乙烯等,共同成为建筑塑料的主要品种。

5. 聚甲基丙烯酸甲酯(PMMA)

由甲基丙烯酸甲酯加聚而成的热塑性树脂,俗称有机玻璃。它的透光性好,低温强度高,吸水性低,耐热性和抗老化性好,成型加工方便;缺点是耐磨性差,价格较贵。

可用作飞机、汽车、轮船的透明配件、光学镜片及建筑物的装饰。

(二)热固性塑料的常用品种

1. 酚醛树脂(PF)

酚醛树脂是一种合成塑料,无色或黄褐色透明固体,因电气设备使用较多,也俗称电木。耐热性、耐燃性、耐水性和绝缘性优良,耐酸性较好,耐碱性差,机械和电气性能良好,易于切割,分为热固性塑料和热塑性塑料两类。合成时加入不同组分,可获得功能各异的改性酚醛树脂,具有不同的优良特性,如耐碱性、耐磨性、耐油性、耐腐蚀性等。

可用作氯丁胶黏剂的增粘树脂,丁基橡胶的硫化剂。储存于阴凉、通风的库房内,远离火种、热源。

2. 聚酯树脂(PR)

聚酯树脂由二元或多元醇和二元或多元酸缩聚而成。聚酯树脂具有优良的胶结性能,弹性和着色性好,柔韧、耐热、耐水。可用于纺制涤纶纤维。

3. 有机硅树脂(OR)

有机硅树脂由一种或多种有机硅单体水解而成。有机硅树脂耐热、耐寒、耐水、耐化学腐蚀,但机械性能不佳、黏结力不高。用酚醛、环氧、聚酯等合成树脂或用玻璃纤维、石棉等增强,可提高其机械性能和黏结力。

有机硅树脂可制作耐 180℃的电动机绝缘材料,如玻璃漆布、玻璃布层压板、云母带、浸渍漆、磁漆等。后两者添加铝粉后可配成长期使用耐 500℃、瞬时使用耐 1 000℃的高温涂料,用于涂装喷气发动机尾喷管、金属烟囱等。以玻璃纤维或石棉补强制成的模塑料,可用来制造耐强电流、高电压的耐电弧开关的材料。以甲基三烷氧基硅烷制得的有机硅树脂(俗称有机硅玻璃树脂),可用以处理纸、塑料、金属表面,使其有良好的亮度和耐磨性。有机硅树脂经改性(如用醇酸树脂等)后可作为耐候性良好的室外用涂料。

4. 玻璃纤维增强塑料(GRP)

玻璃纤维增强塑料是一种以玻璃纤维增强不饱和聚酯、环氧树脂与酚醛树脂为基体材料的复合塑料。作为复合材料的一种,玻璃钢因其独特的性能优势,在航空航天、铁道铁路、装饰建筑、家居家具、建材卫浴和环卫工程等相关行业中得到了广泛应用。

四、建筑上常用塑料的性能与用途

建筑上常用塑料的性能及主要用途见表 9-1。

表 9-1　　　　　　　　　　　建筑上常用塑料的性能与用途

种　类		特　性	主要用途	备　注
热塑性塑料	聚乙烯	质轻，耐低温性好，耐化学腐蚀及有机溶剂，电绝缘性好，耐水，不易碎裂，强度不高	各种板材、管道包装、薄膜、电绝缘材料、冷水箱、零配件和日常生活用品等	耐热性差（使用温度<50℃），耐老化性差。避免强光照射，不能长期与煤油、汽油接触
	聚氯乙烯	耐腐蚀性、电绝缘性好，高温和低温强度不高	薄板、薄膜、壁纸、地毯、地面卷材、零配件等	热敏性聚合物，成型时避免受热时间长和多次受热
	聚苯乙烯	耐化学腐蚀性、电绝缘性好，无色透明而坚硬，耐水，性脆，易燃，无毒无味	水箱、泡沫塑料、零配件、电绝缘材料，各种仪器中的透明装置等	脆性大，耐油性差，切忌与有机溶剂和樟脑接触
	聚丙烯	质轻，刚性、延性、耐热性好，耐腐蚀，不耐磨，无毒，易燃	化工容器、管道、建筑零件、耐腐蚀衬板等	耐油性差，耐紫外线差，易老化，受重力冲击易碎裂
热固性塑料	酚醛塑料（电木）	耐热、耐寒性能好，受热不熔化，遇冷不发脆，表面硬度不高，不易传热，耐腐蚀性好，绝缘性好	各种层压板、保温绝热材料、玻璃纤维增强塑料等	韧性差，色泽单调，敲击易碎裂
	脲醛塑料（电玉）	电绝缘性好，耐弱酸、碱，无色、无味、无毒，着色力好，不易燃烧	胶合板和纤维板、泡沫塑料、绝缘材料、装饰品等	耐热性差，耐水性差，不利于复杂造型
	有机硅塑料	耐高温、耐腐蚀，电绝缘性好，耐水、耐光、耐热	防水材料、胶黏剂、电工器材、涂料等	固化后的强度不高

245

学习单元 3　建筑涂料的选用

 知识目标

（1）熟悉建筑涂料的功能与基本组成。

（2）掌握常用建筑涂料的种类。

（3）熟悉特种建筑涂料的种类。

技能目标

能够根据不同的建筑工程选用合适的建筑涂料。

➡ **基础知识**

涂料是指涂敷于物体表面，能与基体材料很好黏结，干燥后形成完整且坚韧保护膜的物质。早期的涂料以植物油和天然漆为主要原料，故称油漆。随着合成材料工业的发展，大部分植物油已被合成树脂所取代，遂改称为涂料。

一、建筑涂料的功能

建筑涂料对建筑物的功能主要表现在以下几个方面。

（一）保护功能

建筑涂料通过刷涂、滚涂或喷涂等施工方法，涂敷在建筑物的表面，形成连续的薄膜，厚度适中，有一定的硬度和韧性，并具有耐磨、耐候、耐化学侵蚀以及抗污染等功能，可以提高建筑物的使用寿命。

（二）装饰功能

建筑涂料所形成的涂层能装饰美化建筑物。若在涂料中掺加粗、细骨料，再采用拉毛、喷涂和滚花等方法进行施工，可以获得各种纹理、图案及质感的涂层，使建筑物产生不同凡响的艺术效果，以达到美化环境，装饰建筑的目的。

（三）其他特殊功能

建筑涂料能提高室内的亮度，起到吸声和隔热的作用；一些特殊用途的涂料还能使建筑具有防火、防水、防霉、防静电等功能。

在工业建筑、道路设施等构筑物上，涂料还可起到标志作用和色彩调节作用，在美化环境的同时提高了人们的安全意识，改善了心理状况，减少了不必要的损失。

二、建筑涂料的基本组成

组成建筑涂料的各原料成分，按其所起作用可分为主要成膜物质（又称胶黏剂或固着剂）、次要成膜物质和辅助成膜物质。

（一）主要成膜物质

主要成膜物质，即基料。基料是决定涂料性质的物质，其在涂料中主要起成膜或黏结填料与颜料，使涂料在干燥或固化后能形成连续涂层的作用。建筑涂料中常用的基料有无机基料（如水玻璃、硅溶胶）和有机基料（如聚乙烯醇、聚乙烯醇缩甲醛、丙烯酸树脂、环氧树脂、醋酸乙烯-丙烯酸酯共聚物、聚苯乙烯-丙烯酸酯共聚物、聚氨酯树脂）两类。

（二）次要成膜物质

次要成膜物质分为填料和颜料。

填料是主要起改善涂膜机械性能，增加涂膜厚度，减少涂膜收缩，降低涂料成本等作用的物质。填料分粉料和粒料两类，常用的填料有重晶石粉、轻质碳酸钙、重质碳酸钙、高岭土及各种彩色砂粒等。

颜料是使涂料具有所需颜色，并使涂膜具有一定遮盖能力的物质。颜料还应具有良好的耐碱性、耐候性。建筑涂料中使用的颜料分为无机矿物颜料、有机颜料和金属颜料，由于有机颜料的耐久性较差，故较少使用。建筑涂料中常用的颜料有氧化铁红、氧化铁黄、氧化铁绿、氧化铁棕、氧化铬绿、钛白、锌钡白、群青蓝、铝粉、铜粉等。

（三）辅助成膜物质

辅助成膜物质是主要起溶解或分散基料，改善涂料施工性能，增加涂料渗透能力等作用的物质。由于辅助成膜物质对保证涂膜质量有较大的影响，因此，要求其应具有较强的溶解能力，适宜的挥发率，同时，应注意克服无机溶剂易燃及毒性在应用中的不利影响。

涂料按辅助成膜物质及其对成膜物质作用的不同分为溶剂型涂料、水溶性涂料及乳液型涂料（乳胶漆）3 种，其中水溶性涂料和乳液性涂料又称水性涂料，其属于绿色涂料。

三、常用建筑涂料

常用建筑涂料是指具有装饰功能和保护功能的一般建筑涂料。主要适用于建筑工程中的室内外墙柱面、顶棚、楼地面等部位，并且适用于各种基体，如混凝土、抹灰层、石膏板、金属和木材等表面涂装。

（一）内墙、顶棚涂料

内墙、顶棚涂料用于室内环境，其主要作用是装饰和保护墙面、顶棚面。涂层应质地平滑、细腻，色彩丰富，具有良好的透气性，耐碱、耐水、耐污、耐粉化，并且施工方便。

1. 聚乙烯醇水玻璃内墙涂料（106 涂料）

聚乙烯醇水玻璃内墙涂料是以聚乙烯醇和水玻璃为基料制成的水溶性内墙涂料。其具有原料丰富、价格低廉、工艺简单、无毒、无味、色彩丰富、与基层材料间有一定黏结力等优点，但涂层耐水洗刷性差，不能用湿布擦洗。该涂料是国内用量最大的一种内墙涂料，主要用于住宅及一般公共建筑的内墙与顶棚。

另外，采用提高耐水性和耐洗刷性的一些成分及工艺变化等措施，还可制得改性聚乙烯醇系内墙涂料，其除了具有与聚乙烯醇水玻璃内墙涂料基本相同的主要性质之外，突出的特点是提高了其耐洗刷性（可达 300～1 000 次）。因此，其不仅适用于一般住宅及公共建筑的室内，而且也适用于卫生间、厨房等相对潮湿的环境室内。

2. 聚醋酸乙烯乳液内墙涂料（聚醋酸乙烯乳胶漆）

聚醋酸乙烯乳液内墙涂料是以聚醋酸乙烯乳液为基料的乳液型内墙涂料。其具有无毒，不易燃烧，涂膜细腻、平滑、色彩鲜艳，价格适中，施工方便等优点，而且耐水、耐碱及耐洗性也优于聚乙烯醇系内墙涂料，适用于住宅及一般公共建筑的内墙与顶棚。

3. 醋酸乙烯-丙烯酸酯有光乳液涂料（乙-丙有光乳液涂料）

醋酸乙烯-丙烯酸酯有光乳液涂料是以乙-丙乳液为基料的乳液型内墙涂料。其耐水性、耐候性、耐碱性优于聚醋酸乙烯乳液内墙涂料，并具有光泽，是一种中高档内墙涂料。主要用于住宅、办公室、会议室等内墙及顶棚。

4. 多彩内墙涂料

多彩内墙涂料是以合成树脂及颜料等为分散相，以含乳化剂和稳定剂的水为分散介质制成的，经一次喷涂即可获得具有多种色彩立体图膜的乳液型内墙涂料。其是目前国内外较流行的高档内墙涂料之一。多彩内墙涂料色彩丰富，图案多样，并具有良好的耐水性、耐碱性、耐油性、耐化学腐蚀性及透气性，主要用于住宅、办公室、会议室、商店等建筑的内墙及顶棚。

（二）外墙涂料

外墙涂料是用于装饰和保护建筑物外墙面的涂料。外墙涂料具有色彩丰富、施工方便、价格便宜、维修简便、装饰效果好等特点。通过改良，它的耐久性、保色性、耐水性和耐污性等都比以前有了很大的提高，是建筑外立面装饰中经常使用的一种装饰材料。

1. 苯乙烯-丙烯酸酯乳液涂料（苯-丙乳液涂料）

苯乙烯-丙烯酸酯乳液涂料是以苯-丙乳液为基料制成的乳液型涂料，是目前质量较好的外墙乳液涂料之一。苯乙烯-丙烯酸酯乳液涂料分有光、半光、无光3类。其具有优良的耐水性、耐碱性、耐光性、抗污染性、耐擦洗性（耐洗刷次数可达2 000次以上），还具有丰富的色彩与质感，适用于公共建筑的外墙等。

2. 丙烯酸酯系外墙涂料

丙烯酸酯系外墙涂料是以热塑性丙烯酸酯树脂为基料制成的外墙涂料，其分溶剂型和乳液型两种。丙烯酸酯系外墙涂料具有优良的耐水性、耐碱性、耐高低温性、耐候性，良好的黏结性、抗污染性、耐洗刷性（耐洗刷次数可达2 000次以上），装饰性好，使用寿命可达10年以上，属高档涂料，是目前国内外主要使用的外墙涂料之一。丙烯酸酯系外墙涂料主要用于商店、办公楼等公共建筑的外墙。

3. 聚氨酯系外墙涂料

聚氨酯系外墙涂料是以聚氨酯树脂或聚氨酯树脂与其他树脂的混合物为基料制成的溶剂型外墙涂料。聚氨酯系外墙涂料具有一定的弹性和抗伸缩疲劳性，能适应基层材料在一定范围内的变形而不开裂，其表面光泽度高、呈瓷质感，还具有优良的黏聚性、耐水性、耐酸碱腐蚀性、耐高低温性、耐洗刷性（耐洗刷次数可达2 000次以上）、耐候性，使用寿命可达15年以上，属高档外墙涂料。聚氨酯系外墙涂料主要用于商店、办公楼等公共建筑的外墙。

4. 合成树脂乳液砂壁状建筑涂料（彩砂涂料）

合成树脂乳液砂壁状建筑涂料是以合成树脂乳液为基料，加入彩色小颗粒骨料或石粉等配制成的粗面厚质涂料。其一般采用喷涂法施工，涂层具有丰富的色彩与质感，且保色性、耐水性、耐候性良好，涂膜坚实，骨料不易脱落，使用寿命可达10年以上。合成树脂乳液砂壁状建筑涂料主要用于办公楼、商店等公共建筑的外墙。

（三）地面涂料

地面涂料是用于装饰和保护室内地面，使其清洁、美观的涂料。地板涂料应具有良好的黏结性能，以及耐碱、耐水、耐磨及抗冲击等性能。地面涂料可分为木地板涂料（各种油漆）、塑料地板涂料和水泥砂浆地面涂料。

1. 过氯乙烯水泥地面涂料

过氯乙烯水泥地面涂料是以过氯乙烯树脂为主要成膜物质，溶于挥发性溶剂中，再加入颜料、填料、增塑剂和稳定剂等附加成分而成的。

过氯乙烯水泥地面涂料，施工简便、干燥速度快，有较好的耐水性、耐磨性、耐候性、耐化学腐蚀性，但由于挥发性溶剂易燃、有毒，在施工时应注意做好防火、防毒工作。广泛应用于防化学腐蚀涂装、混凝土建筑涂料。

2. 聚氨酯-丙烯酸酯地面涂料

聚氨酯-丙烯酸酯地面涂料是以聚氨酯-丙烯酸酯树脂溶液为主要成膜物质，醋酸丁酯等为溶剂，再加入颜料、填料和各种助剂等，经过一定的加工工序制作而成的。

聚氨酯-丙烯酸酯地面涂料的耐磨性、耐水性、耐酸碱腐蚀性能好，它的表面有瓷砖的光亮感，因而又称仿瓷地面涂料。这种涂料的组成为双组分，施工时可按规定的比例进行称量，然后搅拌混合，做到随拌随用。

3. 丙烯酸硅地面涂料

丙烯酸硅地面涂料是以丙烯酸酯系树脂和硅树脂进行复合的产物为主要成膜物质，再加入溶剂、颜料、填料和各种助剂等，经过一定的加工工序制作而成的。

丙烯酸硅地面涂料的耐候性、耐水性、耐洗刷性、耐酸碱腐蚀性和耐火性能好，渗透力较强，与水泥砂浆等材料之间黏结牢固，具有较好的耐磨性。它的耐候性能好，可用于室外地面的涂饰，施工方便。

4. 环氧树脂地面涂料

环氧树脂地面涂料是以环氧树脂为主要成膜物质，加入稀释剂、颜料、填料、增塑剂和固化剂等，经过一定的制作工艺加工而成的。

环氧树脂地面涂料是一种双组分常温固化型涂料，甲组分有清漆和色漆，乙组分是固化剂。它具有无接缝、质地坚实、耐药性佳、防腐、防尘、保养方便、维护费用低廉等优点。可根据客户要求进行多种涂装方案，如薄层涂装、1～5mm 厚的自流平地面，防滑耐磨涂装，砂浆型涂装，防静电、防腐蚀涂装等。产品适用于各种场地，如厂房、机房、仓库、实验室、病房、手术室、车间等。

5. 彩色聚氨酯地面涂料

彩色聚氨酯地面涂料由聚氨酯、颜色填料、助剂调制而成。具有优异的耐酸碱、防水、耐辗轧、防磕碰、不燃、自流平等性能，是专为食品厂、制药厂的车间仓库等地面、墙面而设计的。同时，其具有无菌、防滑、无接缝、耐腐蚀等特点，还可用于医院、电子厂、学校、宾馆等地面、墙面的装饰。

四、特种建筑涂料

特种建筑涂料又称功能性建筑涂料，这类涂料某一方面的功能特别显著，如防水、防火、防霉、防腐、隔热和隔声等。

特种建筑涂料的品种有防水涂料、防火涂料、防霉涂料、防结露涂料、防辐射涂料、防虫涂料、隔热涂料和吸声涂料等。

1. 防水涂料

防水涂料是涂刷在建筑物表面上，经溶剂或水分的挥发或两种组分的化学反应形成一层薄膜，使建筑物表面与水隔绝，从而起到防水、密封的作用，这些涂刷的黏稠液体称为防水涂料。防水涂料经固化后形成的防水薄膜具有一定的延伸性、弹塑性、抗裂性、抗渗性及耐候性，能起到防水、防渗和保护作用。防水涂料有良好的温度适应性，操作简便，易于维修与维护。

按使用部位不同，分屋面防水涂料、地下工程防水涂料等；按照涂料的组成成分不同，分水乳再生胶沥青防水涂料、阳离子型氯丁胶乳沥青防水涂料、聚氨酯系防水涂料、丙烯酸酯乳胶防水涂料和 EVA 乳胶防水涂料；按照涂料的形式与状态不同，分乳液型、溶剂型和反应型等。

（1）乳液型防水涂料属单组分的水乳型涂料。它具有无毒、不污染环境、不易燃烧和防水性能好等特点。

（2）溶剂型防水涂料是以高分子合成树脂有机溶剂的溶液为主要成膜物质，加入颜料、填料及助剂而形成的一种溶剂型涂料。它的防水效果好，可以在较低的温度下施工。

（3）反应型防水涂料是双组分型，它的膜层是由涂料中的主要成膜物质与固化剂进行反应后形成的。它的耐水性、耐老化性和弹性均好，具有较好的抗拉强度、延伸率和撕裂强度，是目前工程中使用较多的一类涂料。

2．防火涂料

防火涂料是用于可燃性基材表面，能降低被涂材料表面的可燃性，阻滞火灾的迅速蔓延，用以提高被涂材料耐火极限的一种特种涂料。防火涂料涂覆在基材表面，除具有阻燃作用以外，还具有防锈、防水、防腐、耐磨、耐热以及涂层坚韧性、着色性、黏附性、易干性和一定的光泽等性能。

按照防火涂料的组成不同，分为非膨胀型防火涂料和膨胀型防火涂料。非膨胀型防火涂料是由难燃或不燃的树脂及阻燃剂、防火填料等材料组成的，它的涂膜具有较好的难燃性，能够阻止火焰蔓延；膨胀型防火涂料是由难燃树脂、阻燃剂及成碳剂、脱水成碳催化剂、发泡剂等材料组成的。这种涂料的涂层在受到高温或火焰作用时会产生体积膨胀，形成比原来涂层厚度大几十倍的泡沫碳质层，从而有效地阻挡外部热源对基层材料的作用，达到阻止燃烧进一步扩展的效果。

3．防霉涂料

防霉涂料具有建筑装饰和防霉作用的双重效果。对霉菌、酵母菌有广泛高效和较长时间的杀菌和抑制能力，与普通装饰涂料的根本区别在于防霉涂料在制造过程中加入了一定量的霉菌抑制剂。

防霉涂料按照成膜物质和分散介质不同，分为溶剂型和水乳型两类；按照涂料的用途不同，分为外用、内用和特种用途等类型。防霉涂料不仅具有良好的装饰性和防霉功能，而且涂料在成膜时不会产生对人体有害的物质。这种涂料在施工前应做好基层处理工作，先将基层表面的霉菌清除干净，再用7%～10%的磷酸三钠水溶液涂刷，最后才能刷涂防霉涂料。

4．防腐蚀涂料

防腐蚀涂料是一种能够将酸、碱及各类有机物与材料隔离开来，使材料免于有害物质侵蚀的涂料。它的耐腐蚀性能高于一般的涂料，维护保养方便、耐久性好，能够在常温状态下固化成膜。

防腐蚀涂料在配置时应注意所采用的颜料、填料等都应具有防腐蚀性能，如石墨粉、瓷土、硫酸钡等。施工前必须将基层清洗干净，并充分干燥。涂层施工时应分多道涂刷。

特种建筑涂料还有各类防锈涂料、彩色闪光涂料和自干型有机硅高温耐热涂料等。随着建材业的发展，更多新型特种建筑涂料会大量出现。

学习单元4　合理选择建筑胶黏剂

知识目标

（1）了解建筑胶黏剂的概念与分类。

（2）熟悉胶黏剂的基本组成材料。

（3）掌握建筑工程中常用胶黏剂的性能及应用。

技能目标

能根据不同的建筑工程选用合适的建筑胶黏剂。

 基础知识

胶黏剂（又称黏合剂、黏结剂）是一种能在两个物体表面间形成薄膜并能把它们紧密胶结

起来的材料。胶黏剂在建筑装饰施工中是不可少的配套材料，常用于墙柱面、吊顶、地面工程的装饰黏结。

一、胶黏剂的分类

胶黏剂品种繁多，分类方法较多。

（一）按基料组成成分分类

胶黏剂按基料组成成分分类，如图 9-2 所示。

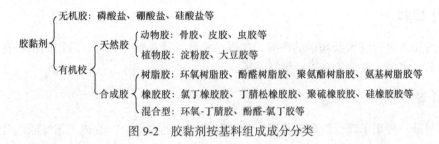

图 9-2　胶黏剂按基料组成成分分类

（二）按强度特性分类

按强度特性不同，胶黏剂可分为以下几类。

1. 结构胶黏剂

结构胶黏剂的胶结强度较高，至少与被胶结物本身的材料强度相当，同时对耐油、耐热和耐水性等都有较高要求。

2. 非结构胶黏剂

非结构胶黏剂要求有一定的强度，但不承受较大的力，只起定位作用。

3. 次结构胶黏剂

次结构胶黏剂又称准结构胶黏剂，其物理力学性能介于结构与非结构胶黏剂之间。

（三）按固化条件分类

按固化条件的不同，胶黏剂可分为溶剂型、反应型和热熔型。

（1）溶剂型胶黏剂中的溶剂从黏合端面挥发或者被吸收，形成黏合膜而发挥黏合力。这种类型的胶黏剂有聚苯乙烯、丁苯橡胶胶等。

（2）反应型胶黏剂的固化是由不可逆的化学变化而引起的。按照配方及固化条件，可分为单组分、双组分甚至三组分的室温固化型、加热固化型等多种类型。这类胶黏剂有环氧树脂胶、酚醛树脂胶、聚氨酯树脂胶、硅橡胶胶等。

（3）热熔型胶黏剂以热塑性的高聚物为主要成分，是不含水或溶剂的固体聚合物，通过加热熔融黏合，随后冷却、固化，发挥黏合力。这类胶黏剂有醋酸乙烯、丁基橡胶、松香、虫胶、石蜡等。

二、胶黏剂的基本组成材料

目前使用的合成胶黏剂，大多数是由多种组分物质组成，主要由胶料、固化剂、填料和稀释剂等组成。

251

（一）胶料

胶料是胶黏剂的基本组分，它是由一种或几种聚合物配制而成的，对胶黏剂的性能（胶黏强度、耐热性、韧性、耐老化等）起决定性作用，主要有合成树脂和橡胶。

（二）固化剂

固化剂可以增加胶层的内聚强度，它的种类和用量直接影响胶黏剂的使用性质和工艺性能，如胶结强度、耐热性、涂胶方式等，主要有胺类、高分子类等。

（三）填料

填料的加入可以改善胶黏剂的性能，如提高强度、提高耐热性等，常用的填料有金属及其氧化物粉末、水泥、玻璃及石棉纤维制品等。

（四）稀释剂

稀释剂是一种用于降低胶黏剂黏度，使胶黏剂有好的浸透力，改进工艺性能，有些能降低胶黏剂的活性，从而延长胶黏剂的使用期的化合物。为了便于涂胶，常采用稀释剂来溶解黏料并调节所需要的黏度。

三、常用胶黏剂

建筑上常用胶黏剂可分为热塑性树脂胶黏剂、热固性树脂胶黏剂和合成橡胶胶黏剂 3 类。常用胶黏剂的性能及应用见表 9-2。

表 9-2　　　　　　　　　　建筑上常用胶黏剂性能及应用

种　类		特　性	主　要　用　途
热塑性树脂胶黏剂	聚乙烯缩醛胶黏剂	黏结强度高，抗老化，成本低，施工方便	粘贴塑胶壁纸、瓷砖、墙布等。加入水泥砂浆中改善砂浆性能，也可配成地面涂料
	聚醋酸乙烯酯胶黏剂	黏附力好，水中溶解度高，常温固化快，稳定性好，成本低，耐水性、耐热性差	黏结各种非金属材料，如玻璃、陶瓷、塑料、纤维织物、木材等
	聚乙烯醇胶黏剂	水溶性聚合物，耐热、耐水性差	适合胶结木材、纸张、织物等。与热固性胶黏剂并用
热固性树脂胶黏剂	环氧树脂胶黏剂	环氧树脂胶黏剂又称万能胶，固化速度快，黏结强度高，耐热、耐水、耐冷热冲击性能好，使用方便	黏结混凝土、砖石、玻璃、木材、皮革、橡胶、金属等，多种材料的自身黏结与相互黏结。适用于各种材料的快速胶结、固定和修补
	酚醛树脂胶黏剂	黏附性好，柔韧性好，耐疲劳	黏结各种金属、塑料和其他非金属材料
	聚氨酯胶黏剂	黏结力较强，耐低温性与耐冲击性良好。耐热性差，自身强度低	适用于胶结软质材料和热膨胀系数相差较大的两种材料
合成橡胶胶黏剂	丁腈橡胶胶黏剂	弹性及耐候性良好，耐疲劳、耐油、耐溶剂性好，耐热，有良好的混溶性。黏着性差，成膜缓慢	适用于耐油部件中橡胶与橡胶，橡胶与金属、织物等的黏结。尤其适用于黏结软质聚氯乙烯材料

续表

种 类		特 性	主 要 用 途
合成橡胶胶黏剂	氯丁橡胶胶黏剂	黏附力、内聚强度高、耐燃、耐油、耐溶液性好。储存稳定性差	用于结构黏结或不同材料的黏结。如橡胶、木材、陶瓷、金属、石棉等不同材料的黏结
	聚硫橡胶胶黏剂	很好的弹性、黏附性。耐油、耐候性好，对气体和蒸汽不渗透，防老化性好	作密封胶及用于路面、地坪、混凝土的修补、表面密封和防滑。用于海港、码头及水下建筑物的密封
	硅橡胶胶黏剂	良好的耐紫外线、耐老化性及耐热、耐腐蚀性，黏附性好，防水防震	用于金属陶瓷、混凝土、部分塑料的黏结。尤其适用于门窗玻璃的安装以及隧道、地铁等地下建筑中瓷砖、岩石接缝间的密封

学习案例

某公司从开发商处购得一整层高档写字楼项目。工程总建筑面积约 $5\,000m^2$。该写字楼内墙装修需要选择涂料，但业主缺乏对涂料方面知识的了解，不知从何处着手。

想一想

（1）该业主应该选用哪种建筑涂料？

（2）涂料选定后，有哪些施工技术要求？

案例分析

该业主可选用的涂料及施工技术要求如下。

（1）水性乙-丙乳胶漆。水性乙-丙乳胶漆是以水性乙-丙共聚乳液为主要成膜物质，掺入适量的颜料、填料和辅助材料后，经过研磨或分散后配置而成的半光或有光内墙涂料。

乙-丙共聚乳液为醋酸乙烯、丙烯酸酯类的共聚乳液。乳液中的固体含量约为 40%，乳液占涂料总量的 50%～60%。由于在乙-丙乳胶漆中加入了丙烯酸丁酯、甲基丙烯酸甲酯、丙烯酸、甲基丙烯酸等有机物单体，提高了乳液的光稳定性和涂膜的柔韧性。乙-丙乳胶漆的耐碱性、耐水性和耐候性都比较好，属中高档内外墙装饰涂料。乙-丙乳胶漆的施工温度应大于 10℃，涂刷面积为 $4m^2/kg$。

（2）苯-丙乳胶漆（水泥漆）。由苯乙烯和丙烯酸酯类的单体、乳化剂、引发剂等，通过乳液的聚合反应得到苯-丙共聚乳液，以该乳液为主要成膜物质，加入颜料、填料和助剂等原材料制得的涂料称为苯-丙乳胶漆。苯-丙乳胶漆具有遮盖力强、附着力高、涂刷面积多、抗碱、防霉、防潮、耐活性好、耐洗刷性优、无毒、无味、无光泽等特点，适用于各种内墙的高档装潢和外墙涂刷。涂刷面积 $6m^2/kg$，施工温度应不低于 5℃，也不宜高于 35℃，湿度不大于 85%。

知识拓展

高分子材料的老化

高分子材料在加工、储存和使用过程中，由于各种因素的影响，性能和使用价值逐渐降低的现象称为老化。老化可分为化学老化和物理老化两种。

化学老化是一种不可逆的化学反应，它是分子结构变化的结果，例如塑料的脆化，橡胶的龟裂，纤维的变黄等。化学老化可以分为降解和交联两种类型。降解是指高分子受紫外线、热、机械力等因素的作用而发生的分子链的断裂；交联是指高分子碳—氢键断裂，产生的高分子自由基相互结合，形成网状结构。降解和交联对高分子的性能有很大的影响。降解使高分子分子量下降，材料变软发黏，抗拉强度和模量降低；交联使高分子材料变硬变脆，伸长率下降；物理老化不涉及分子结构的改变，它仅仅是由于物理作用发生的可逆性变化。例如有些高分子材料受潮后绝缘性能下降，但干燥后可以恢复。

高分子老化现象：外观的变化，出现污渍、斑点、银纹、裂缝、喷霜、粉化及光泽颜色改变等；物理性能的变化，包括溶解性、溶胀性、流变性及耐寒、耐热、透气、透光、透水等性能；力学性能的变化，如抗拉、抗弯、抗压和抗冲强度及伸长率等；电性能的变化，如绝缘电阻、介电损耗、击穿电压等。

引起高分子材料老化有内外两种因素，外在的因素包括化学的氧化作用、水分解作用，物理的热作用、光作用、电作用和机械力作用，以及生物的微生物作用、昆虫作用和海洋生物作用等；内在的因素包括高分子本身化学结构和物理状态的影响。支链高分子比直链高分子容易老化，因为支链会降低高分子的键能，所以当支链增大时，会降低高分子的抗老化性能。

为了减缓这种老化的发生，人们在高分子材料的抗老化剂（抗氧剂、紫外光稳定剂和热稳定剂等）及加工工艺等一系列问题上做了努力，以期改进其抗老化性能。至于其效果则需要通过一系列的人工加速老化试验（耐候试验）来加以验证。因此高分子材料的产品标准中往往会列入光、臭氧和热老化指标。

254

情境小结

（1）高分子化合物通常指高聚物或聚合物，是生产建筑塑料、胶黏剂、建筑涂料、高分子防水材料等材料的主要原料。

（2）塑料是以合成或天然高分子有机化合物为主要原料，在一定条件下塑化成型，在常温常压下产品能保持形状不变的材料。在建筑中适当采用塑料，代替其他传统建筑材料，能获得良好的装饰及艺术效果，减轻建筑物自重，提高工效，减少施工安装费用。

（3）常用建筑涂料是指具有装饰功能和保护功能的一般建筑涂料。主要适用于建筑工程中的室内外墙柱面、顶棚、楼地面等部位，并且适用于各种基体，如混凝土、抹灰层、石膏板、金属和木材等表面涂装。

（4）胶黏剂是一种能在两个物体表面间形成薄膜并能把它们紧密黏结起来的材料。胶黏剂在建筑装饰施工中是不可少的配套材料，常用于墙柱面、吊顶、地面工程的装饰黏结。

学习检测

一、填空题

1. 高分子化合物是由千万个原子彼此以共价键连接的大分子化合物，通常指_____或_____。

2. 高分子化合物的反应类型有_____和_____。

3. 高分子化合物按其链节在空间排列的几何形状，可分为_____、_____和_____

3 种。

4. 高分子化合物按其在热作用下所表现出来的性质的不同，可分为_____和_____两种。

5. 建筑上常用的塑料可分为_____和_____两大类。

6. 建筑涂料对建筑物的功能主要有_____、_____和其他特殊功能。

7. 组成建筑涂料的各原料成分，按其所起作用可分为_____、_____和_____。

8. 按固化条件的不同，胶黏剂可分为_____、_____和_____。

9. 目前使用的合成胶黏剂，主要由_____、_____、_____和_____等组成。

二、选择题

1. 下列高分子化合物中不属于加聚物的是（　　　）。

    A. 聚乙烯　　　　B. 聚氯乙烯　　　　C. 聚酯树脂　　　　D. 聚苯乙烯

2. 高分子化合物的化学性质有（　　　）。

    A. 老化　　　　　B. 导热性　　　　　C. 耐腐蚀性　　　　D. 可燃性及毒性

3. 塑料的主要性质取决于所用（　　　）的性质。

    A. 填充料　　　　B. 增塑剂　　　　　C. 合成树脂　　　　D. 固化剂

4. 热塑性塑料的常用品种有（　　　）。

    A. 聚乙烯塑料　　B. 聚氯乙烯塑料　　C. 聚苯乙烯塑料　　D. 聚丙烯塑料

5. 建筑涂料涂覆于建筑物表面形成涂膜后，使结构材料与环境中的介质隔开，可减缓介质的破坏作用，延长建筑物的使用寿命，属于建筑涂料的（　　　）。

    A. 保护功能　　　B. 装饰功能　　　　C. 防水防火功能　　D. 防辐射功能

6. 建筑工程中，适合用作内墙、顶棚涂料的是（　　　）。

    A. 水性乙-丙乳胶漆　　　　　　　　B. 乳液型仿瓷涂料

    C. 聚合物水泥系涂料　　　　　　　D. 苯-丙乳胶漆

7. 下列属于热熔型胶黏剂的是（　　　）。

    A. 聚苯乙烯　　　B. 环氧树脂　　　　C. 醋酸乙烯　　　　D. 丁基橡胶

8. 下列不属于热固性树脂胶黏剂的是（　　　）。

    A. 环氧树脂胶黏剂　　　　　　　　B. 酚醛树脂黏结剂

    C. 聚硫橡胶胶黏剂　　　　　　　　D. 聚氨酯胶黏剂

三、回答题

1. 什么是高分子化合物？

2. 高分子化合物的反应类型有哪几类？它们之间有什么不同？

3. 高分子化合物的主要性质有哪些？

4. 塑料的组分有哪些？它们在塑料中起什么作用？

5. 建筑塑料具有哪些优异性能？其主要缺点有哪些？

6. 在工程中，建筑塑料的常用品种有哪些？

7. 建筑涂料的主要技术性能有哪些？

8. 如何提高胶黏剂在工程中的黏结强度？

学习情境十

防水材料

 情境导入

　　某建筑工程为保证建筑物（构筑物）的结构和内部空间不受水的危害，采用相关材料进行防水施工，防止雨水、生活用水的渗漏和地下水的浸蚀，确保建筑结构、内部空间不受到污损，为业主提供一个舒适和安全的生活环境。

 案例分析

　　防水材料是建筑工程不可缺少的主要建筑材料之一，它在建筑物中起防止雨水、地下水与其他水渗透的作用。就本案例而言，外墙饰面防水工程的设计，应根据建筑物的类别、实用功能、外墙的高度、外墙墙体材料以及外墙饰面材料划分为 3 级，在进行外墙防水设计时，应按级进行设防和选材。

　　如何根据各种防水材料的性能特点，结合工程实际情况选择防水材料的品种？应掌握如下要点。

　　（1）沥青材料的技术性质与选用要求。
　　（2）防水卷材的性能指标与质量要求。
　　（3）防水涂料的种类与应用范围。

学习单元1　沥青材料的种类与选用要求

知识目标

　　（1）掌握石油沥青的组分、组成结构、技术性质及选用要求。
　　（2）掌握煤沥青的技术特性与要求。
　　（3）熟悉改性沥青的种类。

技能目标

　　能够根据工程实际情况合理选用防水材料。

 基础知识

　　沥青防水材料是目前应用较多的防水材料，但是其使用寿命较短。近年来，防水材料已向橡胶基和树脂基防水材料或高聚物改性沥青方向发展；油毡的胎体由纸胎向玻纤胎或化纤胎方向发展；防水涂料由低塑性的产品向高弹性、高耐久性产品的方向发展；施工方法则由热熔法向冷黏法发展。

沥青材料是一种有机胶凝材料。它是由高分子碳氢化合物及其非金属（氧、硫、氮等）衍生物组成的复杂的混合物。常温下，沥青呈褐色或黑褐色的固体、半固体或液体状态。

沥青按产源可分为地沥青（天然沥青、石油沥青）和焦油沥青（煤沥青、页岩沥青）。目前工程中常用的主要是石油沥青，另外还使用少量的煤沥青。天然沥青是将自然界中的沥青矿经提炼油加工后得到的沥青产品。石油沥青是将原油经蒸馏等提炼出各种轻油（汽油、柴油）及润滑油以后的一种褐色或黑褐色的残留物，并经再加工而得的产品。

沥青是憎水性材料，几乎完全不溶于水，而与矿物材料有较强的黏结力，结构致密，不透水、不导电，耐酸碱侵蚀，并有受热软化、冷后变硬的特点。因此，沥青广泛用于工业与民用建筑的防水、防腐、防潮，以及道路和水利工程。

一、石油沥青

（一）石油沥青的组分

石油沥青是由碳及氢组成的多种碳氢化合物及其衍生物的混合体。由于石油沥青的化学组成复杂，因此从使用角度将沥青中化学特性及物理、力学性质相近的化合物划分为若干组，这些组即称为"组分"。石油沥青的性质随各组分含量的变化而改变。

石油沥青中各组分及其主要特性如下。

1. 油分

油分是淡黄色透明液体，密度为 $0.7 \sim 1.0 \text{g/cm}^3$，碳氢比为 $0.5 \sim 0.7$，几乎溶于大部分的有机溶剂，但不溶于酒精，具有光学活性。油分赋予沥青以流动性，油分含量的多少直接影响沥青的柔软性、抗裂性及施工难度。在石油沥青中，油分的含量为 $45\% \sim 60\%$。在 $170℃$ 温度下较长时间加热，油分可以挥发，并在一定条件下可转化为树脂甚至沥青质。

2. 树脂

树脂为黄色至黑褐色黏稠半固体，密度为 $1.0 \sim 1.1 \text{g/cm}^3$，碳氢比为 $0.7 \sim 0.8$。温度敏感性高，熔点低（$100℃$）。树脂又可分为中性树脂和酸性树脂。中性树脂能溶于三氯甲烷、汽油和苯等有机溶剂，但在酒精和丙酮中难溶解或溶解度很低。中性树脂赋予沥青一定的塑性、可流动性和黏结性，其含量增加，则沥青的黏结力和延伸性增加。除中性树脂外，沥青树脂中还含少量的酸性树脂（即沥青酸和沥青酸酐），是油分氧化后的产物，具有酸性，能为碱皂化；能溶于酒精、三氯甲烷，但难溶于石油醚和苯。酸性树脂是沥青中活性最大的组分，它能改善沥青对矿物材料的浸润性，特别是提高与碳酸盐类岩石的黏附性，增强沥青的可乳化性。在石油沥青中，树脂的含量为 $15\% \sim 30\%$。

3. 地沥青质

地沥青质为密度大于 1 的深褐色至黑色固体粉末，是石油沥青中最重的组分，能溶于二硫化碳和三氯甲烷，但不溶于汽油和酒精，在石油沥青中含量为 $5\% \sim 30\%$。它决定石油沥青温度敏感性并影响黏性的大小，其含量越多，则温度敏感性越小，黏性越大，也越硬脆。

此外，石油沥青中常含有一定量的固体石蜡，它会降低沥青的黏结性、塑性、温度稳定性和耐热性。由于存在于沥青油分中的蜡是有害成分，故对多沥青常采用高温吹氧、溶剂脱蜡等方法处理，使多蜡石油沥青的性质得到改善。

（二）石油沥青的组成结构

石油沥青中的油分和树脂质可以互溶，树脂质能浸润沥青质颗粒而在其表面形成薄膜，从而构成以沥青质为核心、周围吸附部分树脂质和油分的互溶物胶团，而无数胶团分散在油分中形成胶体结构。依据石油沥青中各组分含量的不同，石油沥青可以有3种胶体结构状态。

1. 溶胶结构

在石油沥青中，沥青质的含量较少，具有一定数量的胶质，它们形成的胶团能够完全胶溶且分散在芳香分和饱和分的介质中。胶团之间距离较大，它们之间的相互吸引力很小，甚至没有吸引力，胶团可在分散介质黏度许可范围内自由运动，这种胶体结构的沥青，称为溶胶型结构。溶胶型石油沥青的特点是流动性和塑性较好，开裂后自行愈合能力较强，且对温度的敏感性强，即对温度的稳定性较差，温度过高会发生流淌。

2. 凝胶结构

沥青中沥青质含量较高，且有相当数量芳香度较高的胶质形成胶团，这样，胶体中胶团浓度增大，胶团之间的距离随之减小，它们之间的吸引力增强，胶团相互连接聚集成空间网络，形成凝胶型结构。凝胶型沥青具有明显的弹性效应，流动性和塑性较低，开裂后自行愈合能力较差，对温度的敏感性低，温度稳定性好，深度氧化的沥青多属凝胶型沥青。

3. 溶-凝胶结构

沥青中沥青质含量适当（15%～25%），并有较多数量芳香度较高的胶质，这样，它们形成的胶团数量较多，胶体中胶团浓度增加，胶团之间的距离相对靠近，并产生了一定的吸引力和约束影响，该结构称为溶-凝胶型结构。溶-凝胶型沥青的特点是具有一定的抗高温能力，低温时又具有较强的变形能力。修筑现代高等级沥青公路用的沥青，都属于这类胶体结构的沥青。

（三）石油沥青的技术性质

1. 黏性（黏滞性）

黏滞性是反映沥青材料在外力作用下，其材料内部阻碍产生相对流动的能力。液态石油沥青的黏滞性用黏度表示。半固体或固体沥青的黏性用针入度表示。黏度和针入度是沥青划分牌号的主要指标。

黏度是液体沥青在一定温度（25℃或60℃）条件下，经规定直径（3.5mm或10mm）的孔，漏下50mL所需的秒数。黏度常以符号 C_t^d 表示，其中 d 为孔径（mm），t 为试验时沥青的温度（℃）。C_t^d 代表在规定的 d 和 t 条件下所测得的黏度值。黏度大时，表示沥青的稠度大。

针入度是指在温度为25℃的条件下，以质量100g的标准针，经5s沉入沥青中的深度（0.1mm称1度）来表示。针入度值大，说明沥青流动性大，黏性差。针入度范围在5～200度。

按针入度可将石油沥青划分为以下几个牌号：道路石油沥青牌号有 200、180、140、100甲、100乙、60甲、60乙等号；建筑石油沥青牌号有 30、10 等号；普通石油沥青牌号有 75、65、55 等号。

✿**小提示**

对于液体石油沥青或较稀的石油沥青，其相对黏度可用标准黏度计测定的标准黏度表示。标准黏度值越大，表明石油沥青的黏度越大。标准黏度是在规定温度（20℃、25℃、30℃或60℃）、规定直径（3.5或10mm）的孔口流出50mL沥青所需的秒数。

2. 塑性

塑性是指沥青在外力作用下产生变形而不破坏，除去外力后仍能保持变形后的形状不变的性质。

沥青的塑性用"延伸度"（或称延度）表示。按标准试验方法，制成"8"形标准试件，试件中间最狭处断面积为 $1cm^2$，在规定温度（一般为 25℃）和规定速度（5cm/min）的条件下在延伸仪上进行拉伸，延伸度以试件拉细而断裂时的长度（cm）表示。沥青的延伸度越大，沥青的塑性越好。

3. 温度敏感性

温度敏感性是指石油沥青的黏滞性和塑性随温度升降而变化的性能。温度敏感性较小的石油沥青，其黏滞性、塑性随温度的变化较小。

温度敏感性常用软化点来表示，软化点是沥青材料由固体状态转变为具有一定流动性的膏体时的温度。软化点可通过"环球法"试验测定。

不同沥青的软化点不同，大致在 25℃～100℃。软化点高，说明沥青的耐热性能好，但软化点过高，又不易加工；软化点低的沥青，夏季易产生变形，甚至流淌。

4. 大气稳定性

其是指石油沥青在热、阳光、氧气和潮湿等因素的长期综合作用下抵抗老化的性能，它反映沥青的耐久性。大气稳定性可以用沥青的蒸发减量及针入度变化来表示，即试样在 160℃下加热蒸发 5h 后的质量损失百分率和蒸发前后的针入度比两项指标来表示。蒸发损失率越小，针入度比越大，则表示沥青的大气稳定性越好。

5. 施工安全性

黏稠沥青在使用时必须加热，当加热至一定温度时，沥青材料中挥发的油分蒸汽与周围空气组成混合气体，此混合气体遇火焰则易发生闪火。若继续加热，油分蒸汽的饱和度增加。由于此种蒸汽与空气组成的混合气体遇火焰极易燃烧而引发火灾，为此，必须测定沥青加热闪火和燃烧的温度，即闪点和燃点。

闪点是指加热沥青挥发出的可燃气体和空气的混合物在规定条件下与火焰接触，初次闪火（有蓝色闪光）时的沥青温度（℃）。

燃点是指加热沥青产生的气体和空气的混合物与火焰接触能持续燃烧 5s 以上，此时沥青的温度（℃）。燃点温度比闪点温度约高 10℃。地沥青质含量越多，闪点和燃点相差越大。液体沥青由于油分较多，闪点和燃点相差很小。

闪点和燃点的高低表明沥青引起火灾或爆炸的可能性大小，它关系到运输、储存和加热使用等方面的安全。

6. 防水性

石油沥青是憎水性材料，几乎完全不溶于水，它本身的构造致密，与矿物材料表面有很好的黏结力，能紧密黏附于矿物材料表面，形成致密膜层。同时，它还有一定的塑性，能适应材料或构件的变形，所以石油沥青具有良好的防水性，广泛用作建筑工程的防潮、防水、抗渗材料。

7.溶解度

溶解度是指石油沥青在三氯乙烯、四氯化碳或苯中溶解的百分率，以表示石油沥青中有效物质的含量，即纯净程度。那些不溶解的物质会降低沥青的性能（如黏性等），应把不溶物视为有害物质（如沥青碳或似碳物）而加以限制。

（四）石油沥青的技术标准、选用及掺配

1. 石油沥青的技术标准

建筑石油沥青按针入度划分牌号，每一牌号的沥青还应保证相应的延度、软化点、溶解度、蒸发损失、蒸发后针入度比和闪点等。根据《建筑石油沥青》（GB/T 494—2010）规定，建筑石油沥青的技术要求见表 10-1。

表 10-1　　　　　　　　　　　　建筑石油沥青的技术要求

项　目		质量指标			试验方法
		10 号	30 号	40 号	
针入度（25℃，100g，5s）/（1/10mm）		10～25	26～35	36～50	
针入度（46℃，100g，5s）/（1/10mm）		报告①	报告①	报告①	GB/T 4509
针入度（0℃，200g，5s）/（1/10mm）	≥	3	6	6	
延度（25℃，5cm/min）/cm	≥	1.5	2.5	3.5	GB/T 4509
软化点（环球法）/℃		95	75	60	GB/T 4507
溶解度（三氯乙烯）/%	≥	99.0			GB/T 11149
蒸发后质量变化（163℃，5h）/%	≤	1			GB/T 11964
蒸发后 25℃针入度比②/%	≥	65			GB/T 4509
闪点（开口杯法）/℃	≥	260			GB/T 267

注：① 报告应为实测值。
② 测定蒸发损失后样品的 25℃针入度与原 25℃针入度之比乘以 100 后，所得的百分比，称为蒸发后针入度比。

2. 石油沥青的选用

通常情况下，建筑石油沥青多用于建筑屋面工程和地下防水工程；道路石油沥青多用来拌制沥青砂浆和沥青混凝土，用于路面、地坪、地下防水工程和制作油纸等；防水防潮石油沥青的技术性质与建筑石油沥青相近，而质量更好，适用于建筑屋面、防水防潮工程。

选择屋面沥青防水层的沥青牌号时，主要考虑其黏度、温度敏感性和大气稳定性。常以软化点高于当地历年来屋面温度 20℃以上为主要条件，并适当考虑屋面坡度。对于夏季气温高，而坡度大的屋面，常选用 10 号或 30 号石油沥青，或者 10 号与 30 或 60 号掺配调整性能的混合沥青。但在严寒地区一般不宜直接使用 10 号石油沥青，以防冬季出现冷脆破裂现象。

对于地下防潮、防水工程，一般对软化点要求不高，但要求其塑性好，黏结力较大，使沥青层与建筑物黏结牢固，并能适应建筑物的变形而保持防水层完整。

☆小提示

屋面防水工程应注意防止过分软化，为避免夏季流淌，屋面用沥青材料的软化点还应比当地气温下屋面可能达到的最高温度高 25℃～30℃。但软化点也不宜过高，否则冬季低温易发生硬脆甚至开裂。对一些不易受温度影响的部位，可选用牌号较大的沥青。

3. 沥青的掺配

某一种牌号沥青的特性往往不能满足工程技术要求，因此需用不同牌号沥青进行掺配。在进行掺配时，为了不使掺配后的沥青胶体结构破坏，应选用表面张力相近和化学性质相似的沥青。试验证明，同产源的沥青容易保证掺配后的沥青胶体结构的均匀性。所谓同产源，是指同属石油沥青，或同属煤沥青（或焦油沥青）。

两种沥青掺配的比例可用下式估算。

$$Q_1 = \frac{T_2 - T}{T_2 - T_1} \times 100\% \qquad (10\text{-}1)$$

$$Q_2 = 100\% - Q_1 \qquad (10\text{-}2)$$

式中，Q_1 为较软沥青用量（%）；Q_2 为较硬沥青用量（%）；T 为掺配后的沥青软化点（℃）；T_1 为较软沥青软化点（℃）；T_2 为较硬沥青软化点（℃）。

二、煤沥青

煤沥青是烟煤炼焦炭或制煤气时，将干馏挥发物中冷凝得到的煤焦油继续蒸馏出轻油、中油、重油后所剩的残渣，称作煤沥青。煤沥青又分为软煤沥青和硬煤沥青两种。软煤沥青中含有较多的油分，呈黏稠状或半固体状。硬煤沥青是蒸馏出全部油分后的固体残渣，质硬脆，性能不稳定。建筑上采用的煤沥青多为黏稠或半固体的软煤沥青。

（一）煤沥青的技术特性

煤沥青是芳香族碳氢化合物及氧、硫和氮的衍生物的混合物。煤沥青的主要化学组分为油分、脂胶、游离碳等。与石油沥青相比，煤沥青有以下主要技术特性。

（1）煤沥青因含可溶性树脂多，由固体变为液体的温度范围较窄，受热易软化，受冷易脆裂，故其温度稳定性差。

（2）煤沥青中不饱和碳氢化合物含量较多，易老化变质，故大气稳定性差。

（3）煤沥青因含有较多的游离碳，使用时易变形、开裂，塑性差。

（4）煤沥青中含有的酸、碱物质均为表面活性物质，所以能与矿物表面很好地黏结。

（5）煤沥青因含酚、蒽等有毒物质，防腐蚀能力较强，故适用于木材的防腐处理。但因酚易溶于水，故防水性不如石油沥青。

（二）煤沥青的应用

用于制造涂料、电极、沥青焦、油毛毡等，亦可作燃料及沥青炭黑的原料。

☼**小技巧**

煤沥青与石油沥青的鉴别方法

煤沥青与石油沥青的外观和颜色大体相同，但两种沥青不能随意掺和使用，使用时必须通过简易的鉴别方法加以区分，防止混淆用错。可参考表10-2所示的简易方法进行鉴别。

表 10-2　　　　　　　　石油沥青与煤沥青简易鉴别方法

鉴别方法	石 油 沥 青	煤 沥 青
密度法	密度约 1.0g/cm^3	密度大于 1.10g/cm^3
锤击法	声哑、有弹性、韧性较好	声脆、韧性差
燃烧法	烟无色，无刺激性臭味	烟呈黄色，有刺激性臭味
溶液比色法	用 30～50 倍汽油或煤油溶解后，将溶液滴于滤纸上，斑点呈棕色	溶解方法同石油沥青，斑点分内外两圈，内黑外棕

三、改性沥青

建筑上使用的沥青要求具有一定的物理性质和黏附性，即低温下有弹性和塑性，高温下有足够的强度和稳定性；加工和使用条件下有抗老化能力；与各种矿料和结构表面有较强的黏附力；具有对构件变形的适应性和耐疲劳性。通常石油加工厂制备的沥青不能满足这些要求。为此，常采用以下方法对石油沥青进行改性。

（一）矿质填充料改性沥青

矿质填充料改性沥青又称沥青玛脂，是在沥青中掺入适量粉状或纤维状矿质填充料经均匀混合而制成的。它与沥青相比，具有较好的黏性、耐热性和柔韧性，主要用于粘贴卷材、嵌缝、接头、补漏及做防水层的底层。沥青玛脂中掺入填充料，不仅可以节省沥青，还能提高沥青玛脂的黏结性、耐热性和大气稳定性。填充料主要有粉状的，如滑石粉、石灰石粉、普通水泥和白云石粉等；还有纤维状的，如石棉粉、木屑粉等。填充料加入量一般为 10%～30%，由试验确定。

矿质填充料改性沥青有热用及冷用两种。在配制热沥青玛脂时，应待沥青完全熔化脱水后，再慢慢加入填充料，同时应不停地搅拌至均匀为止，要防止粉状填充料沉入锅底。填充料掺入沥青前，应干燥并加热。冷用沥青玛脂是将沥青熔化脱水后，缓慢地加入稀释剂，再加入填充料搅拌而成。它可在常温下施工，不但改善了劳动条件，还可以减少沥青用量，但成本较高。

（二）橡胶改性沥青

橡胶改性沥青是一种新型的优质复合材料。是在沥青与废旧轮胎橡胶粉和外加剂的共同作用下，橡胶粉通过吸收沥青中的树脂、烃类等多种有机质，经过一系列的物理和化学变化，使胶粉湿润、膨胀，黏度增大，软化点提高，并兼顾了橡胶和沥青的黏性、韧性、弹性，从而提高了橡胶沥青的路用性能。

橡胶是沥青的重要改性材料，它和沥青有较好的混溶性，并能使沥青具备橡胶的很多优点，如高温变形小、低温柔性好。由于橡胶的品种不同，掺入的方法也有所不同，因而各种橡胶沥青的性能也有差异。常用的品种如下。

1. 氯丁橡胶沥青

沥青中掺入氯丁橡胶后，可使其气密性、低温柔性、耐化学腐蚀性、耐光性、耐臭氧性、耐气候性和耐燃烧性得到极大的改善。

氯丁橡胶掺入沥青中的方法有溶剂法和水乳法。先将氯丁橡胶溶于一定的溶剂（如甲苯）中形成溶液，然后掺入沥青（液体状态）中，混合均匀即成为氯丁橡胶沥青；或者分别将橡胶和沥青制成乳液，再混合均匀即可使用。

2. 丁基橡胶沥青

丁基橡胶沥青具有优异的耐分解性，并有较好的低温抗裂性能和耐热性能。配制的方法为：将丁基橡胶碾切成小片，在搅拌条件下把小片加到 100℃的溶剂中（不得超过 100℃），制成浓溶液。同时，将沥青加热脱水熔化成液体状沥青。通常在 100℃左右把两种液体按比例混合搅拌均匀进行浓缩，15～20min 后即可达到要求性能指标。同样，也可以分别将丁基橡胶和沥青制备成乳液，然后按比例把两种乳液混合即可。丁基橡胶在混合物中的含量一般为 2%～4%。

3. 再生橡胶沥青

再生橡胶掺入沥青后，可大大提高沥青的气密性、低温柔性、耐光性、耐热性、耐臭氧性、耐气候性。再生橡胶沥青材料的制备方法为：先将废旧橡胶加工成 1.5mm 以下的颗粒，然后与沥青混合，经加热搅拌脱硫，就能得到具有一定弹性、塑性和黏结力良好的再生橡胶沥青材料。废旧橡胶的掺量视需要而定，一般为 3%～15%。

（三）树脂改性沥青

用树脂对石油沥青进行改性，可以使沥青的耐寒性、耐热性、黏结性和不透气性提高，如石油沥青加入聚乙烯树脂改性后可制成冷粘贴防水卷材等。常用的品种有环氧树脂改性沥青、聚乙烯树脂改性沥青、古马隆树脂改性沥青、聚丙烯树脂改性沥青、酚醛树脂改性沥青等。

1. 聚乙烯树脂改性沥青

沥青中聚乙烯树脂掺量一般为 7%～10%，将沥青加热熔化脱水，加入聚乙烯，不断搅拌 30min，温度保持在 140℃左右，即可得到聚乙烯树脂改性沥青。

2. 环氧树脂改性沥青

环氧树脂具有热固性材料性质，加入沥青后，可使石油沥青的强度和黏结力大大提高，但对延伸性改变不大。环氧树脂改性沥青可用于屋面、厕所和浴室的修补。

3. 古马隆树脂改性沥青

将沥青加热熔化脱水，在 150℃～160℃下，把古马隆树脂放入熔化的沥青中，将温度升到 185℃～190℃，保持一定的时间，使之充分混合，即为古马隆树脂改性沥青。此沥青黏性大，可和弹性体改性沥青防水卷材（SBS）一起用于黏结油毡。

（四）橡胶和树脂共混改性沥青

橡胶和树脂同时用于改善石油沥青的性质，能使石油沥青同时具有橡胶和树脂的特性。且树脂比橡胶便宜，橡胶和树脂又有较好的混溶性，故效果较好。

橡胶、树脂和沥青在加热熔融状态下，沥青与高分子聚合物之间发生相互侵入和扩散，沥青分子填充在聚合物大分子的间隙内，同时聚合物分子的某些链节扩散进入沥青分子中，形成凝聚的网状混合结构，故可以得到较优良的性能。配制时，采用的原材料品种、配比、制作工艺不同，可以得到很多性能各异的产品，主要有卷材、片材、密封材料、防水材料等。

学习单元 2　应用防水卷材

知识目标

（1）熟悉防水卷材的主要品种及技术要求。
（2）掌握防水卷材的应用。

技能目标

能够根据工程实际情况合理选用防水卷材。

 基础知识

一、沥青防水卷材

凡用原纸或玻璃布、石棉布、棉麻织品等胎料浸渍石油沥青（或焦油沥青）制成的卷状材料，均称为浸渍卷材（有胎卷材）。将石棉、橡胶粉等掺入沥青材料中，经碾压制成的卷状材料称为辊压卷材（无胎卷材）。这两种卷材通称为沥青防水卷材。

（一）石油沥青纸胎油毡

石油沥青纸胎油毡是采用低软化点石油沥青浸渍原纸，然后用高软化点石油沥青涂盖油纸两面，再涂或撒隔离材料所制成的一种纸胎防水卷材。《石油沥青纸胎油毡》（GB 326—2007）规定：石油沥青纸胎油毡按卷重和物理性能分为 I 型、II 型、III 型。

> ☆小提示
>
> 　　纸胎油毡防水卷材存在一定缺点，如抗拉强度及塑性较低，吸水率较大，不透水性较差，并且原纸由植物纤维制成，易腐烂、耐久性较差，此外原纸的原料来源也较困难，目前已经大量用玻璃纤维布及玻纤毡为胎基生产沥青卷材。

（二）有胎沥青防水卷材

有胎沥青防水卷材主要有麻布油毡、石棉布油毡、玻璃纤维布油毡、合成纤维布油毡等。这些油毡的制法与纸胎油毡相同，但抗拉强度、耐久性等都比纸胎油毡好得多，适用于防水性、耐久性和防腐性要求较高的工程。

（三）铝箔防水卷材

264

铝箔面防水卷材是采用玻纤毡为胎基，浸涂氧化沥青，其表面用压纹铝箔贴面，底面撒以细颗粒矿物料或覆盖聚乙烯膜所制成的一种具有热反射和装饰功能的新型防水卷材。该防水卷材幅宽 1 000mm，按每卷标称质量（kg）分为 30、40 两种标号；按物理性能分为优等品、一等品和合格品 3 个等级。30 号适用于多层防水工程的面层，40 号适用于单层或多层防水工程的面层。

二、高聚物改性沥青防水卷材

高聚物改性沥青防水卷材是以合成高分子聚合物改性沥青为涂盖层，纤维织物或纤维毡为胎体，粉状、粒状、片状或薄膜材料为覆面材料制成的可卷曲片状防水材料。

高聚物改性沥青防水卷材克服了传统沥青防水卷材温度稳定性差、延伸率小的不足，具有高温不流淌、低温不脆裂、拉伸强度高、延伸率较大等优异性能，且价格适中，在我国属中高档防水卷材。常见的有弹性体改性沥青防水卷材、塑性体改性沥青防水卷材。

（一）弹性体改性沥青防水卷材

1. 弹性体改性沥青防水卷材的特性

弹性体改性沥青防水卷材（SBS 防水卷材）是以热塑性弹性体为改性剂，将石油沥青改性后作为浸渍涂盖材料，以玻纤毡或聚酯毡等增强材料为胎体，以塑料薄膜、矿物粒、片料等作为防粘隔离层，经过选材、配料、共熔、浸渍、辊压、复合成型、卷曲、检验、分卷、包装等工序加工而成的一种柔性中、高档的可卷曲的片状防水材料，属弹性体沥青防水卷材中有代表性的品种。

☼小提示

SBS 防水卷材具有低温不脆裂、高温不流淌、塑性好、稳定性好、使用寿命长的特点，而且价格适中。

2. 弹性体改性沥青防水卷材的技术要求

根据《弹性体改性沥青防水卷材》（GB 18242—2008）的规定，弹性体改性沥青防水卷材的技术要求如下所述。

（1）SBS 防水卷材单位面积质量、面积及厚度应符合表 10-3 的规定。

表 10-3 　　　　　　　SBS、APP 防水卷材单位面积质量、面积及厚度

序号	规格（公称厚度）/mm		3			4			5		
1	上表面材料		PE	S	M	PE	S	M	PE	S	M
2	下表面材料		PE	PE、S		PE	PE、S		PE	PE、S	
3	面积/（m²·卷⁻¹）	公称面积	10、15			10、7.5			7.5		
		偏差	±0.10			±0.10			±0.10		
4	单位面积质量/(kg·m⁻²) ≥		3.3	3.5	4.0	4.3	4.5	5.0	5.3	5.5	6.0
5	厚度/mm	平均值 ≥	3.0			4.0			5.0		
		最小单值	2.7			3.7			4.7		

（2）SBS 防水卷材外观要求见表 10-4。

表 10-4 　　　　　　　　　　SBS 防水卷材外观要求

序号	项目	外观要求
1	卷材规整度	成卷卷材应卷紧卷齐，端面里进外出不得超过 10mm
2	卷材展形	成卷卷材在 4℃～50℃任意产品温度下展开，在距卷芯 1 000mm 长度外不应有 10mm 以上的裂纹或黏结
3	胎基	胎基应浸透，不应有未被浸渍处
4	卷材表面	卷材表面应平整，不允许有孔洞、缺边和裂口、疙瘩，矿物粒料粒度应均匀一致并紧密地黏附于卷材表面
5	卷材接头	每卷卷材接头处不应超过一个，较短的一段长度不应少于 1 000mm，接头应剪切整齐，并加长 150mm

（3）SBS 防水卷材材料性能应符合表 10-5 的要求。

表 10-5 　　　　　　　　　SBS 防水卷材材料性能指标

序号	项目		指标				
			Ⅰ型		Ⅱ型		
			PY	G	PY	G	PYG
1	可溶物含量/(g·m⁻²) ≥	3mm	2 100				—
		4mm	2 900				—
		5mm	3 500				
		试验现象	—	胎基不燃	—	胎基不燃	—

序号	项 目			指 标				
				Ⅰ型		Ⅱ型		
				PY	G	PY	G	PYG
2	耐热性		℃	90		105		
			/mm ≤	2				
			试验现象	无流淌、滴落				
3	低温柔性/℃			−20		−25		
				无裂缝				
4	不透水性，30min/MPa			0.3	0.2	0.3		
5	拉力	最大峰拉力/(N·50mm⁻¹)≥		500	350	800	500	900
		次高峰拉力/(N·50mm⁻¹)≥		—	—	—	—	800
		试验现象		拉伸过程中，试件中部无沥青涂盖层开裂或与胎基分离现象				
6	延伸率	最大峰时延伸率/% ≥		30		40		—
		第二峰时延伸率/% ≥		—		—		15
7	浸水后质量增加/%≤	PE、S		1.0				
		M		2.0				
8	热老化	拉力保持率/% ≥		90				
		延伸率保持率/% ≥		80				
		低温/℃		−15		−20		
				无裂缝				
		尺寸变化率/% ≤		0.7	—	0.7		0.3
		质量损失/% ≤		1.0				
9	渗油性	张数 ≤		2				
10	接缝剥离强度/（N·mm⁻¹） ≥			1.5				
11	钉杆撕裂强度①/N ≥			—				300
12	矿物粒料黏附性②/g ≤			2.0				
13	卷材下表面沥青涂盖层厚度③/mm ≥			1.0				
14	人工气候加速老化	外观		无滑动、流淌、滴落				
		拉力保持率/% ≥		80				
		低温/℃		−15		−20		
				无裂缝				

注：① 仅适用于单层机械固定施工方式的卷材。

② 仅适用于矿物粒料表面的卷材。

③ 仅适用于热熔施工的卷材。

3. 弹性体改性沥青防水卷材的应用

弹性体改性沥青防水卷材适用于工业与民用建筑的屋面及地下防水工程，尤其适用于较低气温环境的建筑防水。

（二）塑性体改性沥青防水卷材

1. 塑性体改性沥青防水卷材的特性

塑性体沥青防水卷材（简称 APP 防水卷材）是以纤维毡或纤维织物为胎体，浸涂 APP（无规聚丙烯）改性沥青，上表面撒布矿物粒、片料或覆盖聚乙烯膜，经一定生产工艺加工制成的一种可卷曲片状的中、高档改性沥青防水卷材。

> ☆**小提示**
>
> APP 防水卷材具有低温不脆裂、高温不流淌、耐紫外线照射性能好、耐候性好、寿命长的特点，而且价格适中。

2. 塑性体改性沥青防水卷材的技术要求

根据《塑性体改性沥青防水卷材》（GB 18243—2008）的规定，塑性体改性沥青防水卷材的技术要求如下所述。

（1）APP 防水卷材单位面积质量、面积及厚度应符合表 10-3 的规定。

（2）塑性体改性沥青防水卷材外观要求见表 10-6。

表 10-6 塑性体改性沥青防水卷材外观要求

序号	项　目	外观要求
1	卷材规整度	成卷卷材应卷紧卷齐，端面里进外出不得超过 10mm
2	卷材展开	成卷卷材在 4℃~60℃任意产品温度下展开，在距卷芯 1 000mm 长度外不应有 10mm 以上的裂纹或黏结
3	胎基	胎基应浸透，不应有未被浸渍处
4	卷材表面	卷材表面应平整，不允许有孔洞、缺边和裂口、疙瘩，矿物粒料粒度应均匀一致并紧密地黏附于卷材表面
5	卷材接头	每卷卷材接头处不应超过一个，较短的一段长度不应少于 1 000mm，接头应剪切整齐，并加长 150mm

（3）塑性体改性沥青防水卷材的材料性能应符合表 10-7 的要求。

表 10-7 塑性体改性沥青防水卷材材料性能指标

序号	项　目		指　标				
			Ⅰ型		Ⅱ型		
			PY	G	PY	G	PYG
1	可溶物含量/（g·m⁻²）≥	3mm	2 100				—
		4mm	2 900				—
		5mm	3 500				
		试验现象	—	胎基不燃	—		胎基不燃
2	耐热性	℃	110		130		
		/mm ≤	2				
		试验现象	无流淌、滴落				

续表

序号	项 目		指 标				
			Ⅰ型		Ⅱ型		
			PY	G	PY	G	PYG
3	低温柔性/℃		−7		−15		
			无裂缝				
4	不透水性，30min/MPa		0.3	0.2	0.3		
5	拉力	最大峰拉力/（N·50mm⁻¹）≥	500	350	800	500	900
		次高峰拉力/（N·50mm⁻¹）≥	—	—	—	—	800
		试验现象	拉伸过程中，试件中部无沥青涂盖层开裂或与胎基分离现象				
6	延伸率	最大峰时延伸率/% ≥	25	—	40	—	
		第二峰时延伸率/% ≥	—		—		15
7	浸水后质量增加/%≤	PE、S	1.0				
		M	2.0				
8	热老化	拉力保持率/% ≥	90				
		延伸率保持率/% ≥	80				
		低温/℃	−2		−10		
			无裂缝				
		尺寸变化率/% ≤	0.7	—	0.7	—	0.3
		质量损失率/% ≤	1.0				
9	接缝剥离强度/（N·mm⁻¹） ≥		1.0				
10	钉杆撕裂强度①/N ≥		—				300
11	矿物粒料黏附性②/g ≤		2.0				
12	卷材下表面沥青涂盖层厚度③/mm≥		1.0				
13	人工气候加速老化	外观	无滑动、流淌、滴落				
		拉力保持率/% ≥	80				
		低温/℃	−15		−20		
			无裂缝				

注：① 仅适用于单层机械固定施工方式的卷材。
② 仅适用于矿物粒料表面的卷材。
③ 仅适用于热熔施工的卷材。

3．塑性体改性沥青防水卷材的应用

塑性体改性沥青防水卷材适用于工业与民用建筑的屋面和地下防水工程。玻纤增强聚酯毡卷材可用于机械固定单层防水，但需通过抗风荷载试验。玻纤毡卷材适用于多层防水中的底层防水。外露使用应采用上表面隔离材料为不透明的矿物粒料的防水卷材。地下工程防水应采用表面隔离材料为细砂的防水卷材。

三、合成高分子防水卷材

随着合成高分子材料的发展，出现了以合成橡胶、合成树脂为主的新型防水卷材——合成高分子防水卷材。合成高分子防水卷材是以合成橡胶、合成树脂或两者的共混体为基料，再加入硫化剂、软化剂、促进剂、补强剂和防老剂等助剂和填充料，经过密炼、拉片、过滤、挤出（或压延）成型、硫化、检验和分卷等工序而制成的可卷曲的片状防水卷材。合成高分子防水卷材可分为加筋增强型和非加筋增强型两种。

（一）聚氯乙烯防水卷材

1. 聚氯乙烯防水卷材的概念及特征

聚氯乙烯防水卷材是以聚氯乙烯为主要原料，并且加入适量的填料、增塑剂、改性剂、抗氧剂、紫外线吸收剂等，经过捏合、塑合、压延成型（或挤出成型）等工序加工而成。

聚氯乙烯防水卷材具有拉伸强度高、伸长率较大、耐高低温性能较好的特点，而且热熔性能好，卷材接缝时，既可采用冷粘法，也可以采用热风焊接法，使其形成接缝黏结牢固、封闭严密的整体防水层。

2. 聚氯乙烯防水卷材的技术要求

根据《聚氯乙烯 PVC 防水卷材》（GB 12952—2011）的规定，聚氯乙烯（PVC）防水卷材的技术要求如下。

（1）聚氯乙烯（PVC）防水卷材长度、宽度不小于规定值的 99.5%，厚度不应小于 1.20mm，厚度允许偏差和最小单值见表 10-8。

表 10-8　　　　　聚氯乙烯（PVC）防水卷材厚度允许偏差和最小单值

厚　　度	允许偏差/%	最小单值/mm
1.20		1.05
1.50	−5，+10	1.35
1.80		1.65
2.00		1.85

（2）聚氯乙烯（PVC）防水卷材外观要求见表 10-9。

表 10-9　　　　　　聚氯乙烯（PVC）防水卷材外观要求

序号	项　目	外观要求
1	卷材接头	卷材的接头不应多于一处，其中较短的一段长度不应少于 1.5m，接头应剪切整齐，并加长 150mm
2	卷材表面	卷材表面应平整，边缘整齐，无裂纹、孔洞、黏结、气泡和疤痕

（3）聚氯乙烯（PVC）防水卷材的性能应符合表 10-10 的规定。

（4）采用机械固定方法施工的单层屋面卷材，其抗风揭能力的模拟风压等级应不低于 4.3 kPa。

表 10-10　　　　　　聚氯乙烯（PVC）防水卷材性能指标

序号	项　目			指　标				
				H[①]	L[①]	P[①]	G[①]	GL[①]
1	中间胎基上面树脂层厚度/mm		≥	—			0.40	
2	拉伸性能	最大拉力/（N·cm⁻¹）	≥	—	120	250	—	120
		拉伸强度/MPa	≥	10.0	—	—	10.0	—
		最大拉力时伸长率/%	≥	—	—	15	—	—
		断裂伸长率/%	≥	200	150	—	200	100

序号	项目			指标				
				H①	L①	P①	G①	GL①
3	热处理尺寸变化率/%		≤	2.0	1.0	0.5	0.1	0.1
4	低温弯折性			-25℃无裂纹				
5	不透水性			0.3MPa，2h 不透水				
6	抗冲击性能			0.5kg·m，不渗水				
7	抗静态荷载②			—	—	20kg 不渗水		
8	接缝剥离强度/（N·mm⁻¹）		≥	4.0 或卷材破坏		3.0		
9	直角撕裂强度/（N·mm⁻¹）		≥	50	—	—	50	—
10	梯形撕裂强度/N		≥	—	150	250	—	220
11	吸水率（70℃×168 h）/%	浸水后	≤	4.0				
		晾置后	≥	-0.40				
12	热老化（80℃）	时间/h		672				
		外观		无起泡、裂纹、分层、黏结和孔洞				
		最大拉力保持率/%	≥	—	85	85	—	85
		拉伸强度保持率/%	≥	85			85	—
		最大拉力时伸长率保持率/%	≥			80		
		断裂伸长率保持率/%	≥	80	80		80	80
		低温弯折性		-20℃无裂纹				
13	耐化学性	外观		无起泡、裂纹、分层、黏结和孔洞				
		最大拉力保持率/%	≥	—	85	85	—	85
		拉伸强度保持率/%	≥	85			85	—
		最大拉力时伸长率保持率/%	≥			80		
		断裂伸长率保持率/%	≥	80	80		80	80
		低温弯折性		-20℃无裂纹				
14	人工气候加速老化④	时间/h		1 500③				
		外观		无起泡、裂纹、分层、黏结和孔洞				
		最大拉力保持率/%	≥	—	85	85	—	85
		拉伸强度保持率/%	≥	85			85	—
		最大拉力时伸长率保持率/%	≥			80		
		断裂伸长率保持率/%	≥	80	80		80	80
		低温弯折性		-20℃无裂纹				

注：① 代号 H 指均质卷材，代号 L 指纤维背衬卷材，代号 P 指织物内增强卷材，代号 G 指玻璃纤维内增强卷材，代号 GL 指玻璃纤维内增强带纤维背衬卷材。

② 抗静态荷载仅对用于压铺屋面的卷材要求。

③ 单层卷材屋面使用产品的人工气候加速老化时间为 2 500 h。

④ 非外露使用的卷材不要求测定人工气候加速老化。

3. 聚氯乙烯防水卷材的应用

聚氯乙烯防水卷材适用于大型屋面板、空心板作为防水层，亦可作为刚性层下的防水层及旧建筑物混凝土构件屋面的修缮，以及地下室或地下工程的防水、防潮，水池、储水槽及污水处理池的防渗，有一定耐腐蚀要求的地面工程的防水、防渗。

（二）三元丁橡胶防水卷材

1. 三元丁橡胶防水卷材的概念及特性

三元丁橡胶防水卷材（简称三元丁卷材）是以三元乙丙橡胶为主要原料，掺入适量的丁基橡胶、硫化剂、促进剂、增塑剂、填充剂（如炭黑）等助剂，经密炼、滤胶、切胶、压延、挤出、硫化等工序合成的可卷曲的高分子橡胶片状防水材料。

三元丁橡胶防水卷材具有质量轻、弹性大、耐高低温、耐化学腐蚀及绝缘性能好等特点，用其维修旧的油毡屋面，可以不拆除原防水层而直接粘贴该卷材，施工方便，工程造价也较低。

2. 三元丁橡胶防水卷材的技术要求

根据《三元丁橡胶防水卷材》（JC/T 645—2012）的规定，三元丁橡胶防水卷材的技术要求如下。

（1）三元丁橡胶防水卷材尺寸允许偏差应符合表 10-11 的规定。

表 10-11　　　　　　　　三元丁橡胶防水卷材尺寸允许偏差

序号	项　　目	允许偏差
1	厚度/mm	±0.1
2	长度/m	不允许出现负值
3	宽度/mm	不允许出现负值

注：1.2mm 厚规格不允许出现负偏差。

（2）三元丁橡胶防水卷材外观质量要求见表 10-12。

表 10-12　　　　　　　　三元丁橡胶防水卷材外观质量要求

序号	项　　目	外观质量要求
1	成卷卷材	成卷卷材应卷紧卷齐，端面里进外出不得超过 10mm；成卷卷材在环境温度为低温弯折性规定的温度以上时应易于展开
2	卷材表面	卷材表面应平整，不允许有孔洞、缺边、裂口和夹杂物
3	卷材接头	每卷卷材的接头不应超过一个。较短的一段不应少于 2 500mm，接头处应剪整齐，并加长 150mm。一等品中，有接头的卷材不得超过批量的 3%

（3）三元丁橡胶防水卷材物理力学性能应符合表 10-13 的规定。

表 10-13　　　　　　　　三元丁橡胶防水卷材物理力学性能指标

序号	产品等级			一等品	合格品
1	不透水性	压力/MPa	≥	0.3	
		保持时间/min	≥	90，不透水	
2	纵向拉伸强度/MPa		≥	2.2	2.0
3	纵向断裂伸长率/%		≥	200	150

序号	产品等级			一等品	合格品
4	低温弯折性（−30℃）			无裂纹	
5	耐碱性	纵向拉伸强度的保持率/%	≥	80	
		纵向断裂伸长率的保持率/%	≥	80	
6	热老化处理	纵向拉伸强度保持率［（80±2）℃，168 h］/%	≥	80	
		纵向断裂伸长率保持率［（80±2）℃，168 h］/%	≥	70	
7	热处理尺寸变化率［（80±2）℃，168 h］/%		≤	−4，+2	
8	人工气候加速老化27周期	外观		无裂纹，无起泡，不黏结	
		纵向拉伸强度的保持率/%	≥	80	
		纵向断裂伸长率的保持率/%	≥	70	
		低温弯折性		−20℃，无裂缝	

3. 三元丁橡胶防水卷材的应用

三元丁橡胶防水卷材适用于工业与民用建筑及构筑物的防水，尤其适用于寒冷及温差变化较大地区的防水工程。

（三）氯化聚乙烯–橡胶共混防水卷材

1. 氯化聚乙烯-橡胶共混防水卷材的概念及特性

氯化聚乙烯-橡胶共混防水卷材以氯化聚乙烯为主要材料，以橡胶为共混改性材料，按适当的比例，并掺入适量的硫化剂、促进剂、稳定剂、填料等，经过塑炼、混炼、过滤、压延和硫化等工序加工而制成。

氯化聚乙烯-橡胶共混防水卷材不但具有氯化聚乙烯所特有的高强度和优异的耐臭氧、耐老化性能，而且具有橡胶类材料的高弹性、高伸长性以及良好的低温柔韧性能。

2. 氯化聚乙烯-橡胶共混防水卷材的技术要求

根据《氯化聚乙烯-橡胶共混防水卷材》（JC/T 684—1997）的规定，氯化聚乙烯-橡胶共混防水卷材的技术要求如下。

（1）氯化聚乙烯-橡胶共混防水卷材外观质量要求。

① 表面平整，边缘整齐。

② 表面缺陷应不影响防水卷材使用，并符合表 10-14 的规定。

表 10-14　　　　　　氯化聚乙烯-橡胶共混防水卷材外观质量要求

序号	项　目	质量要求
1	折痕	每卷不超过 2 处，总长不大于 20mm
2	杂质	不允许有大于 0.5mm 的颗粒
3	胶块	每卷不超过 6 处，每处面积不大于 4mm^2
4	缺胶	每卷不超过 6 处，每处不大于 7mm^2，深度不超过卷材厚度的 30%
5	接头	每卷不超过 1 处，短段不得小于 3 000mm，并应加长 150mm 备作搭接

（2）氯化聚乙烯-橡胶共混防水卷材尺寸允许偏差应符合表 10-15 的规定。

表 10-15 氯化聚乙烯-橡胶共混防水卷材尺寸允许偏差

厚度允许偏差/%	宽度与长度允许偏差
+15 −10	不允许出现负值

（3）氯化聚乙烯-橡胶共混防水卷材物理力学性能应符合表 10-16 的规定。

表 10-16 氯化聚乙烯-橡胶共混防水卷材物理力学性能

序号	项 目		指 标	
			S 型	N 型
1	拉伸强度/MPa	≥	7.0	5.0
2	断裂伸长率/%	≥	400	250
3	直角形撕裂强度/（kN·m^{-1}）	≥	24.5	20.0
4	不透水性，30min		0.3MPa 不透水	0.2MPa 不透水
5	热老化保持率［（80±2）℃，168h］	拉伸强度/% ≥	80	
		断裂伸长率/% ≥	70	
6	脆性温度	≤	−40℃	−20℃
7	臭氧老化 500×10^{-8}，168 h×40℃，静态		伸长率40% 无裂纹	伸长率20% 无裂纹
8	黏结剥离强度（卷材与卷材）	/（kN·m^{-1}） ≥	2.0	
		浸水 168h，保持率/% ≥	70	
9	热处理尺寸变化率/%	≤	+1 −2	+2 −4

3. 氯化聚乙烯-橡胶共混防水卷材的应用

氯化聚乙烯-橡胶共混防水卷材适用于屋面、地下室、水库、堤坝电站、桥梁、隧道、水池、浴室、排污管道等各种建筑防水工程，也适用于跨度较大的工业建筑，如厂房、冷库，屋面及高中层建筑，民用建筑等工程。

学习单元 3 防水涂料的类别及应用

知识目标

（1）了解防水涂料的特点、组成及分类。

（2）了解沥青防水涂料、高聚物改性沥青防水涂料及合成高分子防水涂料的基础知识。

技能目标

能够根据工程实际情况合理选用防水涂料。

 基础知识

防水涂料是以高分子合成材料、沥青等为主体，在常温下呈黏稠状态的物质，涂布在基体表面，经溶剂或水分挥发或各组分的化学反应，形成具有一定弹性的连续薄膜，使基层表面与水隔绝，起到防水、防潮和保护基体的作用。

一、防水涂料的组成及分类

（一）防水涂料的特点

防水涂料应具有以下特点。

（1）防水涂料在常温下呈液态，固化后在材料表面形成完整的防水膜。

（2）涂膜防水层自重轻，适宜于轻型、薄壳屋面的防水。

（3）防水涂料施工属于冷施工，可刷涂也可喷涂，污染小，劳动强度低。

（4）容易修补，发生渗漏可在原防水涂层的基础上修补。

（二）防水涂料的组成

防水涂料通常由基料、填料、分散介质和助剂等组成，当将其直接涂刷在结构物的表面后，其主要成分经过一定的物理、化学变化便可形成防水膜，并能获得所期望的防水效果。

1. 基料

基料又称主要成膜物质，在固化过程中起成膜和黏结填料的作用。土木工程中常用防水涂料的基料有沥青、改性沥青、合成树脂或合成橡胶等。

2. 填料

填料主要起增加涂膜厚度、减少收缩和提高其稳定性等作用，而且还可降低成本。因此，也称为次要成膜物质。常用的填料有滑石粉和碳酸钙粉等。

3. 分散介质

分散介质主要起溶解或稀释基料的作用，因此也称为稀释剂。它可使涂料呈现流动性以便于施工。施工后，大部分分散介质蒸发或挥发，仅一小部分分散介质被基层吸收。

4. 助剂

助剂起改善涂料或涂膜性能的作用，通常有乳化剂、增塑剂、增稠剂和稳定剂等。

（三）防水涂料的分类

防水涂料按液态类型分为溶剂型、水乳型和反应型3种。溶剂型涂料种类繁多，质量也好，但是成本高，安全性差，使用不是很普遍；水乳型涂料在工艺上很难将各种补强剂、填充剂、高分子弹性体均匀分散于胶体中，只能用研磨法加入少量配合剂，反应型聚氨酯为双组分，易变质，成本高；反应型涂料产品能抗紫外线，耐高温性好，但断裂延伸性略差。

按成膜物质的主要成分分为沥青类、沥青高聚物改性沥青类和高分子类。

二、沥青防水涂料

（一）乳化沥青

乳化沥青是将通常高温使用的道路沥青，经过机械搅拌和化学稳定的方法（乳化），扩散到水中而液化成常温下黏度很低、流动性很好的一种道路建筑材料。主要用于道路的升级与养护，如石屑封层，还有多种独特的、其他沥青材料不可替代的应用，如冷拌料、稀浆封层。乳化沥青亦可用于新建道路施工，如粘层油、透层油等。

　　乳化沥青的储存期不能过长（一般 3 个月左右），否则容易引起凝聚分层而变质。储存温度不得低于 0℃，不宜在-5℃以下施工，以免水分结冰而破坏防水层；也不宜在夏季烈日下施工，因为水分蒸发过快，乳化沥青结膜快，膜内水分蒸发不出来而产生气泡。

（二）沥青胶

　　沥青胶又称沥青玛脂，是由沥青掺入适量粉状或纤维状填充料拌制而成的混合物，主要用于黏结防水卷材、补漏及作为沥青防水涂层、沥青砂浆防水层的底层等。

　　沥青胶按溶剂及胶黏工艺不同分为热熔沥青胶和冷沥青胶两种。

　　1．热熔沥青胶

　　热熔沥青胶就是在沥青中掺入粉状或纤维状矿物填充料，需加热使用的胶黏剂。沥青应选软化点高的沥青，以保证高温天气不流淌；为提高其黏结力、大气稳定性和耐热性，一般情况下需加入 10%～25%的碱性矿粉、如滑石粉、石灰石粉、白云石粉等，而酸性介质中则选用石英粉、花岗石粉等酸性矿粉；为提高其抗裂性和柔韧性需掺 5%～10%的纤维填充料，常用的为石棉绒或木棉纤维等。配制时先将沥青加热至 180℃～200℃，脱水后与加热干燥的粉料或纤维填充料热拌而成。

　　热熔沥青胶耐热度可分为 S-60，S-65，S-70，S-75，S-80，S-85 6 个标号。热熔沥青胶标号的选择，取决于使用条件，屋面坡度和当地历年极端最高气温。

　　2．冷沥青胶

　　冷沥青胶是由 40%～50%石油沥青熔化脱水后，缓慢加入 25%～30%的溶剂，再掺入 10%～30%的填料，混合拌匀而成。冷沥青胶比热熔沥青胶施工方便，涂层薄，节省沥青，减少环境污染，因此，目前应用面已逐渐扩大。

　　沥青胶的技术性能主要有耐热度、柔韧性和黏结力。沥青胶的性能主要取决于沥青胶的原材料及其组成。所用沥青的软化点越高，沥青胶的耐热性越好，受热不流淌。若选用的沥青延伸度大，则沥青胶的柔韧性好，遇冷不易开裂。为满足使用要求，常需用两种以上牌号的沥青进行掺配。

　　沥青胶中掺入填充料，不仅可以节省沥青用量，而且可提高沥青的温度稳定性及耐久性，改善沥青的黏结性和柔韧性，降低低温脆性。

（三）冷底子油

　　冷底子油是用稀释剂（汽油、柴油、煤油、苯等）对沥青进行稀释的产物。它多在常温下用于防水工程的底层，故称冷底子油。

　　冷底子油黏度小，具有良好的流动性。冷底子油形成的涂膜较薄，一般不单独作防水材料使用，只作某些防水材料的配套材料。在铺贴防水油毡之前涂布于混凝土、砂浆、木材等基层上，能很快渗入基层孔隙中，待溶剂挥发后，便与基面牢固结合。

　　冷底子油可封闭基层毛细孔隙，使基层形成防水能力；作用是处理基层界面，以便沥青油毡便于铺贴，使基层表面变为憎水性，为黏结同类防水材料创造了有利条件。

三、高聚物改性沥青防水涂料

沥青防水涂料通过适当的高聚物改性可以显著提高其柔韧性、弹性、流动性、气密性、耐化学腐蚀性、耐老化性和耐疲劳等性能。高聚物改性沥青防水涂料一般是用再生橡胶、合成橡胶或 SBS 等对沥青进行改性而制成的水乳型或溶剂型防水涂料。

（一）氯丁橡胶沥青防水涂料

氯丁橡胶沥青防水涂料（氯丁胶乳沥青防水涂料）是新型的沥青防水涂料。氯丁橡胶沥青防水涂料改变了传统沥青低温脆裂，高温流淌的特性，经过改性后，不但具有氯丁橡胶的弹性好，黏结力强，耐老化，防水防腐的优点，同时集合了沥青防水的性能，组合成强度高，成膜快，防水强，耐老化，有弹性抗基层变形能力强，冷作施工方便，不污染环境的一种优质防水涂料。

氯丁橡胶沥青防水涂料是以含有环氧树脂的氯丁橡胶乳液为改性剂，以优质的石油乳化沥青为基料，并加入表面活性剂、防霉剂等辅助材料精制而成。

氯丁橡胶沥青防水涂料执行 JC/T 408—2005《水乳型沥青防水涂料》技术指标，固含量（%）≥45；耐热 80℃恒温 5h，涂膜无起泡、皱皮等现象；在 0℃冷冻 2h，涂膜无裂纹、剥落等现象；黏结强度（MPa）≥0.30；不透水性：0.1MPa，恒温≥30min 不渗水；涂膜断裂延伸率大于 600%，涂膜厚 0.3～0.4mm，基面裂缝不大于 0.7mm，不开裂；饱和氢氧化钙溶液浸泡 15d，涂层无起泡、皱皮、脱落。

被广泛应用于屋面防水，水池防渗，地下室防潮，沼气池防漏气，防空洞，隧道等建筑，以及 80℃以下化工管道防腐蚀等。

（二）水乳型再生橡胶防水涂料

该涂料是以石油沥青为基料，以再生橡胶为改性剂复合而成的水性防水涂料。它是双组分（A 液、B 液）包装，其中，A 液为乳化橡胶，B 液为阴离子型乳化沥青。储运时分别包装，使用时现场配制使用。该涂料具有无毒、无味、不燃的优点，可在常温下冷施工作业。

涂膜具有橡胶弹性，温度稳定性好，耐老化性能及其他各项技术性能均比纯沥青和沥青玛脂好。其适用于屋面、墙体、地面、地下室、冷库的防水防潮，也可用于嵌缝及防腐工程等。

（三）SBS 改性沥青防水涂料

SBS 改性沥青防水涂料是以石油沥青为基料，以 SBS 为改性剂，以天然纳米材料为填料，并辅高分子聚合物经科学配方生产而成的环保型防水涂料。

该涂料无毒、无味、无环境污染，可在潮湿基层冷施工，橡胶聚合物在涂料体系中呈网络分布。涂膜干后有优良的耐酸、耐碱、耐候性。在防水基层形成无缝的整体防水层，施工简单快捷。

适用于工业及民用建筑屋面防水层；防腐蚀地坪的隔离层，金属管道的防腐处理；水池、地下室、冷库、地坪等的抗渗、防潮等。

四、合成高分子防水涂料

合成高分子防水涂料是以合成橡胶或树脂为主要成膜物质，加入其他辅料配制成的防水涂料。合成高分子防水涂料的品种很多，常见的有硅酮、氯丁橡胶、聚氯乙烯、丙烯酸酯、丁基橡胶等防水涂料。

1. 聚氨酯防水涂料

聚氨酯防水涂料（又称聚氨酯涂膜防水材料）有双组分型和单组分型两类，通常使用的是双组分型防水涂料。

双组分型防水涂料中的甲组分含有异氰酸基，乙组分含有多羟基的固化剂与增塑剂、稀释剂等。甲、乙两组分混合后，经固化反应，形成均匀而富有弹性的防水涂膜。

聚氨酯涂膜防水材料的优点是富有弹性，耐高低温、耐老化和黏结性能好，抗撕裂强度高，对于基层伸缩和开裂有较强的适应能力，并兼有耐磨、装饰及阻燃等性能。由于其具有上述优点，且施工简便，故在中高级公用建筑的卫生间、水池等防水工程及地下室和有保护层的屋面防水工程中得到广泛应用。

2. 丙烯酸酯防水涂料

丙烯酸酯防水涂料是以纯丙烯酸酯共聚物或纯丙酸酯乳液，加入适量优质填料、助剂配置而成，属合成树脂类单组分防水涂料。其特点有：良好的耐候性、耐热性和耐紫外线性，在 $-30℃\sim80℃$ 范围内性能基本无变化，延伸性能好，能适应基面一定幅度的开裂变形；可根据需要调配各种色彩，防水层兼有装饰和隔热效果；绿色环保，无毒无味，不污染环境，对人身无伤害；施工简便，工期短，维修方便；可在潮湿基面施工，具有一定的透气性。

适用于屋面、墙面、厕浴间、地下室等非长期浸水环境下的建筑防水、防渗工程；轻型薄壳结构的屋面防水工程；也可用作黏结剂或外墙装饰涂料。

> ☼小提示
>
> 　　我国 AAS 绝热防水涂料目前应用较广，它是由面层涂料和底层涂料复合组成，面层涂料以 AAS 共聚乳液为基料，再掺入高反射的氧化钛白色颜料及玻璃粉填料配成。底层涂料由水乳型再生橡胶乳液掺入一定量碳酸钙和滑石粉等配制而成。这种涂料对阳光的反射率要高 70%，要较黑色屋面降低温度 $25℃\sim30℃$。

277

3. 聚氯乙烯防水涂料

聚氯乙烯防水涂料是以聚氯乙烯和煤焦油为基料，加入适量的防老化剂、增塑剂、乳化剂，以水为分散介质所制成的水乳型防水涂料。施工时，一般要铺设玻纤布、聚酯无纺布等胎体进行增强处理。该类防水涂料弹塑性好，耐化学腐蚀、耐老化性和成品稳定性好，防水层的造价低。其适用于地下室、厕浴间、储水池、屋面、桥涵、路基和金属管道的防水和防腐。

📖学习案例

　　某道路工程为城市主干路兼顾公路功能，设计行车速度为 60km/h，工程全长 0.8km。道路标准路幅宽度为 53m。道路纵断面设计与地势走向吻合，与现状道路相交平顺；道路设计标高为 3.866～10.599m，道路纵坡为 0.3%～1.85%，纵坡控制点为道路中心点。工程实施断面宽度 53m，布置为 4m 人行道+6m 非机动车道+1.75m 绿化隔离带+12.25m 机动车道+5m 中央绿化带+12.25m 机动车道+1.75m 绿化隔离带+6m 非机动车道+4m 人行道。该工程需要用软化点为 80℃的石油沥青，现有 10 号和 40 号两种石油沥青。

想一想

（1）这两种石油沥青的掺量如何计算？

（2）应如何掺配才能满足工程需要？

案例分析

（1）由表 10-1 可得，10 号石油沥青的软化点为 95℃，40 号石油沥青的软化点为 60℃。估算掺配量。

① 40 号石油沥青的掺量（%）$= \dfrac{T_2 - T}{T_2 - T_1} \times 100\% = \dfrac{95 - 80}{95 - 60} \times 100\% = 42.9\%$。

② 10 号石油沥青的掺量（%）$= 100\% - Q_1 = 100\% - 42.9\% = 57.1\%$。

（2）根据估算的掺配比例和其邻近的比例（±5%～±10%）进行试配（混合熬制均匀），测定掺配后沥青的软化点，然后绘制掺配比—软化点曲线，即可从曲线上确定所要求的掺配比例。同样，可采用针入度指标按上述方法进行估算及试配。

石油沥青过于黏稠，需要进行稀释，通常可以采用石油产品中的轻质油，如汽油、煤油和柴油等。

知识拓展

建筑密封材料

建筑密封材料是能使建筑上的各种接缝或裂缝、变形缝（沉降缝、伸缩缝、抗震缝）保持水密、气密性能，并具有一定强度，能连接构件的填充材料。建筑密封材料可分为定形和非定形密封材料两大类。建筑密封材料的品种较多，主要表现在材质和形态的不同。根据材质的不同，又可将密封材料分为合成高分子密封材料和改性沥青密封材料两大类。沥青、油灰类嵌缝材料在用途上与密封材料相似，在广义上也称为密封材料。

近年来，以合成高分子为主体，加入适量的化学助剂、填充材料和着色剂，经过特定的生产工艺加工制成的合成高分子材料得到了广泛应用。合成高分子材料主要品种有硅酮建筑密封胶、聚硫建筑密封胶、聚氨酯建筑密封胶和丙烯酸建筑密封胶、建筑用硅酮结构密封胶等。它们主要用于中空玻璃、窗户、幕墙、石材和金属屋面的密封，卫生间和高速公路接缝的防水密封等。

目前，常用的防水油膏有沥青嵌缝油膏、聚氯乙烯接缝膏和塑料油膏、丙烯酸类密封膏、聚氨酯密封膏、聚硫密封膏和硅酮密封膏等。

1. 沥青嵌缝油膏

沥青嵌缝油膏是以石油沥青为基料，加入改性材料、稀释剂及填充料混合制成的密封膏。改性材料有废橡胶粉和硫化鱼油；稀释剂有松焦油、松节重油和机油；填充料有石棉绒和滑石粉等。

沥青嵌缝油膏主要用作屋面、墙面、沟和槽的防水嵌缝材料。使用沥青嵌缝油膏嵌缝时，缝内应洁净、干燥，先刷涂冷底子油一道，待其干燥后即嵌填油膏。油膏表面可加石油沥青、油毡、砂浆、塑料为覆盖层。

2. 聚氯乙烯接缝膏和塑料油膏

聚氯乙烯接缝膏是以煤焦油和聚氯乙烯（PVC）树脂粉为基料，按一定比例加入增塑剂、稳定剂及填充料等，在140℃温度下塑化而成的膏状密封材料，简称PVC接缝膏。

塑料油膏是用废旧聚氯乙烯（PVC）塑料代替聚氯乙烯树脂粉，其他原料和生产方法同聚氯乙烯接缝膏。塑料油膏成本较低。

PVC接缝膏和塑料油膏有良好的黏结性、防水性、弹塑性，耐热、耐寒、耐腐蚀和抗老化性能也较好，可以热用，也可以冷用。热用时，将聚氯乙烯接缝膏或塑料油膏用文火加热，加热温度不得超过140℃，达到塑化状态后，应立即浇灌于清洁干燥的缝隙或接头等部位。冷用时，加溶剂稀释。

这种油膏适用于各种屋面嵌缝或表面涂布作为防水层，也可用于水渠、管道等接缝，用于工业厂房自防水屋面嵌缝、大型墙板嵌缝等的效果也很好。

3. 丙烯酸类密封膏

丙烯酸类密封膏由丙烯酸树脂掺入增塑剂、分散剂、碳酸钙、增量剂等配制而成，有溶剂型和水乳型两种，通常为水乳型。

丙烯酸类密封膏在一般建筑基底上不产生污渍。它具有优良的抗紫外线性能，尤其是对透过玻璃的紫外线。它的延伸率很好，初期固化阶段为200%~600%，经过热老化、气候老化试验后达到完全固化时为100%~350%。在-34℃~80℃温度范围内具有良好的性能。丙烯酸类密封膏比橡胶类密封膏便宜，属于中等价格及性能的产品。

丙烯酸类密封膏主要用于屋面、墙板、门、窗嵌缝，但它的耐水性能不算太好，所以不宜用于经常泡在水中的工程，如不宜用于广场、公路、桥面等有交通来往的接缝中，也不宜用于水池、污水处理厂、灌溉系统、堤坝等水下接缝中。丙烯酸类密封膏一般在常温下用挤枪嵌填于各种清洁、干燥的缝内。为节省材料，缝宽不宜太大，一般为9~15mm。

4. 聚氨酯密封膏

聚氨酯密封膏一般用双组分配制，甲组分是含有异氰酸酯基的预聚体，乙组分是含有多羟基的固化剂与增塑剂、填充料、稀释剂等。使用时，将甲、乙两组分按比例混合，经固化反应成弹性体。

聚氨酯密封膏的弹性、黏结性及耐气候老化性能特别好，与混凝土的黏结性也很好，同时不需要打底。所以，聚氨酯密封材料可以作屋面、墙面的水平或垂直接缝，尤其适用于游泳池工程。它还是公路及机场跑道的补缝、接缝的好材料，也可用于玻璃、金属材料的嵌缝。

5. 聚硫建筑密封膏

聚硫建筑密封膏是以液态聚硫橡胶为主剂；以金属过氧化物（多数以二氧化铅）为固化剂的双组分密封材料。

按伸长率和模量分为高模量低伸长率的聚硫密封膏和高伸长率低模量的聚硫密封膏。按流变性分为N型（用于立缝或斜缝而不坍落的非下垂型）和L型（用于水平接缝能自动流平形成光滑平整表面的自流平型）。拉伸—压缩循环性能级别按试验温度及拉伸压缩百分率分为9030、8020、70103种。

聚硫建筑密封膏具有良好的耐候性、耐油、耐湿热、耐水、耐低温等性能；能承受持续和明显的循环位移；抗撕裂性强，对金属（钢、铝等）和非金属（混凝土、玻璃、木材等）材质均具有良好的黏结力，可在常温下或加温条件下固化。

其可用于高层建筑接缝及窗框周围防水、防尘密封，中空玻璃的周边密封，建筑门窗玻璃装嵌密封，游泳池、储水槽、上下管道、冷藏库等接缝的密封，特别适用于自来水厂、污水处理厂等。

6. 硅酮建筑密封胶

硅酮建筑密封胶是以聚硅氧烷为主剂，加入硫化剂、硫化促进剂、填料和颜料等组成的高分子非定形密封材料。

硅酮建筑密封胶分单组分和双组分，单组分应用较多。按固化机理分为脱酸（酸性）和脱醇（中性）两种类型；按用途分为镶装玻璃用和建筑接缝用两种类别；产品按位移能力分为 25、20 两个级别；按拉伸模量分为高模量（HM）和低模量（LM）两个次级别。

硅酮建筑密封胶具有优异的耐热、耐寒性及较好的耐候性，良好的疏水性能等优点。高模量有机硅密封胶主要用于建筑物的结构型密封部位，如玻璃幕墙、门窗等；低模量有机硅密封胶主要用于建筑物的非结构型密封部位，如预制混凝土墙板、水泥板、大理石板、花岗石的外墙板缝、混凝土与金属框架的黏结以及卫生间和高速公路等接缝的防水密封等。

情境小结

（1）沥青材料是一种有机胶凝材料。它是由高分子碳氢化合物及其非金属（氧、硫、氮等）衍生物组成的复杂的混合物。目前工程中常用的主要是石油沥青，另外还使用少量的煤沥青。

（2）防水卷材是一种可卷曲的片状防水材料，是建筑防水材料的重要品种。目前防水卷材的主要品种为沥青防水卷材、高聚物改性沥青防水卷材和合成高分子防水卷材 3 大类。

（3）防水涂料按液态类型分为溶剂型、水乳型和反应型 3 种；按成膜物质的主要成分分为沥青类、沥青高聚物改性沥青类和高分子类。

（4）建筑密封材料是能使建筑上的各种接缝或裂缝、变形缝保持水密、气密性能，并具有一定强度，能连接构件的填充材料。常用的防水油膏有沥青嵌缝油膏、聚氯乙烯接缝膏和塑料油膏、丙烯酸类密封膏、聚氨酯密封膏、聚硫密封膏和硅酮密封膏等。

学习检测

一、填空题

1. 依据沥青中各组分含量的不同，沥青可以有_____、_____和_____ 3 种胶体状态。

2. 煤沥青又分为_____和_____两种。

3. 常用石油沥青改性方法主要有_____、_____、_____和_____ 4 种。

4. 目前防水卷材的主要品种为_____、_____和_____ 3 大类。

5. 石油沥青纸胎油毡按卷重和物理性能分为_____、_____和_____。

6. 防水涂料通常由_____、_____、_____和_____等组成。

7. 防水涂料按液态类型分为_____、_____和_____ 3 种；按成膜物质的主要成分分为_____、_____和_____。

8. 常用的防水油膏有_____、_____、_____、_____和_____等。

二、选择题

1. 当沥青中油分含量多时，沥青的（　　）。

　　A. 温度稳定性差　　　B. 延伸度降低　　　C. 针入度降低　　　D. 大气稳定性差

2. （　　）是指加热沥青产生的气体和空气的混合物，与火焰接触能持续燃烧 5s 以上时沥青的温度。

    A. 闪点　　　　　　B. 燃点　　　　　　C. 熔点　　　　　　D. 沸点

3. 石油沥青中常含有一定量的固体石蜡，它会降低沥青的（　　　）。

    A. 黏结性　　　　　B. 塑性　　　　　　C. 温度稳定性　　　D. 耐热性

4. 选用石油沥青材料时，应根据（　　　）来选用不同品种和牌号的沥青。

    A. 工程性质　　　　B. 当地气候条件　　C. 施工进度　　　　D. 所处工程部位

5. 石油沥青与煤沥青简易鉴别方法有（　　　）。

    A. 密度法　　　　　B. 锤击法　　　　　C. 燃烧法　　　　　D. 溶液比色法

6. 矿质填充料改性沥青的填充料加入量一般为（　　　），具体由试验决定。

    A. 10%～30%　　B. 20%～40%　　C. 30%～40%　　D. 40%～50%

7. SBS 改性沥青防水卷材以（　　　）评定标号。

    A. 抗压强度　　　　　　　　　　　　　B. 抗拉强度

    C. $10m^2$ 标称质量（kg）　　　　　　D. $1m^2$ 标称质量（g）

8. 高聚物改性沥青防水卷材克服了传统沥青防水卷材温度稳定性差、延伸率小的不足，具有（　　　）等优异性能。

    A. 高温不流淌　　　B. 低温不脆裂　　　C. 拉伸强度高　　　D. 延伸率较大

9. 合成高分子防水卷材与沥青防水卷材相比具有（　　　）等优点。

    A. 寿命长　　　　　B. 强度高　　　　　C. 冷施工　　　　　D. 耐高温

10. 乳化沥青的储存期不能过长，一般为（　　　）个月左右，否则容易引起凝聚分层而变质。

    A. 2　　　　　　　　B. 3　　　　　　　　C. 4　　　　　　　　D. 5

三、回答题

1. 什么是防水材料？防水材料的发展趋势如何？

2. 什么是沥青材料？沥青按产源可分为哪些种类？

3. 石油沥青的组分包括哪些？各组分的性能是什么？

4. 石油沥青的组成结构是什么？

5. 通常采用哪些方法对石油沥青进行改性？

6. 要满足防水工程的需要，防水卷材应具备哪些方面的性能？

7. 与传统沥青防水卷材相比较，高聚物改性沥青防水卷材、合成高分子防水卷材各有什么优点？

8. 防水涂料应具备哪些性能？应该如何选用？

学习情境十一

木材及其制品

➜ 情境导入

木材是一种取材容易，加工简便的结构材料。某度假村占地 32 亩，规划设计了 40 栋错落有致的木式结构别墅，如图 11-1 所示。据现场施工单位介绍，木结构自重较轻，木构件便于运输、装拆，能多次使用，故广泛地用于房屋建筑中，也常用于桥梁和塔架工程中。近代胶合木结构的出现，更扩大了木结构的应用范围。

图 11-1 木结构工程

➜ 案例分析

木材是人类最早使用的一种建筑材料，时至今日，在建筑工程中仍占有一定的地位。桁架、屋架、梁柱、模板、门窗、地板、家具、装饰等都要用到木材。同时，木结构建筑已成为我国休闲地产、园林建筑的新宠。许多建筑、园林设计公司，已经开始将木结构建筑作为体现自然、增加商品附加值的首选。例如，本案例中的度假村，巧妙地应用木结构所盖的别墅，时尚、大方，具有很多优良的性能，如轻质高强、导电、导热性低，有较好的弹性和韧性，能承受冲击和震动，易于加工等。

如何根据木材的性能，结合工程实际情况选择木材及其制品？需要掌握如下重点。

（1）木材基本知识。

（2）木材的防腐。

（3）木材的综合利用。

学习单元1　认识木材

知识目标

（1）了解木材的构造、物理性质。

（2）熟悉木材的力学性能。

技能目标

根据工程实际情况，能够合理选用不同种类的木材。

基础知识

建筑工程中使用的木材是由树木加工而成的，树木的种类不同，木材的性质及应用就不同，一般来说，树木分为针叶树和阔叶树。

针叶树树干通直高大，纹理顺直，材质均匀，木质较软且易于加工，故又称为软木材。针叶树材强度较高，表观密度及胀缩变形较小，耐腐蚀性较强，为建筑工程中的主要用材，被广泛用作承重构件，常用树种有松、杉、柏等。

阔叶树多数树种树干通直部分较短，材质坚硬，较难加工，故又称硬木材。阔叶树材一般较重，强度高，胀缩和翘曲变形大，易开裂，在建筑中常用于尺寸较小的装饰构件。对于具有美丽天然纹理的树种，特别适合于室内装修、做家具及胶合板等。常用树种有水曲柳、榆木、柞木等。

一、木材的构造

树木由树根、树干、树冠（包括树枝和叶）3 部分组成。木材主要取自树干。木材的性能取决于木材的构造。由于树种和生长环境不同，各种木材在构造上差别很大。木材的构造可分为宏观和微观两个方面。

（一）木材的宏观构造

木材的宏观构造是指用肉眼或放大镜所能看到的木材构造特征。图 11-2 显示了木材的 3 个切面，即横切面（垂直于树轴的面）、径切面（通过树轴的纵切面）和弦切面（平行于树轴的纵切面）。从横切面观察，木材由树皮、木质部和髓心 3 部分组成。

树皮起保护树木的作用，建筑上用处不大，主要用于加工密度板材。

木质部是木材的主要部分，处于树皮和髓心之间。木质部靠近髓心部分颜色较深，称为"心

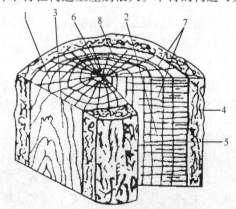

图 11-2　木材的宏观构造

1—横切面；2—径切面；3—弦切面；4—树皮；
5—木质部；6—髓心；7—髓线；8—年轮

283

材"；靠近树皮部分颜色较浅，称为"边材"。心材含水量较少，不易翘曲变形；边材含水量较多，易翘曲，抗腐蚀性较心材差。

髓心在树干中心。其材质松软，强度低，易腐朽，易开裂。对材质要求高的用材不得带有髓心。

在横切面上深浅相同的同心环，称为"年轮"。同一年"年轮"内，有深浅两部分。春天生长的木质，颜色较浅，组织疏松，材质较软，称为春材（早材）；夏秋二季生长的木质，颜色较深，组织致密，材质较硬，称为夏材（晚材）。相同树种，夏材所占比例越多，木材强度越高，"年轮"密而均匀，材质好。

从髓心向外的辐射线，称为"髓线"。髓线是由联系很弱的薄壁细胞所组成的，木材干燥时易沿此线开裂。

（二）木材的微观构造

在显微镜下所见到的木材组织称为微观构造。针叶树和阔叶树的微观构造不同，如图11-3和图11-4所示。

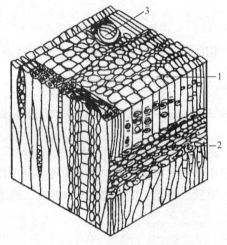

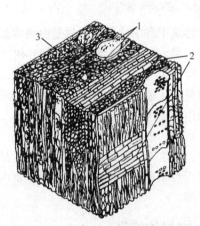

图 11-3　针叶树马尾松微观构造
1—管胞；2—髓线；3—树脂道

图 11-4　阔叶树柞木微观构造
1—导管；2—髓线；3—木纤维

从显微镜下可以看到，木材是由无数细小空腔的圆柱形细胞紧密结合而组成的，每个细胞都有细胞壁和细胞腔，细胞壁由若干层细胞纤维组成，其连接纵向较横向牢固，因而造成细胞壁纵向的强度高，而横向的强度低，在组成细胞壁的纤维之间存在着极小的空隙，能吸附和渗透水分。

细胞本身的组织构造在很大程度上决定了木材的性质，如细胞壁越厚、腔越小，木材组织越均匀，则木材越密实，表观密度与强度越大，胀缩变形也越大。

☼**小提示**

木材细胞因功能不同主要分为管胞、导管、木纤维、髓线等。针叶树显微结构较为简单而规则，由管胞、树脂道和髓线组成，管胞主要为纵向排列的厚壁细胞，约占木材总体积的90%。针叶树的髓线较细小而不明显。阔叶树的显微结构复杂，主要由导管、木纤维及髓线等组成，导管是壁薄而腔大的细胞，约占木材总体积的20%。木纤维是一种厚壁细长的细胞，它是阔叶树的主要成分之一，占木材总体积的50%以上。阔叶树的髓线发达而明显。导管和髓线是鉴别阔叶树的显著特征。

二、木材的物理性质

木材的物理性质对木材的选用和加工有很重要的现实意义。

（一）含水率

含水率指木材中水重占烘干木材重的百分数。木材中的水分可分两部分，一部分存在于木材细胞壁内，称为吸附水；另一部分存在于细胞腔和细胞间隙，称为自由水（游离水）。当吸附水达到饱和而尚无自由水时，称为纤维饱和点。木材的纤维饱和点因树种而有差异，为23%～33%。当含水率大于纤维饱和点时，水分对木材性质的影响很小。当含水率自纤维饱和点降低时，木材的物理和力学性质随之变化。木材在大气中能吸收或蒸发水分，与周围空气的相对湿度和温度相适应而达到恒定的含水率，称为平衡含水率。木材平衡含水率随地区、季节及气候等因素而变化，为10%～18%。

> ☆小提示
>
> 　新伐木材含水率常在35%以上，风干木材含水率为15%～25%，室内干燥的木材含水率常为8%～15%。

（二）湿胀干缩

木材具有显著的湿胀干缩特征。当木材的含水率在纤维饱和点以上时，含水率的变化并不改变木材的体积和尺寸，因为只是自由水在发生变化。当木材的含水率在纤维饱和点以内时，含水率的变化会由于吸附水而发生变化。

当吸附水增加时，细胞壁纤维间距离增大，细胞壁厚度增加，则木材体积膨胀，尺寸增加，直到含水率达到纤维饱和点时为止。此后，木材含水率继续提高，也不再膨胀。当吸附水蒸发时，细胞壁厚度减小，则体积收缩，尺寸减小。也就是说，只有吸附水的变化，才能引起木材的变形，即湿胀干缩。

木材的湿胀干缩随树种不同而有差异，一般来讲，表观密度大、夏材含量高者胀缩性较大。

由于木材构造不均匀，各方向的胀缩也不一致，同一木材弦向胀缩最大，径向其次，纤维方向最小。木材干燥时，弦向收缩为6%～12%，径向收缩为3%～6%，顺纤维方向收缩仅为0.1%～0.35%。弦向胀缩最大，主要是受髓线影响所致。

木材的湿胀干缩对其使用影响较大，湿胀会造成木材凸起，干缩会导致木结构连接处松动。如长期湿胀干缩交替作用，会使木材产生翘曲开裂。为了避免这种情况，通常在加工使用前将木材进行干燥处理，使木材的含水率达到使用环境湿度下的平衡含水率。

三、木材的力学性能

木材的力学性能是指木材抵抗外力的能力。在外力作用下，木构件内部单位截面积上所产生的内力，称为应力。木材抵抗外力破坏时的应力，称为木材的极限强度。根据外力在木构件上作用的方向、位置不同，木构件的工作状态分为受拉、受压、受弯、受剪等，如图11-5所示。

（一）木材的抗拉强度

木材的抗拉强度有顺纹抗拉强度和横纹抗拉强度两种。

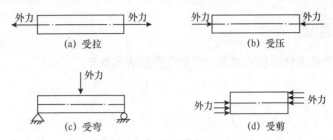

图 11-5　木构件受力状态

1. 顺纹抗拉强度即外力与木材纤维方向相平行的抗拉强度

由木材标准小试件测得的顺纹抗拉强度，是所有强度中最大的。但是，节子、斜纹、裂缝等木材缺陷对抗拉强度的影响很大。因此，在实际应用中，木材的顺纹抗拉强度反而比顺纹抗压强度低。木屋架中的下弦杆、竖杆均为顺纹受拉构件。工程中，对于受拉构件应采用选材标准中的 I 等材。

2. 横纹抗拉强度即外力与木材纤维方向相垂直的抗拉强度

木材的横纹抗拉强度远小于顺纹抗拉强度。对于一般木材，其横纹抗拉强度为顺纹抗拉强度的 1/10～1/4。所以，在承重结构中不允许木材横纹承受拉力。

（二）木材的抗压强度

木材的抗压强度有顺纹抗压强度和横纹抗压强度两种。

1. 顺纹抗压强度即外力与木材纤维方向相平行的抗压强度

由木材标准小试件测得的顺纹抗压强度，为顺纹抗拉强度的 40%～50%。由于木材的缺陷对顺纹抗压的影响很小，因此，木构件的受压工作要比受拉工作可靠得多。屋架中的斜腹杆、木柱、木桩等均为顺纹受压构件。

2. 横纹抗压强度即外力与木材纤维方向相垂直的抗压强度

木材的横纹抗压强度远小于顺纹抗压强度。

（三）木材的抗弯强度

木材的抗弯强度介于横纹抗压强度和顺纹抗压强度之间。木材受弯时，在木材的横截面上有受拉区和受压区。

梁在工作状态时，截面上部产生顺纹压应力，截面下部产生顺纹拉应力，且越靠近截面边缘，所受的压应力或拉应力也越大。由于木材的缺陷对受拉影响大，对受压影响小，因此，对大梁、搁栅、檩条等受弯构件，不允许在其受拉区内存在节子或斜纹等缺陷。

（四）木材的抗剪强度

外力作用于木材，使其一部分脱离邻近部分而滑动时，在滑动面上单位面积所能承受的外力，称为木材的抗剪强度。木材的抗剪强度有顺纹抗剪强度、横纹抗剪强度和剪断强度 3 种。其受力状态如图 11-6 所示。

（1）顺纹抗剪强度即剪力方向和剪切面均与木材纤维方向平行时的抗剪强度。木材

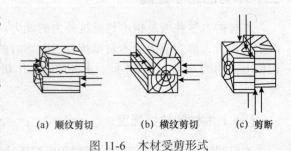

(a) 顺纹剪切　　(b) 横纹剪切　　(c) 剪断

图 11-6　木材受剪形式

顺纹受剪时，绝大部分是破坏在受剪面中纤维的联结部分，因此，木材顺纹抗剪强度是较小的。

（2）横纹抗剪强度即剪力方向与木材纤维方向相垂直，而剪切面与木材纤维方向平行时的抗剪强度。木材的横纹抗剪强度只有顺纹抗剪强度的 1/2 左右。

（3）剪断强度即剪力方向和剪切面都与木材纤维方向相垂直时的抗剪强度。木材的剪断强度约为顺纹抗剪强度的 3 倍。

> ☼小提示
>
> 　　木材的裂缝如果与受剪面重合，将会大大降低木材的抗剪承载能力，常为构件结合破坏的主要原因。这种情况在工程中必须避免。
>
> 　　为了增强木材的抗剪承载能力，可以增大剪切面的长度或在剪切面上施加足够的压紧力。

常用树种的木材主要力学性能见表 11-1。

表 11-1　　　　　　　　常用树种的木材主要力学性能　　　　　　　（单位：MPa）

树种名称	产地	顺纹抗压强度	顺纹抗拉强度	抗弯强度（弦向）	顺纹抗剪强度	
					径　面	弦　面
针叶树：						
杉木	湖南	38.8	77.2	63.8	4.2	4.9
	四川	39.1	93.5	68.4	6.0	5.9
红松	东北	32.8	98.1	65.3	6.3	6.9
马尾松	湖南	46.5	104.9	91.0	7.5	6.7
	江西	32.9	—	76.3	7.5	7.4
兴安落叶松	东北	55.7	129.9	109.4	8.5	6.8
鱼鳞云杉	东北	42.4	100.9	75.1	6.2	6.5
冷杉	四川	38.8	97.5	70.0	5.0	5.5
臭冷杉	东北	36.4	78.8	65.1	5.7	6.3
柏木	四川	45.1	117.8	98.0	9.4	12.2
阔叶树：						
柞栎	东北	55.6	155.4	124.0	11.8	12.9
麻栎	安徽	52.1	—	114.2	13.4	15.5
水曲柳	东北	52.5	138.7	118.6	11.3	10.5
椰榆	浙江	49.1	149.4	103.8	16.4	18.4
辽杨	东北	30.5	—	54.3	4.9	6.5

（五）影响木材力学性能的主要因素

木材强度除因树种、产地、生产条件与时间、部位的不同而变化外，还与含水率、负荷时间、温度及缺陷有很大的关系。

1. 含水率的影响

当木材含水率低于纤维饱和点时，含水率越高，则木材强度越低；当木材含水率高于纤维饱和点时，含水率的增减，只是自由水变更，而细胞壁不受影响，因此，木材强度不变。试验表明，含水率的变化，对受弯、受压影响较大，受剪次之，而对受拉影响较小。

2. 负荷时间的影响

木材对长期荷载与短期荷载的抵抗能力是不同的。木材在长期荷载作用下，不致引起破坏的最大应力称为持久强度。木材的持久强度比木材标准小试件测得的瞬时强度小得多，一般为瞬时强度的50%～60%。

> ☆小提示
>
> 在实际结构中，荷载总是全部或部分长期作用在结构上。因此，在计算木结构的承载能力时，应以木材的长期强度为依据。

3. 温度的影响

温度对木材力学性能影响比较复杂。一般情况下，室温范围内，影响较小；高温和极端低温情况下，影响较大。

正温度的变化，在导致木材含水率及其分布产生变化同时，会造成木材内产生应力和干燥等缺陷。正温度除通过它们对木材强度有间接影响外，还对木材强度有直接影响。主要原因在于热促使细胞壁物质分子运动加剧，内摩擦减少，微纤丝间松动增加，引起木材强度下降。木材纤维的斜纹理如水热处理情况下，温度超过1 800℃，木材物质会发生分解；或在83℃左右条件下，长期受热，木材中抽提物、果胶、半纤维素等会部分或全部消失，从而引起木材强度损失，特别是冲击韧性和抗拉强度会有较大的削弱。前者是暂时影响，是可逆过程；后者是永久影响，为不可逆。长时间高温的作用对木材强度的影响是可以累加的。总之，木材大多数力学强度随温度升高而降低。温度对力学性质的影响程度由大至小的顺序为:压缩强度、弯曲强度、弹性模量，最小为抗拉强度。

负温度对木材强度的影响如下。冰冻的湿木材，除冲击韧性有所降低外，其他各种强度均较正温度有所增加，特别是抗剪强度和抗劈力的增加尤甚。冰冻木材强度增加的原因，对于全干材可能是纤维的硬化及组织物质的冻结；而湿材除上述因素外，水分在木材组织内变成固态的冰，对木材强度也有增大作用。

4. 木材缺陷的影响

缺陷对木材各种受力性能的影响是不同的。木节对受拉影响较大，对受压影响较小，对受弯的影响则视木节位于受拉区还是受压区而不同，对受剪影响很小。斜裂纹将严重降低木材的顺纹抗拉强度，抗弯次之，对顺纹抗压影响较小。裂缝、腐朽、虫害会严重影响木材的力学性能，甚至使木材完全失去使用价值。

学习单元2　预防木材腐朽

📝知识目标

（1）了解木材腐朽的概念与产生的条件。

（2）掌握木材的防腐技术。

📝技能目标

能够对木材采取正确的防腐措施。

基础知识

　　木材防腐，是指使木材免受虫、菌等生物体侵蚀的技术，是木材加工工艺之一，广泛用于杆材、方材、板材的防护处理，以延长木材的使用寿命和降低木材的消耗。

一、木材腐朽的概念

　　木材腐朽主要是受某些真菌的危害产生的。习惯上叫这些真菌为木腐菌或腐朽菌。木腐菌是一类低等生物，通常分为两类：白腐菌和褐腐菌。白腐菌侵蚀木材后，木材呈白色斑点，外观以小蜂窝或筛孔为特征，材质变得很松软，用手挤捏，很容易剥落，这种腐朽又称腐蚀性腐朽；褐腐菌侵蚀木材后，木材呈褐色，表面有纵横交错的细裂缝，用手搓捏，很容易捏成粉末状，这种腐朽又称破坏性腐朽。白腐和褐腐，都将严重破坏木材，尤其是褐腐更为严重。

二、木腐菌生存繁殖的条件

　　木腐菌生存繁殖必须同时具备以下 4 个条件。
　　（1）水分。木材的含水率在18%以上即能生存；含水率在30%～60%更为有利。
　　（2）温度。在2℃～35℃即能生存，最适宜的温度是15℃～25℃，高出60℃无法生存。
　　（3）氧气。有5%的空气即足够存活使用。
　　（4）营养。以木质素、储藏的淀粉、糖类及分解纤维素葡萄糖为营养。

三、木材腐朽的分类

　　按腐朽在树干上分布的部位不同，分为外部腐朽和内部腐朽两种。

（一）外部腐朽

　　外部腐朽（边材腐朽）分布在树干的外围，大多是由于树木伐倒后因保管不善或堆积不良而引起的；枯立木受腐朽菌侵蚀也能形成外部腐朽。

（二）内部腐朽

　　内部腐朽（心材腐朽）分布在树干的内部，大多是因腐朽菌通过树干的外伤、枯枝、断枝或腐朽节等侵入木材内部而形成的。
　　初期腐朽对材质影响较小，腐朽后期，不但材色、外形有所改变，而且木材的强度、硬度等有很大的降低。因此，在承重结构中不允许采用腐朽的木材。

四、木材的自然防腐等级

　　表 11-2 是按树脂及特殊气味定出的木材的自然防腐等级。

表 11-2　　　　　　　　　　　木材的自然防腐等级

级　　别	树种举例	用　　途
第一级（最耐腐）	侧柏、梓、桑、红豆杉、杉等	可做室外用材
第二级（耐腐）	槐、青岗、小叶栎、粟、银杏、马尾松、樟、榉等	可做室外用材，最好做保护处理

289

续表

级 别	树种举例	用 途
第三级（尚可）	合欢、黄榆、白栎、三角枫、核桃木、枫杨、梧桐等	适于保护处理或防腐处理的室外、室内使用
第四级（最差）	柳、杨木、南京椴、毛泡桐、乌桕、榔榆、枫香等	非经防腐处理不适于室外使用

此外，木材还易受到白蚁、天牛、蠹虫等昆虫的蛀蚀，形成很多孔眼或沟道，甚至蛀穴，破坏木质结构的完整性而使强度严重降低。

五、木材的防腐

木材防腐的基本原理在于破坏真菌及虫类生存和繁殖的条件，常用方法有以下两种。一是将木材干燥至含水率在 20% 以下，保证木结构处在干燥状态，对木结构物采取通风、防潮、表面涂刷涂料等措施；二是将化学防腐剂施加于木材，常用的方法有表面喷涂法、浸渍法、压力渗透法等。常用的防腐剂有水溶性、油溶性及浆膏类几种。

水溶性防腐剂多用于内部木构件的防腐，常用氯化锌、氟化钠、铜铬合剂、硼氟酚合剂、硫酸铜等。油溶性防腐剂药力持久、不易被水冲走、不吸湿，但有臭味，多用于室外、地下、水下，常用蒽油、煤焦油等。浆膏类防腐剂有恶臭，木材处理后呈黑褐色，不能油漆，如氟砷沥青等。

> ☆**小技巧**
>
> **木材防腐小技巧**
>
> （1）真空/高压浸渍。这个过程是防腐处理的关键步骤，首先实现了将防腐剂打入木材内部的物理过程，同时完成了部分防腐剂有效成分与木材中淀粉、纤维素及糖分的化学反应过程。破坏了造成木材腐烂的细菌及虫类的生存环境。
>
> （2）高温定性。在高温下继续使防腐剂尽量均匀渗透到木材内部，并继续完成防腐剂有效成分与木材中淀粉、纤维素及糖分的化学反应过程。进一步破坏造成木材腐烂的细菌及虫类的生存环境。
>
> （3）自然风干。自然风干要求在木材的实际使用地进行风干，这个过程是为了适应户外专用木材由于环境变化所造成的木材细胞结构的变化，使其在渐变的过程中最大程度地固定，从而避免在使用过程中的变化。
>
> （4）施工与维护。浸渍木含水率较高，在使用之前必须放置风干一段时间，储存中仓库保持通风，以方便木材的干燥，对浸渍木材的任何再加工，必须待其出厂后 72h 以上。
>
> （5）加工与安装。尽可能使用现有尺寸的浸渍木，建议用热镀锌的钉子或螺丝连接及安装，在连接时应预先钻孔，这样可以避免开裂，胶水则应是防水的。

学习单元 3　综合利用木材

✏️知识目标

（1）了解刨花板、胶合板、细木工板和纤维板的特点和作用。

（2）掌握刨花板、胶合板、细木工板和纤维板的规格及质量等级。

 技能目标

根据工程实际情况合理选择综合利用的木材。

基础知识

木材的综合利用就是将木材加工过程中的大量边角、碎料、刨花、木屑等，经过再加工处理，制成各种人造板材，有效提高木材利用率，这对弥补木材资源严重不足有着十分重要的意义。

一、刨花板

刨花板是采用木材加工中的刨花、碎片及木屑为原料，使用专用机械切断粉碎呈细丝状纤维，经烘干、施加胶料、拌和铺膜、预压成型，再通过高温、高压压制而成的一种人造板材。刨花板根据生产工艺不同，分为平压板、挤压板和滚压板 3 种。

（一）平压板

平压板是压制过程中所施加压力与板面垂直，刨花排列位置与板面平行制成的刨花板。按其结构形式分为单层、三层及渐变 3 种，按用途不同可进行覆面、涂饰等二次加工，也可直接使用。

（二）挤压板

挤压板是压制成型过程中所施加压力与板面平行制成的刨花板。按其结构形式分为实心和管状空心两种，但均需经覆面加工后才能使用。

（三）滚压板

滚压板是采用滚压工艺成型的刨花板，目前很少生产。

☼**小提示**

刨花板根据技术要求分为 A 类和 B 类，装饰工程中常使用 A 类刨花板。A 类分为优等品、一等品和二等品 3 个等级。幅面尺寸有 1 830mm×915mm、2 000mm×1 000mm、2 440mm×1 220mm、1 220mm×1 220mm，厚度为 4mm、8mm、10mm、12mm、14mm、16mm、19mm、22mm、25mm、30mm 等。

刨花板具有质量轻、强度低、隔声、保温等特点，适用于地板、隔墙、墙裙等处装饰用基层（实铺）板。还可采用单板复面、塑料或纸贴面加工成装饰贴面刨花板，用于家具、装饰饰面板材。

二、胶合板

胶合板是用原木旋切成薄片，经干燥处理后，再用胶黏剂按奇数层数，以各层纤维互相垂直的方向，黏合热压而成的人造板材，一般为 3～13 层。工程中常用的是三合板和五合板。

胶合板的特点是：材质均匀，强度高，无明显纤维饱和点存在，吸湿性小，不翘曲开裂，无疵病，幅面大，使用方便，装饰性好。

胶合板广泛用作建筑室内隔墙板、护壁板、顶棚、门面板以及各种家具。

普通胶合板的分类、特性及适用范围见表 11-3。

表 11-3　　　　　　　　　　　　胶合板的分类、特性及适用范围

类　别	相当于国外产品代号	使用胶料和产品性能	可使用场所	用　途
Ⅰ类（NQF）耐候、耐沸水胶合板	WPB	具有耐久、耐煮沸或蒸汽处理和抗菌等性能。用酚醛类树脂胶或其他性能相当的优质合成树脂胶制成	室外露天	用于航空、船舶、车厢、包装、混凝土模板、水利工程及其他要求耐水性、耐候性好的地方
Ⅱ类（NS）耐水胶合板	WR	能在冷水中浸渍，能经受短时间热水浸渍，并具有抗菌性能，但不耐煮沸，用脲醛树脂或其他性能相当的胶合剂制成	室内	用于车厢、船舶、家具、建筑内装饰及包装
Ⅲ类（NC）耐潮胶合板	MR	能耐短期冷水浸渍，适于室内常态下使用。用低树脂含量的脲醛树脂、血胶或其他性能相当的胶合剂胶合制成	室内	用于家具、包装及一般建筑用途
Ⅳ类（BNS）不耐潮胶合板	INT	在室内常态下使用，具有一定的胶合强度。用豆胶或其他性能相当的胶合剂胶合制成	室内	主要用于包装及一般用途。如茶叶箱需要用豆胶胶合板

注：WPB—耐沸水胶合板；WR—耐水性胶合板；MR—耐潮性胶合板；INT—不耐水性胶合板。

三、细木工板

细木工板是芯板用木板条拼接而成，两个表面为胶贴木质单板的实心板材。它是综合利用木材的一种制品。

细木工板按其结构，可分为芯板条不胶拼型和芯板条胶拼型两种。按所使用的胶黏剂，可分为Ⅰ类胶型和Ⅱ类胶型两种。按表面加工状况，可分为一面砂光、两面砂光和不砂光 3 种。细木工板按面板的材质和加工工艺质量分为一、二、三等。幅面尺寸为 915mm×915mm、1 830mm×915mm、2 135mm×915mm、1 220mm×1 220mm、1 830mm×1 220mm、2 135mm×1 220mm、2 440mm×1 220mm，其长度方向为细木工板的芯板条顺纹理方向。各类细木工板的厚度为 16mm、19mm、22mm、25mm。

细木工板具有质硬、吸声、隔热等特点，适用于隔墙、墙裙基层与造型层及家具制作。

四、纤维板

纤维板是以木材加工中的零料碎屑（树皮、刨花、树枝）或其他植物纤维（稻草、麦秆、玉米秆）为主要原料，经粉碎、水解、打浆、铺膜成型、热压等湿处理而成。

按纤维板的体积密度分为硬质纤维板（体积密度 > 800kg/m^3）、半硬质纤维板（体积密度为 500～800kg/m^3）和软质纤维板（体积密度 < 500kg/m^3）；按表面状态分为一面光板和两面光板；按原料，分为木材纤维板和非木材纤维板。

（一）硬质纤维板（高密度纤维板）

硬质纤维板的强度高、耐磨、不易变形，可用于墙壁、地面、家具等。硬质纤维板的幅面尺寸有 610mm×1 220mm、915mm×1 830mm、1 000mm×2 000mm、915mm×2 135mm、1 220mm×1 830mm、1 220mm×2 440mm，厚度为 2.50mm、3.00mm、3.20mm、4.00mm 和 5.00mm。硬质纤维板按其物理力学性能和外观质量分为特级、一级、二级和三级 4 个等级。

硬质纤维板因强度较高，板面平整光滑、幅宽大，有一定的耐水防腐性能，并有较好的锯、刨、钉等可加工性能，是建筑装饰装修工程、家具制作及包装材料等方面应用广泛的人造板材之一。

（二）半硬质纤维板（中密度纤维板）

半硬质纤维板按体积密度，分为 80 型（体积密度为 0.80g/cm^3）、70 型（体积密度为 0.70g/cm^3）、60 型（体积密度为 0.60g/cm^3），按胶黏类型，分为室内用和室外用两种。

半硬质纤维板的长度为 1 830mm、2 135mm、2 440mm，宽度为 1 220mm，厚度为 10mm、12mm、15(16)mm、18(19)mm、21mm、24(25)mm 等。半硬质纤维板按外观质量分为特级品、一级品、二级品 3 个等级。

（三）软质纤维板（低密度纤维板）

软质纤维板是以草质植物纤维为主要原料，先经切割、水解打浆、施胶铺膜成型、热压烘干而成胚料，再经表面粘贴钛白纸或其他饰面防潮纸、穿孔修整而成的轻质装饰吸声板材。

软质纤维板的规格一般有 305mm×305mm×13mm、（500～550）mm×（500～550）mm×13mm、610mm×610mm×13mm，以及表面不贴纸的本色板，其规格为 2 440mm×1 220mm×13mm。

软质纤维板主要用于不受潮湿影响的环境、有保温吸声要求的顶棚及不易受碰损的护壁面。

293

学习案例

应县木塔位于山西省朔州市应县县城内西北角的佛宫寺院内。建于辽清宁二年（公元1056 年），金明昌六年（公元 1195 年）增修完毕，塔高 67.31m。据考证，在近千年的岁月中，应县木塔除经受日夜和四季变化、风霜雨雪侵蚀外，还遭受了多次强地震袭击，仅烈度在五度以上的地震就有十几次。它是我国现存最古老最高大的纯木结构楼阁式建筑，是我国古建筑中的瑰宝、世界木结构建筑的典范。

想一想

（1）木结构有哪些特点？

（2）如何增强木材的抗剪承载能力？

案例分析

（1）木结构建筑由于自身重量轻，地震时其吸收的地震力也相对较少；由于木质构件之间的稳固性和可逆性能相互作用，以至于它们在地震时大多纹丝不动，或整体稍有变形却不会散架，具有较强的抵抗重力、风和地震能力。在 1995 年日本神户大地震中，木结构房屋基本毫发未损。在美国，已有百年历史的木屋随处可见，年代最久远的木结构房屋的历史可以追溯到 18世纪。如果使用得当，木材本身就是一种非常稳定、寿命长、耐久性强的天然建筑材料。

　　木结构房屋除土地配套设施外，施工现场没有成堆的砖头、钢筋、水泥和尘土，木结构房屋所用的结构构件和连接件都是在工厂按标准加工生产，再运到工地，稍加拼装即可建成一座漂亮的木房子，而且木结构房屋施工安装速度远远快于混凝土和砖石结构建筑，大大缩短了工期，节省了人工成本，施工质量能够得以保证。另外，木结构房屋也易于改造和维修，易于满足一些个性化需求。

　　（2）外力作用于木材，使其一部分脱离邻近部分而滑动时，在滑动面上单位面积所能承受的外力，称为木材的抗剪强度。木材的抗剪强度有顺纹抗剪强度、横纹抗剪强度和剪断强度3种。

　　① 顺纹抗剪强度即剪力方向和剪切面均与木材纤维方向平行时的抗剪强度。木材顺纹受剪时，绝大部分是破坏在受剪面中纤维的联结部分，因此，木材顺纹抗剪强度是较小的。

　　② 横纹抗剪强度即剪力方向与木材纤维方向相垂直，而剪切面与木材纤维方向平行时的抗剪强度。木材的横纹抗剪强度只有顺纹抗剪强度的1/2左右。

　　③ 剪断强度即剪力方向和剪切面都与木材纤维方向相垂直时的抗剪强度。木材的剪断强度约为顺纹抗剪强度的3倍。

　　木材的裂缝如果与受剪面重合，将会大大降低木材的抗剪承载能力，常为构件结合破坏的主要原因。这种情况在工程中必须避免。为了增强木材的抗剪承载能力，可以增大剪切面的长度或在剪切面上施加足够的压紧力。

知识拓展

发展木建筑结构的建议

1. 加强木结构建筑的防火、防潮、防腐、防虫能力的研究

　　政府采取积极的政策鼓励企业作为主体运用现代科技，对木质材料进行技术处理和技术改良的科技研发，以提高其"四防"能力。同时鼓励、总结、推广民间在木结构形式上的成功创新，如针对南方地区温暖、潮湿、白蚁较多的情况，设计底层为混凝土结构上层为木结构的混合结构形式。

2. 加快制定木结构建筑的行业标准

　　原国家建设部已于2002年7月1日正式颁布《木结构工程施工质量验收规范》。2012年住房和城乡建设部对《木结构工程施工质量验收规范》进行了修订，并于2012年8月1日开始实施。《木结构设计规范》也于2004年1月正式生效。但是要形成高效的产业分工和完整的产业链条，要降低维护保养成本和发展专业的服务公司，还需要以行业协会的名义制定《木结构构件标准化》等规范性文件，促进木结构建筑的市场接受和健康发展。

3. 加速林木资源的培养

　　木结构建筑的发展受制于木材的数量和质量，因此，要加大政府投入，坚持政府主导和社会参与，坚持生态保护和产业发展相结合，确定优势树种实施工程造林，开展森林抚育提高林分质量，为木结构建筑的发展提供基础性支撑。

情境小结

　　本章主要介绍了木材的特性与防腐。木材具有很多优良的性能，如轻质高强，导电、导热性低，有较好的弹性和韧性，能承受冲击和震动，易于加工等。

　　木材较少用于外部结构材料制作，但由于它有美观的天然纹理，装饰效果较好，所以仍被广泛用作装饰与装修材料。由于木材具有构造不均匀、各向异性、易吸湿变形、易腐易燃等缺点，且树木生长周期缓慢、成材不易等，因此在应用上受到限制，所以对木材的节约使用和综

合利用是十分重要的。

学习检测

一、填空题

1. 从横切面观察，木材由_____、_____和_____3部分组成。

2. 木材内部所含水分可以分为_____、_____和_____3种。

3. 当吸附水增加时，细胞壁纤维间距离增大，细胞壁厚度增加，则木材体积_____，尺寸_____，直到_____时为止。

4. 木材抵抗外力破坏时的应力，称为木材的_____。根据外力在木构件上作用的方向、位置不同，木构件的工作状态分为_____、_____、_____、_____等。

5. 木材腐朽主要是受_____的危害产生的。按腐朽在树干上分布的部位不同，分为_____和_____两种。

6. 将化学防腐剂施加于木材，可使木材成为有毒物质，常用的方法有_____、_____、_____等。

二、选择题

1. 木材的纤维饱和点随树种而异，平均值约为（　　）。
   A. 20%　　　　　B. 30%　　　　　C. 40%　　　　　D. 50%

2. 当吸附水蒸发时，细胞壁厚度_____，则体积_____，尺寸_____。（　　）
   A. 减少、收缩、减少　　　　　B. 增大、收缩、减少
   C. 减少、膨胀、减少　　　　　D. 减少、收缩、增大

3. 下列关于木材力学性能主要影响因素的说法正确的是（　　）。
   A. 当木材含水率低于纤维饱和点时，含水率越高，则木材强度越低
   B. 木材的持久强度比木材标准小试件测得的瞬时强度小得多
   C. 温度升高时，木材的强度将会降低
   D. 斜裂纹将严重降低木材的顺纹抗拉强度，抗弯次之，对顺纹抗压影响较小

4. 木腐菌生存繁殖必须具备的条件有（　　）。
   A. 水分　　　　B. 温度　　　　C. 氧气　　　　D. 营养

5. 将木材干燥至含水率在（　　）以下，保证木结构处在干燥状态，可使木材防腐。
   A. 20%　　　　B. 30%　　　　C. 40%　　　　D. 50%

6. 下列属于水溶性防腐剂的是（　　）。
   A. 煤焦油　　　　B. 氯化锌　　　　C. 氟化钠　　　　D. 铜铬合剂

三、回答题

1. 木材的构造可分为哪几个方面？
2. 木材的纤维饱和点、平衡含水率各有什么现实意义？
3. 影响木材强度的因素有哪些？
4. 木材腐朽的原因有哪些？
5. 木材防腐方法有哪些？

参 考 文 献

［1］董梦臣. 土木工程材料[M]. 北京：中国电力出版社，2008.

［2］魏鸿汉. 建筑材料[M]. 2 版. 北京：中国建筑工业出版社，2007.

［3］向才旺. 新型建筑装饰材料实用手册[M]. 2 版. 北京：中国建材工业出版社，2001.

［4］赵方冉. 土木工程材料[M]. 上海：同济大学出版社，2004.

［5］范文昭. 建筑材料[M]. 3 版. 北京：中国建筑工业出版社，2010.

［6］王成作，周仲景. 建筑工程质量检验与材料检测[M]. 北京：中国建筑工业出版社，2009.

［7］曹文达. 新型混凝土及其应用[M]. 北京：金盾出版社，2001.

［8］黄伟典. 建筑材料质量[M]. 北京：中国电力出版社，2006.

［9］赵华伟. 建筑材料应用与检测[M]. 北京：中国建筑工业出版社，2011.

［10］赵丽萍. 土木工程材料[M]. 北京：人民交通出版社，2009.

［11］中国机械工业教育协会. 建筑材料[M]. 北京：机械工业出版社，2002.

［12］柯国军. 土木工程材料[M]. 北京：北京大学出版社，2006.

［13］马小娥. 材料实验与测试技术[M]. 北京：中国电力出版社，2008.

［14］马眷荣. 建筑材料辞典[M]. 北京：化学工业出版社，2003.

［15］刘祥顺. 建筑材料[M]. 2 版. 北京：中国建筑工业出版社，2007.

［16］杜兴亮. 建筑材料[M]. 北京：中国水利水电出版社，2009.

［17］赵方冉. 装饰装修材料[M]. 北京：中国建材工业出版社，2002.

［18］龚洛书. 建筑工程材料手册[M]. 北京：中国建筑工业出版社，2005.

［19］葛勇. 土木工程材料学[M]. 北京：中国建材工业出版社，2007.

［20］王福川. 新型建筑材料[M]. 北京：中国建筑工业出版社，2003.

［21］陈玉萍. 建筑材料[M]. 武汉：华中科技大学出版社，2010.

［22］湖南大学，天津大学，同济大学，等. 土木工程材料[M]. 北京：中国建筑工业出版社，2002.

［23］安素琴，魏鸿汉. 建筑装饰材料[M]. 2 版. 北京：中国建筑工业出版社，2005.

［24］谭平，张立，张瑞红. 建筑材料[M]. 2 版. 北京：北京理工大学出版社，2013.